U0302994

本书由以下项目资助

国家自然科学基金重大研究计划“黑河流域生态-水文过程集成研究”集成项目“黑河流域中下游生态水文过程的系统行为与调控研究”（91225301）

"十三五"国家重点出版物出版规划项目

黑河流域生态-水文过程集成研究

黑河流域中下游生态水文过程的系统行为与调控研究

郑春苗　姚莹莹 等　著

科学出版社　龍門書局

北京

内 容 简 介

本书是国家自然科学基金重大研究计划集成项目“黑河流域中下游生态水文过程的系统行为与调控研究”的研究成果。全书重点介绍流域生态水文研究的科学问题，分析黑河流域水文要素变化影响、基于观测的黑河流域地表-地下水交互过程、流域中下游物质循环演化、中下游地表-地下水模型模拟、流域地下水流系统、流域关键带地下水流过程及影响、未来气候变化对黑河流域水资源的影响等，构建量化黑河流域地表-地下水系统的框架，提出定量分析流域尺度地下水系统及其关键带生态水文过程作用机理的研究方法和思路，可为我国西北干旱内陆盆地水资源开发与生态环境保护提供科学依据。

本书可供从事水资源合理开发利用、水土保持、生态环境保护等的科技工作者以及相关高等教育院校地理、水文地质、环境等专业师生阅读参考。

审图号：GS（2020）2684号

图书在版编目(CIP)数据

黑河流域中下游生态水文过程的系统行为与调控研究 / 郑春苗等著.
—北京：龙门书局，2020. 8

（黑河流域生态-水文过程集成研究）

“十三五”国家重点出版物出版规划项目　国家出版基金项目

ISBN 978-7-5088-5788-6

Ⅰ. ①黑…　Ⅱ. ①郑…　Ⅲ. ①黑河-流域-区域水文学-研究　Ⅳ. ①P344. 24

中国版本图书馆 CIP 数据核字（2020）第 129081 号

责任编辑：李晓娟　吴春花 / 责任校对：樊雅琼
责任印制：肖　兴 / 封面设计：黄华斌

科学出版社　龍門書局　出版
北京东黄城根北街 16 号
邮政编码：100717
http://www.sciencep.com

中国科学院印刷厂　印刷

科学出版社发行　各地新华书店经销

*

2020 年 8 月第　一　版　开本：787×1092　1/16
2020 年 8 月第一次印刷　印张：15 1/2　插页：2
字数：377 000

定价：238. 00 元

（如有印装质量问题，我社负责调换）

《黑河流域生态-水文过程集成研究》编委会

《黑河流域中下游生态水文过程的系统行为与调控研究》
撰写委员会

主　笔　郑春苗

副主笔　姚莹莹

成　员　刘　杰　郑　一　张爱静　刘传琨

胡　玥　田　勇　卢粤晗

总　　序

20 世纪后半叶以来，陆地表层系统研究成为地球系统中重要的研究领域。流域是自然界的基本单元，又具有陆地表层系统所有的复杂性，是适合开展陆地表层地球系统科学实践的绝佳单元，流域科学是流域尺度上的地球系统科学。流域内，水是主线。水资源短缺所引发的生产、生活和生态等问题引起国际社会的高度重视；与此同时，以流域为研究对象的流域科学也日益受到关注，研究的重点逐渐转向以流域为单元的生态–水文过程集成研究。

我国的内陆河流域占全国陆地面积 1/3，集中分布在西北干旱区。水资源短缺、生态环境恶化问题日益严峻，引起政府和学术界的极大关注。十几年来，国家先后投入巨资进行生态环境治理，缓解经济社会发展的水资源需求与生态环境保护间日益激化的矛盾。水资源是联系经济发展和生态环境建设的纽带，理解水资源问题是解决水与生态之间矛盾的核心。面对区域发展对科学的需求和学科自身发展的需要，开展内陆河流域生态–水文过程集成研究，旨在从水–生态–经济的角度为管好水、用好水提供科学依据。

国家自然科学基金重大研究计划，是为了利于集成不同学科背景、不同学术思想和不同层次的项目，形成具有统一目标的项目群，给予相对长期的资助；重大研究计划坚持在顶层设计下自由申请，针对核心科学问题，以提高我国基础研究在具有重要科学意义的研究方向上的自主创新、源头创新能力。流域生态–水文过程集成研究面临认识复杂系统、实现尺度转换和模拟人–自然系统协同演进等困难，这些困难的核心是方法论的困难。为了解决这些困难，更好地理解和预测流域复杂系统的行为，同时服务于流域可持续发展，国家自然科学基金 2010 年度重大研究计划“黑河流域生态–水文过程集成研究”（以下简称黑河计划）启动，执行期为 2011~2018 年。

该重大研究计划以我国黑河流域为典型研究区，从系统论思维角度出发，探讨我国干旱区内陆河流域生态–水–经济的相互联系。通过黑河计划集成研究，建立我国内陆河流域科学观测–试验、数据–模拟研究平台，认识内陆河流域生态系统与水文系统相互作用的过程和机理，提高内陆河流域水–生态–经济系统演变的综合分析与预测预报能力，为国家内陆河流域水安全、生态安全以及经济的可持续发展提供基础理论和科技支撑，形成干旱区内陆河流域研究的方法、技术体系，使我国流域生态水文研究进入国际先进行列。

为实现上述科学目标，黑河计划集中多学科的队伍和研究手段，建立了联结观测、试验、模拟、情景分析以及决策支持等科学研究各个环节的“以水为中心的过程模拟集成研究平台”。该平台以流域为单元，以生态–水文过程的分布式模拟为核心，重视生态、大气、水文及人文等过程特征尺度的数据转换和同化以及不确定性问题的处理。按模型驱动数据集、参数数据集及验证数据集建设的要求，布设野外地面观测和遥感观测，开展典型流域的地空同步实验。依托该平台，围绕以下四个方面的核心科学问题开展交叉研究：①干旱环境下植物水分利用效率及其对水分胁迫的适应机制；②地表–地下水相互作用机理及其生态水文效应；③不同尺度生态–水文过程机理与尺度转换方法；④气候变化和人类活动影响下流域生态–水文过程的响应机制。

黑河计划强化顶层设计，突出集成特点；在充分发挥指导专家组作用的基础上特邀项目跟踪专家，实施过程管理；建立数据平台，推动数据共享；对有创新苗头的项目和关键项目给予延续资助，培养新的生长点；重视学术交流，开展“国际集成”。完成的项目，涵盖了地球科学的地理学、地质学、地球化学、大气科学以及生命科学的植物学、生态学、微生物学、分子生物学等学科与研究领域，充分体现了重大研究计划多学科、交叉与融合的协同攻关特色。

经过连续八年的攻关，黑河计划在生态水文观测科学数据、流域生态–水文过程耦合机理、地表水–地下水耦合模型、植物对水分胁迫的适应机制、绿洲系统的水资源利用效率、荒漠植被的生态需水及气候变化和人类活动对水资源演变的影响机制等方面，都取得了突破性的进展，正在搭起整体和还原方法之间的桥梁，构建起一个兼顾硬集成和软集成，既考虑自然系统又考虑人文系统，并在实践上可操作的研究方法体系，同时产出了一批国际瞩目的研究成果，在国际同行中产生了较大的影响。

该系列丛书就是在这些成果的基础上，进一步集成、凝练、提升形成的。

作为地学领域中第一个内陆河方面的国家自然科学基金重大研究计划，黑河计划不仅培育了一支致力于中国内陆河流域环境和生态科学研究队伍，取得了丰硕的科研成果，也探索出了与这一新型科研组织形式相适应的管理模式。这要感谢黑河计划各项目组、科学指导与评估专家组及为此付出辛勤劳动的管理团队。在此，谨向他们表示诚挚的谢意！

2018 年 9 月

前　言

中国内陆河流域面积约占全国陆地面积的 1/3，主要分布在西北干旱区，地跨甘肃、宁夏、青海、新疆和内蒙古西部地区。该区是重要的粮食和经济作物产区，而水资源总量仅为全国水资源总量的 5%。流域内水资源和生态环境本底条件较差，而气候变化更加剧了干旱区水资源的不均一性，改变了地表径流和地下水位，引发生态水文过程的变化，成为限制区域经济发展和导致生态环境恶化的重要因素。因此，加深对干旱内陆河流域生态水文过程的认识并建立有效的模拟预测手段，是保障未来水资源可持续利用和粮食安全的重要基础。

黑河流域是我国第二大内陆河流域，是西北地区灌溉农业进行大规模开发最早的流域，区内多民族聚居，水与生态环境之间的相互依靠、相互制约关系突出，是进行内陆干旱区形成演变、水资源开发利用、可持续发展研究的代表性流域。其中，黑河流域中游和下游分别是绿洲灌溉农业带和荒漠带，是流域水资源集中利用和耗散的地区，同时也是荒漠化、盐碱化等生态问题最为突出的区域。因此，选取代表性和战略地位均十分突出的黑河流域开展流域生态水文过程的系统行为和调控机制研究，可以为国家内陆河流域水安全、生态安全以及经济的可持续发展提供理论基础和科技支撑。

梳理流域生态水文研究的框架，建立耦合模型是研究流域生态水文系统行为和调控机制的关键。尽管生态水文学的研究成果为干旱区流域水资源量化和过程研究提供了重要的科学依据，但以流域为尺度单元、系统耦合生态和水文过程的研究尚需深入，且大尺度（>10 万 km^2）的耦合模拟有待突破，因此尺度问题是耦合研究的关键点，多尺度的生态水文观测模拟研究是实现突破的必要基础。

在国家自然科学基金重大研究计划集成项目“黑河流域中下游生态水文过程的系统行为与调控研究”（91225301）的支持下，北京大学水资源研究中心和南方科技大学环境科学与工程学院等开展了以黑河流域中下游地表水–地下水耦合过程为核心的研究。项目组结合以往区域地下水研究的经验和黑河流域生态水文的特点，解决了大尺度流域耦合模型的建立和地表–地下水交互频繁等问题，系统量化了流域水循环过程，并根据黑河流域地表–地下水文特征和变化规律及其对生态系统的影响提出了模拟评价方法，同时采用新的野外观测和流域系统模拟分析方法，填补了流域地下水系统变化及其关键带影响方面的一些空白。

本书以“水文要素分析—关键带观测—系统耦合模拟—未来水资源预测”为流域生态水文研究思路，重点介绍通过野外试验方法和耦合模拟方法量化流域生态水文过程的特征和对气候变化响应的机理，探讨气候变化影响下上游径流形成及其对中下游系统的影响。这些分析成果对从事干旱区生态水文过程、地表–地下水耦合模拟的研究人员具有重要的参考价值。本书主要内容源于项目结题报告、项目执行期间发表的中英文期刊学术论文、项目执行期间完成的博士毕业论文等，主要参与完成各章研究工作并撰写发表相关中英文期刊学术论文或毕业论文的人员如下：

第 1 章：郑春苗、姚莹莹。

第 2 章：郑春苗、姚莹莹。

第 3 章：张爱静、姚莹莹、郑春苗。

第 4 章：刘传琨、黄翔、姚莹莹、黄丽、刘杰、郑春苗。

第 5 章：胡玥、卢粤涵、郑春苗。

第 6 章：郑春苗、姚莹莹、田勇、郑一。

第 7 章：姚莹莹、郑春苗。

第 8 章：姚莹莹、郑春苗。

第 9 章：张爱静、田勇、郑一、郑春苗。

郑春苗指导本书的设计与编写，姚莹莹对发表的英文期刊内容和图件进行了编译，并负责全书的统稿和修订，南方科技大学博士研究生井昊、西安交通大学硕士研究生邓宇坤等对本书进行了文字校订。在项目执行过程中，中国科学院寒区旱区环境与工程研究所肖洪浪研究员提供了大量黑河流域中下游生态水文过程研究资料，中国地质环境监测院李文鹏副院长提供了大量地下水研究资料，为研究的顺利开展提供了大量的支持和帮助，特此表示感谢。本书在编写过程中，参考引用了大量相关研究者的论述（已在正文中或参考文献中列出），这些前期研究工作对整个研究工作的完成和本书的写作提供了重要的参考。科学出版社李晓娟编辑对本书的出版给予了很大的帮助和支持，特此表示感谢。黑河流域气候变化和人类活动交互影响复杂，观测数据尤其是长时间序列地下水观测数据仍缺乏，对准确认识流域生态水文特征和变化规律造成了一些实际困难。由于作者的理论水平和科学认识仍在逐步积累提高，本书难免存在不足之处，欢迎读者批评指正。

郑春苗

2020 年 1 月于深圳

目　录

第1章 流域生态水文研究

1.1 什么是“生态水文学”？

生态水文学（ecohydrology）是由水文学（hydrology）和生态学（ecology）衍生而来的一门新兴交叉学科，它侧重于从不同尺度探究水文系统和生态系统的相互影响作用，从而更好地管理水资源和服务生态保护。这种相互影响作用具体可以理解为两方面：①水文过程对生态系统结构、植被分布格局和生长状态的影响；②生态系统中植被类型、格局等的变化对水文循环的影响。Hannah 等学者确定了生态水文学的理论核心、相互影响作用范围和尺度，包括：①在生态水文系统中，水文系统和生态系统的相互影响作用具有双向目标特征，研究的重点是二者之间的反馈机制；②生态水文过程研究是为了确定二者的相互影响过程，而不是仅仅建立缺少因果关系的统计关系；③生态水文学的研究范围包括所有天然以及受到人类活动干扰的水环境和植物群、动物群和生态系统；④要考虑水文系统和生态系统的相互影响作用的时空尺度（Hannah et al., 2004；Wood et al., 2007）。

生态水文学以水和生态的相互关系为研究核心，针对具体的研究区和问题发展出了植被生态水文学、河湖生态水文学、湿地生态水文学等具体分支学科。例如，植被生态水文学关注草地、湿地、森林等植被生态系统与其在区域内的水文循环过程的相互影响作用，其中水文循环过程包含自然过程和人类活动影响（Eamus et al., 2006）。以黑河流域为例（图1-1），一方面，地表水资源影响流域内生态系统，中游农田灌溉系统消耗过多水资源，导致流入下游荒漠生态系统的地表径流减少，荒漠地下水位得不到补给而持续下降，当地下水埋深大于3m时，胡杨开始凋萎，当地下水埋深大于15m时，胡杨根系无法得到水分滋养而死亡，荒漠生态系统遭到破坏（Li et al., 2017）；另一方面，植被生态系统对水文过程有重要的影响作用，如植被的类型和分布影响降水截留和入渗过程以及蒸发过程。

根据研究尺度的不同，可以将生态水文学分为全球生态水文学、区域生态水文学、流域生态水文学，因此需要在具体的研究尺度内构建各自的理论体系、方法论及应用实践（夏军等，2018）。生态水文学的理论体系包括两部分：一部分是以观测和实验为基础，探究生态水文的原理和规律；另一部分是针对特定的研究目标，确定目标的属性要素，研究多要素之间的相互关系。生态水文学的研究方法包括：在野外实地的定位监测、数据采集分析（如河道测流、测温等）；在室内的物理实验（如植被呼吸测试模拟）；针对不同尺度的模型模拟（如生态水文模型模拟）等。生态水文学的应用实践包括开展不同尺度的评估、预警、调控、保护等措施。

图 1-1　生态水文概念图

（a）表示流域生态水文系统中的水资源，照片为黑河下游居延海；（b）表示流域生态水文系统中的人类活动；
（c）表示流域生态水文系统中的生态植被，照片为黑河下游荒漠植被

1.2　流域生态水文研究进展

由于流域综合管理的需要，以流域为尺度单元的生态水文研究是进行水-生态-经济综合保护管理的基础，在国际上日益受到关注。联合国教科文组织（United Nations Educational, Scientific and Cultural Organization, UNESCO）“国际水文计划”（International Hydrological Programme, IHP）的第5阶段计划特别强调以流域为基础，从河流系统与自然、社会经济的联系中，理解生物和物理过程的整体特征，从而提高流域水资源的管理水平。由于流域水资源管理和学科发展的迫切需求，发达国家已启动了一批大型流域生态水文研究计划。美国国家科学基金会（National Science Foundation, NSF）于2000年启动的“美国半干旱水文和河岸可持续”（Sustainability of Semi-arid Hydrology and Riparian Areas, SAHRA）计划即为典型代表。SAHRA计划吸纳了水文、生态、经济领域内众多高水平研究团队，在流域生态水文过程的系统行为与调控研究方面取得了一批重要的科研成果。SAHRA计划重点探索了三个科学问题：①植被覆盖变化对流域尺度水平衡的影响；②河岸带修复与保护的成本和效益；③水市场和水银行（water banking）的可行性。SAHRA计划多年来所取得的成果对于美国干旱和半干旱地区的水资源评价、开发利用和生态水文系统综合管理具有十分重要的意义。

在以流域为尺度单元的生态水文研究的迫切需求下，国家自然科学基金委员会于2010年启动了“黑河流域生态-水文过程集成研究”重大研究计划，旨在以西北干旱区黑河流

域为典型研究对象，加强我国生态水文学的研究。该计划历时 8 年，整个计划从系统思路出发，探讨我国干旱内陆河流域水–生态–经济的相互联系。通过“黑河流域生态–水文过程集成研究”，建立我国内陆河流域科学观测试验、数据模拟研究平台，认识内陆河流域生态系统与水文系统相互作用的过程和机理，提高内陆河流域水–生态–经济系统演变的综合分析与预测预报能力，为国家内陆河流域水安全、生态安全以及经济的可持续发展提供基础理论和科技支撑。根据黑河流域生态过程、水文过程和经济过程研究的具体需要，该计划具体针对如下 5 个核心科学问题：①干旱环境下植物水分利用效率及其对水分胁迫的适应机制；②地表–地下水相互作用机理及其生态水文效应；③不同尺度生态–水文过程机理与尺度转换方法；④气候变化和人类活动影响下流域生态水文过程的响应机制；⑤流域综合观测试验、数据模拟技术与方法集成。总体科学目标是希望通过建立连接观测、试验、模拟、情景分析、决策支持等环节的“以水为中心的生态–水文过程集成研究平台”，揭示植物个体、群落、生态系统、景观、流域等尺度的生态–水文过程相互作用规律，刻画气候变化和人类活动影响下内陆河流域生态–水文过程机理，发展生态–水文过程尺度转换方法，建立耦合生态、水文和社会经济的流域集成模型，提升对内陆河流域水资源形成及其转化机制的认知水平和可持续性的调控能力，使我国流域生态水文研究进入国际先进行列。

第 2 章　黑河流域生态水文过程研究

2.1　流域概况

2.1.1　自然地理

黑河流域是我国西北干旱区第二大内陆河流域，发源于南部祁连山，位于河西走廊中部（图 2-1）。流域东部起源于大黄山（山丹县境内）并与石羊河流域接壤，西部以黑山为界（嘉峪关市境内）并与疏勒河毗邻。黑河干流自南向北流至内蒙古额济纳旗境内，最终汇入居延海。流域行政区域从上游到下游分属青海省海北藏族自治州，甘肃省张掖市、酒泉市和嘉峪关市，以及内蒙古自治区阿拉善盟额济纳旗。流域范围跨越三个省（自治区）的五地（州、市、盟）、十一县（区、市、旗）和酒泉卫星发射中心（李文鹏等，2004）。

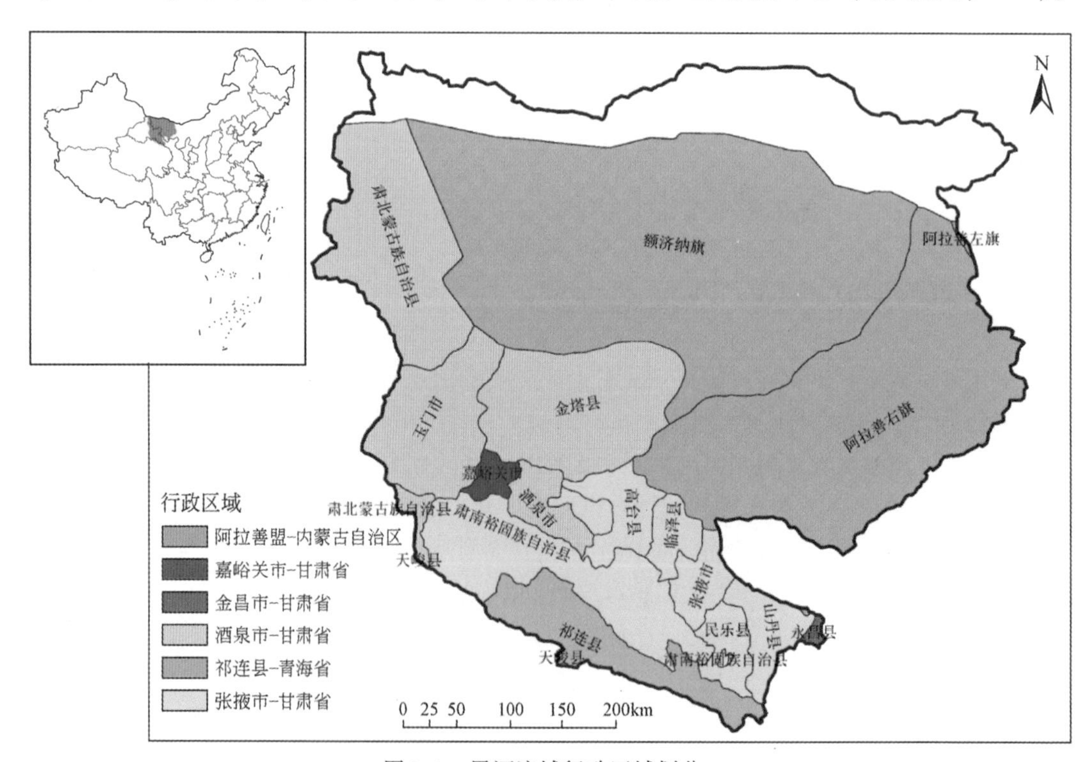

图 2-1　黑河流域行政区域划分

黑河流域地形复杂多变，区内山地、盆地和平原相间排列，形成特殊的景观格局。流域上游为祁连山，地势高峻，由数条近似平行的山脉组成，山脉走向为西北至东南。山区内海拔为 3000 ~ 5500m（图 2-2）。流域中游夹峙于祁连山和中部龙首山之间的盆地走廊，属于山前倾斜平原和断裂凹陷中心地带。中游地区东西宽 350km，南北长 20 ~ 50km，地势自南向北倾斜，西高东低，南高北低，海拔为 1400 ~ 1700m（图 2-2）。区内自南向北依次分布山麓平原、盆地绿洲、荒漠平原。黑河流域下游属于阿拉善高原和额济纳盆地，中下游盆地由龙首山、合黎山、大小黑山和马鬃山等低山区分割。向北延伸至中蒙边境，东部为巴丹吉林沙漠，西部为低山和戈壁。黑河干流流经阿拉善高原中部形成冲洪积平原。下游地势相对平坦开阔，稍向东北倾斜，海拔为900 ~ 1200m。

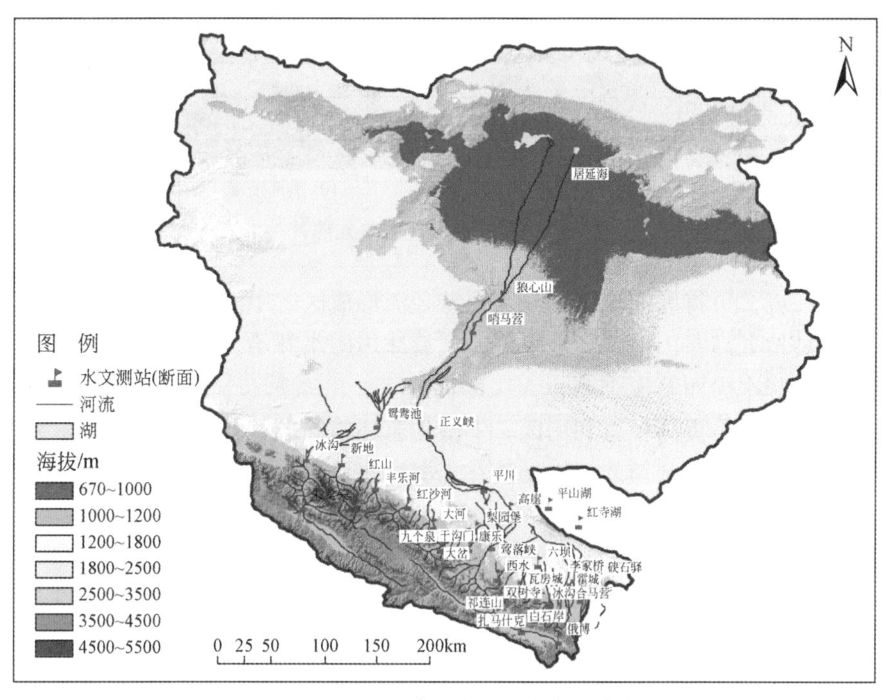

图 2-2　黑河流域海拔及地表水系分布

受山地气候、地形和植被的影响，上游祁连山区土壤具有明显的垂直带谱，主要土类有寒漠土、高山草甸土、高山灌丛草甸土、高山草原土、亚高山草甸土、亚高山草原土、灰褐土、山地黑钙土、山地栗钙土、山地灰钙土等。中下游地区为灰棕荒漠土与灰漠土分布区。上游祁连山区植被属温带山地森林草原，海拔由高到低依次分布高山垫状植被、高山草甸植被、高山灌丛草甸、山地森林草、山地草原、荒漠草原植被。中下游地带性植被为温带小灌木、半灌木荒漠植被。中游山前冲积扇下部和河流冲积平原分布有灌溉绿洲栽培农作物和林木，呈现出以人工植被为主的绿洲景观，是我国著名的商品粮生产基地。下游两岸三角洲与冲积扇缘的湖盆洼地分布有荒漠地区特有的荒漠河岸林、灌木林和草甸植被。图 2-3 为黑河流域上游、中游、下游景观。

(a) 黑河流域上游山区

(b) 黑河流域中游灌溉绿洲区

(c) 黑河流域下游荒漠胡杨带

(d) 黑河流域下游尾闾湖

图 2-3　黑河流域地貌单元照片

根据地理环境，可将黑河流域划分为上游径流形成区、中游径流利用区和下游径流消散区。黑河上游地处高寒山地，降水较多，又有冰川融水补给，是黑河径流形成区。中游光热资源丰富，降水少而蒸发强烈，人工绿洲发育，渠系密布，大量引用河水浇灌农田，河川径流沿程减少，是黑河径流利用区。下游生态环境脆弱，90%以上的面积为戈壁沙漠和剥蚀残山，地下径流和余留的河川径流在土壤潜水层蒸发，或流入居延海水面蒸发，是黑河径流消散区。

2.1.2　气象与水文

黑河流域处于西北内陆中纬度高海拔地区，气候的垂直和水平差异较为明显。黑河上游祁连山区属于高寒半干旱区，气候寒冷湿润，常年积雪，多年平均气温为0.5℃，最高气温为30.5℃，最低气温为-31.7℃。多年平均降水量为400～500mm，多年平均蒸发量约为1000mm。中游绿洲平原和下游荒漠平原属河西走廊冷温带—暖温带干旱区，为典型的大陆性干旱气候。区内降水由南向北依次递减，蒸发强烈，日照时间长，昼夜温差大，盛行西北风。中游绿洲平原多年平均降水量为100～500mm、多年平均蒸发量为1400～1600mm。下游荒漠平原多年平均降水量为50mm，多年平均蒸发量超过2200mm，沙漠地区多年平均蒸发量高达3000mm。

黑河流域水系由35条主流和支流组成，主要发源于南部祁连山区，集水面积大于200km^{2}的干支流有13条（表2-1），全流域多年平均出山口径流量为34.5亿m^3。根据地表水集水面特征和地表-地下水水力联系，可将整个流域水系分为东部、中部和西部三个子水系。东部子水系主要由黑河干流、梨园河和马营河及周围数条小河组成，除黑河干流外，其他河流出山后即被引水灌溉或渗漏于山前冲积平原。中部子水系由红沙河和丰乐河组成，水量小，出山后沿途渗漏，最终止于肃南裕固族自治县明花乡-高台盐池区域。西部子水系由洪水坝河和北大河组成，水量小，流经酒泉东盆地后经鸳鸯池水库最终止于北部金塔盆地。

表 2-1　黑河流域水系概况

水系	河流名称	测站（断面）名称	集水面积/km^2	径流量/亿 m^3
东部子水系	马营河	李桥水库	1 143	0. 56
	红水河	双树寺	578	1. 17
	大堵麻河	瓦房城	217	0. 86
	酥油口河	酥油口	217	0. 44
	黑河	莺落峡	10 009	15. 88
	梨园河	梨园堡	2 240	2. 12
	童子坝河	民乐扁都口	331	0. 64
	大瓷窑口河	张掖甘浚	220	0. 11
	摆浪河	高台新地	211	0. 40
	小计		15 166	2. 18
中部子水系	红沙河	红沙河	619	1. 09
	丰乐河	丰乐河	568	0. 94
	小计		1 187	2. 03
西部子水系	洪水坝河	酒泉新地	1 578	2. 55
	北大河	酒泉冰沟	6 883	6. 23
	小计		8 461	8. 78

黑河以其干流的名称而命名，干流发源于青海省祁连县，在上游分为东西两支，东支为八宝河，河长约 80km，自东向西流；西支为野牛沟河，河长约 190km，自西向东流。东支和西支在黄藏寺汇流后向北至莺落峡出口进入张掖盆地，在盆地内部穿流而过至山丹河改向西北流，过正义峡流经金塔盆地后改称额济纳河（也称弱水），之后流向北东方向，在狼心山附近分为东河和西河，向北分别注入内蒙古自治区阿拉善盟额济纳旗境内的东居延海和西居延海，全长约 821km。

2.2 水文地质

2.2.1 黑河流域地下水系统

地下水系统（地下水含水系统）是指由源到汇的流面群构成的、具有统一时空演化过程的地下水统一体，地下水流动规律具有一致性。根据地下水系统的划分原则和黑河流域水循环的特点，可将黑河流域划分为三个级别的地下水系统（图 2-4）（李文鹏等，2004；张光辉等，2005；李亚民等，2009；姚莹莹等，2014）。首先，将黑河流域整体划分为一级分区。然后，根据地形、地貌及补给排泄特点划分为 3 个二级分区：上游补给源区（Ⅰ）、中游绿洲区（Ⅱ）和下游荒漠区（Ⅲ）。最后，根据地质构造特点划分为 8 个三级分区：祁连山高山冰川融水补给区（Ⅰ1）、祁连山低山雪融水-降水-基岩裂隙水补给区（Ⅰ2）；民乐-大马营盆地（Ⅱ1）、张掖盆地（Ⅱ2）、酒泉东盆地（Ⅱ3）和酒泉西盆地（Ⅱ4）；金塔-花海子盆地（Ⅲ1）和额济纳盆地（Ⅲ2）。在各盆地分区下，根据含水层的分布特点，在每个盆地分区上分别划出单层潜水含水层和双层（或多层）承压含水层区。图 2-5 为黑河流域地下水系统分区的空间分布。

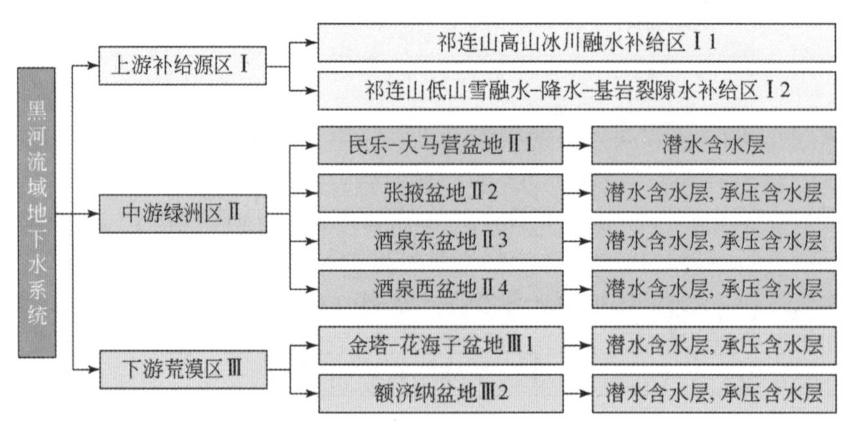

图 2-4　黑河流域地下水系统划分

资料来源：张光辉等（2005）

黑河流域各级盆地系统由于受海拔和地形影响呈现出一定的水流循环特征（图 2-6）。中游绿洲盆地的分布范围为山前到冲积扇前缘溢出带，属典型的山前盆地地下水系统，地表水在此区域入渗强烈，地下水动态变化类型为“径流控制型”。向北延伸至盆地冲积扇边缘，地下水以泉的形式出露或排泄至河流，且受人类活动影响，地表-地下水交互作用强烈，地下水动态变化类型为“复杂交错型”。继续向北延伸至低渗透性的走廊山区，该区地下水的主要补给源为地表河流入渗，地下水动态变化类型为“入渗-蒸发型”。

2.2.2　上游补给源区水文地质条件

位于黑河流域上游的祁连山区，属南部山区基岩裂隙、孔隙含水系统。海拔在 3500～4000m 的地带为多年发育的冻土区，存在季节性冻结层，夏季 5～9 月为液态径流，运动规律与地下水含水层相似，冬季则全部冻结（Evans et al.，2015；李亚民等，2009）。在八宝河、野牛沟等河谷地中，广泛分布着冻结层地下水。分布于祁连山山地中的山间盆地（谷底），构成相对独立的水文地质单元，其间赋存第四系孔隙水。含水层主要由颗粒较大的冰碛物、泥质砂砾石和卵砾石构成，且沿山前向盆地中心，颗粒度由粗变细。

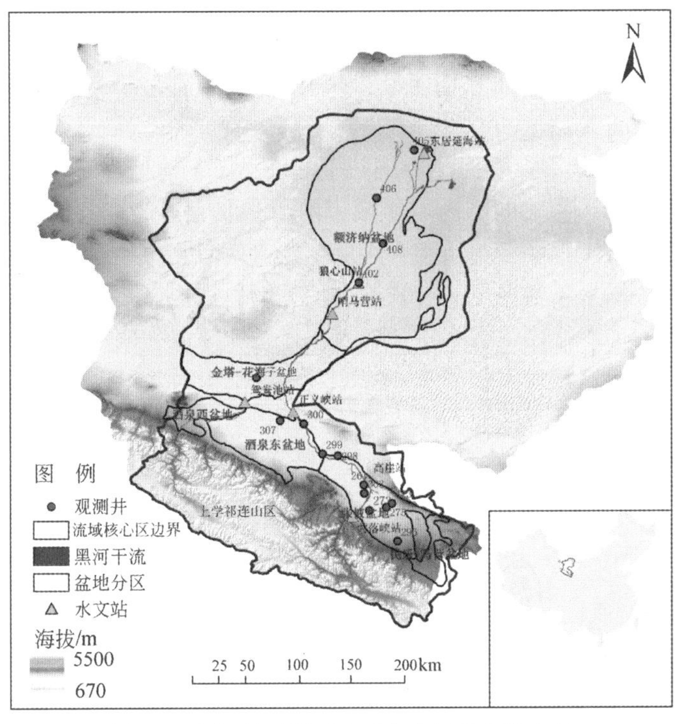

图 2-5　黑河流域地下水系统分区的空间分布

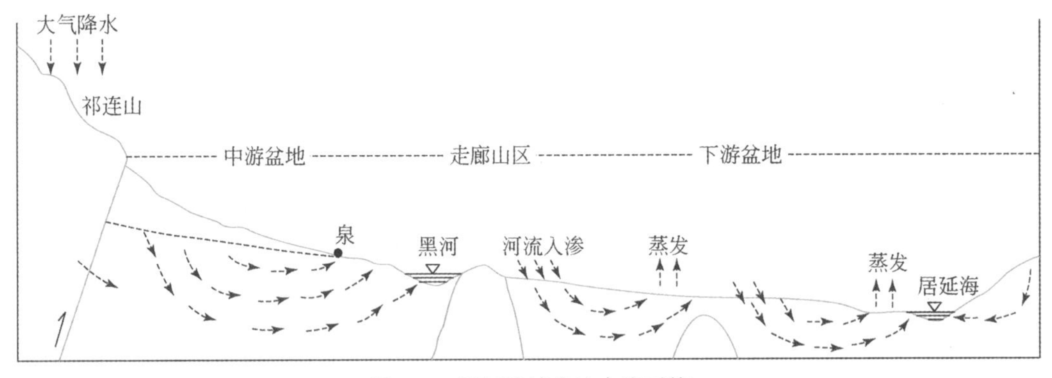

图 2-6　黑河流域盆地水流系统

2.2.3　中游盆地水文地质条件

位于黑河中游的绿洲盆地自东向西依次分布有民乐-大马营盆地、张掖盆地、酒泉东盆地和酒泉西盆地。中游绿洲盆地处于冲积扇地带，河流携带上游粗颗粒物在区内堆积，发育成良好的地下水储存空间。如图 2-7 所示，含水层岩性总趋势为由南向北沉积颗粒逐渐变细，从上游山麓的卵砾石过渡到盆地边缘的细粉砂黏土颗粒。受沉积环境的影响，中游各子盆地分区内的岩性及地质结构存在明显差异。民乐-大马营盆地地势起伏较大，区内卵砾石和砾石构成单层的潜水含水层，厚度可达400m，西部和南部地下水埋深大于200m。张掖盆地东部受黑河冲击作用明显，含水层从南部单一卵砾石潜水含水层，向北逐渐过渡到上部为砂砾石夹黏土的潜水含水层、下部为黏土和砂砾石混合的双层（多层）承压含水层结构。南部含水层厚度可达700m，至北部由于基地抬升厚度变为20～50m。张掖盆地中部（梨园河至丰乐河之间的区域）属于黑河和北大河的“河间洼地”。该地段河流流量较小，因此主要携带细颗粒物质，含水层结构自南向北由卵砾石层逐渐过渡到黏土夹砂砾石的多层结构。酒泉东盆地东边与张掖盆地相邻，西边以嘉峪关断裂和文殊山隆起为界。由于受北大河的冲击作用，含水层结构与张掖盆地相似，南部为冲洪积扇构成的单层潜水含水层结构，向北过渡到多层潜水-承压含水层结构。酒泉西盆地与酒泉东盆地相邻，但二者间由于山区突起间隔无明显的水力联系，西边与疏勒河相邻。盆地内为单一结构的潜水含水层，厚度可达700m，从南到北含水层厚度递减。

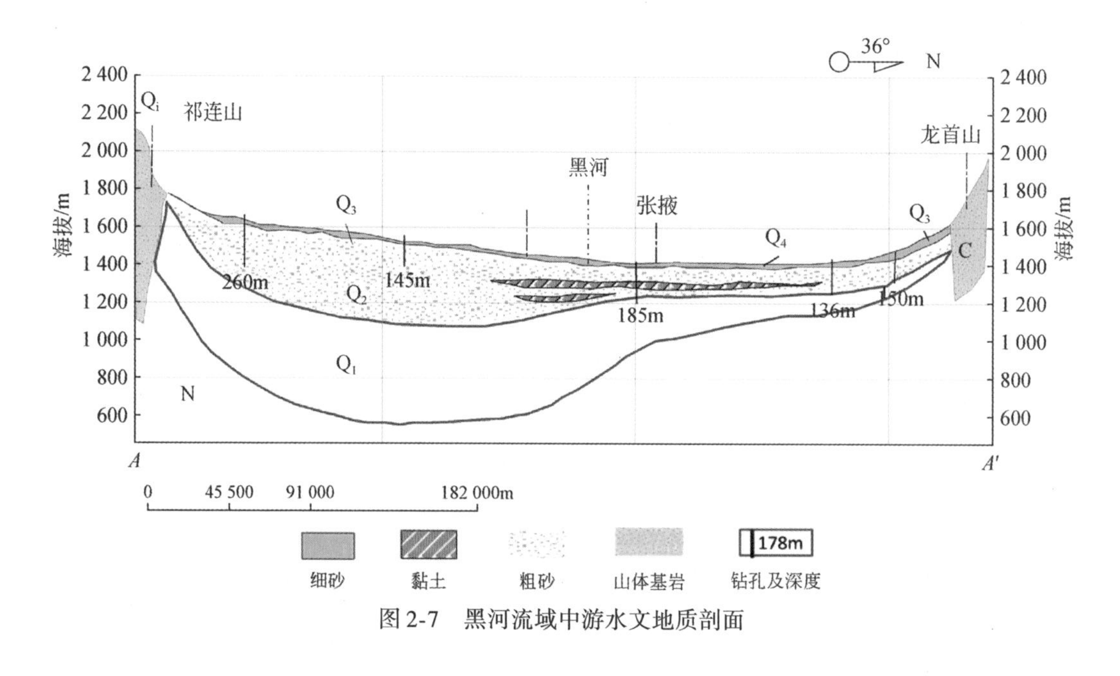

图2-7　黑河流域中游水文地质剖面

2.2.4　下游荒漠盆地水文地质条件

金塔-花海子盆地东部为鼎新盆地，属黑河下游冲洪积平原，西部为金塔盆地，属北大河下游冲洪积平原。如图2-8所示，其地下水埋藏分布规律与酒泉盆地相似，含水层岩性以粗砂和砂砾石为主。南部为冲洪积相的单层结构，向北过渡为双层潜水-承压含水层结构。额济纳盆地位于黑河流域北部，与金塔-花海子盆地相连，并通过河谷发生水力联系。该区地下水含水层系统主要为第四纪松散岩类，其颗粒较细，主要由砂砾石、粗砂、黏土、砂质泥岩等构成。自南向北，含水层颗粒逐渐变细，含水层系统由南部的单层结构

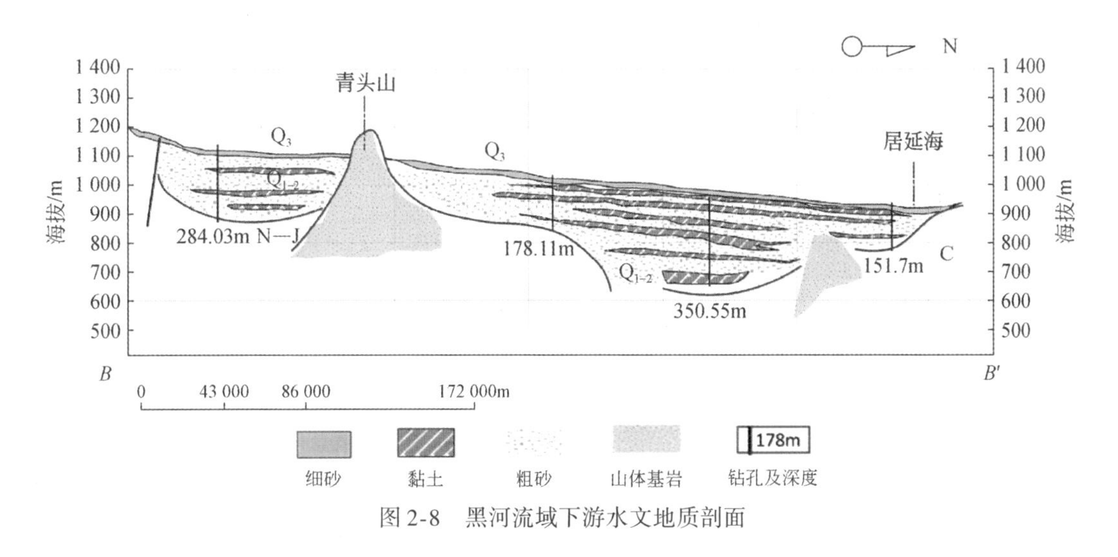

图 2-8 黑河流域下游水文地质剖面

逐渐过渡为双层或多层潜水-承压含水水结构。

2.3 社会经济

黑河流域是一个农业、畜牧业、林业、工业、矿业、交通运输业等多行业发展的区域，上、中、下游各区内经济中心明显不同。青海省祁连县位于流域上游山区，以牧业为主。甘肃省占据河西走廊的盆地优势，是西北干旱区重要的商品粮生产基地，近年来逐渐发展成为以农业为基础，林业、畜牧业、工业、能源、交通及农产品加工等多产业综合发展的经济区。因此，甘肃省是黑河流域水资源的主要消耗区。位于下游的内蒙古自治区是传统的畜牧业区，由于毗邻蒙古国，是重要的对外贸易区（Cheng et al., 2014）。

2012 年，黑河流域总人口为 209.27 万人（表 2-2），其中甘肃省人口为 202.48 万人，占比约 97%；青海省和内蒙古自治区人口分别为 5.00 万人和 1.79 万人。农业人口占流域总人口的 65%，是典型的以农业经济为主的区域。区内农作物总种植面积为 32.172 万 hm^2，其中上游 0.725 万 hm^2，中游 28.418 万 hm^2，下游 3.029 万 hm^2，粮食总产量为 142.31 万 t。

上游地区主要包括青海省祁连县大部分地区和甘肃省张掖市肃南裕固族自治县部分地区，以畜牧业为主，2012 年上游地区生产总值约 38.91 亿元。中游地区包括甘肃省张掖市甘州区、山丹县、民乐县、临泽县、高台县，以及酒泉市肃州区和嘉峪关市，属于灌溉农业经济区，2012 年中游地区生产总值约 719.64 亿元。下游地区主要包括甘肃省酒泉市金塔县和内蒙古自治区阿拉善盟额济纳旗，其中金塔县为灌溉农业经济区，额济纳旗以牧业为主，2012 年下游地区生产总值为 103.49 亿元。

表 2-2　2012 年黑河流域社会经济情况

流域	州（市、盟）	县（区、旗）	总人口/万人	地区生产总值/万元	农业人口/万人	种植面积/10^3 hm^2	粮食产量/万 t
上游	青海省海北藏族自治州	祁连县	5.00	155 121	3.90		0.27
	甘肃省张掖市	肃南裕固族自治县	3.42	233 956	2.58	7.25	2.48
	小计		8.42	389 077	6.48	7.25	2.75
中游	甘肃省张掖市	甘州区	51.05	1 238 167	32.93	64.27	40.93
		高台县	14.42	376 122	13.06	35.61	15.87
		山丹县	16.26	348 469	12.98	41.96	16.95
		民乐县	22.11	329 995	20.72	63.74	25.71
		临泽县	13.52	366 936	12.53	28.06	15.14
	甘肃省酒泉市	肃州区	43.39	1 845 202	23.01	46.37	16.77
	甘肃省嘉峪关市	嘉峪关	23.43	2 691 460	1.55	4.17	0.98
	小计		184.18	7 196 351	116.78	284.18	132.35
下游	甘肃省酒泉市	金塔县	14.88	581 722	11.87	30.29	7.01
	内蒙古自治区阿拉善盟	额济纳旗	1.79	453 178	0.54		0.20
	小计		16.67	1 034 900	12.41	30.29	7.21

资料来源：《甘肃统计年鉴 2013》

2.4　水资源开发利用

黑河流域水资源开发利用历史悠久，在我国汉代即进入了农业开发和农牧交错发展时期，汉、唐、西夏年间移民屯田，唐代在张掖南部修建了盈科、大满、小满、大官、加官 5 渠，清代开始发展高台、民乐、山丹等地的灌区。中华人民共和国成立以来，特别是 20 世纪 60 年代中期以来，在黑河流域进行了较大规模的水利工程建设。目前，形成了以中、小型水库为骨干，井灌、提灌为补充，渠道、条田相配套的水利建设格局。目前，有中型水库 20 多座，小型水库塘坝若干，有万亩以上灌区 17 处，建有中型引水干渠 6 条。地下水供水工程主要有城市自来水井、厂矿企业自备水井、农村机电井。据统计，区内 2000 年已有机电井 5089 眼。

黑河流域社会经济集中的中下游地区，降水稀少，蒸发强烈，流经过境的地表河流是其主要水源，水资源严重短缺，供需矛盾相当突出。此外，黑河径流年内分配不均，来水需水过程很不协调，干流缺乏骨干调蓄工程，客观上加剧了水资源供需矛盾，时常引发一系列水事纠纷。

20 世纪 60 年代末以来，在以粮为纲的思想指导下，大规模垦荒种粮，发展商品粮基地，特别是 80 年代中期，甘肃省提出“兴西济中”发展战略，并向中游地区移民，灌溉面积增长迅速。生态用水被深度挤占导致尾闾湖消失，地下水位下降，生态系统退化。黑河流域用水结构中农业用水比例相对过大，其中农田灌溉用水比例在 90% 以上，导致黑河流域中游农业迅速发展，水资源需求随之急剧增长。中游水资源的过度利用导致流向下游的地表径流逐年减少，下游生态环境持续恶化，狼心山水文站断流情况增加，居延海几度干枯。2000 年，黑河下游额济纳旗发生了连续 13 次强沙尘暴，影响范围波及北京、天津。因此，国务院从 2000 年开始在黑河流域强制执行 1997 年制定的生态调水计划（Guo et al., 2009）。根据莺落峡断面流量保证率，共提出三种年水量分配方案：方案Ⅰ，正义峡下泄流量采用多年分水比例（9.5/15.8）；方案Ⅱ，更多地考虑了中游枯水年份的农业需水；方案Ⅲ，综合考虑中游农业生产和下游生态环境，使枯水年正义峡的下泄流量接近 20 世纪 80 年代中期水平，同时兼顾中游的农业用水需求（表 2-3）。表 2-4 列出了生态调水计划实际实施情况，自 2000 年开始，从正义峡累计下泄流量为 132.04 亿 m^3/a，在枯水年目标完成较好而在丰水年完成较差。中游在承担发展农业生产的同时还要保证向下游的生态水量，因此中游地下水面临过度开采，地下水系统平衡面临很大威胁。

表 2-3　黑河流域 1997 年生态调水计划

项目		莺落峡断面流量保证率/%				
出山口流量/(亿 m^3/a)		1901	1251	1452	1209	平均 15.8
正义峡下泄流量/(亿 m^3/a)	方案Ⅰ	11.4	10.3	8.5	7.8	9.5
	方案Ⅱ	13.5	11.7	7.3	5.5	9.5
	方案Ⅲ	13.2	10.9	7.6	6.3	9.5

表 2-4　生态调水计划实际实施情况　　　（单位：亿 m^3/a）

调水年	莺落峡	正义峡	目标	差额
1999～2000 年	14.62	6.50	6.60	-0.10
2000～2001 年	13.13	6.48	5.33	1.15
2001～2002 年	16.11	9.23	9.33	-0.10
2002～2003 年	19.03	11.61	13.24	-1.63
2003～2004 年	14.98	8.55	8.53	0.02
2004～2005 年	18.08	10.49	12.09	-1.60
2005～2006 年	17.89	11.45	11.86	-0.41
2006～2007 年	20.65	11.96	15.20	-3.24
2007～2008 年	18.87	11.82	13.04	-1.22
2008～2009 年	21.30	11.98	15.98	-4.00
2009～2010 年	17.45	9.57	11.32	-1.75
2010～2011 年	18.06	11.27	12.06	-0.79
2011～2012 年	19.35	11.13	13.62	-2.49
总量	229.52	132.04	148.20	-16.16

第3章 黑河流域水文要素变化影响分析

社会经济的发展导致生活、农业及工业用水不断增加，进而造成黑河流域（特别是下游）水资源短缺与生态环境恶化问题不断加剧。流域尺度上水文气象要素的趋势性与阶段性分析，可以在一定程度上揭示水资源变化的原因。本章采用趋势分析方法与突变点分析方法对黑河流域近50年的径流、降水、温度和地下水数据进行分析，采用灰色关联方法对径流变化与中游人类活动的关系进行分析，探讨水循环要素变化的影响因素。

3.1 研究数据及方法

3.1.1 研究数据

黑河流域内部及周边17个气象观测站1960～2012年的日降水和平均气温数据来自中国气象数据网（http://data.cma.cn）。该数据基于《地面气候资料30年整编常规项目及其统计方法》整编统计而得，具有较高的精度。流域内16个水文站（表3-1）月尺度的径流观测数据来自甘肃省水文水资源局和内蒙古自治区水文总局。其中，中上游13个水文站的径流数据序列较长，可用于分析径流的趋势性与阶段性变化；下游3个水文站的径流数据序列较短，可用于分析进入下游的水量变化。

表3-1 水文站基本信息

站名（简称）	水系名称	经度	纬度	面积/km^2	年径流/亿 m^3	数据序列
祁连水文站（QL）	黑河	100.23°E	38.20°N	2 452	4.57	1968～2010年
扎马什克水文站（ZM）	黑河	99.98°E	38.23°N	4 986	7.16	1957～2010年
莺落峡水文站（YL）	黑河	100.18°E	38.82°N	10 009	15.84	1945～2012年
高崖水文站（GA）	黑河	100.40°E	39.13°N	20 299	10.34	1977～2010年
正义峡水文站（ZY）	黑河	99.42°E	39.79°N	35 634	10.17	1957～2012年
李家桥水文站（LJ）	西大河	101.13°E	38.52°N	1 143	0.66	1956～2009年
双树寺水文站（SS）	红水河	100.83°E	38.32°N	578	1.42	1956～2007年
瓦房城水文站（WF）	大堵麻河	100.48°E	38.43°N	229	0.89	1956～2009年
肃南水文站（SN）	梨园河	99.63°E	38.84°N	1 080	1.76	1962～2010年
梨园堡水文站（LY）	梨园河	100.00°E	38.97°N	2 240	2.43	1956～2009年
红沙河水文站（HS）	红沙河	99.20°E	39.18°N	619	1.11	1956～2009年

续表

站名（简称）	水系名称	经度	纬度	面积/km^2	年径流/亿 m^3	数据序列
新地水文站（XD）	洪水坝河	98.42°E	39.57°N	1 581	2.71	1956～2009 年
鸳鸯池水文站（YY）	北大河	98.84°E	39.91°N	12 439	3.18	1978～2009 年
哨马营水文站（SM）	黑河	99.96°E	40.75°N	—	—	2000～2012 年
狼心山水文站（LX）	黑河	100.36°E	41.08°N	—	—	2000～2012 年
居延海水文站（JY）	黑河	101.11°E	42.21°N	—	—	2003～2012 年

3.1.2 研究方法

水文气象要素时间序列的检验方法有很多种。本章采用非参数的 Mann-Kendall（MK）检验法诊断黑河流域水文气象要素变化的趋势性特征；采用 Mann-Whitney-Pettitt 突变点分析方法检验水文气象要素时间序列的阶段性特征；采用灰色关联方法分析黑河流域径流变化与中游人类活动影响因素的关联程度。

3.1.3 趋势性检验

MK 检验法是水文学研究中较常用的时间序列趋势检验方法（Cooper，1975；Kendall，1990）。MK 检验法不需要被检验序列服从一定的分布，适用于非正态分布数据的检验。对于一个独立的时间序列，原假设 H0 为无趋势性序列，MK 检验法的 Z 统计量由式（3-1）计算：

$$Z=\begin{cases}\dfrac{S-1}{\sqrt{\mathrm{Var}(S)}}, & S>0\\ 0, & S=0\\ \dfrac{S+1}{\sqrt{\mathrm{Var}(S)}}, & S<0\end{cases} \tag{3-1}$$

其中：

$$S=\sum_{i=1}^{n-1}\sum_{j=i+1}^{n}\mathrm{sgn}(x_j-x_i) \tag{3-2}$$

$$\mathrm{sgn}(\theta)=\begin{cases}1, & \theta>0\\ 0, & \theta=0\\ -1, & \theta<0\end{cases} \tag{3-3}$$

$$\mathrm{Var}(S)=\frac{n(n-1)(2n+5)-\sum_{t}t(t-1)(2t+5)}{18} \tag{3-4}$$

式中，x_i 和 x_j 分别为 i 时刻和 j 时刻的序列值；t 为存在变量值相等的情况。当 Z 为正（负）值时，表示时间序列呈上升（下降）趋势。当 $|Z|>Z_{(1-\alpha/2)}$ 时，拒绝无趋势的假设，

认为在显著性水平 α 下序列 X 存在趋势。$Z_{(1-\alpha/2)}$ 是概率超过 $\alpha/2$ 时的标准正态分布值。

Sen 氏斜率（Sen's slope）方法用来计算各水文气象要素时间序列的变化程度，计算公式为

$$\beta=\mathrm{median}\left(\frac{x_j-x_k}{j-k}\right),\quad 1<k<j<n \tag{3-5}$$

式中，β 为 Sen 氏斜率；x_j 和 x_k 分别为 j 时刻和 k 时刻的序列值。与 MK 检验的 Z 统计量一样，当 β 为正（负）值时，表示时间序列呈上升（下降）趋势。

水文气象要素时间序列往往呈现出自相关特征。采用 MK 检验法对水文气象要素时间序列的趋势性进行检验时，正向的自相关性会放大序列趋势的显著性，使原本趋势不显著的序列被认为趋势显著（Von Storch，1999）。Yue 等（2002，2003）证明了 Pre-Whitening 方法可以去掉被检验序列的部分趋势成分，并在此基础上提出了 TFPW-MK（Trend-free Pre-Whitening Mann-Kendall）检验法。当被检测序列仅一阶自相关性显著时，采用 Yue 等（2002，2003）提出的方法检验水文气象要素时间序列的趋势性。对于水文气象要素时间序列的趋势性，首先采用 Hamed 和 Rao（1998）提出的方法剔除其自相关性，然后采用 MK 检验法检验其趋势性。

3.1.4 阶段性检验

对于水文气象要素时间序列的阶段性，首先采用 Mann-Whitney-Pettitt 突变点分析方法检验水文气象要素时间序列的突变点，然后采用两样本 t 检验方法检测突变点前后时间序列是否具有显著差异。

（1）Mann-Whitney-Pettitt 突变点分析方法

Pettitt 于 1979 年提出了 Mann-Whitney-Pettitt 突变点分析方法（Pettitt，1979）。该方法不仅能够判断出突变点发生的时间，而且可以给出突变点的显著性。对于水文气象要素时间序列 $X=\{x_1, x_2, \cdots, x_n\}$，突变点的计算方法如下：

将水文气象要素时间序列 X 看作两个样本序列 $x_1, \cdots, x_t$ 与 $x_{t+1}, \cdots, x_n$，则统计量

$$V_{t,n}=\sum_{i=1}^{n}\mathrm{sgn}(x_t-x_i) \tag{3-6}$$

$$U_{t,n}=U_{t-1,n}+V_{t,n},\quad t=2,\cdots,n \tag{3-7}$$

其中：

$$U_{1,n}=V_{1,n},\ \mathrm{sgn}(\theta)=\begin{cases}1, & \theta>0\\0, & \theta=0\\-1, & \theta<0\end{cases}$$

突变最可能发生在 $|U_{t,n}|$ 取得最大值时，即

$$K=\max|U_{t,n}| \tag{3-8}$$

对于最可能的突变点 t，近似的显著性统计量 $p(t)$ 采用式（3-9）计算：

$$p(t)=2\exp\left(\frac{-6U_{t,n}^2}{n^3+n^2}\right) \tag{3-9}$$

给定显著性水平 α，若 $p(t)<\alpha$ 则认为水文气象要素时间序列在显著性水平 α 下发生显著突变。

（2）两样本 t 检验方法

两样本 t 检验方法通过检验两组样本是否来自两个“总体均值不同”的总体，来判断水文气象要素时间序列在突变点前后是否发生显著变化。对于突变点前的水文气象要素时间序列 $X_1=\{x_1,x_2,\cdots,x_{n_1}\}$ 和突变点后的水文气象要素时间序列 $X_2=\{x_1,x_2,\cdots,x_{n_2}\}$，两样本 t 检验方法检验的 t 统计量计算方法如下：

$$t=\frac{\overline{X}_1-\overline{X}_2}{\sqrt{s_1^2/n_1+s_2^2/n_2}} \tag{3-10}$$

其中：

$$\overline{X}=\frac{1}{n}\sum_{i=1}^{n}x_i \tag{3-11}$$

$$s=\frac{1}{n-1}\left[\sum_{i=1}^{n}x_i^2-\frac{1}{n}\left(\sum_{i=1}^{n}x_i\right)^2\right] \tag{3-12}$$

在显著性水平 α 下，采用两样本 t 检验方法对突变点前后的水文气象要素时间序列进行检验时，给定原假设“突变点前后的样本不存在显著差异”，比较计算统计量 t 值与服从自由度为 $k=n_1+n_2-2$ 的 t 分布临界值 $t_\alpha(n_1+n_2-2)$，若 $t\geqslant t_\alpha(n_1+n_2-2)$，则拒绝原假设，认为突变点前后的样本存在显著差异。

3.1.5 灰色关联分析

采用灰色关联方法来分析黑河流域径流变化与中游人类活动影响因素的关联程度。灰色关联分析（grey relational analysis）主要用来分析系统中母因素与子因素关系的密切程度。

设有参考数列 $X=\{x_1,x_2,\cdots,x_n\}$ 和若干个比较数列 Y_1，Y_2，…，Y_n，$Y_i=\{y_{i1},y_{i2},\cdots,y_{in}\}$。比较数列 Y_i 与参考数列 X 在 j 时刻的关联系数 ξ_{ij} 由式（3-13）计算：

$$\xi_{ij}=\frac{\Delta_{\min}+\rho\Delta_{\max}}{\Delta_{ij}+\rho\Delta_{\max}} \tag{3-13}$$

其中：

$$\Delta_{ij}=|x_j-y_{ij}| \tag{3-14}$$

$$\Delta_{\min}=\min_i\min_j|x_j-y_{ij}| \tag{3-15}$$

$$\Delta_{\max}=\max_i\max_j|x_j-y_{ij}| \tag{3-16}$$

式中，Δ_{ij} 为 X 与 Y_i 在 j 时刻的绝对差；$\Delta_{\min}$ 为两级最小差；$\Delta_{\max}$ 为两级最大差；ρ 为分辨系数，一般在 0～1，在此取 0.5。

关联度 γ_i 为比较数列 Y_i 与参考数列 X 在各时刻关联系数 ξ_{ij} 的平均值。

$$\gamma_i=\frac{1}{n}\sum_{j=1}^{n}\xi_{ij} \tag{3-17}$$

关联度 γ_i 越大，表明比较数列 Y_i 与参考数列 X 的关联性越好。

3.2 流域径流变化分析

采用3.1节介绍的趋势性检验和阶段性检验方法对黑河流域中上游各水文站的年径流和季径流序列进行分析。在趋势性检验中，显著性水平 α 取值0.05和0.01；在阶段性检验中，显著性水平 α 取值0.05。

3.2.1 流域径流变化趋势

自2000年开始的黑河流域生态调水计划严重改变了中下游的径流状况，为了分析生态调水计划对黑河流域径流产生的影响，分别对1957～2000年时间序列和2000～2012年时间序列（1957～2000年时间序列标记为A时段序列，2000～2012年时间序列标记为B时段序列）的趋势性进行检验。两个时段年径流序列的趋势性检验结果如图3-1和图3-2所示，两个时段季径流序列的趋势性检验结果如图3-3所示。

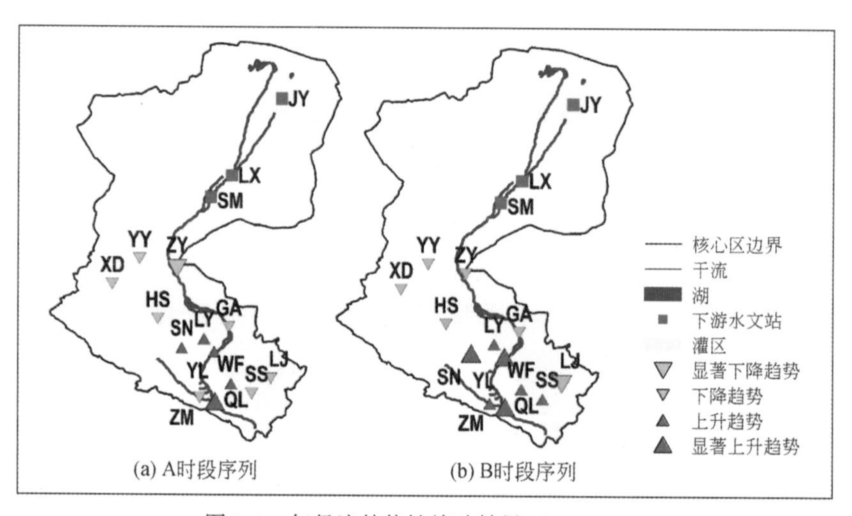

图3-1　年径流趋势性检验结果（α=0.05）

对A时段而言，只有两个站点的年径流序列具有显著的趋势性。一个是上游祁连水文站，具有显著上升趋势，MK检验 Z 值为2.12；一个是中游的正义峡水文站，具有显著下降趋势，MK检验 Z 值为-2.87。其他站点的年径流序列都不具有显著的趋势性。灌区上游的水文站，年径流序列呈轻微上升趋势；灌区下游的水文站，年径流序列呈轻微下降趋势。

B时段与A时段年径流序列的MK检验结果具有明显差别。祁连水文站、莺落峡水文站和肃南水文站的年径流序列具有显著上升趋势，MK检验 Z 值分别为2.87、2.37和2.78。如果更多的水文站表现为显著上升趋势，则说明黑河流域上游年径流的上升趋势越

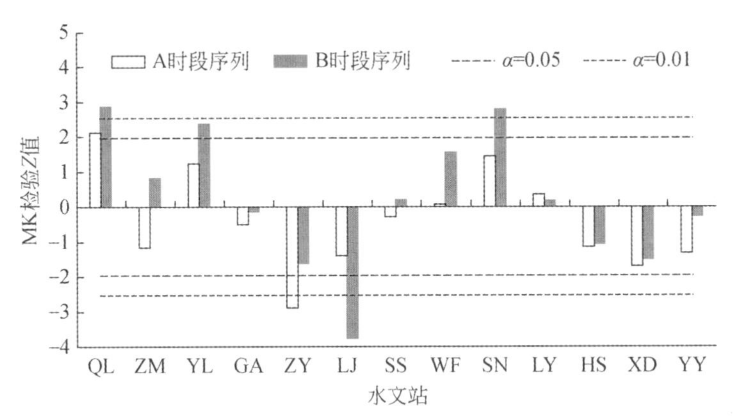

图 3-2　年径流 MK 检验 Z 统计量

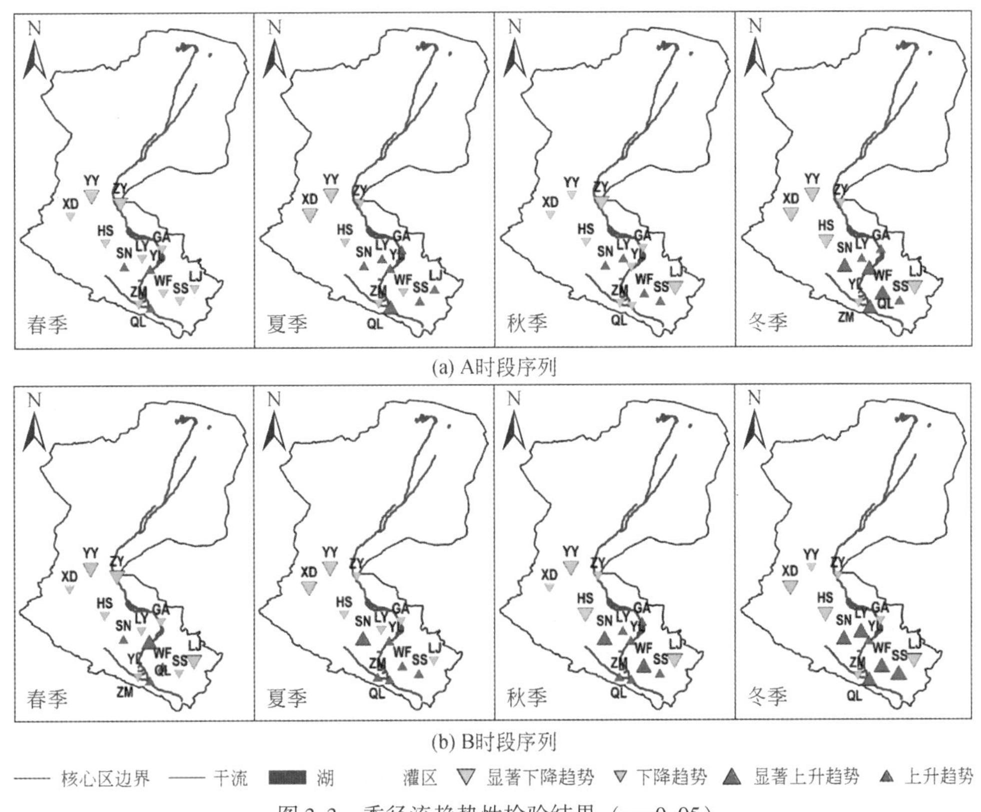

图 3-3　季径流趋势性检验结果（$\alpha=0.05$）

来越显著。正义峡水文站年径流序列的 MK 检验 Z 值为−1.58，下降趋势有所减缓，究其原因是生态调水计划。对其他水文站而言，除了处于流域东部的李家桥水文站年径流序列的下降趋势变得更加显著外，其他水文站年径流序列的趋势性变化不显著。

图 3-3（a）和图 3-3（b）给出了两个时段季径流序列的趋势性检验结果。A 时段各水文站四季径流序列的趋势性基本一致，季径流序列在大多数上游水文站呈上升趋

势，在中游水文站呈下降趋势。夏季和冬季，呈上升趋势的水文站的数量和径流的上升幅度更显著。B时段各水文站四季径流序列的趋势性与A时段基本相似，只是上游水文站径流的上升幅度更加明显，究其原因可能是气候变暖导致上游冰雪融水增大而引起的径流增加。

每年流经正义峡断面的水量即进入黑河下游的地表水资源量；流经居延海水文站的水量即进入东居延海的地表水资源量。图3-4和图3-5分别给出了进入黑河下游的地表水资源量的年变化和月变化趋势。从图中可以看出，2000～2012年，进入黑河下游的地表水资源量呈增大趋势，并且下游哨马营水文站和狼心山水文站的年径流变化曲线与正义峡水文站基本一致。因为气候干旱，正义峡水文站、哨马营水文站、狼心山水文站的年径流在2004年达到最低。2005年以后，进入黑河下游的地表水资源量基本稳定。由于黑河生态调水计划及额济纳三角洲地区的工农业用水，居延海水文站年径流变化曲线与其他几个水文站不同。例如，虽然2008年是丰水年，狼心山水文站的径流量相对较高，但只有0.11亿 m^3 的水进入东居延海。正义峡水文站、哨马营水文站、狼心山水文站和居延海水文站的年平均径流分别为10.1亿 m^3、6.5亿 m^3、5.3亿 m^3 和0.5亿 m^3。

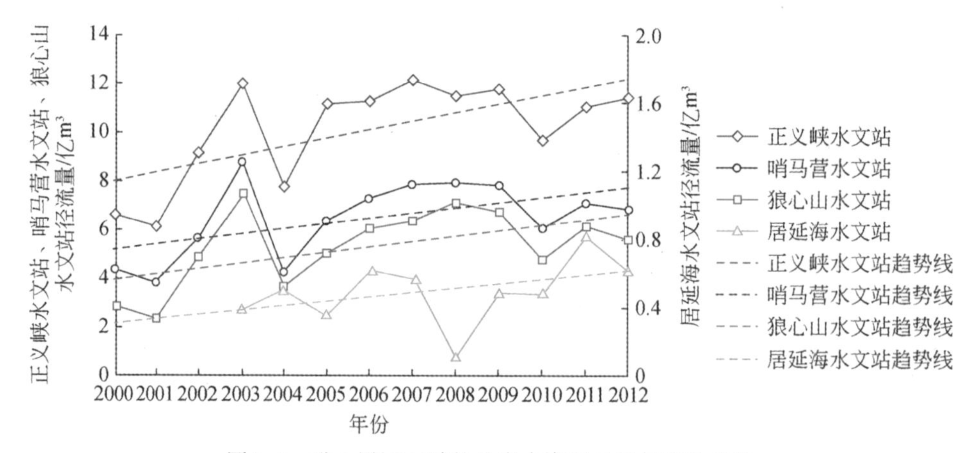

图3-4　进入黑河下游的地表水资源量的年变化趋势

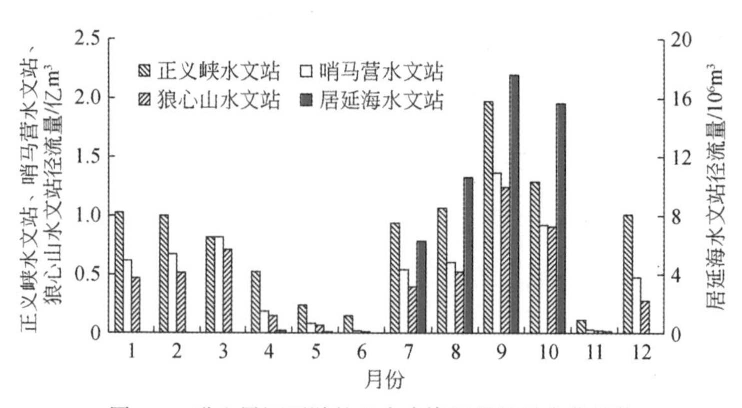

图3-5　进入黑河下游的地表水资源量的月变化趋势

哨马营水文站和狼心山水文站月径流的年内分配与正义峡水文站基本一致：径流主要集中在 7 ~ 10 月，占年径流总量的 50% 以上；5 月、6 月和 11 月径流极少。在 7 ~ 10 月才有地表水进入东居延海。

3.2.2 径流阶段性分析

河川径流发生突变开始的时间可以由径流序列突变点的发生时间表示。首先基于 Mann-Whitney-Pettitt 突变点分析方法计算黑河流域中上游各水文站年径流序列的突变点，然后采用两样本 t 检验方法判断突变点前后的径流序列是否具有显著差异，计算结果见表 3-2。

表 3-2 径流的阶段性计算结果

水文站	突变点分析方法		两样本 t 检验		水文站	突变点分析方法		两样本 t 检验	
	突变时间	p	t	突变点		突变时间	p	t	突变点
祁连水文站	1982 年	0.02	-4.39	S	瓦房城水文站	2001 年	0.30	-2.16	S
扎马什克水文站	2001 年	0.31	-2.31	S	肃南水文站	1980 年	0.09	-2.65	S
莺落峡水文站	1979 年	0.04	-2.65	S	梨园堡水文站	1989 年	0.32	1.58	NS
高崖水文站	1990 年	0.40	1.94	NS	红沙河水文站	1972 年	0.24	1.74	NS
正义峡水文站	1984 年	0.08	2.81	S	新地水文站	1972 年	0.05	2.50	S
李家桥水文站	1990 年	0.00	3.77	S	鸳鸯池水文站	1985 年	0.39	1.91	NS
双树寺水文站	1990 年	0.99	0.67	NS					

注：S 表示显著突变，NS 表示不显著突变

结合径流变化趋势检验结果（图 3-1 和图 3-2）可以看出，在中上游的 13 个水文站中，有 8 个水文站的年径流序列发生了显著突变。位于上游的 5 个水文站的径流序列显著上升：3 个水文站（祁连水文站、莺落峡水文站、肃南水文站）径流序列显著上升开始的时间为 1980 年左右，2 个水文站（扎马什克水文站、瓦房城水文站）径流序列显著上升开始的时间为 2001 年。位于中游的 3 个水文站的径流序列显著下降：正义峡水文站，显著下降开始的时间为 1984 年；新地水文站，显著下降开始的时间为 1972 年；李家桥水文站，显著下降开始的时间为 1990 年。黑河上游人类活动影响较小，基本处于天然状态，所以径流序列的显著上升趋势主要是由气候变化引起的。而中游径流序列的显著下降趋势，是气候变化与人类活动共同作用的结果。

3.2.3 上-中-下游径流差变化分析

莺落峡水文站位于黑河干流上、中游的分界处，其过流量基本代表了进入张掖地区的全部地表水资源量；正义峡水文站位于黑河干流中、下游的分界处，其过流量基本代表了进入黑河下游的全部地表水资源量。鉴于黑河流域支流与干流特殊的水力联系情况，莺落

峡水文站和正义峡水文站之间的水量差基本反映了干流中游地区耗水规模的变化。分析中游地区水资源消耗可以更好地揭示正义峡水文站径流显著下降的原因。莺落峡水文站和正义峡水文站的年径流序列及两个水文站的径流差序列如图 3-6 和图 3-7 所示。

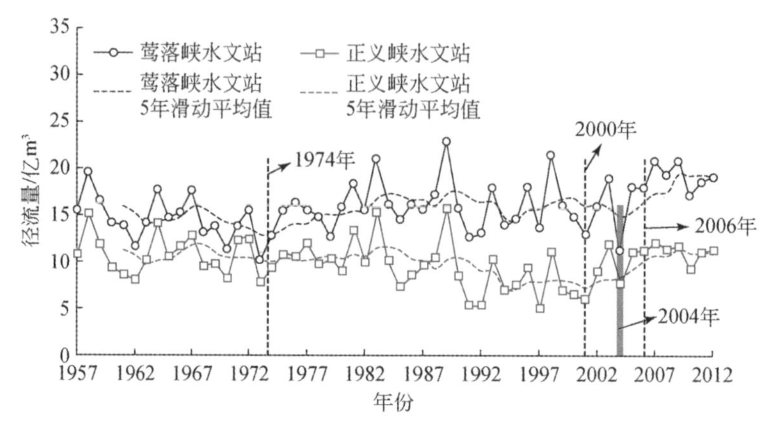

图 3-6　1957 ~ 2012 年莺落峡水文站和正义峡水文站年径流变化

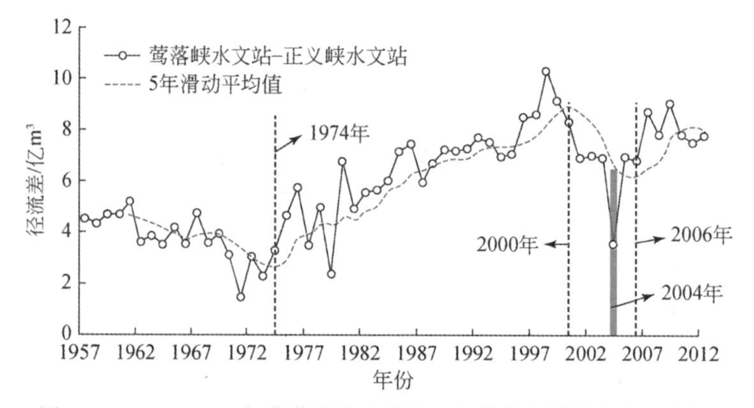

图 3-7　1957 ~ 2012 年莺落峡水文站和正义峡水文站的径流差变化

采用趋势性检验法对 A 时段和 B 时段两个水文站的径流差序列进行趋势性检验，MK 检验 Z 值分别为 5. 83 和 5. 86。采用阶段性检验方法对两个水文站的径流差序列进行检验，发现径流差序列显著上升开始的时间为 1982 年。1982 年前后，中游张掖地区的多年平均水资源消耗量分别为 4. 01 亿 m^3 和 7. 32 亿 m^3。这表明，黑河中游地区的耗水量日益增大，并且于 20 世纪 80 年代初开始显著增大。

根据两个水文站径流差序列的 5 年滑动平均值曲线，可以将径流序列划分为 4 个阶段，即稳定下降阶段（1957 ~ 1974 年）、稳定上升阶段（1975 ~ 1999 年）、稳定下降阶段（2000 ~ 2005 年）和稳定上升阶段（2006 ~ 2012 年）。第一阶段中游地区耗水量下降的原因，可能是由干旱的气候条件与水资源开发利用工程措施缺乏的共同作用导致的。第二阶段中游地区耗水量的稳定上升明显是由于社会经济的不断发展。2000 年以后，黑河生态调水计划的实施，规定了正义峡断面的最低下泄水量，限制了中游地区的可用水资源量。第三阶段为了保证正义峡水文站的下泄流量，中游地区在枯水年只能利用相对较少的水资源，如枯水年2004年径流差序列为低谷值，说明枯水年的耗水量显著减少。虽然生态调水计划规定了正义峡水文站下泄水量的最低值，但并不是中游地区的可用水资源总量，所以中游地区耗水量在第四阶段有所增加，并在丰水年消耗了更多的水资源。因此，降水的丰枯成为制约中游地区水资源消耗的重要因素。

3.2.4 黑河流域降水量与温度的变化分析

为了讨论径流变化的气候影响因素，本节对降水与温度的年序列和季序列进行趋势性与阶段性检验。在趋势性检验中，显著性水平 α 取值0.05和0.01；在阶段性检验中，显著性水平 α 取值0.05。

3.2.5 降水量与温度的变化趋势

1960～2012年黑河流域上游、中游、下游的年降水量与年平均气温时间序列的趋势性检验结果如图3-8所示。

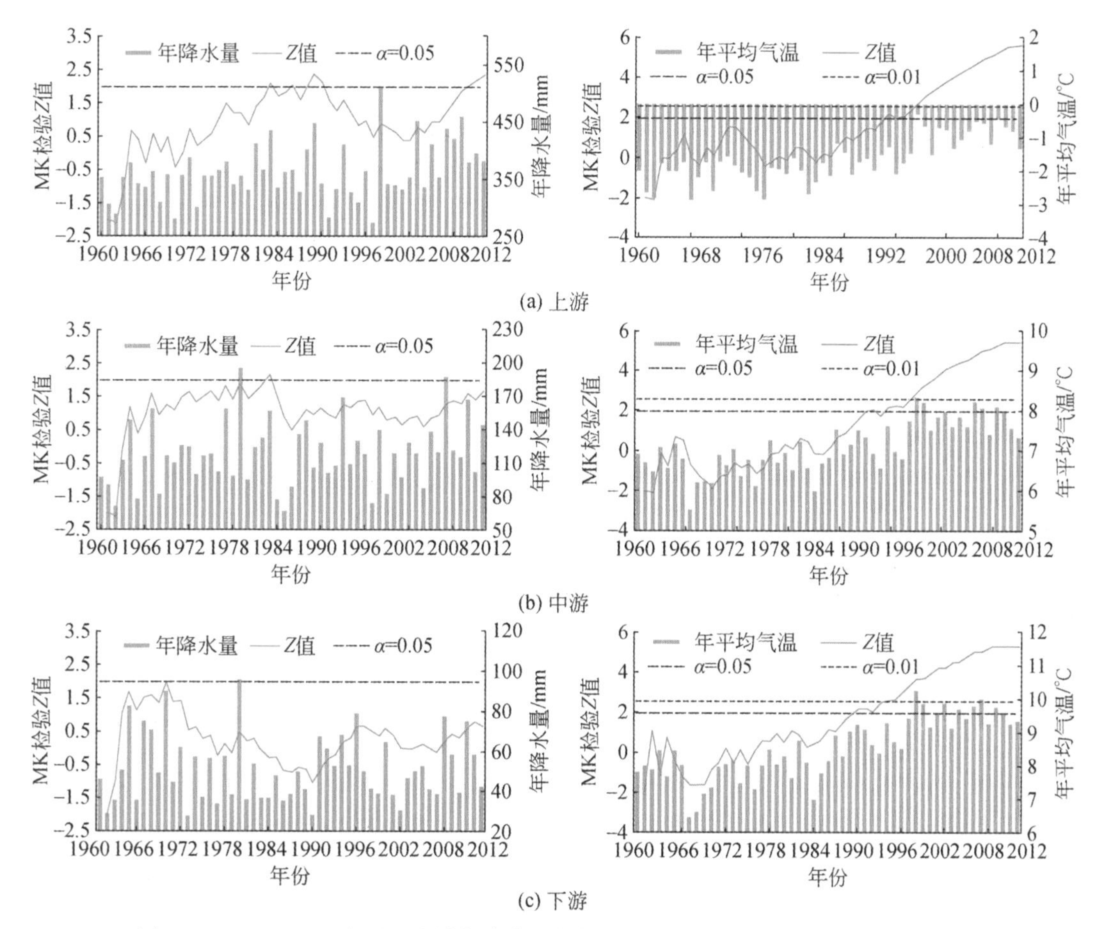

图3-8 1960～2012年黑河流域年降水量与年平均气温时间序列及其MK检验结果

黑河流域降水量在1960～2012年总体呈上升趋势。上游的年降水量序列呈显著上升趋势，MK检验 Z 值为2.35；中游的年降水量序列呈不显著上升趋势，MK检验 Z 值为1.63；下游的年降水量序列呈轻微上升趋势，MK检验 Z 值为0.69。降水量的年际变化曲线表明，黑河上游在2003～2012年进入丰水期，而这种特征在中下游并没有发现。黑河流域温度在1960～2012年呈显著上升趋势。年平均气温在1997年以前震荡上升，在1997年以后明显高于多年平均值，1968年年平均气温最低。年平均气温在黑河上游的显著上升开始于1993年，在中游开始于1991年，在下游开始于1990年。MK检验 Z 值在上游、中游、下游分别为5.6、5.5和5.3，较大的 Z 值表明黑河流域具有十分显著的变暖趋势。

1960～2012年黑河流域上游、中游、下游季降水量和平均气温序列的MK检验结果如图3-9所示。黑河上游季降水量序列的MK检验结果显示，夏季降水量显著增加。因此，上游年降水量的显著增加主要是由夏季降水量的增加导致的。在中下游，冬季降水量的增加趋势相对其他季节更为显著。对平均气温而言，当显著性水平 α 取值0.01时，所有季节都呈显著上升趋势。在上游，平均气温在秋季和冬季的上升趋势较其他季节更为显著，MK检验 Z 值为5.82；在下游，平均气温在夏季的上升趋势较其他季节更为显著，MK检验 Z 值为6.53；在中游，平均气温各个季节上升趋势相当，MK检验 Z 值为3.55左右。

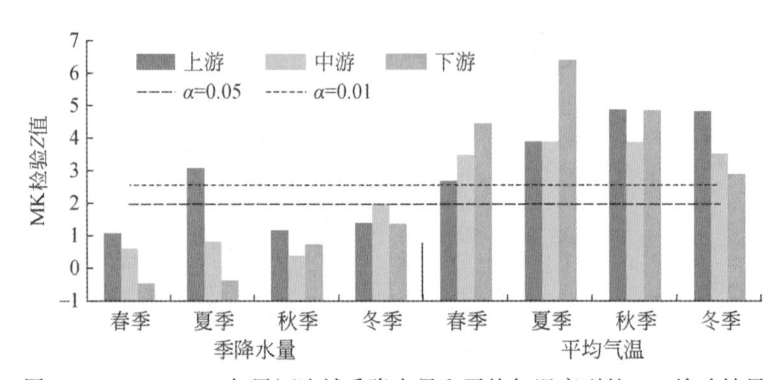

图3-9　1960～2012年黑河流域季降水量和平均气温序列的MK检验结果

图3-10（a）给出了年降水量和年平均气温序列趋势性检验结果的空间分布。当显著性水平 α 取值0.05时，17个降水站中只有位于上游的3个降水站年降水量序列呈显著上升趋势，其他降水站年降水量序列的趋势性均不显著。在不具有显著趋势性的降水站中，4个呈轻微上升趋势的降水站都位于下游。当显著性水平 α 取值0.05时，17个气温站的年平均气温序列呈显著上升趋势，MK检验 Z 值为3.58～6.29。图3-10（b）给出了降水量与平均气温变化幅度的空间分布。上游降水量的上升幅度为6～9mm/10a；中游降水量的上升幅度为3～6mm/10a。在下游的西北地区，降水量呈下降趋势，下降幅度为0.71mm/10a。从东南到西北，平均气温的上升幅度为0.31～0.41℃/10a。

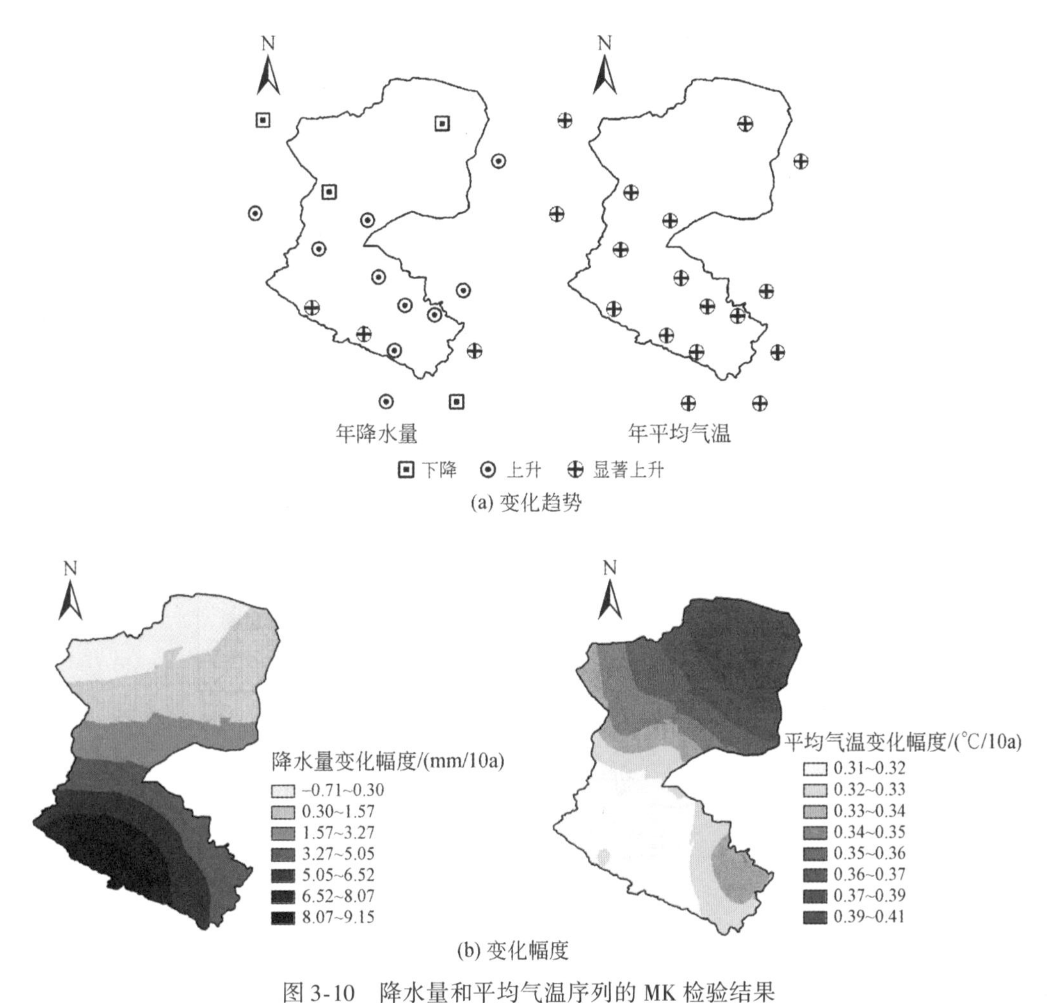

图 3-10　降水量和平均气温序列的 MK 检验结果

3.2.6　降水量与温度的阶段性分析

年降水量与年平均气温序列阶段性检验结果如图 3-11 所示。17 个降水站中，有 3 个降水站年降水量序列发生了显著突变，2 个具有显著上升趋势的突变分别发生在 1981 年和 1986 年，1 个具有显著下降趋势的突变发生在 1997 年。与降水量不同，所有气温站的年平均气温序列都发生了显著的上升突变，13 个气温站显著上升开始的时间为 1986 年，1 个气温站显著上升开始的时间为 1992 年，3 个气温站显著上升开始的时间为 1996 年。

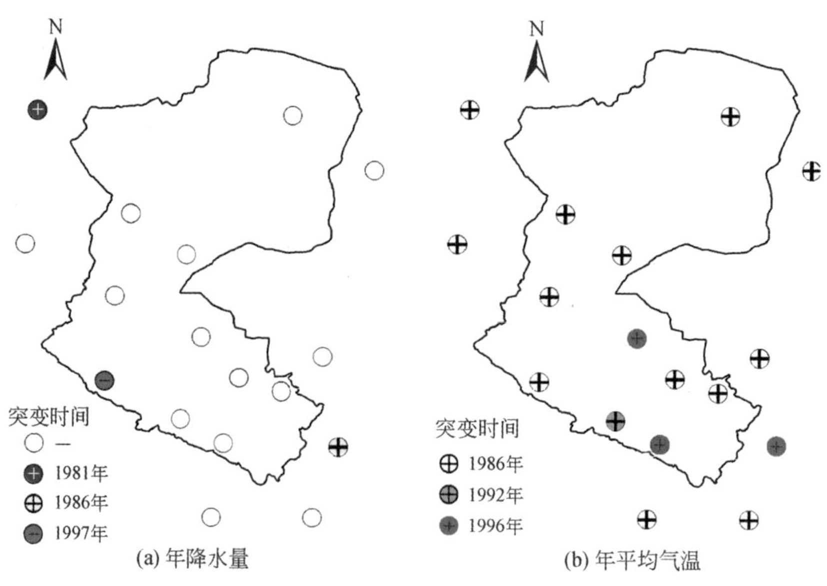

图 3-11　年降水量和年平均气温序列的阶段性检验结果

3.3　径流变化的影响因素分析

3.3.1　气候变化对径流的影响

黑河流域上游山区人类活动强度很弱，可以认为径流的变化只受自然因素的影响。一般而言，河川径流随降水量的增加而增大，随气温的上升而减少（Fu et al., 2007；Xu et al. ,2010)。在我国西北干旱区，降水和冰雪融水是山区径流的主要来源。黑河流域上游祁连山区的降水量显著增加，且 2003 ~ 2012 年为连续丰水年，这是造成出山口径流增大的原因之一。在黑河流域上游祁连山区，海拔 4000m 以上的山峰终年积雪，是很多河流的发源地。冰川和积雪的融化是径流的有效补充（Qin et al., 2013a)。许多研究表明，黑河流域上游祁连山区在过去的几十年雪线有所提升，冰川也有所消逝（Sakai et al., 2006；Wang and Li, 2006；Zhang et al., 2012)。相关研究还表明，1970 年至今，祁连山区的融雪径流呈明显增大趋势（Wang and Li, 2006)。因此，气温的显著上升导致黑河流域上游山区冰雪融水增加，是径流增大的另一原因（Nakawo, 2009)。

从图 3-12 可以更明显地看出气候变化对径流的影响。以莺落峡水文站的多年平均月径流过程为例，2001 ~2012 年的春季径流和夏季径流明显较 1981 ~2000 年和 1957 ~ 1980 年大。3 ~5 月，融雪是径流的重要组成成分，气温上升导致融雪增大是春季径流增大的原因。夏季降水量的增大是汛期径流增大的原因。

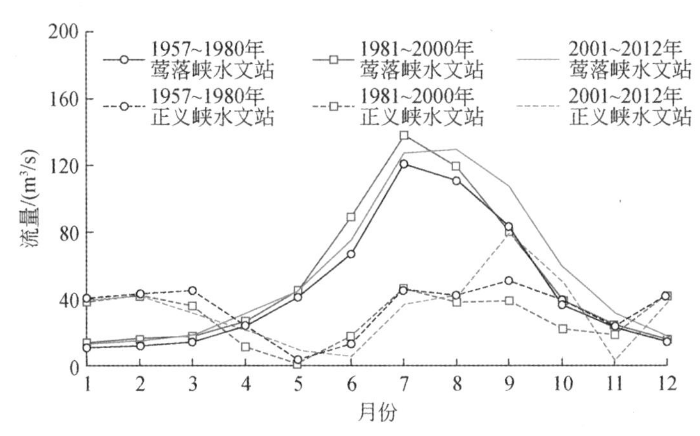

图 3-12 1957 ~ 2012 年莺落峡水文站和正义峡水文站的月径流变化

黑河流域中下游由于低降水和高强度蒸发，几乎不产流，且中下游降水量的增加幅度并不明显。因此，中游降水量的增加对径流的影响可以忽略。中下游气温上升，导致更高强度的蒸散发，使中下游河川径流减少。

3.3.2 人类活动对径流的影响

河流径流是维持黑河流域绿洲和灌溉农业的最重要水源。在过去的几十年，黑河流域的径流状况受到人类活动的强烈影响。人类活动对径流的影响主要表现在地表地下水开采、土地利用变化、水利工程开发、与水相关政策的制定和实施等方面。下面从社会经济发展、与水相关政策的制定和实施、人类活动三个方面具体分析历史条件下径流所受的影响。

1. 社会经济发展对径流的影响

黑河流域中游是水资源消耗区，耗水量约占黑河流域总用水量的 90%。张掖市是位于黑河流域中游的主要城市，人口占黑河流域人口总数的 92%，地区生产总值占黑河流域的 83%。此外，全流域 80% 以上的灌溉绿洲和 95% 以上的可耕地皆分布在张掖市及其邻近区域。该地区社会经济的发展使得黑河流域中游水资源消耗增大。

张掖市是重要的商品粮食生产基地，农业灌溉用水约占张掖市总用水量的 90%。人口的增长、农田面积的扩张、农业用水量的增加是造成黑河流域下游河川径流减少的最重要因素。人口普查资料显示（图 3-13），1950 年张掖市人口不足 60 万人，而后稳步增长，到 2010 年达 130 万人。为了满足新增人口对粮食的需求，耕地面积随之大幅增加。20 世纪 50 年代，张掖灌区的耕地面积仅为 68 667hm^2，到了 2002 年已经扩张到 212 000hm^2（Wang et al.，2005）。

在干旱区有灌溉才有农业，因此流域内建造了大量灌溉渠网、抽水泵站和蓄水工程，以扩大灌溉能力，支撑绿洲农业的发展。截至 2009 年，张掖市有 159 条干渠、782 条支

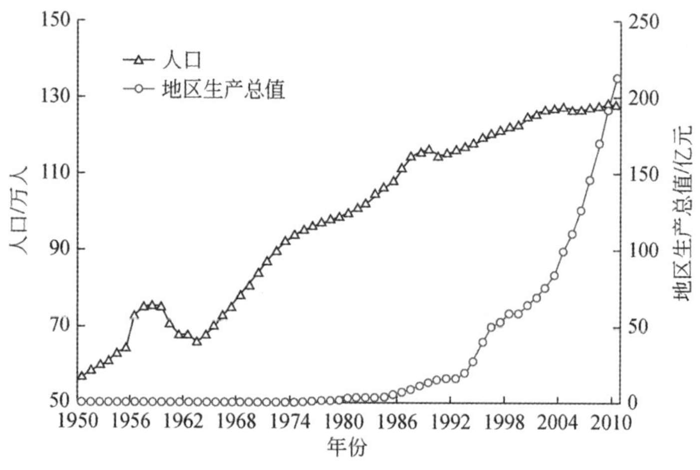

图 3-13 1950 ~ 2010 年张掖市人口和地区生产总值

渠、5315 条斗渠、6228 眼抽水井和大小水库 53 座。张掖市的粮食产量（图 3-14）也从 1950 年的 5.10 万 kg 增加到 2010 年的 109.23 万 kg。由于农业的发展，黑河流域中游实际蒸散发总量大幅增加，1967 年、1986 年和 2000 年蒸散发量分别为 11.13 亿 m^3、13.16 亿 m^3 和 14.91 亿 m^3（Zheng et al.，2013）。

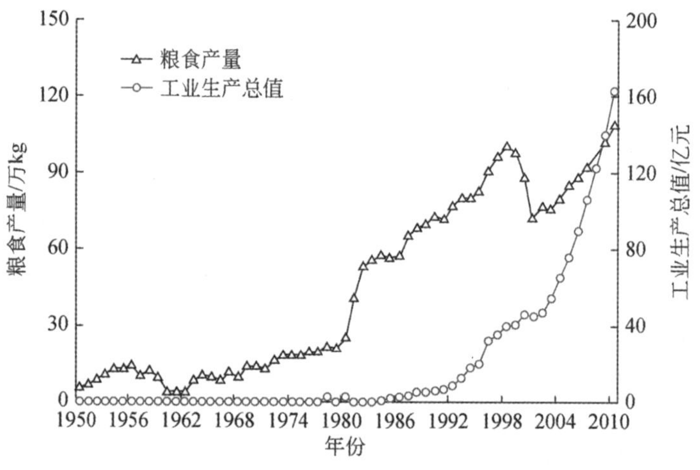

图 3-14 1950 ~ 2010 年张掖市粮食产量和工业生产总值

黑河流域下游径流的月变化过程可以更清楚地反映灌溉对径流的影响。一般黑河流域上游径流的年内分布呈单峰型。例如，图 3-12 的莺落峡水文站，径流从 3 月开始增大，到 7 月和 8 月进入主汛期达到峰值，然后开始下降。如果没有中游的取用水活动干预，正义峡断面径流的年内分配过程应与莺落峡断面相似。然而，黑河流域下游河道径流在灌溉期（5 ~ 7 月）基本干涸，主汛期（7 ~ 10 月）重新出现，11 月再次降低或者干涸（参考图 3-12 正义峡水文站的径流过程）。河道径流的年内变化与农业灌溉密切相关。另外，1980 年以后农业灌溉用水显著增加，正义峡断面 1981 ~ 2000 年的流量过程线明显低于

1957～1980年。

虽然工业和第三产业的耗水量不足张掖市总用水量的10%，但其用水量的增加仍是黑河流域径流减少的原因。我国的经济体制改革始于1978年，新工业部门数量大大增长，促进了国内生产总值的迅速增加。1985年以后，张掖市工业生产总值呈指数增长，2010年为160亿元（图3-14）。1952年张掖市第一、第二、第三产业比例分别为72%、7%和21%，1980年分别为47%、30%和23%，2012年分别为28%、36%和36%。工业和服务业的迅速发展，必然增加了张掖市的用水需求（Wang et al.，2009）。

1985～2001年，黑河流域中游耗水量从5.13亿m^3增加到8.71亿m^3（Qi and Luo，2005）。农业的快速发展和经济的快速增长都始于20世纪80年代初。正义峡断面径流的显著下降开始于1979年，莺落峡断面与正义峡断面之间径流差的显著上升开始于1982年。时间上的一致性进一步证明了黑河流域下游径流的减少主要是由于中游农业和经济的发展。

2. 与水相关政策的制定和实施对径流的影响

对于受人类活动影响强烈的黑河流域中下游，国家和当地政府的相关政策导向直接或间接影响了流域的用水消耗，进而导致径流变化。20世纪80年代，建设“河西走廊”粮食生产基地政策快速推进了农业和灌溉工程的发展（王阳，1998）。粗犷的发展模式使黑河流域中游无水下泄，下游河道干涸断流，剥夺了下游人口和脆弱的生态环境赖以生存的有限水源，严重破坏了下游戈壁沙漠地区的生态环境系统，中下游地区的水资源矛盾愈演愈烈。

为了恢复黑河流域严重退化的生态系统，1997年12月，国务院审批了《黑河干流水量分配方案》。1999年1月，中央机构编制委员会办公室批准成立水利部黄河水利委员会黑河流域管理局，明确其实施黑河水量统一调度的职责。2001年8月，国务院批复《黑河流域近期治理规划》，安排23.5亿元投资进行较大规模的流域近期治理。2009年5月，水利部颁布了《黑河干流水量调度管理办法》，为巩固扩大黑河水资源统一管理与调度成果提供了法规依托和保障。2000年以后黑河下游径流的增大是生态调水计划实施的直接结果。2000～2005年，向黑河下游间歇性调水16次，水量达52.8亿m^3（Guo et al.，2009）。

3. 人类活动与径流变化的相关关系

上面两部分定性讨论了径流变化与人类活动之间的相关关系。本部分定量分析径流变化和黑河流域中游人类活动之间的相关性。基于收集到的研究数据，采用灰色关联方法研究黑河流域中游的耗水量（正义峡水文站与莺落峡水文站的径流差）与可量化的人类活动（粮食产量、工业生产总值、农村人口和城市人口）之间的相关性。灰色关联系数越大，表明该项人类活动对径流的影响越大。表3-3给出了不同时段，黑河中游耗水量与四项人类活动因子之间的灰色关联系数。

表 3-3　黑河中游耗水量与四项人类活动因子之间的灰色关联系数

时段	人类活动因子			
	粮食产量	工业生产总值	农村人口	城市人口
1957～2010 年	0.77	0.32	0.83	0.81
1957～1980 年	0.80	0.58	0.81	0.79
1981～2000 年	0.87	0.69	0.91	0.90
2001～2010 年	0.85	0.77	0.85	0.82

总体来看，整个研究期 1957～2010 年，人口变化是影响水资源消耗的最重要因素。农村人口和城市人口与耗水量之间的灰色关联系数均大于 0.8。与农业、林业、牧业和渔业水资源消耗密切相关的农村人口与耗水量之间的灰色关联系数最大。与农业用水消耗相关的粮食产量与耗水量之间的灰色关联系数为 0.77，是影响水资源消耗的第二大因素。反映工业用水的工业生产总值与耗水量之间的灰色关联系数最小，只有 0.32。观察 1957～1980 年、1981～2000 年和 2001～2010 年三个时段的灰色关联系数可以发现，与工业用水关系密切的工业生产总值与耗水量之间的关联系数越来越大，即工业生产对水资源消耗的影响越来越大；粮食产量与人口对水资源消耗的影响是先增大后减小。这种情况一是与产业结构调整有关，二是受到黑河流域生态调水计划的影响。

为了进一步讨论人类活动对水资源的影响，基于 1957～2000 年的统计数据，建立耗水量（Y_{wc}）与人类活动因子（X_1：粮食产量；X_2：工业生产总值；X_3：农村人口；X_4：城市人口）之间的多元线性回归模型，然后用该模型预测 2001～2010 年黑河中游耗水量，多元线性回归方程为 $Y_{wc}=3.641+0.065X_1-0.004X_2+0.124X_3-0.028X_4$。图 3-15 给出了 1957～2010 年黑河中游实际耗水量与预测耗水量曲线。

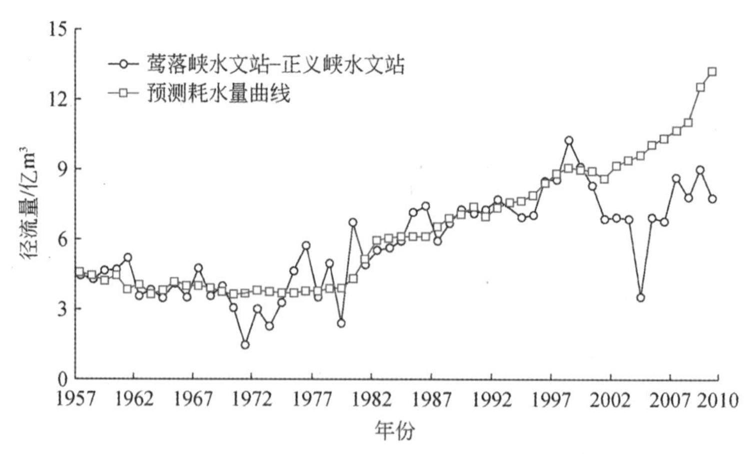

图 3-15　1957～2010 年黑河中游实际耗水量与预测耗水量

2000 年以前，实际耗水量与多元线性回归方程模拟值的变化趋势一致，拟合较好。这表明，建立的多元线性回归方程可行，且选取的人类活动因子对耗水量变化的贡献大，具有代表性。流域耗水量变化是水文、土壤、大气、生态和社会经济等多重因素综合作用的结果，相互关系非常复杂，因此实际耗水量曲线中小范围的波动并没有在预测耗水量曲线中反映出来。2000 年以后，实际耗水曲线与多元线性回归方程模拟值拟合较差，说明人口、经济等因素不再是影响耗水量变化的主导因素，可能是受生态调水计划等政策的导向作用。

3.3.3 径流变化的生态环境影响

近几十年来，人类活动使黑河流域中游耗水量不断增大，下泄水量持续减少，改变了径流的时间和空间分配，造成下游环境恶化和生态系统退化。下游的尾闾湖，曾经碧波荡漾的西居延海和东居延海分别于 1961 年和 1992 年彻底干涸。随着地表来水的减少，地下水位大幅下降，下降幅度达 1.2 ~ 2.5m。地下水位的下降使得依赖地下水生存的荒漠植被退化，土壤沙化加剧（Feng et al.，2004）。由于沙漠侵蚀日益严重，额济纳旗被认为是中国北方沙尘暴的源区（Wang et al.，2004）。20 世纪 50 ~ 90 年代，黑河下游的草本植物种类从 200 种下降到 80 种，牧草种类从 130 种下降到 20 种（Wang and Cheng，2000）。河岸带的胡杨林因河流的干涸而大面积死亡。植被的退化破坏了野生动物的栖息环境，黑河流域 26 种珍稀野生动物，9 种已经灭绝，10 种已经迁移（Gong，1998）。

开始于 2000 年的黑河流域生态调水计划使得黑河下游生态环境有所改善。随着正义峡下泄流量的增大，黑河下游地下水位有所抬升，绿洲也有所恢复（Guo et al.，2009；Wang et al.，2011a）。2002 年，东居延海获得了第一次调水补给，至 2005 年其水面面积已经扩大到 35.7km^2，在一定程度上恢复了下游的湖泊生态系统。虽然生态调水计划使得黑河下游生态系统有所改善，但其程度还远远不够。水资源合理配置和可持续利用仍然是黑河流域面临的一大挑战。

3.4 流域地下水变化分析

在人类活动和气候变化的双重作用下，地下水的天然平稳状态遭到了干扰和破坏，在某种程度上呈现出一定的阶段性或趋势性变化（Vousoughi et al.，2013）。因此，分析地下水位及灌区抽水动态时间序列的特征和趋势，有助于查明和分析地下水变化的原因及在水文循环过程中的作用，为分布式地下水数值模型的建立提供一定的可靠基础。本节采用 3.1 节介绍的统计学方法分析黑河流域地下水位变化及抽水灌溉的趋势特征。

3.4.1 多年地下水动态变化分析

通过对时间序列数据的分析和统计检验，初步获取了流域地下水位变化的动态趋势。图 3-16 和表 3-4 为 1986 ~ 2008 年黑河流域地下水动态变化趋势，观测井的位置分布参照

图2-5。其中，中游山前冲积扇（Well_273、Well_303 和 Well_261，多年平均地下水埋深依次为 37m、7m 和 11m）由于海拔相对较高，地下水埋深较深，总体水位呈下降趋势（P=0.000），但存在明显的阶段性。2000 年以前，水位呈持续下降趋势，2000 年以后水位有所回升。中游盆地边缘细土平原地区为双层或多层承压含水层交互地带，地下水埋深较浅。观测井 Well_298、Well_299 和 Well_300 的多年平均地下水埋深分别为 1.5m、3.8m 和 1.2m，其中 Well_298 呈现出较大波动，但总体无显著变化趋势（P=0.470），Well_300 在 2000 年以前保持稳定，在经历急剧下降后呈上升趋势。Well_299 呈显著下降趋势（P=0.000）。下游荒漠平原沿河地下水观测井（Well_409、Well_405 和 Well_406）多年平均地下水埋深分别为 2.5m、5.4m 和 2.1m，突出了湖积盆地的特点。总体上，1986～1993 年水位均呈下降趋势，1994～2001 年水位逐渐回升，到 2000 年后东河的上半段（Well_409）和西河均呈显著上升趋势，而东居延海水位持续下降。

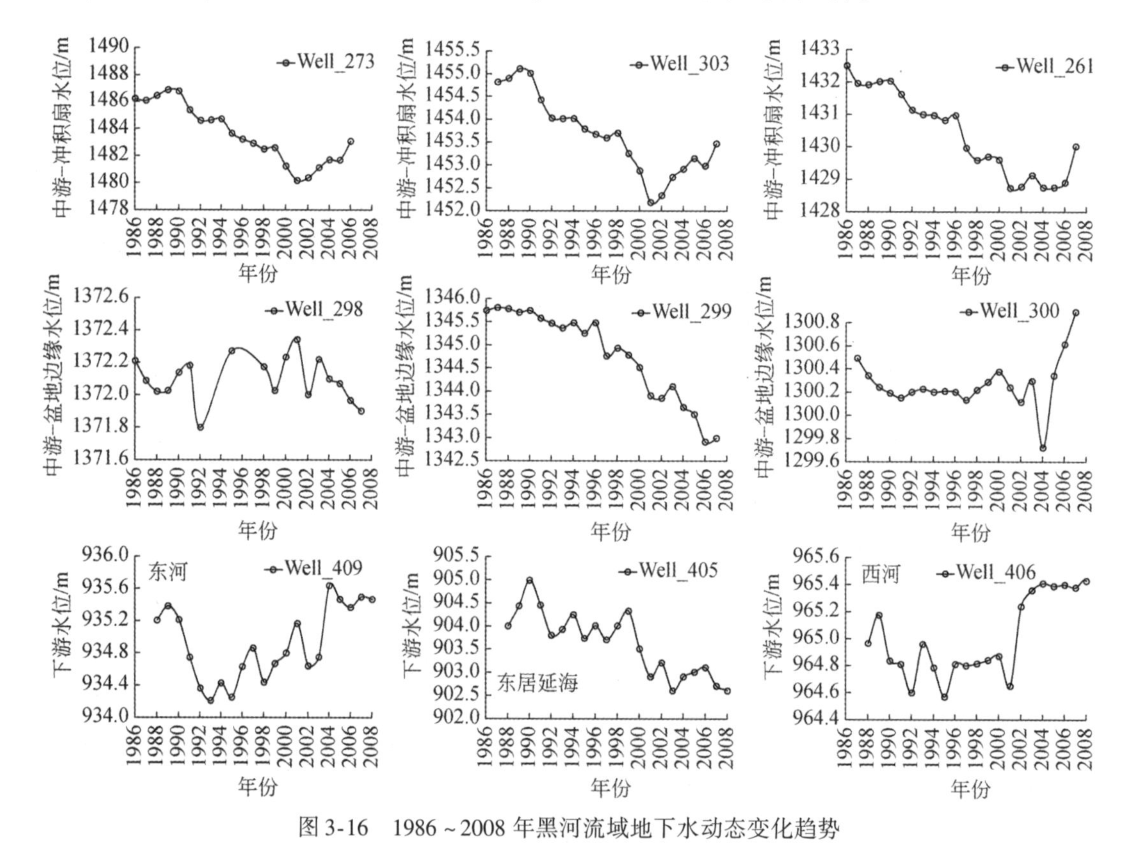

图 3-16　1986～2008 年黑河流域地下水动态变化趋势

表 3-4　1986～2008 年黑河流域地下水动态变化趋势统计

统计量	Well_273	Well_303	Well_261	Well_298	Well_299	Well_300	Well_409	Well_405	Well_406
Z	-0.764	-0.731	-0.764	-0.131	-0.876	0.158	0.339	-0.683	0.408
P	0.000	0.000	0.000	0.470	0.000	0.330	0.030	0.000	0.008

3.4.2 河道-地下水动态变化分析

通过系统梳理河道径流历史资料，并结合地下水位数据，获取了河道与地下水补给的初步关系。图3-17为1981～2009年黑河流域中游河道沿程损失量与地下水位变幅。此处采用变幅，即该观测井在当年的水位与历年最低水位的差值，比较不同高程的水位变化。用沿程损失量表示河道与地下水的交互关系，其值为正表示河道渗漏补给地下水，其值为负表示地下水出露排泄到河道中。从山前冲积扇河段（莺落峡—高崖段）可以看出，此区间以地表水补给地下水为主，由于还有一部分河流被引入灌区，地表水在该区的损失量高达40%。而在高崖—正义峡段，地表-地下水呈相互补给排泄的动态变化趋势，其作用主要体现在一方水量或者水位的变化会马上反馈给另一方，地表-地下水相互响应敏感。

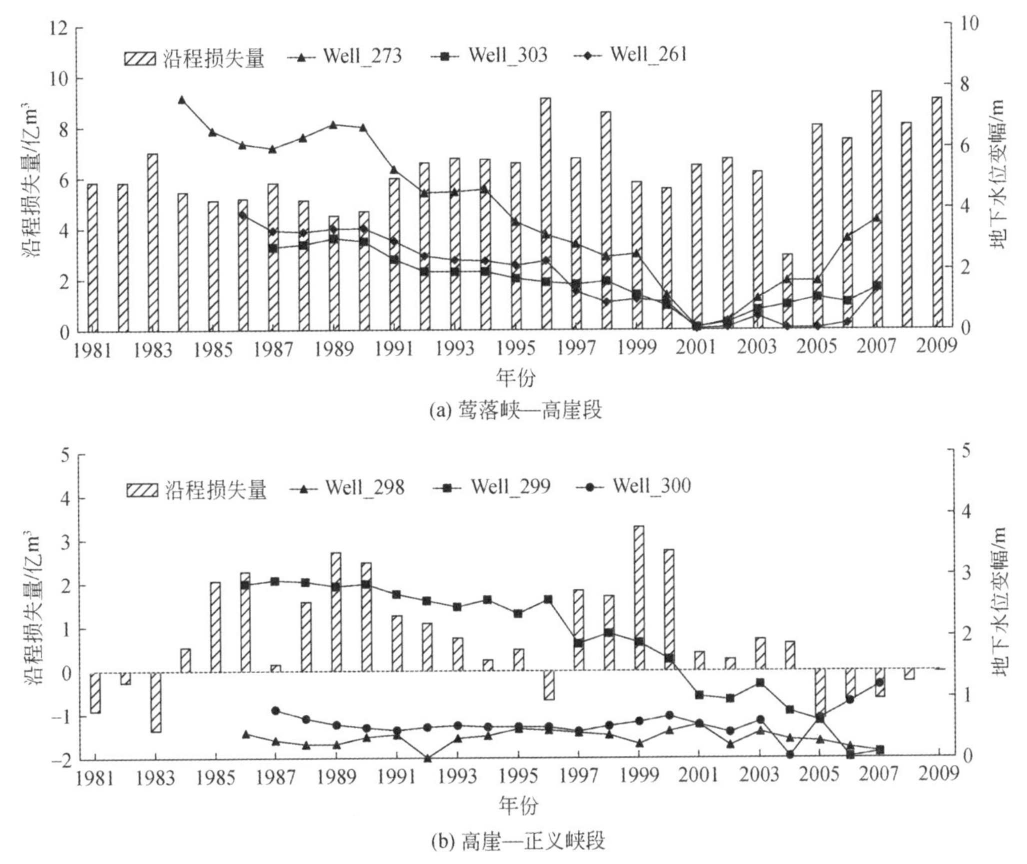

图3-17 1981～2009年黑河流域中游河道沿程损失量与地下水位变幅

图3-18为1991～2012年黑河流域下游河道径流变化及地下水位变幅。前期研究表明，自狼心山以北东河河道的渗漏补给率约为80.5%，而西河河道的渗漏补给率约为69.9%

（武选民等，2002，2003）。1991～2000 年，下游额济纳旗狼心山水文站的年径流量为3.77 亿 m^3，而2000 年后年径流量为5.5 亿 m^3。根据黑河流域生态调水计划，生态输水的政策以给东河配水为主，水量约为西河的2.23 倍（Ao et al.，2012）。

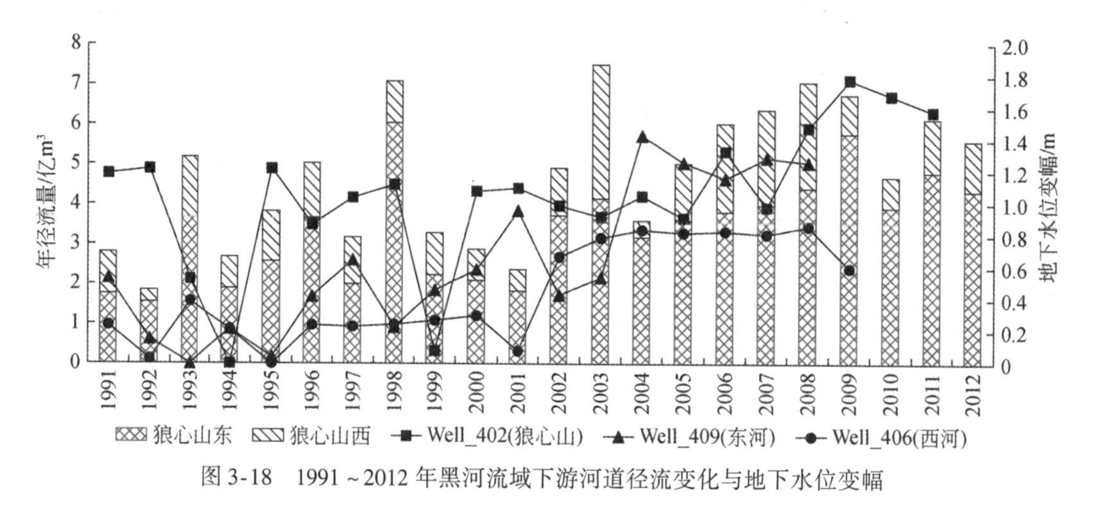

图 3-18　1991～2012 年黑河流域下游河道径流变化与地下水位变幅

3.4.3　用水量分析

通过对黑河流域中游张掖市水利年报等数据的梳理，初步确定该区农业灌溉（地表引水量和地下引水量，地下引水即抽水）的动态变化趋势。从图 3-19 可以看出，总灌溉引水量呈下降趋势（$P=0.001$），从 1986 年的约 16 亿 m^3 减少到 2009 年的约 14 亿 m^3，主要原因为地表引水量的减少。地下引水量逐年增多，呈明显的上升趋势（$P=0.000$）。2000 年以前，地表引水量占总引水量的 93.3%；2000 年以后，地表引水量占总引水量的 77.2%。

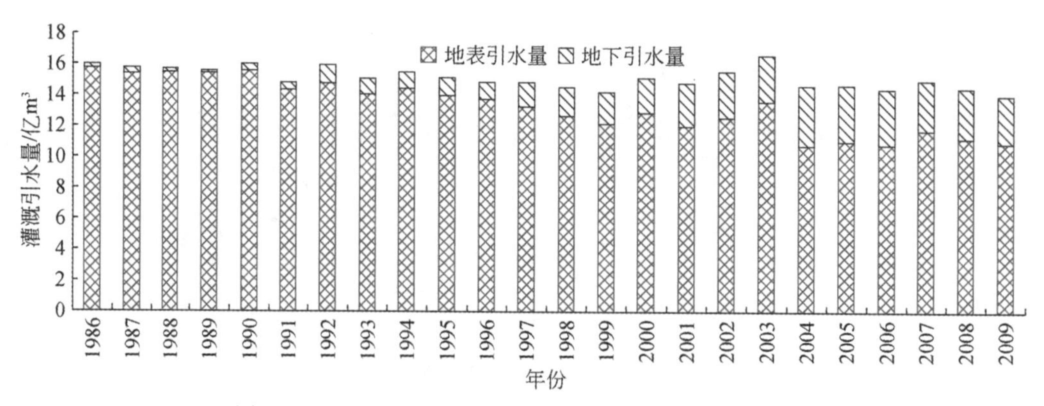

图 3-19　1986～2009 年黑河流域中游张掖市灌溉引水量

3.5 本章小结

在过去的几十年，虽然来自黑河上游的径流明显增加，但进入下游的径流明显减少，直接原因是中游快速的人口和经济增长带来的耗水量的增大。气候变化导致的上游径流的明显增加以及 2000 年起实施的生态调水计划减缓了下游径流的下降趋势。

气候变暖是河川径流变化的因素之一。气温的显著上升和降水量的轻微增加使得上游山区进入中游的水资源量增大。中下游地区，气温的显著上升导致蒸发量增大，促使河川径流减少。定性和定量分析结果表明，黑河中游农业和社会经济的发展是黑河下游干流径流下降的最主要驱动力。生态调水计划的实施，是 2000 年以后黑河下游水文情势发生改变的决定性因素。黑河流域水资源的合理配置和可持续利用仍然需要系统考虑所有相关的社会经济状况和生态环境条件。

第4章 基于观测的黑河流域地表–地下水交互过程分析

4.1 流域中下游水文过程监测及分析

为确保建模工作的顺利进行，除了对黑河流域中下游已获得的观测数据和研究成果（水文气象、陆面水文、地下水、植被生态等方面）进行整合外，本研究还制定了针对性的补充观测计划和试验方案，识别过程认知和建模数据方面存在的缺陷，最终形成对黑河流域生态–水文过程的系统性认识，辅助建模工作的顺利进行。

4.1.1 流域水文监测网建设

2013 年开始，在黑河流域中下游关键地区安装水位自动监测仪器（Diver）9 台，对地表水和地下水位进行动态监测。具体包括地表水监测点 6 个（莺落峡水文站、高崖水文站、正义峡水文站、哨马营水文站、狼心山水文站和东居延海水文站），地下水监测点 3 个（祁连水文站、临泽水文站和额济纳水文站）(图 4-1)。监测频率为每小时一次，监测项目包括水压、水温、电导率、气压和气温，监测设备原理如图 4-2 所示。数据实时传输到北京大学水资源研究中心的服务器上，可作为独立的数据源进行相关影响因子分析，也可作为独立于模型的数据信息校验流域生态水文模型。

4.1.2 监测数据简介

以高崖水文站的监测数据为例，分析该站点日均水位与河道流量的时间变化序列，如图 4-3 所示。河水水位主要受河道流量控制，流量峰值由夏季强降雨产生的地表径流所致。

以临泽水文站为例，高精度（1h）的地下水位监测数据能够较好地反映地下水位日波动趋势。从图 4-4 可以看出，地下水位的波动与温度的波动趋势正好相反。地下水位的长期变化受蒸散发、地下水补给、人类活动（抽水、灌溉）等的共同影响，因此可将实测值与模型模拟值进行比较，探求数据背后的水文学机理。

(a) 水位监测点　　(b) 野外安装图

图 4-1　水位监测点及野外安装图

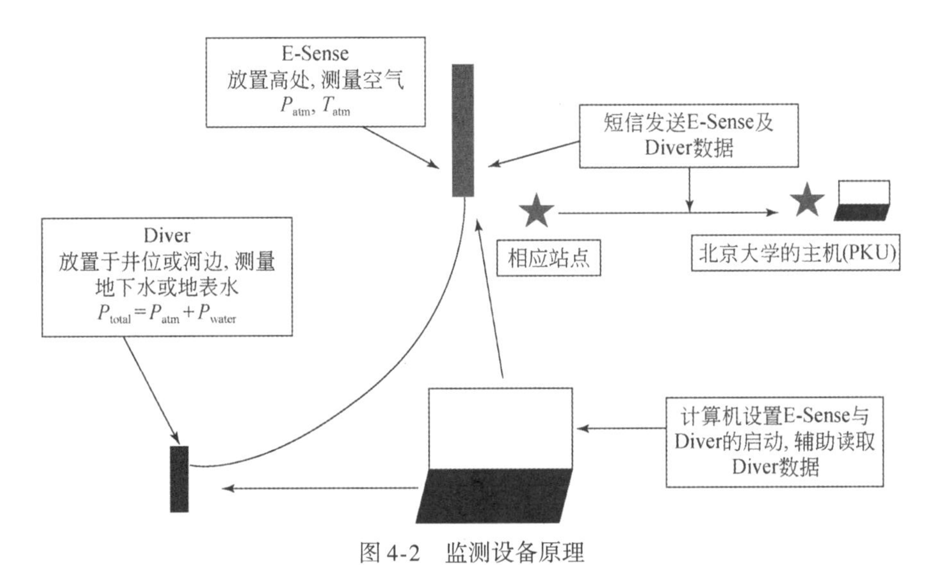

图 4-2　监测设备原理

P_{atm} 表示空气的气压；T_{atm} 表示空气的温度；P_{total} 表示总气压；P_{water} 表示水体的气压

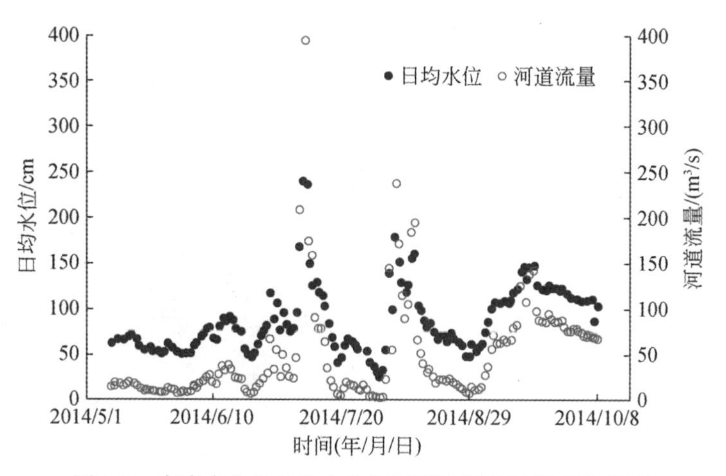

图 4-3　高崖水文站日均水位与河道流量的时间变化序列

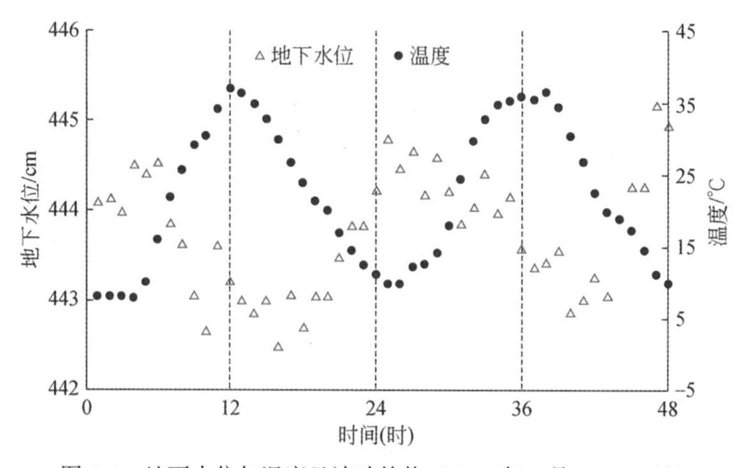

图 4-4　地下水位与温度日波动趋势（2015 年 5 月 14 ~ 15 日）

4.2　基于分布式光纤测温技术的地表-地下水转化研究

4.2.1　温度示踪在水文学中的应用

河水和地下水温度存在温差，因此温度被作为示踪剂应用在地表-地下水交互研究中。Winslow（1962）先驱性地使用温度作为示踪剂研究河流的入渗过程，Lee（1985）则利用温度指示地下水向地表水（湖泊）的排泄过程。Silliman 和 Booth（1993）在湿润区、Constantz 和 Stonestrom（2003）在干旱区均通过对不同点位的河床温度进行观测，识别出了不同河段地表水和地下水之间的交互模式（河水下渗或者地下水出露）。Allander（2003）通过对河流温度进行分析，发现了同一河段在不同季节径流条件下，可能出现交互模式转变现象（如冬季河道流量小表现为地下水补给河流，夏季河道流量大表现为地表水补给地下水）。Constantz 等（2001，2002）通过温度示踪对季节性河流与地下水的交互过程进行了定量刻画。潜流带（hyporheiczone）是河流和地下水交互的缓冲区，对于维持河流生态系统具有非常重要的意义，通过分析潜流带温度分布规律可以推演出潜流带中的水分运移过程和转化机制（Alexander and Caissie，2003；Evans et al.，1995；Storey et al.，2003；White et al.，1987）。

含水层的水力传导系数是影响地表水和地下水之间交互过程的重要因子，而决定水力传导系数的密度和黏度这两个参数又受到温度的影响，因此温度会通过改变水力传导系数从而影响地表水和地下水之间的交互过程。Jaynes（1990）发现日间水池的下渗速率高于晚间，说明含水层较大的水力传导系数可能与日间较高的温度有关。同样的道理，对于河流的下渗过程，在温度较高的夏季含水层的水力传导系数较大，在其他条件不变的情况下，夏季河流的下渗速率高于冬季。多个研究发现，日间河流水体的温度波动会导致在午后河流水体温度最高时，其下渗速率也最快（Constantz，1998；Constantz and Thomas，1996；Constantz et al.，1994）。以温度可以影响河床水力传导系数为背景，Conant（2004）提出了一种利用河床垂向温度数据估算垂向水分流量的经验方法，该方法利用实测的水力梯度计算出不同位置的垂向流量，并对计算出的流量和对应位置的温度数据做拟合处理，在此基础上可反推出其他只有温度数据的空间点的流量数据。Hunt 等（1996）综合分析了地表水和地下水交互研究中的温度示踪、稳定同位素示踪和水分运移模拟，认为在地表水和地下水的交互研究中并不存在一个完美无缺的技术手段，必须因地制宜综合权衡各个方法的优劣，综合使用不同的研究方法来扬长避短。

分布式光纤测温（distributed temperature sensing，DTS）技术使用光纤作为温度观测的传感器，可实现时间和空间（一维）上的连续观测。Selker 等（2006a）最早将分布式光纤测温技术引入水文学研究中，并于1996年利用已有的通信光缆观测瑞士日内瓦湖湖床温度，为湖泊水生态研究和能量循环研究提供了温度数据支撑，同时将水文学的温度示踪实地观测技术从点状观测提升到了线状连续观测，为地表水和地下水的交互研究打开了一扇新的大门。Tyler 等（2009）基于大量的在不同条件下的分布式光纤测温试验经验，为分布式光纤测温技术在水文学中的应用提出了系统的指导意见，包括分布式光纤测温设备的选择、时间和空间分辨率的设定、光纤布设的方案设计和最终的数据校正方法等。Briggs 等（2012）、Constantz 等（2003）比较了分布式光纤测温技术和传统研究地表水和地下水交互过程的方法（水化学方法和流速实测法），证明了分布式光纤测温技术在研究地表水和地下水交互过程中的可靠性。

分布式光纤测温技术对研究区的场地条件适应性极强。除了在淡水河流中进行的观测试验之外（Selker et al.，2006a），Lowry 等（2007）在美国威斯康星州的特劳特湖湿地、Moffett 等（2008）在美国旧金山湾区附近的一个盐沼进行的分布式光纤测温试验，通过对温度数据的统计分析，找到了温度波动较小的区间，得到了地下水出露位置。Tyler 等（2008）在美国加利福尼亚州的马默斯冰川采用分布式光纤测温技术研究了太阳辐射对雪线以上冰川消融过程的影响。Sebok 等（2013）在丹麦的 Væng 湖在不同季节进行了多次分布式光纤测温试验，将温度数据与不同季节的地下水渗流流量和湖水冰层厚度进行类比，识别出地下水排泄区的空间分布范围和在不同季节之间的变化特征。Arnon 等（2014）在死海利用分布式光纤测温技术研究了死海水体的温度垂向分层分布规律。

以上研究在对分布式光纤测温试验观测到的温度时序数据的分析中，假定观测到的信号是一系列周期性分量的线性叠加，缺乏对偶发事件的识别能力。Henderson 等（2009）采用连续小波变换和正交小波变换分析了利用分布式光纤测温技术获取的美国马萨诸塞州 Waquoit 湾海岸带的海床温度数据，可以从叠加信号中分离出偶发事件（如潮汐）的影响，识别出潮汐作用条件下的地下水向海水出露的空间形态和时间变化规律。

分布式光纤测温技术除了可用于地表水和地下水交互时空模式识别，还可用于地表水和地下水之间交互量的计算研究。Selker 等（2006b）在卢森堡的 Maisbich 河使用分布式光纤测温技术获得了时空连续的河水温度数据，并结合能量守恒方程，定量计算和分析了地下水的沿程出露强度。Westhoff 等（2007）使用利用分布式光纤测温技术获取的温度数据对热量运移模型进行了校正。在分布式光纤测温定量分析地表水和地下水交互过程的研究中，更多的是利用分布式光纤测温技术获取含水层垂向上的温度分布，并在此基础上模拟特定位置的水分和热量的运移过程。地表水和地下水之间的垂向交互运移区间相对较短，需要通过绕线法提升分布式光纤测温的空间分辨率（Sebok et al.，2013）。Suárez 等（2011）评价了通过绕线法提升分布式光纤测温空间分辨率的可靠性，证明了绕线法适合进行垂向上温度分布的精细观测。Vogt 等（2010）、Briggs 等（2012）采用绕线法进行垂向观测，获得了河流及潜流带的垂向温度分布，并通过拟合热量运移解析模型计算了河流和地下水之间的交互量。

在我国，黄丽等（2012）最早将分布式光纤测温技术应用在地表水和地下水的交互研究中，在我国西北内陆黑河流域中游干流平川河段进行的分布式光纤测温试验，通过分析河床水体温度的波动幅度识别了地下水出露的空间位置。沈晔等（2013）在我国新疆的柴窝铺盆地采用立体的布线形式布设光纤，对土壤层进行分布式光纤测温试验，在人工降雨的条件下获得了高时空分辨率的土壤层温度数据，半定量化地分析了土壤层中的水分运移规律。Yao 等（2015）在我国西北内陆黑河干流通过分布式光纤测温，分析了河道的地下水补给区和潜流带补给区的空间分布规律与尺度形态。

4.2.2 分布式光纤测温原理

分布式光纤测温技术最早由英格兰南安普敦大学开发（Dakin et al.，1985）。分布式光纤测温技术以拉曼（Raman）效应为理论技术，基于光时域反射（optical time domain reflectometer）技术进行温度测量。拉曼效应是指光波在经过散射过程之后，散射波的波长和频率发生变化的现象。激光脉冲入射到光纤，在发送端得到背向散射光。拉曼散射光中的斯托克斯波（Stokes 波）与反斯托克斯波（anti-Stokes 波）的强度比与温度存在一一对应关系，通过测量散射光强度并结合脉冲入射和接收反向波的时间差，即可反推出沿光纤分布的温度（图 4-5）。分布式光纤测温技术可以同时实现时间和空间上的连续观测，并且具有不受电磁干扰、环境条件适应性强的特点。

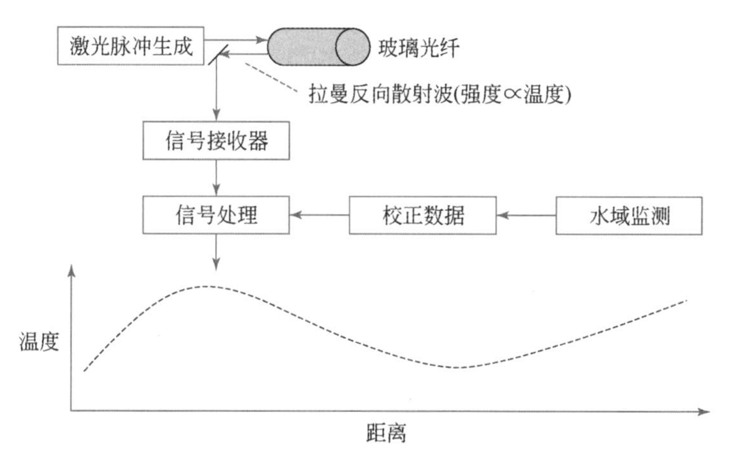

图 4-5　分布式光纤测温原理示意图

分布式光纤测温系统主要由三部分组成：控制电脑、分布式光纤测温集成机箱、测量光缆。控制电脑主要负责观测系统的控制、参数设定、实时监控等功能。分布式光纤测温集成机箱针对水文学野外观测试验设计，通常具备防尘、防水、防震功能。其内部集成有激光脉冲发射器、反向散射光接收器、反射镜及滤光片、控制和分析芯片。激光脉冲发射器负责按照设定频率向光纤发射激光脉冲；反向散射光接收器负责接收经过反射镜及滤光片处理的来自光纤的散射光信号，并将之传输给控制和分析芯片，结合校正数据，演算得到需要的温度数据。分布式光纤测温系统的测量光缆理论上可以使用任何种类的通信光缆，考虑到水文学的研究条件通常较复杂，为防止未知因素对光纤测量可能造成的影响，通常在水文学的研究中使用铠装光缆。铠装光缆和普通光纤的区别在于，铠装光缆的塑料外衣以内加装了螺旋状金属保护层，可使光缆抵御一定程度的外力影响。

4.2.3　光纤测温探究中游地表–地下水时空交互过程

黑河流域地表–地下水交互特点显著，但空间量化存在困难，本研究采用分布式光纤测温技术于 2011 ~2012 年在黑河中游开展河道地下水溢出测量试验。2011 年测试了分布式光纤测温技术在黑河的应用效果（黄丽等，2012），2012 年进一步开展了测量，量化了地下水溢出点的空间分布（Yao et al.，2015），下面详细介绍这两次试验的过程和数据分析。

1. 试验设计

黑河中游是地表–地下水交互带，试验选取的黑河中游平川—板桥河段是黑河中游的干流区域，河内常年有水，沿河为天然湿地（图 4-6）。河道流量 5 月最大，7 月较小。区内分布有第四系洪积、冲积、湖积物。从水文地质来看，该区位于洪积扇前缘的细土平原区，区内富含第四系松散堆积孔隙水，主要为地下水排泄区和灌溉回归水补给区。受灌溉的影响，区内河水与地下水交互频繁，同时受气候条件和河水补给来源的影响（主要为大气降水、上游冰雪融水和地下水），该河段夏季河水昼夜温差大，地下水水温变化相对较小，是利用温度示踪开展地表-地下水交互研究的理想场地。

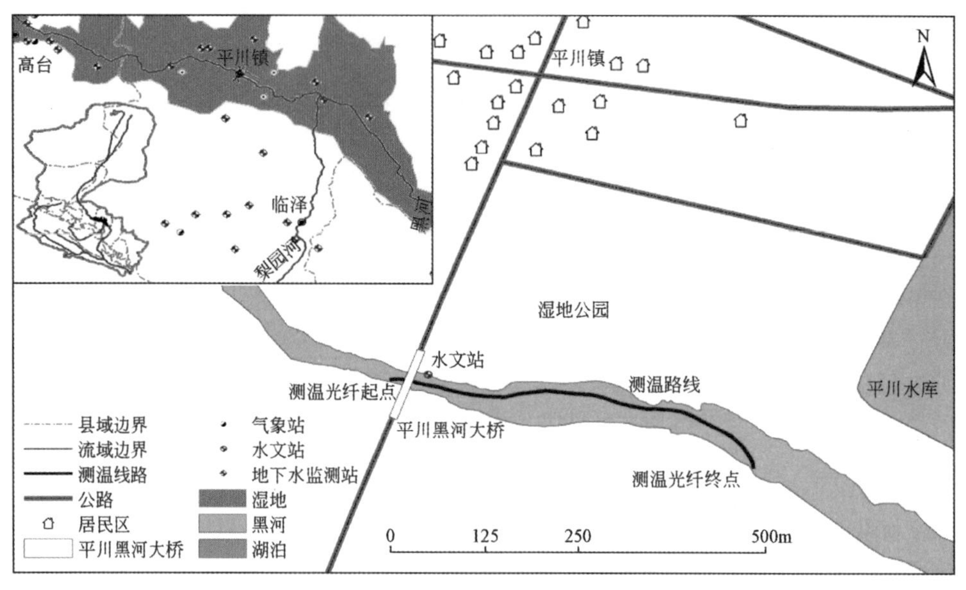

图 4-6　2011 年分布式光纤测温试验位置图

2011 年，选取黑河中游平川大桥至上游 550m 为光纤测温试验段，如图 4-6 所示。试验期为 6 月中旬，正值农业灌溉期，由于上游灌溉引水和沿途水库蓄水，主干道水流较小。试验使用德国 AP SENSING 公司的分布式光纤测温主机（集成机箱）以及两根 550m 的 PE 增强型背覆铠装软光缆，试验采样间距为 0.25m，空间分辨率为 0.5m，采样间隔为 4min。两根光缆铺设在河流的同一垂向剖面上，分别位于河床表面和河水表面下 1cm 处，用于监测河床表面和河水温度。光缆两端各保留约 10m 裸露在空气中，用于监测环境温度的变化。光缆每隔 5 ~ 10m 用钢筋固定，确保两根光缆在河流中的位置不变，以及垂向上的一致性。用来监测河流表面温度的光缆，每隔 2 ~ 5m 悬挂一个浮球，使光缆保持悬浮在水面下 1 ~ 2cm 处。试验从 2011 年 6 月 15 日零点开始，对河流温度场进行为期 63h 的连续监测，持续记录该时段内研究河段的河床表面温度、河水表面温度和环境温度（图 4-7）。

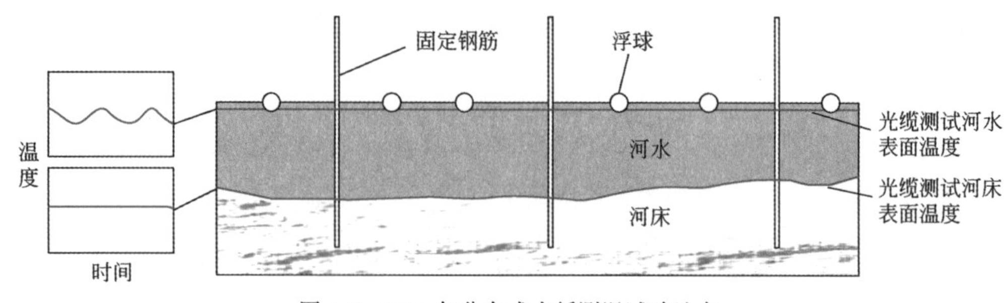

图 4-7　2011 年分布式光纤测温试验地点

2012 年选取平川和板桥两个河段进行试验，如图 4-8 所示。平川试验段以平川黑河大桥为界，分别向上游延伸 2046.6m，向下游延伸 2060m，分布式光纤测温主机安放在平川大桥南岸处，并且在上游端、大桥底和下游段安放了 3 个便携式地下水自动监测仪（mini-Diver，简称 Diver）用于数据校正［图 4-9（a）］。板桥试验段位于板桥灌区板桥大桥河段，距板桥村 2.3km，如图 4-8 和图 4-9（b）所示，试验段以板桥大桥为界，分别向上下游延伸 550m，分布式光纤测温主机安放在板桥大桥南岸处，桥底放置一个 Diver 测温，用于校正光纤测温数据。

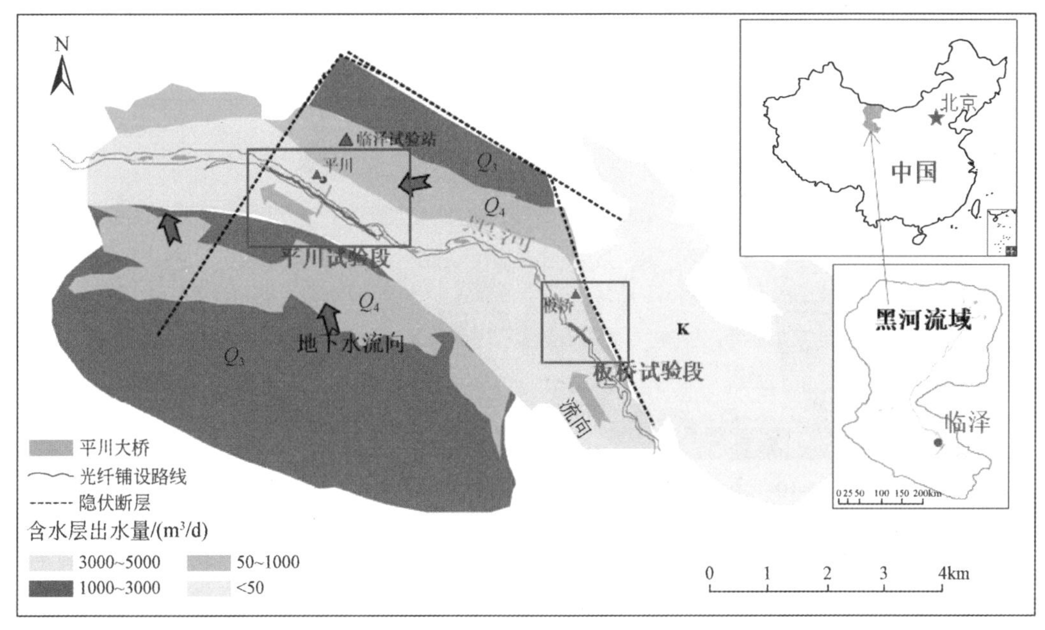

图 4-8　2012 年分布式光纤测温试验地点

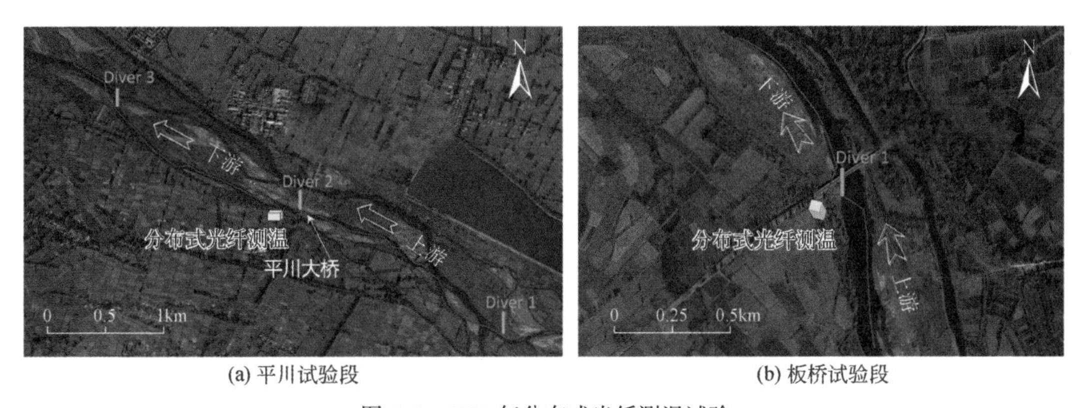

(a) 平川试验段　　(b) 板桥试验段

图 4-9　2012 年分布式光纤测温试验

2012 年 7 月 26 日开始平川试验段的光纤铺设工作。首先，光纤铺设的工作人员将光纤、船、固定的钢筋、接线盒、记录用品等运至距离平川大桥约 2km 的河道。然后，选择河道较浅的一岸放置船，并将光纤置于船上。一人在船上绕线轴，其他人推船前行，沿途将光纤铺设于略靠近河中央的河床底部。最后，隔一段距离在水中插一段钢筋将光纤固定在上面，防止河流将光纤冲至岸边及河心滩上（图 4-10）。平川河段上下游同时测量，测量时段为 2012 年 7 月 27 日 15：26：52 至 30 日 06：03：22，时间间隔为 15min，历经约 62h。

图 4-10　2012 年分布式光纤测温试验平川试验段光纤铺设过程

2012 年 8 月 3 日开始板桥试验段的工作，如图 4-11 所示，以板桥大桥为界，分别向上下游延伸约 500m，铺设约 1km 的光纤进行测温试验。相比平川试验段，板桥试验段水量更大，水流更急。不同于平川试验段，板桥试验段上下游深浅不一致。因此，上游沿河

图 4-11　2012 年分布式光纤测温试验板桥试验段光纤铺设过程

水较浅较缓的北岸进行铺设，下游沿河水较浅较缓的南岸进行铺设，在板桥大桥处将光纤横穿过河岸。

2. 河道温度及辅助信息分析

在夏季，观测河段的地下水温度低于地表水温度，因此在地下水排泄河段，没有地下水排泄河段的河水表面温度明显高于有地下水排泄河段的河水表面温度。通过 2011 年试验发现，沿线大部分河段河床表面温度与整个河段的温度持平，与外界环境温度变化一致，但存在温度异常的低温区（图 4-12），异常区内温度出现变动，明显低于同时刻其他河段的河床表面温度。以异常区典型点与正常区内临近点的温度为研究对象，对比两个连续昼夜内，这些位置环境温度、河水表面温度和河床表面温度的观测值（图 4-13）。各处具有统一随昼夜波动的环境温度，两日均值为 25.60℃。河水表面温度随环境温度昼夜波动，且各处的河水表面温度曲线几乎相同。在正常区内，河床表面温度平均略低于河水表面温度 0.7℃，温度变化曲线一致；在异常区内，河床表面温度变化曲线则明显不同于河水表面温度变化曲线，且两者温差较大。以图 4-12 中异常区一为例，对比两个连续昼夜内，离测温起点 65m 处温度异常点和紧邻该异常点的 55m 处正常河段的环境温度、河水表面温度和河床表面温度观测值。65m 处河水表面温度与环境温度的昼夜波动曲线一致，均值为 20.06℃。而河床表面温度几乎不受环境因素的影响，始终保持在 16.48℃ 左右。河床表面与河水表面的平均温度差达 3.58℃。55m 处正常河段河水表面温度与河床表面温度均随环境温度波动，河水表面温度均值为 20.10℃，河床表面温度均值为 19.44℃，两者相差极小仅为 0.66℃。虽然两处河床深度相近，河水表面温度均值相差仅 0.04℃，但河床表面温度均值相差却高达 2.96℃。由此可见，异常点处存在地下水对河水的补给。

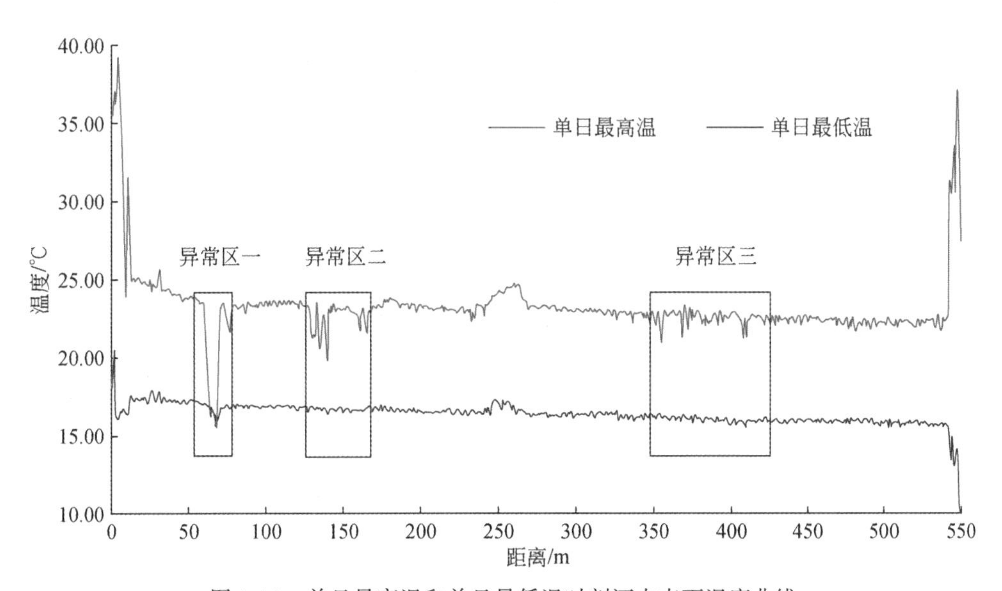

图 4-12　单日最高温和单日最低温时刻河水表面温度曲线

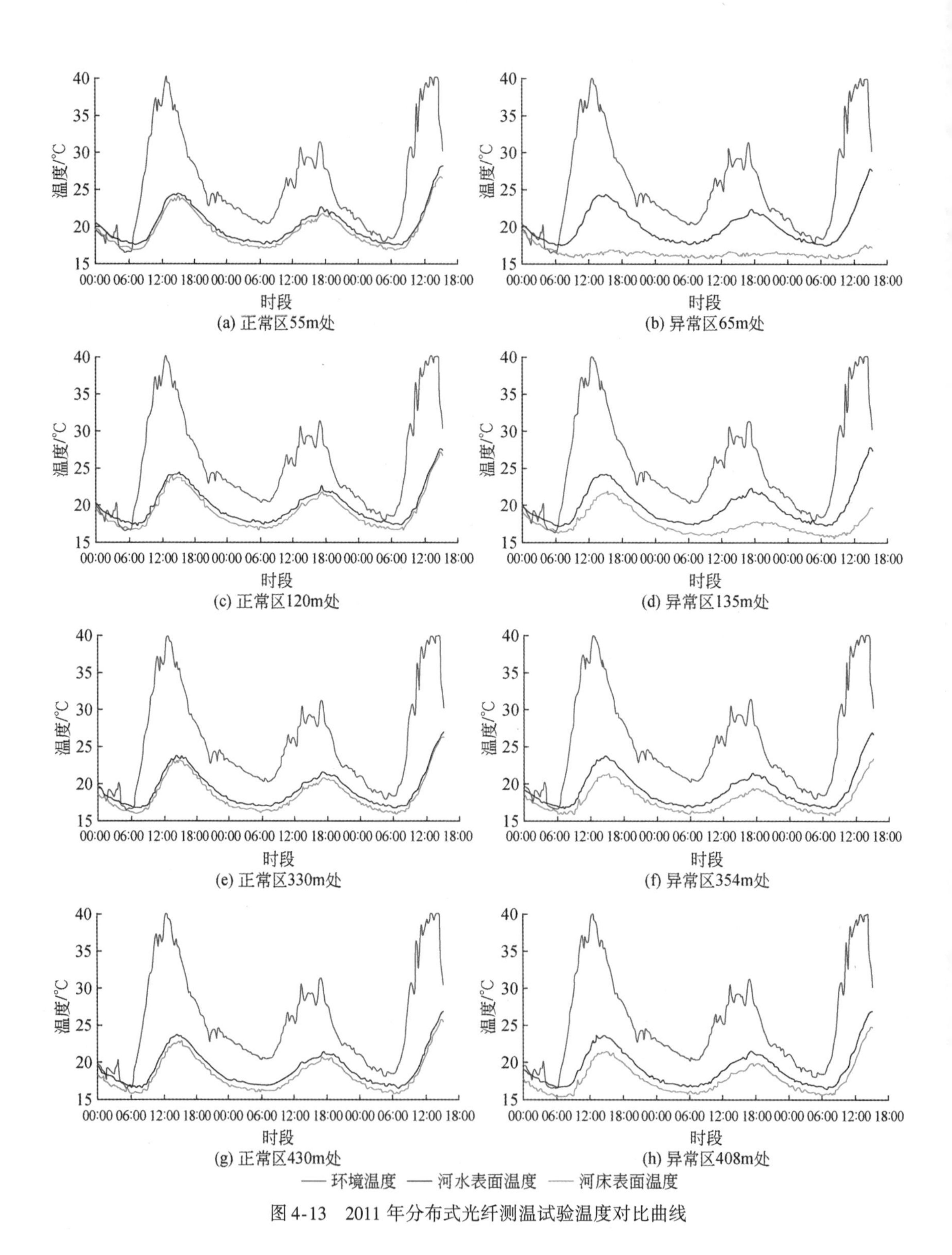

图 4-13　2011 年分布式光纤测温试验温度对比曲线

2012 年平川试验段 24h 测温曲线如图 4-14 所示，在一个 24h 昼夜测量时间内，白天和夜晚的温度差异较大。从横坐标距离尺度可以看出，在沿整个河段的测量范围内，有明显温度降低的异常区域，在高温时段表现得尤为明显。2012 年板桥试验段 24h 测温曲线如图 4-15 所示，从图中可以看出，除去光纤两头裸露在岸上的部分，测温河段

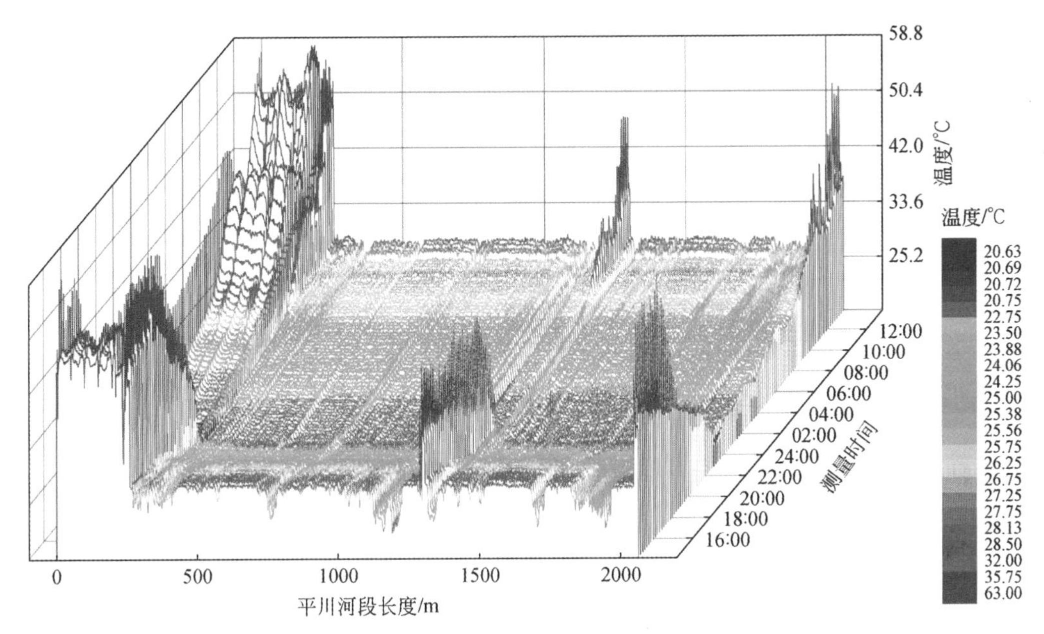

图 4-14　2012 年平川试验段 24h 测温曲线（7 月 27 日 15:26 至 28 日 16:57）

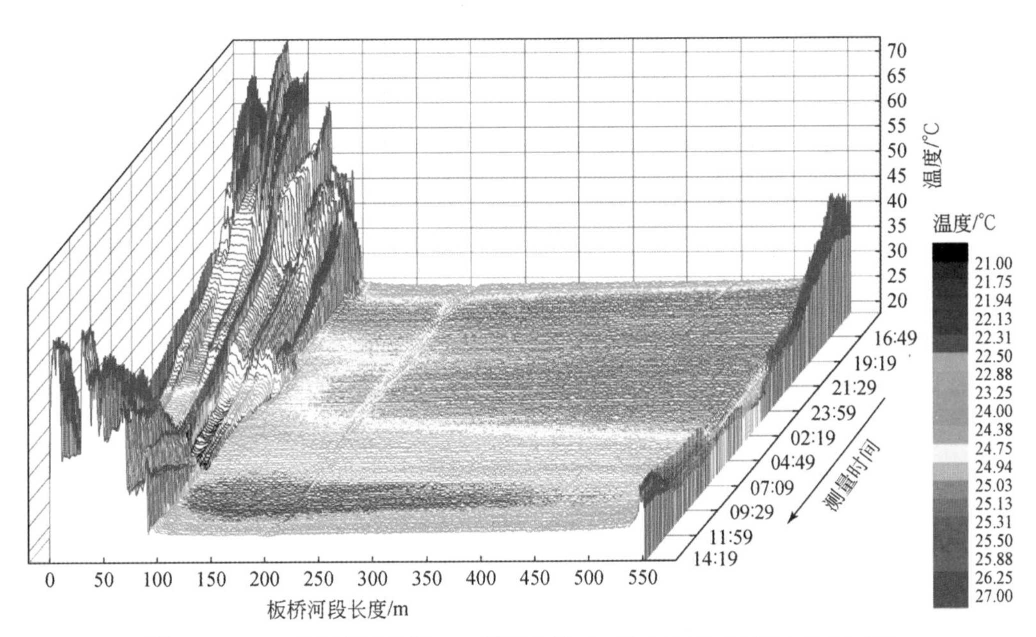

图 4-15　2012 年板桥试验段 24h 测温曲线（8 月 3 日 14:29 至 4 日 14:19）

温度分布较均匀。从时间坐标可以看出，昼夜温差变化并不明显。从横坐标距离尺度可以看出，不能找到明显的凉水注入区或补给点。这可能是由于板桥河段的河水深且急，流速远远大于平川河段，凉水注入后温度迅速被混合。2012 年分布式光纤测温概况如表 4-1 所示。

表 4-1　2012 年分布式光纤测温概况

测试河段	时段/h	温度曲线/条	河道温度			
			最低温度/℃	时间	最高温度/℃	时间
平川河段 1	31.52	127	21.4	06 : 27	30.4	15 : 27
平川河段 2	29.24	117	17.6	07 : 18	21.2	14 : 03
板桥河段	48.83	293	22.3	06 : 39	29.3	16 : 19

3. 温度异常区检验方法

异常区的确定是找出沿河段内的一个范围，该范围包括从温度持续下降到沿下游方向温度不再显著变化的区域。异常区表现为该处河段的河水温度急剧下降，说明有低于河水温度的水流与此处的河水发生混合。一般用日最大平均水温曲线确定。一般来说，地下水温度因受辐射变化影响较小，因此在夏天温度始终低于河水的最低平均温度。因此，可利用河水的多日平均最低温度和最高温度确定地下水的补给注入。

在地下水与河水的交互中，存在一个很重要的区域即潜流带。潜流带通常是指在河床底部地下水与河水发生混合的区域，是河流生物栖息的重要场所。潜流带水在河床底部随河水向下游流动，潜流带的补给注入过程为河床底部的水流从河床出来与河水发生对流。与地下水补给不同的是，潜流带的水流温度低于河水的日平均最高温度，高于河水的日平均最低温度。潜流带在河床底部内的滞留时间决定着它重新进入河流时的温度。一般潜流带的水温可用白天的日平均河水温度估计。根据潜流带和地下水排泄区昼夜温度差异，可通过连续的测温曲线在空间上识别出这两种区域。

由于数据量大，可通过统计检验的方法确定整个测量空间的异常点位置。日平均最高温度显著高于地下水温度和潜流带水温，因此可利用 Z-tests 方法对日平均最高温度曲线上的每一个空间温度点进行检验。将日平均最高温度的每一个温度值与其上游方向 2m 范围内所测量的 8 个温度值进行比较，并以 $P=0.005$ 进行单侧检验。若通过 Z-tests 计算的概率小于 0.005，说明该点温度明显低于上游 2m 的温度，即可确定该点为异常点。通过该方法可准确完整地确定整个河段上的异常点位置。当确定整个测量区域的异常点后，应剔除两端各约 100m 位置和中间光纤裸露在河岸上的位置所测量的数据（图 4-16）。

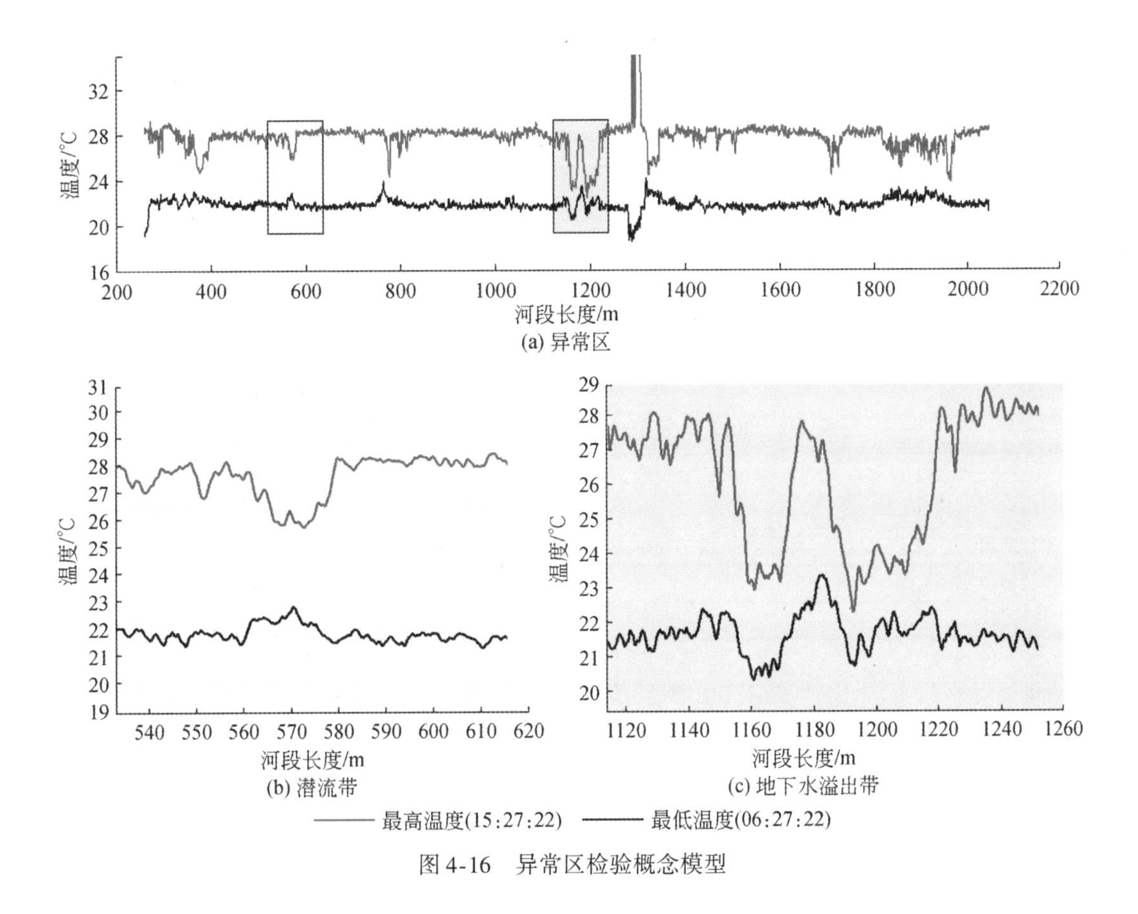

图 4-16　异常区检验概念模型

4. 地下水排泄量估算

根据上面的温度异常区检验方法可确定存在潜流带和地下水溢出带的河段位置。地下水排泄量可由物质能量平衡公式（4-1）进行估算（Kobayashi，1985；Selker et al.，2006b）。

$$\frac{Q_g}{Q_u}=\frac{T_u-T_d}{T_d-T_g} \tag{4-1}$$

式中，Q_g 为地下水溢出量；Q_u 为上游河道流量；T_u 为上游河水温度；T_g 为地下水温度；T_d 为混入地下水以后下游河段温度。式（4-1）中地下水温度 T_g 是一个未知参数，根据文献 Selker 等（2006a），可由附近观测井中地下水温度确定。因此，本研究采用附近临泽试验站观测井中地下水温度作为 T_g 的估计值计算河段地下水排泄量。由于潜流带温度比地下水温度高而比河水温度低，本研究采用河床日平均温度作为 T_g 来估算潜流带地下水排泄量。

式（4-1）中上游河道流量 Q_u 采用试验期内河道测流数据，如图 4-17 所示。2012 年 7 月 29 日平川降雨，河道流量增大，因此可把测量数据分成两个时段——平川河段 1 和平川河段 2，分别根据不同的流量进行潜流带和地下水溢出带地下水排泄量的估算（表 4-2）。

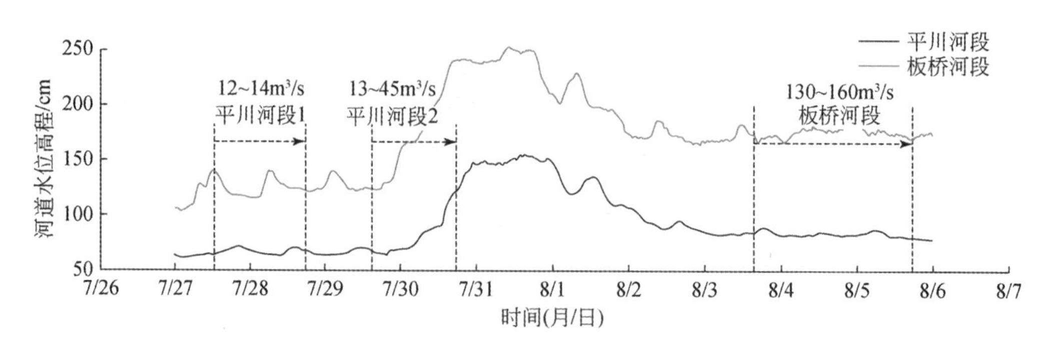

图 4-17　2012 年试验期内平川河段和板桥河段的河道水位高程和流量

表 4-2　2012 年分布式光纤测温河道流量和气象信息

试验河段	流量/(m^3/s)	降水量/mm	温度/℃		
			最低温度	平均温度	最高温度
平川河段 1	12 ~ 14	0	17.2	23.5	36.6
平川河段 2	13 ~ 45	12	15.7	21.1	30.4
板桥河段	130 ~ 160	0	16.4	26.4	38.8

通过对平川河段 1 中 2061.5m 测量范围内的 8246 个分布式测温点进行大样本统计检验计算，并去除两端和中间连接处可能裸露在岸上的区域，可得到平川河段 1 异常区统计检验结果［图 4-18（a）］。由最高温度统计检验计算结果可知，平川河段 1 共有 123 个异常区，温度显著低于其他区域。由最低温度统计检验计算结果可知，由潜流带水注入导致的异常区有 76 个，占试验河段长度的 10.50%；由地下水注入导致的异常区有 47 个，占试验河段长度的 6.47%，地下水排泄量约为平川河段 1 流量的 7.4%。潜流带补给与地下水补给相互交错，分布均匀。通过对平川河段 2 测量范围内分布式测温点进行大样本统计检验计算，并去除两端和中间连接处可能裸露在岸上的区域，可得到平川河段 2 异常区统计检验结果［图 4-18（b）］。由最高温度检验计算结果可知，由凉水注入导致的异常区有 69 个。由最低温度检验计算结果可知，由潜流带水注入导致的异常区有 39 个，占试验河段长度的 9.74%；由地下水注入导致的异常区有 30 个，占试验河段长度的 5.76%，地下水排泄量约为平川河段 2 流量的 7.4%。通过对比平川河段 1 和平川河段 2 可以发现，当降雨导致流量增大时，河流水位升高，潜流带和地下水溢出带地下水排泄量都减小。

通过对板桥河段上游 552m 测量范围内的 2208 个分布式测温点进行大样本统计检验计算，并去除两端和中间连接处可能裸露在岸上的区域，可得到板桥河段上游异常区统计检验结果［图 4-18（c）］。由最高温度检验计算结果可知，由凉水注入导致的异常区有 18 个。由最低温度检验计算结果可知，由潜流带水注入导致的异常区有 9 个，占试验河段长度的 3.85%；由地下水注入导致的异常区有 9 个，占试验河段长度的 4.44%，地下水排泄量约为板桥河段流量的 3.7%。通过对板桥河段下游 555m 测量范围内的 2220 个分布式测温点进行大样本统计检验计算，并去除两端和中间连接处可能裸露在岸上的区域，可得到板桥河段下游异常区统计检验结果［图 4-18（d）］。由最高温度检验计算结果可知，由凉水注入导致的异常区有 23 个。由最低温度检验计算结果可知，由潜流带水注入导致的异常区有 13 个，占试验河段长度的 5.95%；由地下水注入导致的异常区有 10 个，占试验河段长度的 3.78%，地下水排泄量约为板桥河段流量的 2.2%。表 4-3 总结了平川河段和板桥河段地下水溢出带测温计算结果。

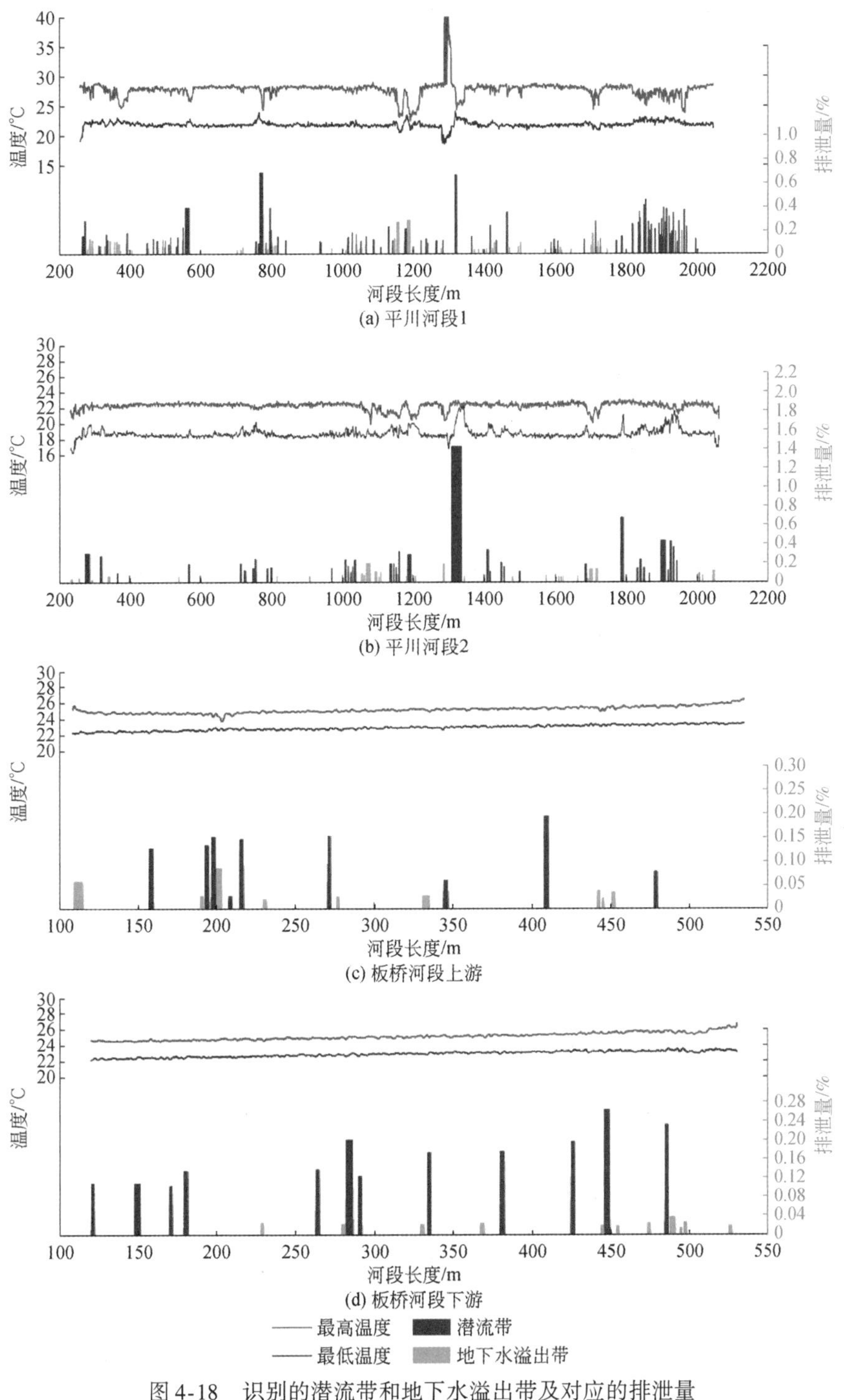

图 4-18　识别的潜流带和地下水溢出带及对应的排泄量

与平川河段相比，板桥河段由地下水注入导致的异常区长度占整个河段长度的比例略大于由潜流带注水的比例。这是由于板桥河段较平川河段水深且急，流速较大，潜流带水注入后迅速混合并沿流向冲向下游，因此可能由潜流带注水导致的温差效应并不明显。

表 4-3 试验河段识别的潜流带和地下水溢出带测量计算结果

试验河段	识别区域数量		区域大小/m		比例/%	
	潜流带/个	地下水溢出带/个	潜流带	地下水溢出带	潜流带	地下水溢出带
平川河段 1	76	47	1.00 ~ 11.75	1.25 ~ 9.50	10.50	6.47
平川河段 2	39	30	1.75 ~ 28.50	1.50 ~ 12.75	9.74	5.76
板桥河段上游	9	9	1.75 ~ 2.75	1.25 ~ 5.50	3.85	4.44
板桥河段下游	13	10	1.50 ~ 4.25	1.50 ~ 3.25	5.95	3.78

4.2.4 基于分布式光纤测温的沙漠湖泊-地下水时空交互研究

1. 试验设计

试验使用德国 AP SENSING 公司的分布式光纤测温主机（集成机箱）以及2000m 长的增强型水下感温专用 5.00mm 直径铠装光缆。考虑到巴丹吉林沙漠的雨季是 7 ~ 9 月，为了捕捉到不同天气条件下的试验数据，确定试验时间为 2013 年 8 月 12 ~ 19 日。经过前期勘察，基于以下三点原因将巴丹东湖作为本次观测研究的核心区：首先，巴丹西湖水深较浅（最深处约 0.5m），且湖床主要为黏土，不易于乘船布设光纤或者人工携带设备，而巴丹东湖最深处约 1.6m，可以使用充气船搭载光缆布设设备（图 4-19）；其次，巴丹东湖是巴丹吉林沙漠少见的淡水湖，且在沙漠区域地下水低水位方向毗邻高大沙丘，地下水流场有更大的不确定性；最后，相对于大多数巴丹吉林沙漠内的湖泊，巴丹东湖的面积较小，

图 4-19 分布式光纤布设操作示意图

湖水的垂向分层现象不如大型湖泊显著，为通过湖床温度分析地下水的排泄模式提供了更多的可能性。因为试验时间为夏季，地下水温度显著低于地表水温度，所以观测到的湖床温度冷异常指示地下水出露。

不同于绝大多数的温度观测技术，在分布式光纤测温试验中，空间分辨率、采样间隔、时间分辨率是可以根据实际观测条件自行设定的。分布式光纤测温得到的每个温度数据都是采样点左右一段长度的能量的积分。因此，对于分布式光纤测温，空间分辨率越低，积分段的长度就越长，信噪比就越高，测量结果就越准确。采样间隔是指相邻两个采样点之间的距离，通常设置采样间隔小于空间分辨率，使相邻积分段有重合，以保证积分段两端的温度变化不被漏测。分布式光纤测温试验主要参数设置如表 4-4 所示。

表 4-4 分布式光纤测温试验主要参数设置

空间分辨率/m	采样间隔/m	时间分辨率/min	温度测量精度/℃
0.50	0.25	5	±0.13

分布式光纤测温的主机设置在巴丹东湖的东岸，981m 的光缆呈 M 形布设在巴丹东湖的湖床，以期最大限度地覆盖巴丹东湖，220m 的光缆东西向横贯布设在巴丹西湖的湖床。在光纤布设的过程中，对起点、拐点、末点等关键点位的空间位置进行打点记录，以备后续分析使用（图 4-20）。在巴丹东湖，将 26m 长的光缆缠绕在直径 15cm 的聚氯乙烯管壁，得到 2.15m 高的垂向观测柱，并将之布设在巴丹东湖中心偏北位置，以观测湖水在没有地下水出露条件下的温度垂向分层现象，此时垂向空间分辨率也由 0.50m 提升至 0.04m（图 4-21）。垂向观测点选择在巴丹东湖中心偏北位置是因为巴丹湖附近区域地下水流向为自东南至西北，所以巴丹东湖东侧和南侧为潜在的区域高水头方向地下水出露区，而巴丹东湖西侧靠近高大沙丘，高大沙丘有可能会对区域地下水流场产生扰动，使湖水和地下水的交互模式产生不确定性。

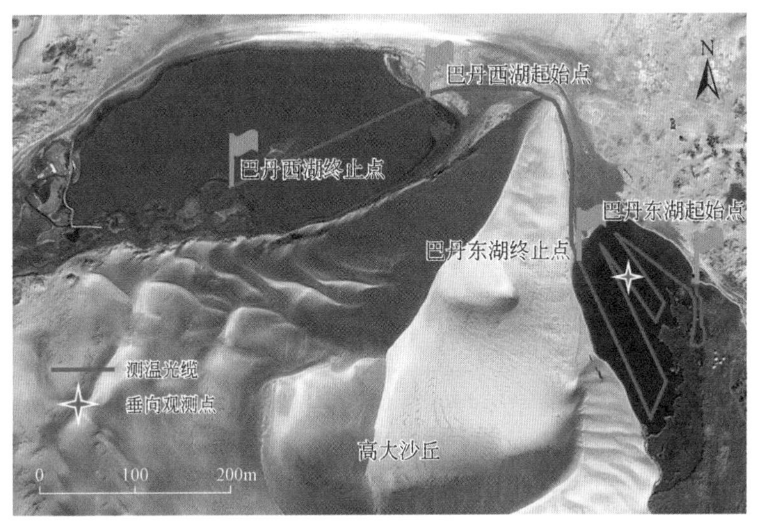

图 4-20 巴丹东湖和巴丹西湖光缆线路分布图

图 4-21　利用绕线法提高垂向空间分辨率

分布式光纤测温主机在通过光波强度计算温度的过程中，需要实测的校正数据来拟合计算中需要的相关参数。将 20m 长的光缆和分布式光纤测温主机外接标准温度探头共同置于保温水箱中，并在分布式光纤测温主机的控制软件中将两者进行关联设置，当观测启动后，测温系统将实时基于 20m 长的光缆和外接标准温度探头观测到的温度对计算参数进行自动校正。由于外接标准温度探头在试验之前已经过校正，可以认为其观测到的温度是准确的。经验认为，分布式光纤测温观测到的前 33 条数据序列处于系统校正状态，建议截取第 34 条及之后的数据序列进行分析。在本试验中，经过校正后温度的观测精度为 0.13℃。

2. 辅助观测试验

辅助数据观测包括地表-地下水多参数观测、测压管地表-地下水位差观测。

一般常采用斯伦贝谢公司的多参数水质检测仪①（conductivity temperature depth logger, CTD logger）来观测巴丹东湖、巴丹西湖、地下水的水质情况。CTD logger 可以连续观测并储存电导率、温度和压力数据。CTD logger 电导率分辨率为读数的 0.1%，精度为±1%；温度分辨率为 0.01℃，精度为±0.1℃；压力分辨率为 2.0cm H_2O，精度为±5.0cm H_2O。CTD logger 的采样时间间隔设置为 30min。巴丹东湖和巴丹西湖的两个 CTD logger 的测量深度均设在观测位置水深的约 70% 深度处，以期避免阳光直射对水温观测的影响。巴丹东湖的 CTD logger 设置在垂向观测桩处，观测深度在水面以下约 0.87m 深度处（水深约 1.25m）。巴丹西湖的 CTD logger 设置在垂向观测桩处，观测深度在水面以下约 0.28m 深度处（水深约 0.40m）。地下水位通过在巴丹湖东南方向 2.35km 处的一处水井设置一个

① 电导率、温度和深度记录仪，多表述为多参数水质检测仪。

CTD logger 进行观测，该水井是当地一个酒店的供水井，井水水位会受到不规律的抽水事件的影响。在分布式光纤测温主机位置附近设置一个 CTD logger 实时监测气温和大气压力。

测压管是传统的水文学观测研究工具，主要用于地表水和地下水之间水头差的观测研究以及潜流层的温度观测和水化学取样。在本试验中，在巴丹东湖湖岸的关键位置进行测压管测量，以期识别出不同的湖水-地下水交互模式区。本试验共准备了 2 个测压管（使用钢质钻头）和 4 个钢质接管，测压管的几何结构如图 4-22 所示。钢质钻头长度为 40cm，直径为 3cm，钻头中部设置若干圆孔作为地下水进入测压管的通道，圆孔内嵌钢丝滤网，开孔钢管长度为 20cm。接管长度为 1m，直径为 3cm。每次进行测压管测量时，首先将测压管植入地下一定深度，等待测压管中地下水位基本不变时记录地表水（湖水）水位距测压管上沿距离 H_1 和地下水位距测压管上沿距离 H_2。

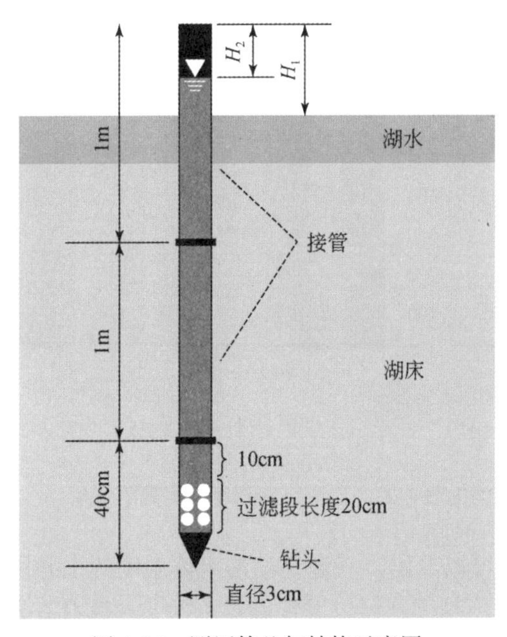

图 4-22　测压管几何结构示意图

本试验使用的气象数据（降水、大气相对湿度、气温、气压、风速）为距巴丹湖以北约 27km 气象站的观测数据（时间分辨率为天）。

3. 数据分析

巴丹东湖的分布式光纤测温试验开始于 2013 年 8 月 12 日 13:16，停止于 19 日 14:46，巴丹东湖湖床温度观测结果如图 4-23 所示。因为电力系统故障和躲避雷暴，巴丹东湖的测温试验暂停两次后重新启动，具体体现为图 4-23（c）中的两条纵向空白条带。巴丹东湖在观测期间遇到一次降雨事件（16 日 0.4mm 降水和 17 日 2.6mm 降水），强风、多云和降水事件可以在一定程度上减弱湖水温度的分层现象。巴丹西湖的分布式光纤测温试验开始于2013年8月16日14:46，停止于19日14:46，巴丹西湖湖床温度观测结果如图4-24所示。

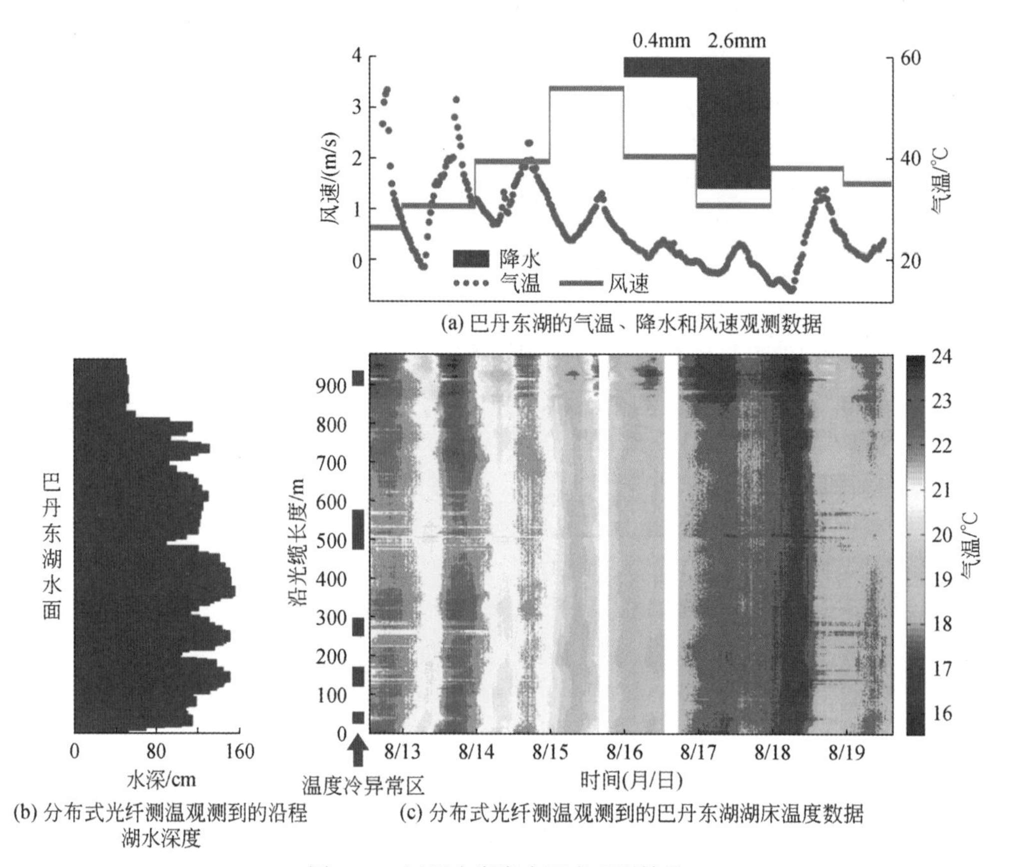

(a) 巴丹东湖的气温、降水和风速观测数据

(b) 分布式光纤测温观测到的沿程湖水深度

(c) 分布式光纤测温观测到的巴丹东湖湖床温度数据

图4-23　巴丹东湖湖床温度观测结果

从图4-23和图4-24可以看出，气温是湖泊水体温度的主导因素。但是基于对图4-23（c）和图4-24（c）的初步判读，可以发现巴丹东湖的湖床存在若干温度异常区，而巴丹西湖的湖床温度则是基于深度连续变化的，这说明巴丹东湖存在若干地下水的集中出露区，而巴丹西湖由于没有将光纤覆盖整体湖床，只能说在横贯巴丹西湖的光纤周围没有发现显著的地下水出露。

根据实测巴丹东湖水深数据，插值得到巴丹东湖湖水深度（图4-25）。不同深度的湖水受太阳辐射等因素影响的程度不尽相同，使用分布式光纤测温观测湖床温度指示地下水出露会受到湖水温度分层带来的不确定性的影响。本次观测研究的重点和难点在于如何探寻一个分层现象不显著的时间段，在此时间段中，地下水出露是造成湖床温度异常的唯一因素。

在巴丹东湖选取5个典型点位（图4-25中TS-1～TS-5），分析不同位置、不同深度条件下湖床温度的时序变化规律（图4-26）。TS-1点水深140cm，TS-2点水深155cm，TS-3点水深125cm，TS-4点水深110cm，TS-5点水深45cm。通过比对各个点位的湖床温度时

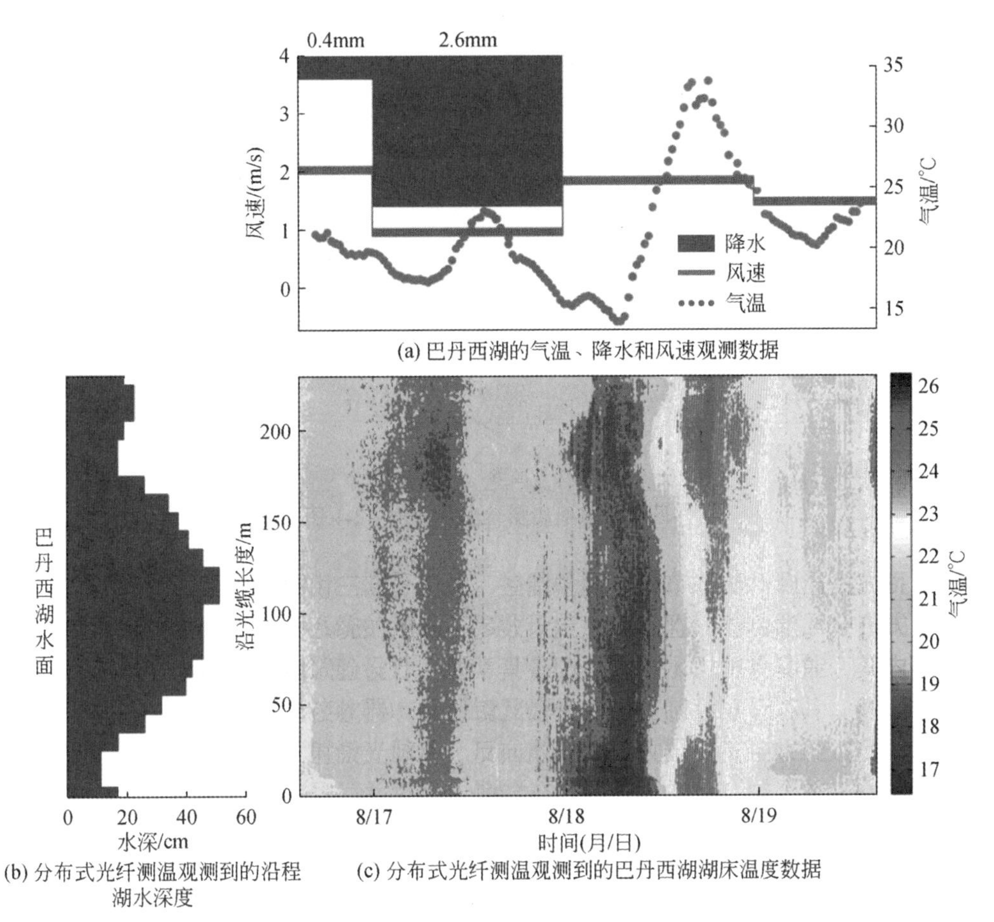

(a) 巴丹西湖的气温、降水和风速观测数据

(b) 分布式光纤测温观测到的沿程湖水深度

(c) 分布式光纤测温观测到的巴丹西湖湖床温度数据

图 4-24　巴丹西湖湖床温度观测结果

序数据和同步气温数据可以发现，气温和水文之间具有明显的相关性，这再次说明气温是水温的主导因素，气温的波动是造成湖水温度波动和温度分层的主要诱因。一个有意思的发现是，TS-5 点的湖床温度在不受日照影响的条件下，具有明显低于其他位置的特性，结合 TS-5 点处于巴丹湖东侧，推测 TS-5 点及其周围湖床位置是接受区域高水头方向（东南）地下水集中补给的区域。若要对巴丹东湖整体接受地下水补给的空间位置分布形态进行刻画，需要研究巴丹东湖湖水垂向分层的变化规律，并分析湖水和周边大气以及高大沙丘之间的热辐射交互过程，以期找到一个能使巴丹东湖水体与周围环境处在热平衡状态且湖水温度分层现象可以忽略的时间段。

在日间，受太阳辐射的影响，大气、沙丘、湖泊之间始终存在热通量，各自的温度也始终处在显著变化的状态下。而在夜间，当失去太阳辐射的外部辐射影响后，大气、沙丘、湖泊之间将通过热传输最终趋向形成热稳态。当大气、沙丘、湖泊之间形成热稳态时，湖泊不再受大气和沙丘的热辐射影响，将通过对流循环作用逐渐弱化湖水的垂向分层。在这种条件下，地下水出露成为唯一可以造成湖床温度异常的因素。图 4-27 展示了巴丹湖湖区气温、毗邻沙丘表层温度和巴丹东湖湖水温度。气温数据来自设置在分布式光

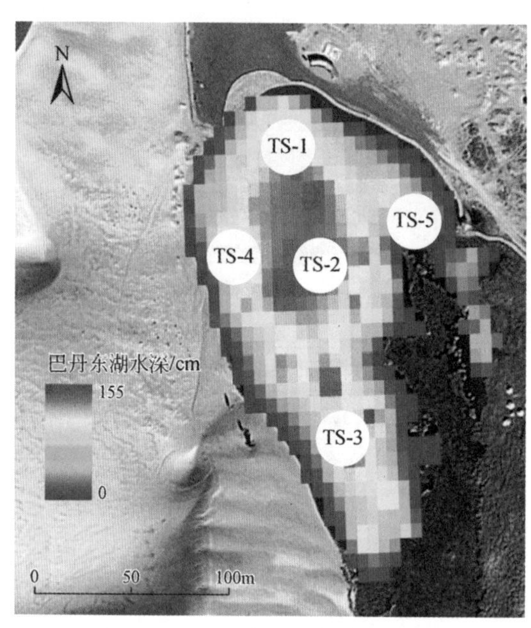

图 4-25　巴丹东湖湖水深度分布

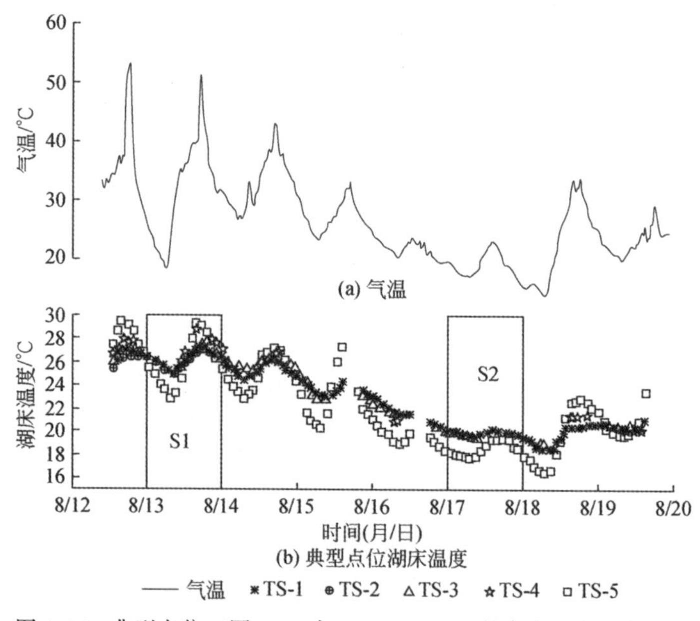

图 4-26　典型点位（图 4-25 中 TS-1 ~ TS-5）的湖床温度时序变化

纤测温主机附近的 CTD logger。在巴丹东湖和巴丹西湖之间沙丘表层之下约 10cm 处埋设 200m 光缆，测得的温度数据用以计算沙丘表层温度。巴丹东湖湖水温度数据为设置在巴丹东湖中的 CTD logger 和垂向分布式光纤测温数据的空间均值。观察图 4-27 可以发现，毗邻沙丘表层温度和气温保持很好的一致性，而湖水温度变化幅度相对气温和毗邻沙丘表层温度小得多。这说明，在大气的对流循环条件良好和沙自身热容量相对水较小的条件下，在大气–沙丘–湖泊系统中，大气、沙丘之间达到热稳态所需的时间较短，可以假设二者之间基本处于热稳态。基于此假设，分析大气–沙丘–湖泊系统的热交互状态就可以简化为分析大气–湖泊之间的热交互状态。

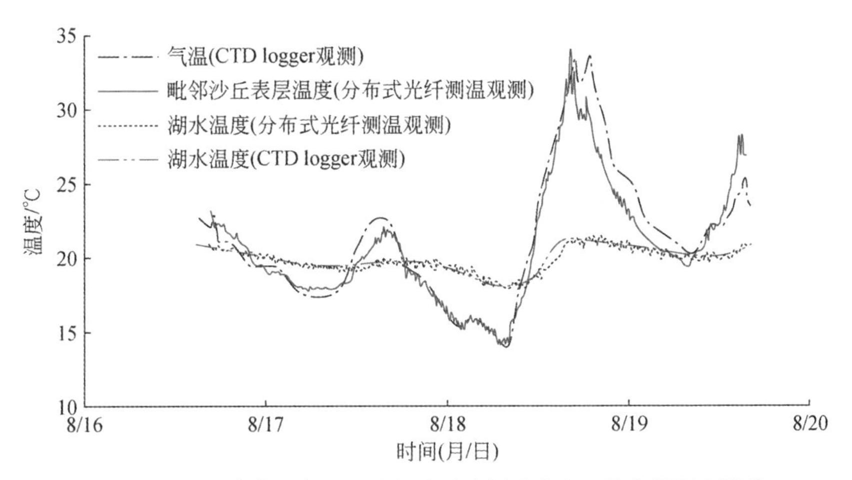

图 4-27　巴丹湖湖区气温、毗邻沙丘表层温度和巴丹东湖湖水温度

在本研究中，大气和巴丹东湖之间的热量交换状态将通过分析二者之间的温度差来表征：当气温高于巴丹东湖湖水温度时，认为热量由大气传向湖泊，大气存在对湖泊表层水体的加热作用，反之亦然；而当气温和巴丹东湖湖水温度在一个时间段内基本相同时，可以认为大气和巴丹东湖之间没有显著热传导。基于保证温度数据一致性的目的，气温和巴丹东湖湖水温度之间的差值均使用 CTD logger 测得温度数据进行计算（图 4-28）。由图 4-28 可知，每天日出之前大气和湖泊水体之间的温差最小，二者之间最接近或处于热稳态。晴天时（如 8 月 13 日），大气和湖泊水体之间的温差较大，表明二者之间存在明显的热量交换过程。当处于降雨和多云的天气状态时（如 8 月 16 日），大气和湖泊水体之间的温差较小，夜间温差在 0℃附近波动，表明在降雨和多云的天气状态下，大气和湖泊水体在夜间可以维持一定时间的热稳态。一个典型的热稳态区间是 8 月 16 日 03:49 ~ 06:49（日出时间 06:28），在这 3h 内气温和巴丹东湖湖水温度之差在–0. 15 ~ 0. 20℃波动（CTD logger 的精度为±0. 1℃）。

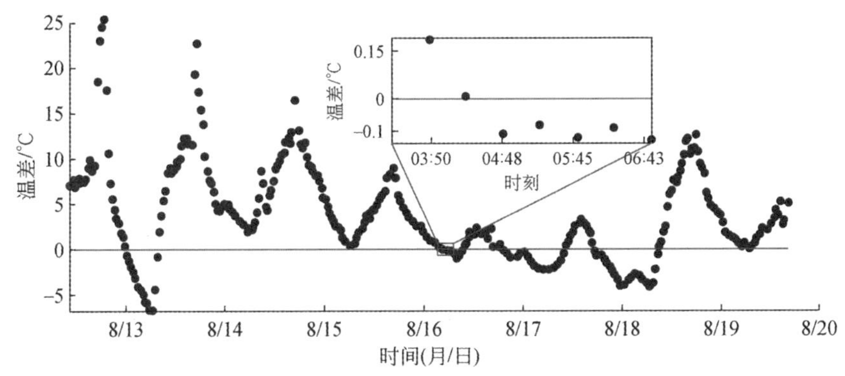

图 4-28　气温和巴丹东湖湖水温度之差

在此类热稳态时间段内，湖泊和大气以及邻近沙丘之间的温差极小，之间的热量传递作用微弱。由于没有外界热量传递作用影响湖水温度的稳定性，可认为湖水垂向温度分层现象不显著。

本试验通过绕线法得到了巴丹东湖高空间分辨率（0.04m）的湖水垂向温度变化（图4-29）。当天气晴朗且风速较小时，湖水温度会出现明显的分层现象；当天气有降水（多云）或者风速较大时，湖水温度呈现较好的均一性，垂向分层现象并不明显。垂向观

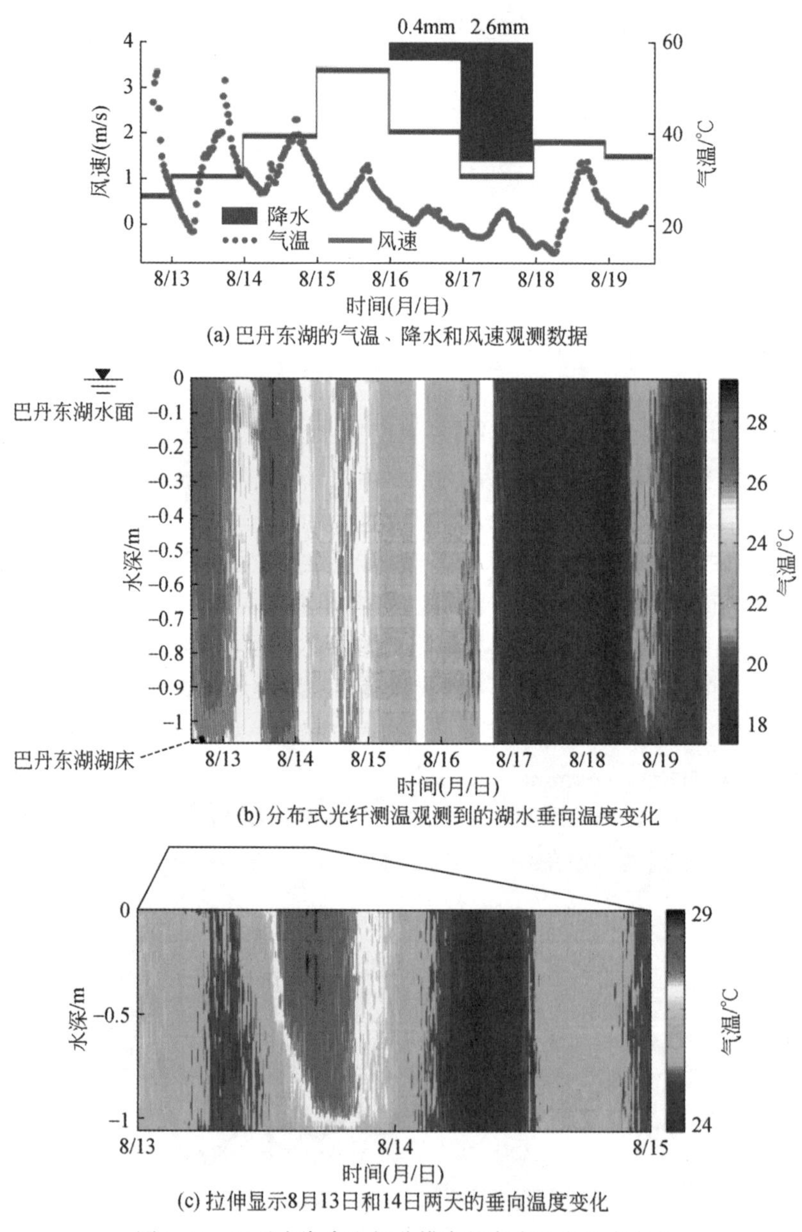

(a) 巴丹东湖的气温、降水和风速观测数据

(b) 分布式光纤测温观测到的湖水垂向温度变化

(c) 拉伸显示8月13日和14日两天的垂向温度变化

图4-29 巴丹东湖高空间分辨率的湖水垂向温度变化

测结果显示，对于巴丹东湖这样的小型沙漠湖泊来说，湖水受到风切力和密度差的影响，上下层水体存在混合作用，在特定的天气条件下，湖水垂向温度分层现象并不明显。下面将利用观测到的垂向温度数据，定量分析湖水温度的垂向分层强弱程度。

因为湖水的整体垂向温度变化通常是单调递增或者单调递减，所以可以使用线性拟合得到的斜率梯度表征巴丹东湖湖水分层的强弱（图 4-30）。梯度为负表示地层湖水温度低于表层，梯度为正表示地层湖水温度高于表层。从图 4-30 可以发现，在风速较大或者有降水的天气条件下（8 月 15 ~ 17 日），巴丹东湖湖水的垂向温度梯度基本在±0. 5℃范围内波动。对于识别出的大气-沙丘-湖泊系统的热稳态时间段（8 月 16 日 03:49 ~ 06:49），巴丹东湖湖水的垂向温度梯度已经被圈闭在±0. 4℃范围内，65% 的数据点更是分布在±0. 15℃范围内。因此，有充分的理由认为在这个时间段内，巴丹东湖湖水垂向温度分层现象可以忽略，湖水温度在垂向上是均一的。在试验期内，湖水温度相对稳定。当观测到湖床某处温度异常低于其他地方时，可认为该处有地下水出露。由于巴丹东湖的光缆是以 M 形铺设在巴丹东湖湖床之上的，分布式光纤测温观测到的沿光纤温度数据不易与实际空间位置进行对照。为了更加直观地分析巴丹东湖湖床温度分布，需对分布式光纤测温温度数据进行空间插值处理。

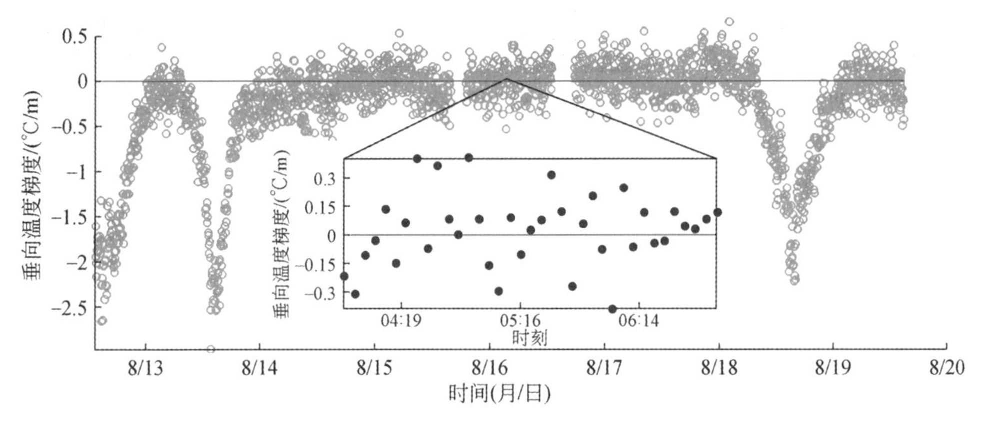

图 4-30　基于线性拟合的巴丹东湖湖水垂向温度梯度

为了得到巴丹东湖湖床温度平面图，利用反向距离权重法（the inverse distance weighting method）对分布式光纤测温观测到的温度数据进行空间插值处理。图 4-31（a）展示了 8 月 16 日 06 : 21 的巴丹东湖湖床温度平面图，该时间点位于热稳态时间段内，即此时地下水出露是造成巴丹东湖湖床温度异常的唯一因素。从图 4-31 可以识别出 4 个显著的湖床温度异常区，即 A 区、B 区、C 区和 D 区。A 区位于巴丹湖东侧，是地下水向巴丹东湖补给最重要的区域，该区域内湖床温度显著低于巴丹湖其他部分。A 区接受的地下水补给来自区域地下水流场的高水头方向。B 区呈现冷异常可能是由于 A 区较冷的水体向 B 区的扩散或者 B 区自身就是地下水出露区，只是地下水出露流量小于 A 区。C 区位于巴丹湖西北侧，是区域地下水流场的低水头方向，当区域地下水流场没有受到干扰时，该区域应该是巴丹东湖的下渗区域。根据分布式光纤测温的观测结果，C 区也出现了较明显的冷异常，说明巴丹东湖毗邻的高大沙丘具有明显的汇水作用。当地降水能够通过沙丘包气带，在沙丘内部透水性较强的区域汇集输送，最终在巴丹东湖西北侧出露。高大沙丘汇集的当地降水抬升了沙丘部分的地下水位，对区域地下水流场产生扰动，并在巴丹东湖西北侧产生了逆于区域地下水流场方向的补给通道。D 区位于巴丹东湖南侧，但其并不与 A 区相接，说明 D 区是地下水出露区，且地下水出露流量低于 A 区。

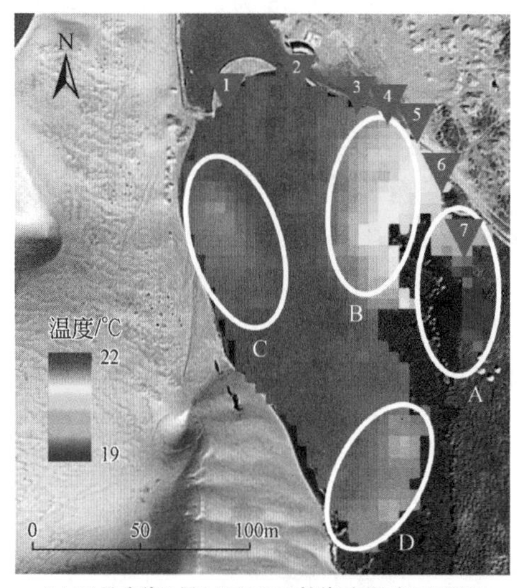

(a) 巴丹东湖8月16日06:21的湖床温度平面图

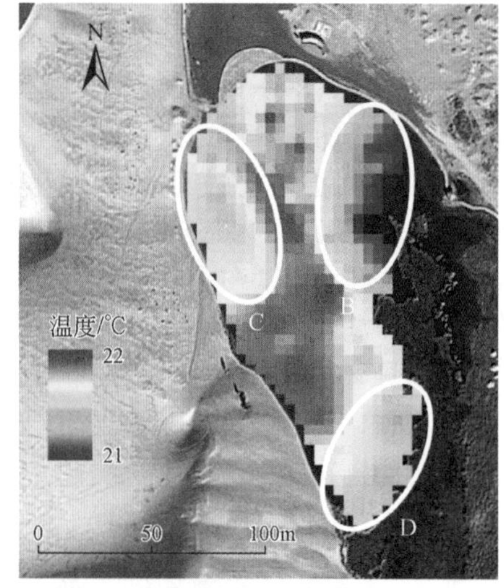

(b) 去除区域流场地下水集中出露区(A区)

图 4-31 巴丹东湖分布式光纤测温平面图

(a)A 区、B 区、C 区、D 区是湖床温度较低的区域，1 ~7 点是测压管采样点；(b)高亮显示 B、C、D 三个区域的温度异常现象

测压管的观测点位于巴丹东湖湖岸，如图 4-31 中的 1 ~7 点。观测结果如表 4-5 所示，在 1 点和 2 点，湖水水位高于地下水位，说明该区域是湖水补给地下水，该发现是对分布式光纤测温试验的重要补充，正是因为存在湖水的集中下渗区，才能保证巴丹东湖的盐度能够维持在一个相对较低的水平。在 3 点、4 点和 5 点并没有观测到显著的湖水和地下水之间的水位差，说明该区域附近湖水和地下水之间的交互并不显著。而在 6 点和 7 点发现地下水位高于湖水水位，说明该区域是地下水出露区，该结果与分布式光纤测温的分析结果相互吻合。

表 4-5 测压管观测试验数据 （单位：cm）

测压管观测点	H_1	H_2	H_2-H_1	交互模式
1	11. 5	14. 5	3. 0	湖水下渗
2	10. 9	15. 2	4. 3	湖水下渗
3	12. 5	12. 5	0. 0	无显著流量
4	7. 0	7. 0	0. 0	无显著流量
5	12. 0	12. 0	0. 0	无显著流量
6	50. 0	49. 2	-0. 8	地下水出露
7	24. 7	23. 4	-1. 3	地下水出露

通过分布式光纤测温试验和相关辅助观测试验，可以定性地构建巴丹湖湖域水循环概念模型（图 4-32）。为了更清楚地描述巴丹湖湖域的水循环过程，设置 1-1′和 2-2′两个剖面，1-1′剖面自东南向西北依次贯穿巴丹东湖、沙丘和巴丹西湖，2-2′剖面则贯穿巴丹东湖的北侧和东南侧。对于 1-1′剖面，区域的地下水流向为东南至西北，即从 1 点至 1′点。巴丹东湖在东南侧接受区域地下水补给，该区域也是巴丹东湖的主要补给区。降水入渗补给地下水，使沙丘处地下水位抬升，最终在巴丹湖的西北侧出露。这种局部的地下水位抬升扰动了整个区域流场分布，改变了补给排泄的条件。巴丹西湖在东南侧同时接受沙丘汇水和区域地下水的共同补给。但是，本次试验尚不能确定巴丹西湖在北侧和地下水之间的交互模式。Luo 等（2017）认为巴丹西湖基本没有向地下水入渗的过程。图 4-32 中剖面 2-2′描述了巴丹东湖自东南侧接受区域地下水补给，并在北侧入渗补给地下水。该入渗过程同时输出巴丹东湖富集的盐分，使巴丹东湖的盐度能够维持在一个相对较低的水平，以保证湖区生态系统的良性循环。

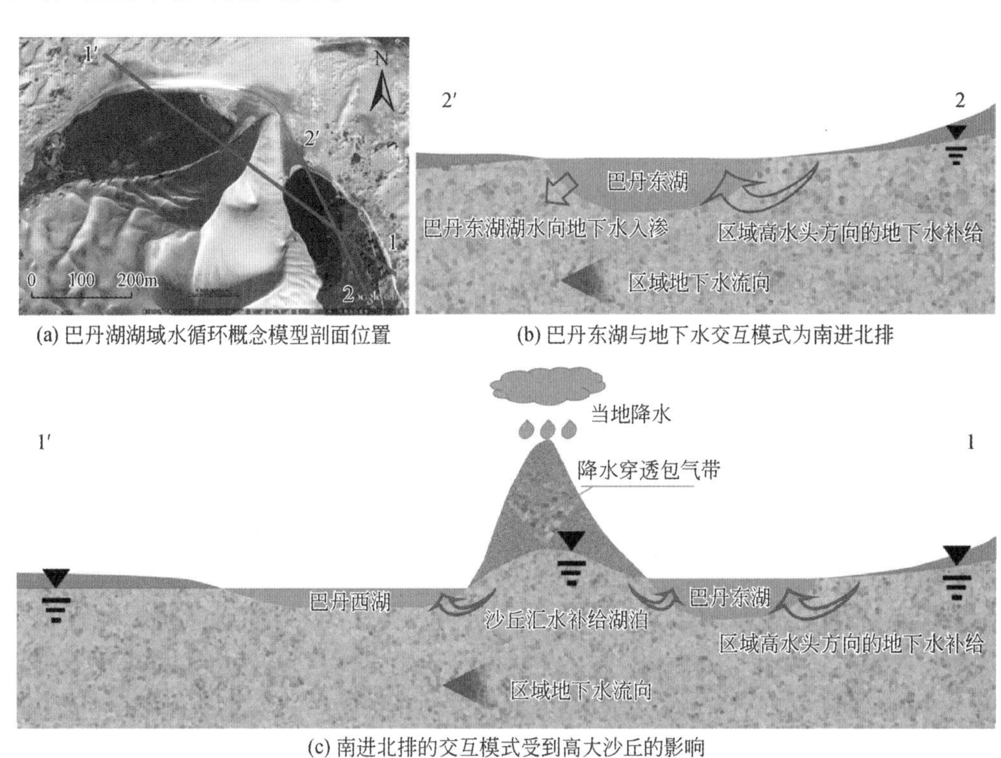

图 4-32　巴丹湖湖域水循环概念模型

4.3　基于热红外遥感技术的地表–地下水转化研究

本节介绍温度示踪地表水和地下水交互过程观测研究中的定量研究部分。以黑河流域中游为例，利用航空热红外遥感观测黑河流域中游河道的表层水体温度，对黑河流域中游地下水向河道排泄强度做出定量估算。黑河流域中游农业经济发达，水资源供需矛盾突出，因此探究科学合理的水资源综合管理方法是摆在所有人面前的一个严峻课题。对地表水和地下水之间的交互过程做出可靠准确的刻画，是进行水资源综合管理的前提条件（李文鹏等，2004）。

4.3.1 航空热红外遥感测温技术简介

航空热红外遥感是指通过飞机搭载热红外传感器对地表温度进行观测的技术。在没有云层影响的条件下，机载热红外传感器接收到的热红外信号表征的是地表本体热辐射、大气上行热辐射、大气下行热辐射、地表反射太阳直射辐射、地表反射太阳散射辐射、大气散射太阳辐射的综合影响结果。太阳辐射分布于热红外大气窗口内（8～14μm）的能量是极少量的，因此地表反射太阳直射辐射、地表反射太阳散射辐射和大气散射太阳辐射这三项信号源对热红外传感器观测结果的影响可以忽略不计。在此背景下，热红外传感器接收到的信号将受到地表本体热辐射、大气上行热辐射、大气下行热辐射这三个因素的影响，由此可以得到热红外大气窗口内热红外传感器探测到的辐射源表达式：

$$L_\lambda = L_\lambda^{u} + \tau_\lambda \varepsilon_\lambda B(T_s) + \tau_\lambda \rho_\lambda L_\lambda^{d} \tag{4-2}$$

式中，λ 为辐射波长；L_λ 为热红外大气窗口内热红外传感器探测到的辐射值；L_λ^{u} 为大气上行热辐射值；L_λ^{d} 为大气下行热辐射值；ε_λ 为地表发射率（发射率是指实际物体辐射出的能量与理想黑体在同样温度条件下辐射出的能量的比值）；ρ_λ 为地表反射率；τ_λ 为大气透过率；T_s 为地表温度；$B(T_s)$ 为温度在 T_s 的理想黑体的热辐射值。

基尔霍夫定律指出不透明物体的发射率与反射率之和为 1，因此可将式（4-2）简化为

$$L_\lambda = L_\lambda^{u} + \tau_\lambda \varepsilon_\lambda B(T_s) + \tau_\lambda (1-\varepsilon_\lambda) L_\lambda^{d} \tag{4-3}$$

式（4-3）说明热红外传感器接收到的辐射信号是由大气透过率、大气上行热辐射、大气下行热辐射、地表温度和地表发射率共同决定的。其中，大气参数（大气透过率和大气上行热辐射、大气下行热辐射）可通过大气轮廓线数据进行模拟估算。假设某一特定地面目标有 n 个不同波段的光谱数据，根据式（4-2）可以构建一个由 n 个方程构成的方程组。在大气参数已知的前提下，该方程组还有 n 个发射率和 1 个温度未知变量。如何根据 n 个方程求解 $n+1$ 个未知变量是遥感数据反演的关键工作，常见的处理方法是通过增加观测角度和观测时间或者基于经验和先验知识来增加方程的个数。

4.3.2 航空热红外遥感测温观测试验设计

本研究使用的热红外传感器是由加拿大 ITRES 公司生产的热红外机载成像光谱仪（thermal airborne spectrographic imager，TASI），室内状态下的热红外机载成像光谱仪如图 4-33 所示。该传感器的探测光谱范围为 8～11.5μm，包含 32 个波段，光谱分辨率为 125nm，视角为 40°，信噪比为 5415，使用 600 个像元阵列进行推扫式扫描观测。

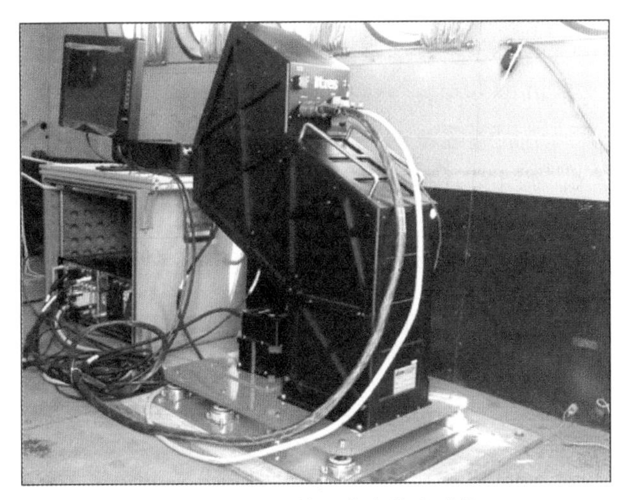

图4-33　热红外机载成像光谱仪

热红外机载成像光谱仪的实验室定标工作如下。

1）黑体校正：获取传感器的信噪比、线性响应度等基础参数。

2）坏点检测：基于黑体校正数据，找出像元阵列中的坏点并使用插值法处理坏点。

3）光谱定标：使用 CO_2 激光发射器反射几个特定波长的激光来拟合和标定不同像元的光谱响应位置。

4）辐射定标：通过探测标准黑体0～100℃范围内的辐射亮度值，确定将传感器探测到的亮度值转换为具有实际物理意义的辐射亮度值的转换系数。

本研究使用MODTRAN大气辐射传输模型并结合大气轮廓线数据（包括高度、气压、温度、湿度、风速和风向等）对大气透过率和大气上下行热辐射参数进行模拟。大气轮廓线数据来自探空实验，探空仪为芬兰VAISALA公司的GPS探空仪，探测高度为30km，时间分辨率为1min。对于温度反射率的计算，使用的是在TES算法（Gillespie et al., 1998）基础之上修正和发展而来的温度反射率分离算法（Wang et al., 2011b）。

航空热红外遥感观测受天气条件的制约，多云、降水、强风（飞行安全因素）等天气条件均不适宜航空热红外遥感观测试验。经过与气象部门和空管部门的沟通协调，并且考虑到夏季地表水温度远高于地下水温度，最终航测时间选定在2012年7月4日。当日天气条件为晴，日平均气温为23.4℃，波动区间为16.4～30.8℃，相对湿度为47%，地面风速为3.7m/s，平均气压为844.0hPa，波动区间为841.9～845.6hPa。黑河干流高崖水文站当日观测河道平均流量为27.5m^3/s。

本研究对黑河中游自冲洪积扇向下游95km的河道进行推扫式观测（图3-1），设计飞机的飞行高度为833m。黑河中游干流河道流线曲折弯曲，考虑到飞机的转弯半径较大，难以即时做出调整实现一次性自上游至下游的连续观测，因此设计成“跳跃式”的观测路线。“跳跃式”的路线设计是指从上游开始，飞机首先沿着某段较直的河道进行观测，当河道出现转折弯曲，则重新在飞机转弯半径允许的情况下进行航向调整，越过转折处河道，直接观测下一阶段的河道，如此往复。当完成最下游的河道观测后，飞机折返观测来程跳过的河道，完成观测河道的闭合。

航空热红外遥感侧重对地表温度的观测，在温度示踪地表水和地下水交互研究中，地下水温度场信息同样必不可少。在航空热红外遥感观测试验进行之前，已使用 CTD logger 完成了对黑河中游干流河道周边区域地下水温度观测网的构建。CTD logger 的电导率分辨率为读数的 0.1%，精度为±1%；温度分辨率为 0.01℃，精度为±0.1℃；压力分辨率为 2.0cm H_2O，精度为±5.0cm H_2O。CTD logger 的采样时间间隔设置为 30min。本研究中地下水观测网包含 10 个观测点，具体点位分布如图 4-34 所示。

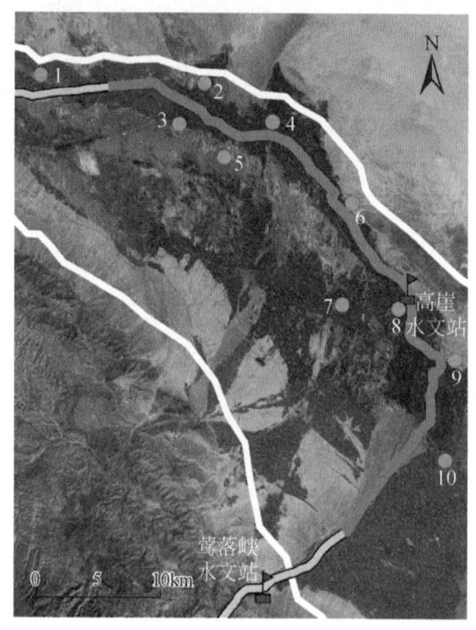

图 4-34　地下水观测点

4.3.3　热红外数据检验

从理论上来说，凌晨日出之前河道水体的温度在垂向上将表现出更好的均一性，但航空热红外遥感观测试验的飞行窗口选择受制于气象条件和航空管制等多重因素的制约，因此本研究的航空热红外遥感飞行窗口选择在 2012 年 7 月 4 日的午后时段，始于 12:27:28，止于 14:18:05，共完成 9 次连续观测，各次连续观测的时间和观测位置如图 4-35 所示。观测到的航空热红外温度图像的空间分辨率通过式（4-4）计算获得

$$\text{空间分辨率} = 2 \times \text{飞行高度} \times \tan(0.5 \times \text{视角}) \div \text{像元数} \tag{4-4}$$

其中，飞行高度为 833m，视角为 40°，像元数为 600。经计算得到本次飞行试验获取的航空热红外遥感温度数据的空间分辨率为 1m，该分辨率可以满足河道表层温度模式分析的要求（Handcock et al.，2006）。航空热红外遥感观测试验的测温精度为±0.2℃。

本次航飞航线是沿着黑河干流河道走向设计的，观测区间没有涵盖黑河生态水文遥感

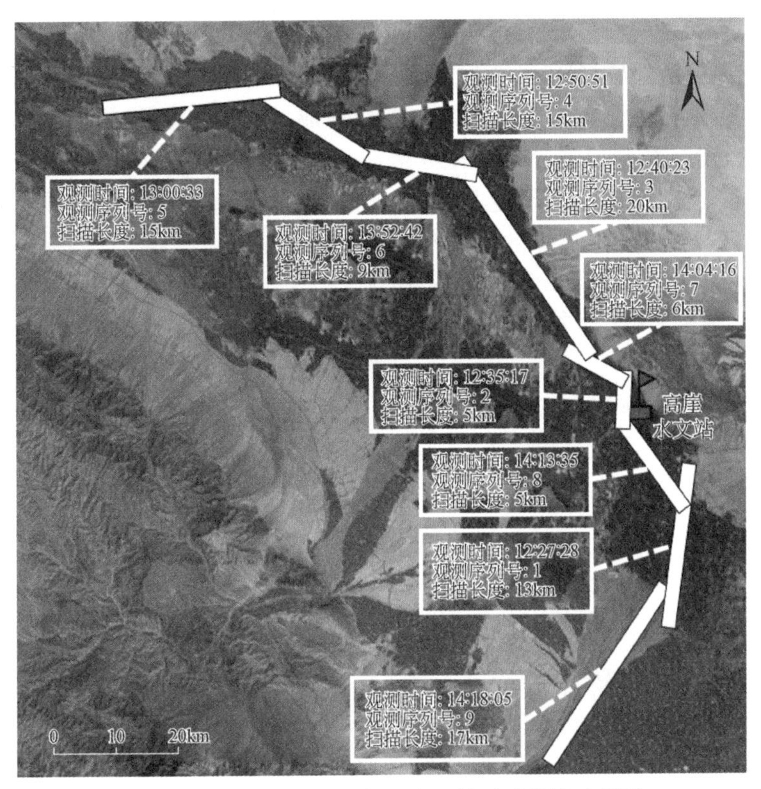

图 4-35　黑河中游干流航空热红外遥感航线示意图

试验（Li et al., 2013）在黑河中游灌区建设的地面温度观测站点。可使用 2012 年 6 月 30 日和 2012 年 7 月 10 日的两次覆盖地面观测区的航飞试验数据对热红外机载成像光谱仪的可靠性进行验证（图 4-36）。地面观测使用的是美国 Apogee 公司的 SI-111 红外辐射计，

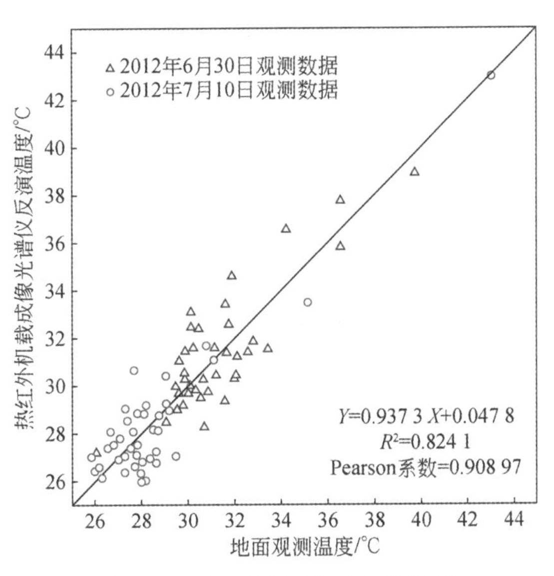

图 4-36　航空热红外温度数据验证

观测区间为8～14μm，时间分辨率为1min，视角为44°，传感器假设高度为4m。2012 年6 月 30 日的航空热红外遥感涵盖了41 个地面观测数据点，2012 年 7 月 10 日的航空热红外遥感涵盖了42 个地面观测数据点。将热红外机载成像光谱仪反演出的地面温度与 SI-111 红外辐射计观测到的温度数据进行对比分析，得到两套数据之间调整后的 R^2 为 0.8241，均方根误差为 1.27℃。验证结果表明，热红外机载成像光谱仪的可靠性较高，从而保证了2012 年7 月4 日对河道表层水体的观测精度。

4.3.4 热红外图像目视判读解译

目视判读或者目视解译是研究各类遥感图像的经典手段，大多数遥感图像的自动模式识别都建立在目视判读的经验基础之上。结合对黑河中游水循环规律的前期调研认识，目视判读可以基于黑河干流表层温度分布形态更加直观地识别出不同形式的地下水出露。本次航空热红外遥感观测试验获取的数据量庞大，在此选取 3 个典型的目视解译成果进行展示。

首先是人工引水渠（龙渠）开闸向黑河干流放水［图 4-37（a)］，该图展示的区域位

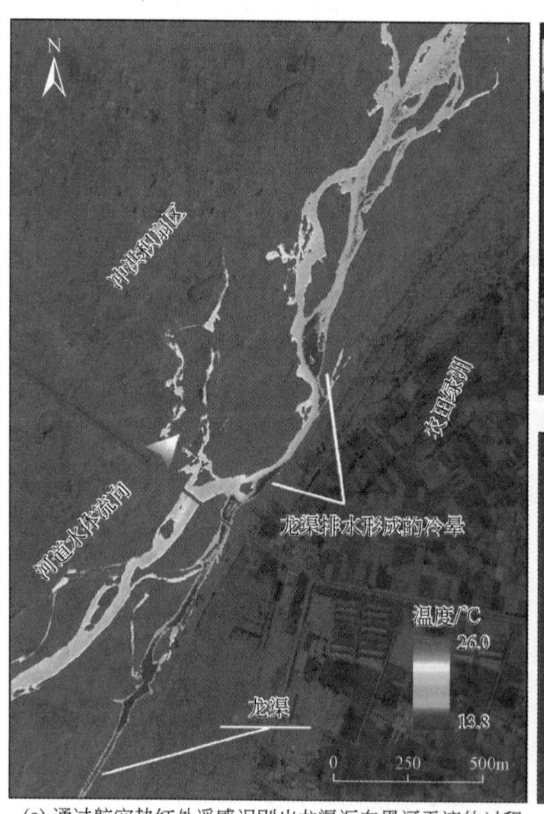

(a) 通过航空热红外遥感识别出龙渠汇向黑河干流的过程

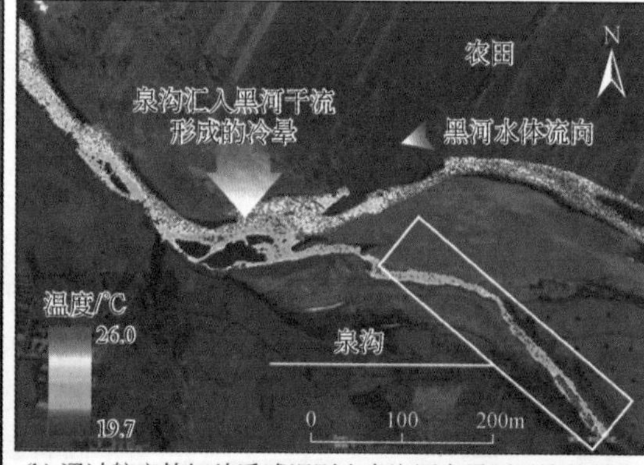

(b) 通过航空热红外遥感识别出泉沟汇向黑河干流的过程

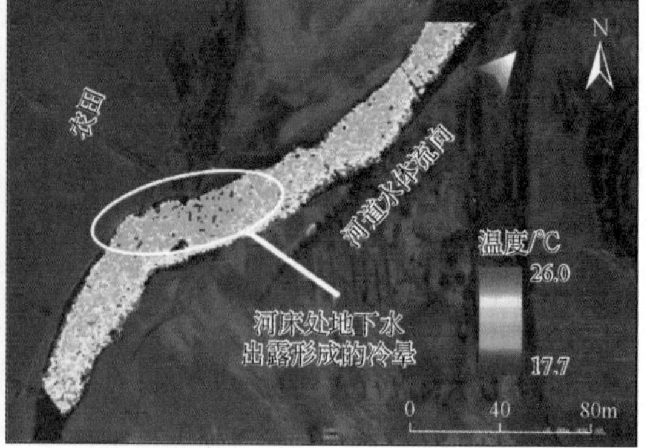

(c) 通过航空热红外遥感识别出地下水出露区域

图 4-37　目视解译成果示意图

于张掖市西郊冲洪积扇缘上游河段，地表水和地下水交互模式为地表河水入渗补给地下水。龙渠从莺落峡上游水库直接引水用于中游农田灌溉，上游山区水库水温较低且龙渠引水流速明显快于天然黑河干流河道水流速，于是引入黑河中游的龙渠水温仍低于相邻黑河干流的水温。图 4-37（a）展示了较冷的龙渠放水汇入黑河干流并和较热的天然河道水混合的过程。该图展示的温度冷异常由人工渠系向天然河道排水所致，与天然地下水出露有别并会对分析造成干扰，因此在后续对地下水出露的分析中将不再考虑该图所示河段。其次是泉沟的形成、输运和最终汇入黑河干流的过程［图 4-37（b）］。有研究表明，黑河中游的泉流量可达 11.7 亿 m^3/a（程国栋，2009），大大小小不同形态的泉眼遍布黑河干流周边。图 4-37（c）展示了一个宽度 10 ~ 20m 的泉沟，泉沟中有大量的地下水集中出露。出露的地下水温度显著低于附近黑河干流河道水体温度。较冷的出露地下水经泉沟输送并最终汇入黑河干流，与黑河干流较热水体不断混合，在交汇区形成明显的冷晕。最后是较冷的地下水在黑河干流的河道河床处集中出露，经湍流的混合作用后，以冷晕的形式出现在河道表层水体的温度分布中。

目视解译能够提供研究区内地表水和地下水交互模式的基础认识，但航空热红外遥感作为一种能够在短时间内探测获取大尺度流域地表温度信息的技术，有潜力对流域内地表水和地下水的交互做出定量估算，为流域水资源综合管理提供快捷可靠的论据支持。

4.3.5 黑河中游地下水向河道排泄强度估算

1. 基本计算思路

航空热红外遥感探测水体的穿透能力为 0.1mm（Torgersen et al.，2001），因此本研究以某一河段的表层水体（0.1mm 厚度）为控制体进行能量通量分析：

$$Q_{GW}\times T_{GW}\times\Delta T+Q_{SW}\times T_{SW}\times\Delta T=(Q_{GW}+Q_{SW})\times T_{MIX}\times\Delta T \tag{4-5}$$

式中，Q_{GW} 为该控制体中当地地下水水量；T_{GW} 为地下水温度；ΔT 为时间变化量；Q_{SW} 为该控制体中地表水（上游河水）水量；T_{SW} 为地表水温度；T_{MIX} 为地表水和地下水在该控制体中完全混合后的温度，即混合温度。式（4-5）左侧第一项代表来自地下水出露的能量输入，第二项代表来自上游河水和太阳辐射的能量输入。

对式（4-5）进行简单变换并定义 P 为该控制体中地下水水量与总水量的比值，表达式为

$$P=\frac{Q_{GW}}{Q_{SW}+Q_{GW}}=\frac{T_{SW}-T_{MIX}}{T_{SW}-T_{GW}} \tag{4-6}$$

式（4-6）的基本计算思路类似于地球化学方法中基于浓度的对某种来源水量贡献比例的计算方法，共涉及三个位置参量，即地下水温度 T_{GW}、地表水温度 T_{SW} 和混合温度 T_{MIX}。其中，地下水温度 T_{GW} 可以根据地下水的实测数据采用空间插值进行估算，而地表水温度 T_{SW} 和混合温度 T_{MIX} 则需要根据航空热红外遥感观测的河道表层温度数据进行估算。

流体的运动状态可分为层流和湍流两种类型。当流体流速较小时，流体流动时的分层现象明显，各层位的流体成分之间基本不混合，这种流动状态称为层流。当流体流速从很小开始逐渐增大时，分层现象逐渐受到干扰，各层位的流体成分开始出现混合现象。当流体流速增加到足够大时，流层中将出现旋涡，流层被彻底破坏，这种流动状态称为湍流。

自然河道水体的流动形态受流速、河床河道的几何形态、水工建筑物等因素的综合影响，流动形态较复杂。靠近河岸区、浅滩区和一些小支流的河水流速较缓慢，在河床条件平缓时，这些位置的水体表现出更多的层流特征。具有层流特征的区域内水体的混合作用不明显，在航空热红外遥感图像中表现为热异常区域（图 4-38），且该区域的表层水体温度表征的是纯粹的没有低温地下水混入的地表水温度，即式（4-6）中的 T_{SW}。

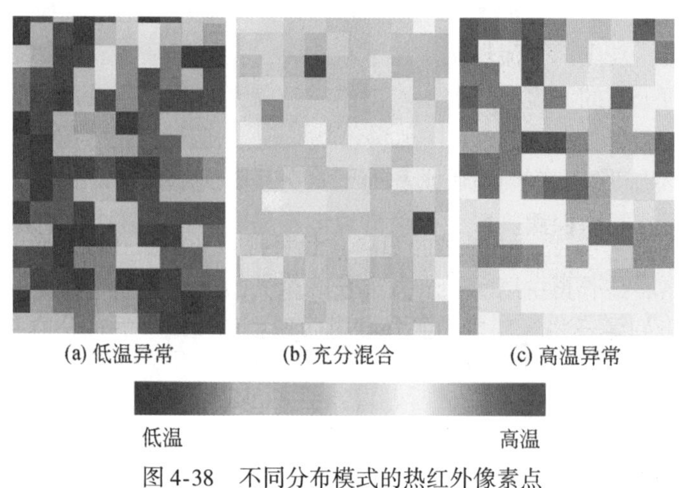

图 4-38　不同分布模式的热红外像素点

河道中线附近位置是河流横剖面流速最快的区域，该区域内河水流速快、河床条件复杂，流动状态充分表现为湍流特征，复杂而不可预测的河床条件导致流场中的旋涡以时间随机和空间随机的形式出现在流场中。河道中线附近区域表层水体在受到太阳辐射作用升温的同时，在随机的时间和随机的空间位置接受湍流旋涡带来的下层低温水体，同时上层的高温水体也会被随机带入下层与低温水体混合，河水的垂向温度分层现象因为湍流的混合作用变得不再明显。基于该规律可以做出在航空热红外遥感图像中河道中线附近区域各像素温度的分布应当是随机的假设，该假设的成立有两个支撑条件：一是该河段河水的流动状态充分表现为湍流特征；二是该河段的上下边界温度条件是均一的。河段的上边界接受太阳辐射加热，因此上边界温度条件可以认为是均一的。下边界温度条件均一则要求在该河段内，任何一个点位都没有集中形式的低温地下水出露（集中出露），否则该点位处的河道表层水体温度将表现为显著异于该河段其他位置水体的冷异常（需要注意的是，冷异常区域仍处于湍流区内）。基于以上分析，可以认为航空热红外遥感图像中像素温度随机分布的区域和冷异常区域（图 4-38）属于地表水和地下水充分混合的区域，该区域的河道表层水体温度表征了地表水和地下水充分混合后的温度，即式（4-6）中的 T_{MIX}。

上述分析定性地为式（4-6）中 T_{GW}、T_{SW} 和 T_{MIX} 的估算提出了宏观解决方案，下面具体介绍基于实测地下水温度估算 T_{GW} 以及基于航空热红外遥感图像估算 T_{SW} 和 T_{MIX} 的方法。

2. 地下水温度场的计算

对不同位置地下水温度（图 4-39）进行空间插值可以获得样本河段处的地下水温度 T_{GW}，并将 CTD logger 在航测日期 2012 年 7 月 4 日当天观测到的地下水温度（时间分辨率为 30min）的平均值作为该观测点的地下水日均温度值。插值方法选用克里金（Kriging）插值法，插值结果输出项为插值区内温度场和各像素点的插值温度标准误（图 4-40）。插值得到的黑河中游干流附近区域的地下水温度场显示，该区域的地下水温度分布具有较强

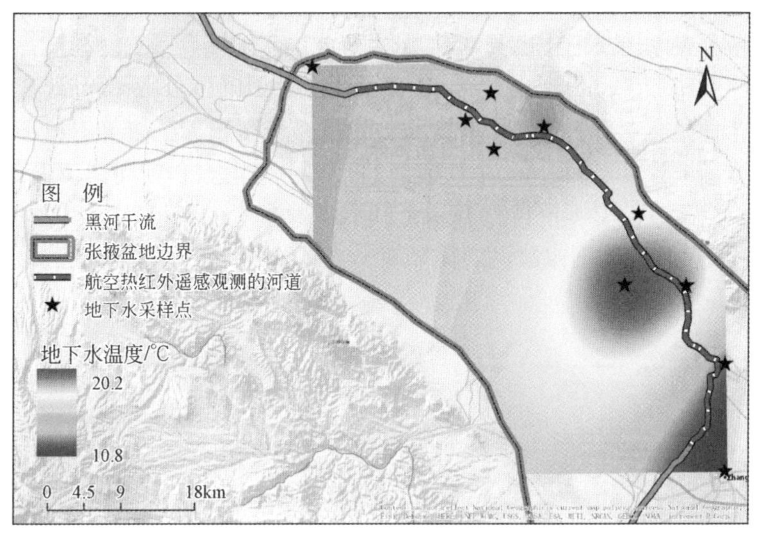

图 4-39　地下水温度场

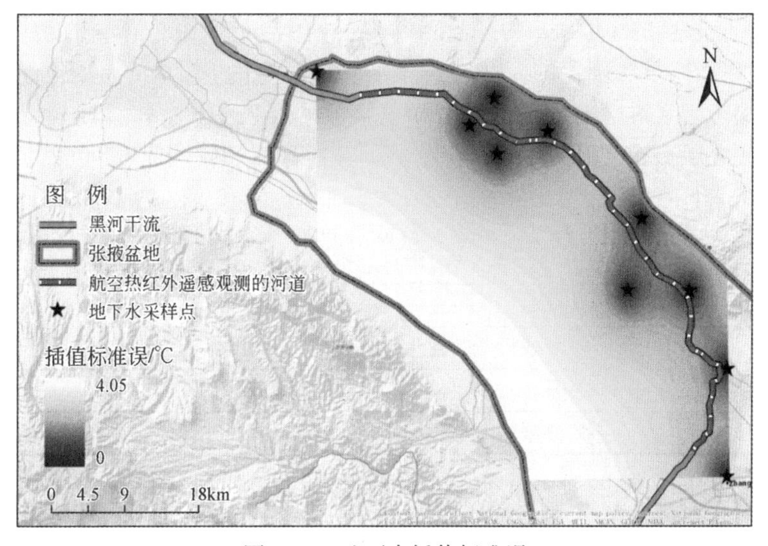

图 4-40　地下水插值标准误

的异质性，地下水温度变化范围为10.8～20.2℃，该插值结果与连英立等（2011）的观测结果高度吻合。地下水温度场的空间异质性说明，黑河中游地表水和地下水之间具有频繁的交互过程。地下水观测点均分布在黑河干流周边，插值结果显示河道周边的插值标准误约为1.56℃。

3. 河道水体中当地地下水所占比例计算

本研究利用Getis-Ord Gi*（热点分析）方法（Ord and Getis，1995）对航空热红外遥感图像进行热点分析（hot spot analysis），并对热点和冷点进行识别和标记。热点分析方法对遥感图像的识别是通过ArcGIS软件的热点分析工具实现的，其中温度为输入参数。不同像素之间的相关程度由反向距离权重法确定，该方法判断一个像素点是否属于高温异常或者低温异常更多地考虑该像素点和离其较近的像素点之间的差异。也就是说，在计算某一像素的特异性时，会对所有像素点赋一个权重值，距离越远，权重值越小。热点分析方法的输出参数为每个像素点的 z 值。z 值表征的是某一像素点和其周围像素点之间的差异，正值越大表示该像素点的温度值越显著高于其周围像素点的温度值，反之亦然。z 值越接近0，表示该像素点及其周围像素点遵循随机分布的规律。热点分析方法中 z 值的计算公式为

$$z_i = \frac{\sum_{j=1}^{n} w_{i,j}x_j - \left(\frac{\sum_{j=1}^{n} x_j}{n}\right)\sum_{j=1}^{n} w_{i,j}}{\sqrt{\frac{\left[\frac{\sum_{j=1}^{n} x_j^2}{n} - \left(\frac{\sum_{j=1}^{n} x_j}{n}\right)^2\right] \times \left[n\sum_{j=1}^{n} w_{i,j}^2 - \left(\sum_{j=1}^{n} w_{i,j}\right)^2\right]}{n-1}}} \tag{4-7}$$

式中，z_i 为第 i 个像素的 z 值；n 为像素点个数；j 为当前研究像素 i 的第 j 个相邻像素；$w_{i,j}$ 为通过反向距离权重法确定的 i 和 j 之间的权重值；x_j 为 j 像素的温度值。

每个 z 值都有与之对应的出现概率值和置信水平（表4-6）。例如，对于输出类S1，z 值小于-1.65或大于1.65的像素点，其出现概率小于0.10，同时在90%的置信水平上属于冷异常（z 值小于-1.65）或热异常（z 值大于1.65）。

表4-6　热点分析输出类

输出类	z 值	出现概率值	置信水平/%
S1	<-1.65或>1.65	<0.10	90
S2	<-1.96或>1.96	<0.05	95
S3	<-2.58或>2.58	<0.01	99

为了保证温度异常区，特别是热异常区识别的置信水平。本研究对航空热红外遥感图像进行热点分析使用的输出类是S3，即通过热点分析，在99%的置信水平上可以判断 z 值大于2.58的区域为热异常，z 值小于-2.58的区域为冷异常。z 值在-2.58～2.58的区域

既不出现热点聚集也不出现冷点聚集，区域内像素点的温度分布具有随机性。

对航空热红外遥感图像进行热点分析，可以识别出不同的温度分布形态区域，其中热异常区的温度被用来估算式（4-6）中的 T_{SW}，而其他区域（包括随机区和冷异常区）的温度被用来估算式（4-6）中的 T_{MIX}。定量计算技术路线如图 4-41 所示。

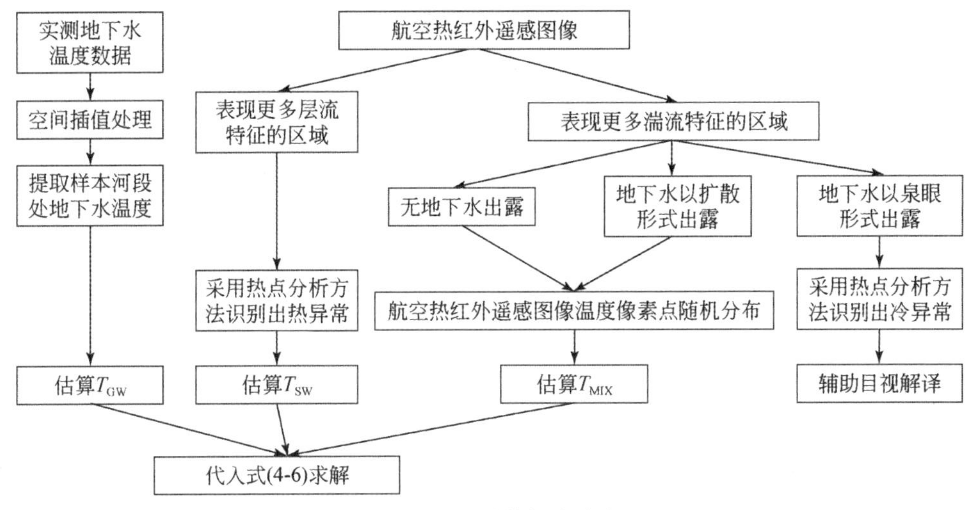

图 4-41　定量计算技术路线图

本次航空热红外遥感观测范围为黑河中游 95km 的河道，进行热点分析的样本将从这幅 95km 的热红外遥感图像中进行划分。样本的划分需遵循两个基本原则：一是单个样本内河道水体的观测必须基本同时完成；二是单个样本内河道宽度要基本一致，以排除其他不确定因素对河道表层水体温度分布的影响。基于这两个原则，将 95km 的航空热红外遥感图像最终划分为 14 个样本河段，各样本河段的长度及其距冲洪积扇缘的距离如表 4-7 所示。

表 4-7　黑河中游干流地下水出露强度定量计算结果

样本参数	样本河段长度/km	距冲洪积扇缘的距离/km	T_{MIX} /℃	T_{SW} /℃	T_{GW} /℃	地下水温度插值标准误/℃	当地地下水出露比例/%
样本河段 1	3.53	-2.23*	23.09	24.08	12.35	2.03	8.44
样本河段 2	3.94	2.51	21.70	23.27	12.32	1.87	14.34
样本河段 3	4.52	7.13	21.50	23.09	12.98	1.59	15.73
样本河段 4	3.22	14.56	22.99	23.71	14.93	1.65	8.20
样本河段 5	2.35	17.83	22.39	23.61	16.55	1.75	17.28
样本河段 6	5.62	27.25	22.25	23.53	18.92	1.18	27.70
样本河段 7	4.96	32.02	22.00	23.14	18.60	1.39	25.11

续表

样本参数	样本河段长度/km	距冲洪积扇缘的距离/km	T_{MIX}/℃	T_{SW}/℃	T_{GW}/℃	地下水温度插值标准误/℃	当地地下水出露比例/%
样本河段 8	4.70	37.49	22.75	23.49	17.10	1.37	11.58
样本河段 9	6.56	44.04	22.59	23.59	15.03	2.06	11.68
样本河段 10	4.07	49.16	23.81	24.43	14.14	1.88	6.03
样本河段 11	3.32	52.00	24.68	25.18	13.64	1.43	4.33
样本河段 12	5.26	59.92	24.86	25.30	13.44	1.15	3.71
样本河段 13	6.00	66.69	25.29	25.61	13.85	1.17	2.72
样本河段 14	7.29	76.83	25.19	25.57	13.89	1.40	3.25

* 负号表示在扇缘上游

航空热红外遥感观测到的地表温度数据是二维的，因此可通过样本分割将二维的河道表层水体温度数据划分为 14 个样本，基于此计算出的河道水体中当地地下水出露比例是针对每个样本的，即每个样本河段最终被概化为一个点。从表面上看，计算从二维航空热红外遥感数据出发，最终成果展示为一维的数据点。但从本质上看，这样的降维处理提高了最终计算结果的可靠性。单点采样受很多不确定因素的影响，代表性难以验证，往往带有较大的不确定性，而本研究通过遥感技术采集一定空间范围内的河道水体温度数据，从而保证了最终计算结果的可靠性。

从地下水温度场（图 4-39）中提取 14 个样本河段的地下水温度值，并将每个样本河段的地下水温度均值作为该样本河段 T_{GW}的估算值（表 4-7），得到每个样本河段地下水温度估算过程中的标准误值（表 4-7）。

对每个样本河段都进行热点分析，在 99% 的置信水平下识别出每个样本河段的热异常区域（z 值大于 2.58），并对该区域所有像素的温度值取平均，将其作为 T_{SW}的估算值。对于通过热点分析识别出为热异常的区域，该区域内河水流动体现出更多的层流特征，对于其他位置的水体流动（z 值小于 2.58）则体现出更多的湍流特征，并将这些区域（z 值小于 2.58）的温度均值设定为 T_{MIX}的值。T_{SW}和 T_{MIX}的计算结果如表 4-7 所示。

根据式（4-6）计算每个样本河段中的当地地下水出露比例，计算结果如表 4-7 所示。图 4-42 展示了基于各样本河段水体中当地地下水出露比例绘制的黑河中游干流地下水出露强度空间分布。黑河干流在该区域的总体流向由东南向西北（图 4-42 中由右向左），地下水出露强度呈现先增加后减少的变化规律。

张掖市西郊湿地公园下游河段出现一个局部高强度地下水出露区，推测其原因可能是张掖市西郊湿地公园是国家级的湿地公园，由人工渠系为其直接供水，以保证公园生态需水量。人工向湿地公园供水，抬高了湿地公园区域内的地下水位，并最终向西北流动补给黑河干流，形成一个局部高强度地下水出露区。

高崖水文站下游河段是地下水出露强度最大的区域，最高有 27.70% 的河水来自地下

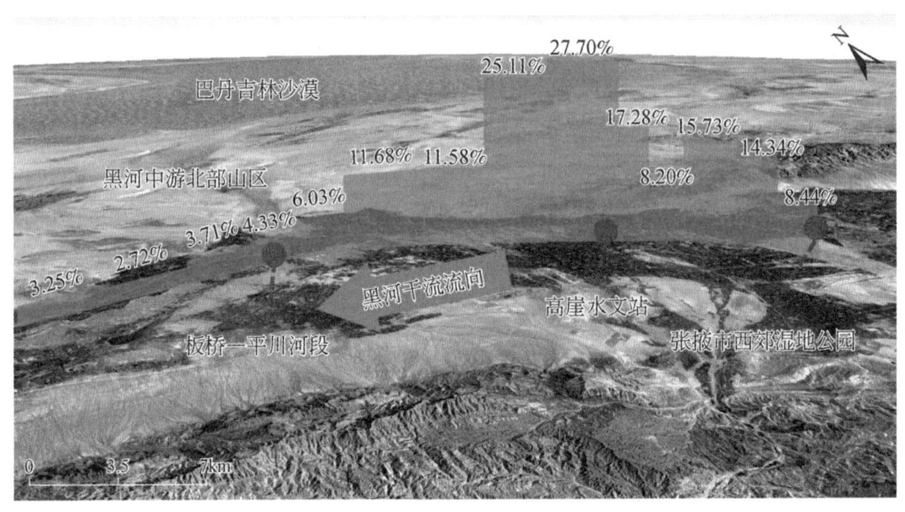

图 4-42　黑河中游干流地下水出露强度空间分布

水补给。受北部山区基岩阻隔，高崖水文站下游区域潜水层水埋深逐渐变小，地下水集中向黑河干流出露补给，形成黑河中游干流地下水出露最集中的区域。至板桥—平川及其下游河段，地下水埋深逐渐变大，地下水向河流的补给强度逐渐变弱。

以上与已有相关研究成果相吻合，即高崖水文站下游河段是地下水集中出露区，而黑河中游地下水出露比例的年际变化范围为 20% ~37%（李文鹏等，2004；聂振龙，2004；张应华等，2005；赵建忠等，2010）。值得注意的是，上述黑河中游干流地下水出露是基于本次航空热红外遥感观测数据分析得到的，而年内黑河中游地表水和地下水之间的交互强度是在不断变化的，甚至可能存在流动方向的反转。在旱季，河水水位显著降低，而地下水位相对恒定不变，地下水将更多地补给河水。而在雨季，河水水位上涨，地下水向河水补给作用变弱，部分在旱季地下水出露的区域反而可能会出现河水补给地下水的现象。

对航空热红外遥感图像进行热点分析可以辅助对图像的目视解译。目视解译通过大脑分析遥感图像中不同像素点之间的高温和低温聚集程度，当通过目视解译识别出一个低温聚集区时（冷晕），综合其他环境因素则可以推测该处存在地下水集中出露。而当数据量增大时，如本次航空热红外遥感观测了 95km 长的河段，通过目视解译识别冷晕进而判读地下水集中出露的空间位置和形态的工作量也随之增大。而热点分析可以更加直观地将航空热红外遥感图像中的低温聚集情况表现出来（图 4-43），大大节省了通过目视解译判读地下水出露空间位置的工作量。值得注意的是，航空热红外遥感只能探测到集中地下水出露。

4. 误差分析

在 T_{GW}、T_{SW}和 T_{MIX}的计算过程中会引入一定的误差，并最终影响河道水体中当地地下水出露比例。

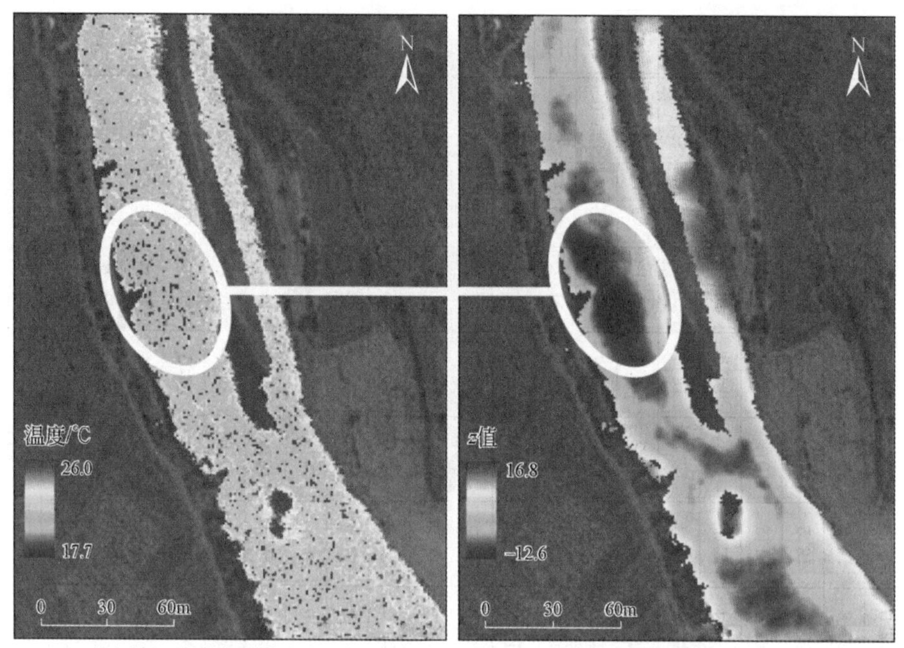

(a) 航空热红外遥感观测河道温度数据　　(b) 热点分析后得到的 z 值分布图

图 4-43　热点分析辅助目视解译定位地下水出露位置

各河段样本在地下水插值过程中引入的误差（标准误）在 1.15～2.06℃，这些误差将为最终计算出的当地地下水出露比例引入相应的误差，如图 4-44 中灰色区域所示。航空热红外遥感观测到的河道温度数据同样会为最终的计算结果引入误差，在此使用航空热红外温度和地面实测温度比对得到的标准差 1.27℃表征航空热红外温度数据的误差，航空热红外遥感图像的误差为最终计算出的当地地下水出露比例引入的误差，如图 4-44 中灰色区域所示。

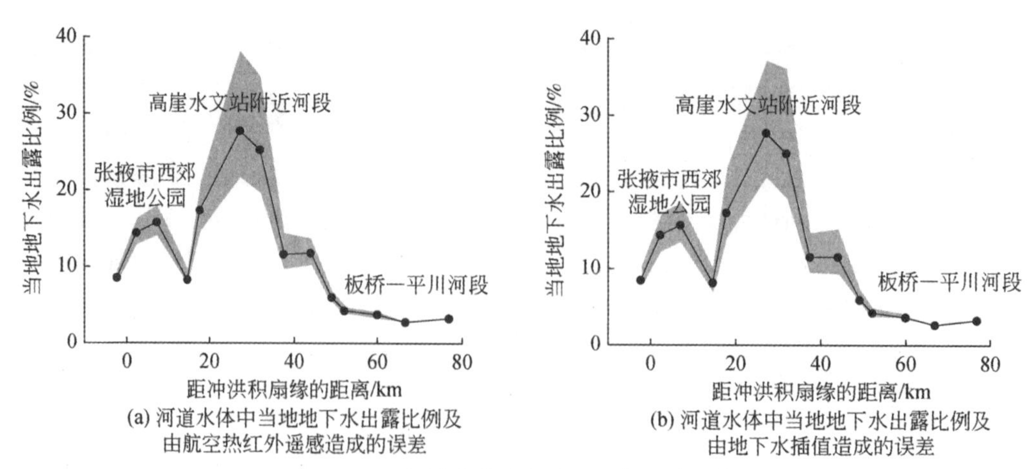

(a) 河道水体中当地地下水出露比例及由航空热红外遥感造成的误差　　(b) 河道水体中当地地下水出露比例及由地下水插值造成的误差

图 4-44　河道水体中当地地下水出露比例

误差分析显示，计算得到的当地地下水出露比例的敏感区间主要分布在地下水集中出露的地区，如高崖水文站附近河段。计算的误差主要来源于地下水数据插值的误差和航空热红外遥感观测的误差，误差范围分别为 22.05%~37.24% 和 22.63%~35.67%。地下水集中出露区内的地表水和地下水温差较小，这种现象导致该区域地下水出露比例的计算对外源误差较为敏感。即便考虑这些误差造成的不确定性，最终的计算结果仍很好地圈闭在当地地下水出露比例的年际变化范围 20%~37%（聂振龙，2004），且最终得到的沿程地下水出露强度的趋势分布也与已有研究相吻合（李文鹏等，2004；赵建忠等，2010）。

黑河中游航空热红外遥感数据的定量分析，为估算流域尺度地下水补给河流强度提供了一种快捷可靠的方法。但本研究阐述的方法因为做了一些较理想的假设，所以计算出的河道水体中当地地下水出露比例比实际偏低。

首先，在 T_{SW} 的计算部分，将 99% 置信水平的热异常区域的河道表层水体温度定义为 T_{SW}，即假设当一个区域的河道表层水体温度显示 99% 置信水平的热异常时，就假设这一区域河道表层水体控制体内没有实时的地下水混入。但在实际条件下，流动再慢的河流水体也可能存在一定的混合作用，即计算出的 T_{SW} 实际上已经掺入了少量的地下水，因此 T_{SW} 被低估。根据式（4-6），最后计算出的当地地下水出露比例也被低估。

其次，在 T_{MIX} 的计算部分。通过分析发现，在湍流的混合作用和太阳辐射的实时加温作用下，河道表层水体温度呈现出随机分布的规律。采用空间统计方法可识别出这些呈现随机分布规律的区域，该区域内像素点的温度均值为 T_{SW} 的估算值。对于实际的河道，尤其是在水深较深、流速较慢、河床条件较平缓的情况下，湍流的混合作用对消除温度垂向分层的作用是有限的。在计算 T_{MIX} 的过程中，将通过热点分析识别为像素点随机分布的区域温度均值作为 T_{MIX} 估算值，这样的估算方法会高估 T_{MIX}。根据式（4-6），如果 T_{MIX} 被高估，那么最终计算出的当地地下水出露比例将被低估。这一部分的误差影响在现有的研究数据条件下还难以做出定量分析，但从宏观上来讲，黑河干流具有流速快、水深浅、河床形态复杂的特点，这些特点保证了黑河干流绝大部分区域内湍流的混合作用是充分的。已有研究通过在黑河干流平川河段的分布式光纤测温试验发现，河道表层水体温度和地层水体温度之间的差值约 0.7℃（黄丽等，2012），而本研究中航空热红外遥感测温和地面测温之间验证结果的均方根误差为 1.27℃，河道的垂向温度梯度影响较小，所以计算出的河道水体中当地地下水出露比例相对合理可信。

最后，对一个特殊情况做一个简单分析，即如果在流速较小的区域内（层流区）有地下水出露会对定量分析有什么影响。地下水在流速较小的区域出露，由于垂向混合作用较弱，低温水团将保持自身的低温信号特征向下游运动，直到进入湍流区经旋涡混合作用将低温信号表现在河水表面。基于这一分析，层流区的地下水出露被纳入最终计算的当地地下水出露比例中。

黑河中游航空热红外遥感的研究主旨是在流域尺度上，发挥航空热红外遥感在短时间内能获取大尺度地面温度数据的优势，快捷、经济、可靠地对黑河中游地下水出露强度做出定量刻画，为未来流域尺度地表水和地下水交互研究提供一种新的思路和方法。

4.4 本章小结

本章详细介绍了利用分布式光纤测温和航空热红外遥感技术探究黑河流域地表水和地下水的交互作用。主要得到以下三点认识：

夏季地下水温度稳定且低于河水温度，当地下水出露排泄至河流时，河床地下水出露点温度明显低于非排泄区，因此利用分布式光纤测温和航空热红外遥感技术可以识别空间地下水向地表的出露点。

黑河中游地下水向黑河干流的补给作用自冲洪积扇缘向下游方向总体呈先增后减的规律。高崖水文站以下河段是黑河中游地下水集中出露区域，该区域内河道水体中当地地下水出露比例最高可达 27.70%。向下游方向至板桥—平川河段，地下水出露强度逐渐变弱，该区域内河道水体中当地地下水出露比例最低为 2.72%。

巴丹吉林沙漠湖泊（以巴丹湖为例）主要接受区域高水头方向地下水的出露补给，高大沙丘汇集的当地降水是沙漠湖泊的次要补给源。巴丹吉林沙漠中的淡水湖泊（以巴丹东湖为例）有显著的下渗过程，裹挟盐分的湖水下渗过程使得此类淡水湖泊能够在沙漠的强烈蒸发作用下维持一个较低的盐度值。

第5章 黑河流域中下游物质循环演化分析

5.1 流域中下游地球化学特征及水循环演化

5.1.1 野外采样工作

为进行黑河中游水文地球化学相关研究，在黑河流域共进行了三次采样，主要集中在中下游区域。第一次采样在2013年7月9~20日进行；第二次采样在2013年10月19~21日进行；第三次采样在2014年10月8~22日进行。

第一次采样主要采集中游地表、地下水样点，以及下游地下水样点。其中，在中游进行加密采样的20个河水样点，各样点之间相隔2~10km，分布于莺落峡—正义峡河段；1个灌渠样点，位于平川灌区；28个地下水样点中，13个样点主要分布在张掖盆地和酒泉东、西盆地，3个样点分布在金塔-花海子盆地，1个样点位于民乐-大马营盆地，11个样点分布在黑河下游各区域内。其中，采集的地下水井主要以较深的机井为主，个别家用井较浅，井深在20~280m。第二次采样工作仅针对地表水，样点分布与第一次采样重合，其中草滩庄水利枢纽处的河水样点因为河道断流而没有采集。前两次采样的样点分布情况如图5-1所示。

第三次采集的样点分布于黑河中游的临泽—高崖—板桥—平川范围，主要位于板桥灌区与平川灌区之间，采样点分布如图5-2所示。本次采样采集的样点类型较多：从高崖水文站开始至平川大桥河段共采集8个河水样，并于同样的位置利用测压管（piezometer）采集8个河床水样；6个地下水样点主要采集于板桥/平川灌区内的农用手压井，井深在6~20m；4个一孔多层监测井（CMT井）都位于高崖水文站河岸附近的小湾村内，相互之间距离较近，只在一个CMT井的7个通道内采集了水样，另3个CMT井只采集了一个通道（其他通道都已干涸），共10个样点；5个灌渠样点分布在临泽—高崖—平川范围灌渠内的各大灌渠，由于年代已久，各灌渠的渠道已经发育得与天然河道类似；10个土样分布在临泽—高崖—平川河岸带区域内的不同位置；泉水样点采集于临泽县214县道附近的一条天然溪流，泉的出露是其主要水源。样点分布如图5-2所示。图5-3为野外工作中的取样现场照片。三次采样的样品类型统计如表5-1所示。

图 5-1　2013 年黑河流域采样点分布图

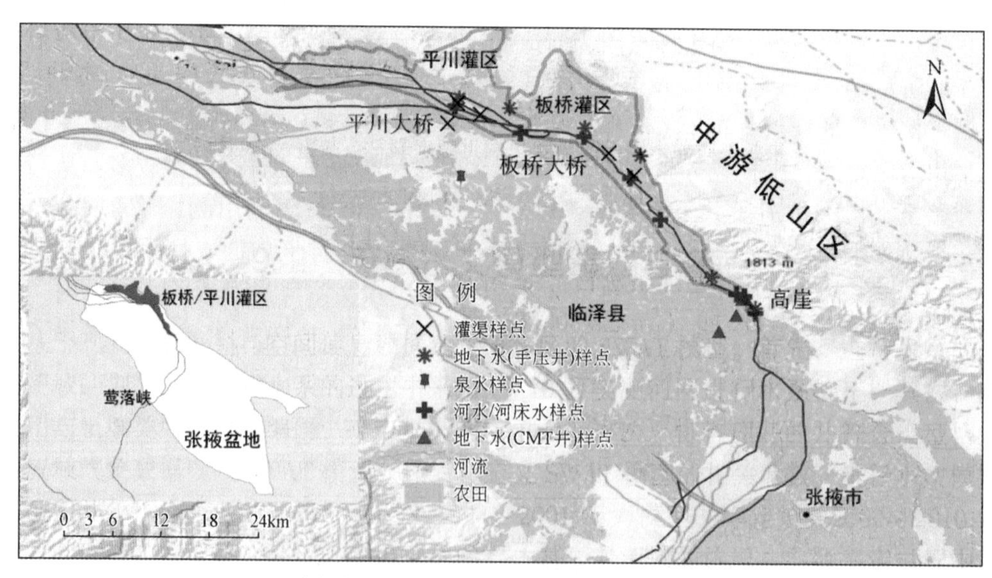

图 5-2　2014 年黑河流域采样点分布图

(a) 灌溉井　(b) 饮用井　(c) 沟渠

(d) 干流　(e) 支流　(f) 水库

图 5-3　水化学同位素取样点分布及野外取样图

表 5-1　三次采集样品统计

样品类型	采样时间	样点个数/个	径流条件	位置
河水	2013 年 7 月	20	高水位	莺落峡—正义峡河段
地下水	2013 年 7 月	28	—	中、下游盆地
灌渠	2013 年 7 月	1	高水位	平川灌区
河水	2013 年 10 月	19	低水位	莺落峡—正义峡河段
灌渠	2013 年 10 月	1	低水位	平川灌区
河水	2014 年 10 月	8	低水位	高崖水文站—平川大桥河段
河床水	2014 年 10 月	8	低水位	高崖水文站—平川大桥河段
地下水（手压井）	2014 年 10 月	6	—	板桥/平川灌区
地下水（CMT 井）	2014 年 10 月	10	—	高崖水文站河段附近
灌渠	2014 年 10 月	5	低水位	临泽—高崖—平川范围
土样	2014 年 10 月	10	—	临泽—高崖—平川范围
泉水	2014 年 10 月	1	—	临泽

对各类水样进行基础水化学（主要离子浓度、氘氧同位素）以及溶解营养物质［溶解有机碳（dissolved organic carbon，DOC）浓度、溶解无机碳（dissolved inorganic carbon，DIC）浓度、无机营养盐浓度、有机碳稳定同位素、无机碳稳定同位素］等参数的实验室分析。基础水化学与同位素信息有助于深入理解黑河流域水循环过程，而溶解有机质的信息填补了黑河流域生物地球化学方面研究的不足，为流域提供了相关有机物的背景值，也为流域集成模型的校验提供了一个新的视角。

5.1.2 水化学特征分析

图 5-4 为黑河中下游水化学特征 piper 图。可以发现，河水水化学类型较集中，以 HCO_3^--SO_4^{2-}-Ca^{2+}-Mg^{2+}为主。河床水水化学类型一部分接近河水，一部分接近地下水，体现了地表地下水相互转化作用。地下水较为分散，随着矿化度的加深，水化学类型逐渐由 HCO_3^--SO_4^{2-} 型向 SO_4^{2-}-Cl^-型，Ca^{2+}-Mg^{2+}型向 Mg^{2+}-Na^+型转化。黑河中下游地下水总溶解固体（total dissolved solids，TDS）与埋藏深度和空间分布关系紧密，整体来看随着深度的增加，总溶解固体呈降低趋势，如图 5-5 所示。黑河中游地下水的高矿化度点主要集中在浅层地下水中，体现了中游盆地浅层地下水强烈的蒸发作用，尤其在灌区内受反复蒸发-入渗作用的影响。深层承压水矿化度相对较低，以水岩相互作用为主导。下游浅层地下水多取自灌区且矿化度较高，以蒸发作用为主导。深层地下水埋藏深，不受蒸发影响，矿化度较低，以水岩作用为主导。中深层地下水（100m 左右）矿化度较高，说明浅层高矿化度地下水入渗进入中深部含水层并发生明显的混合作用。

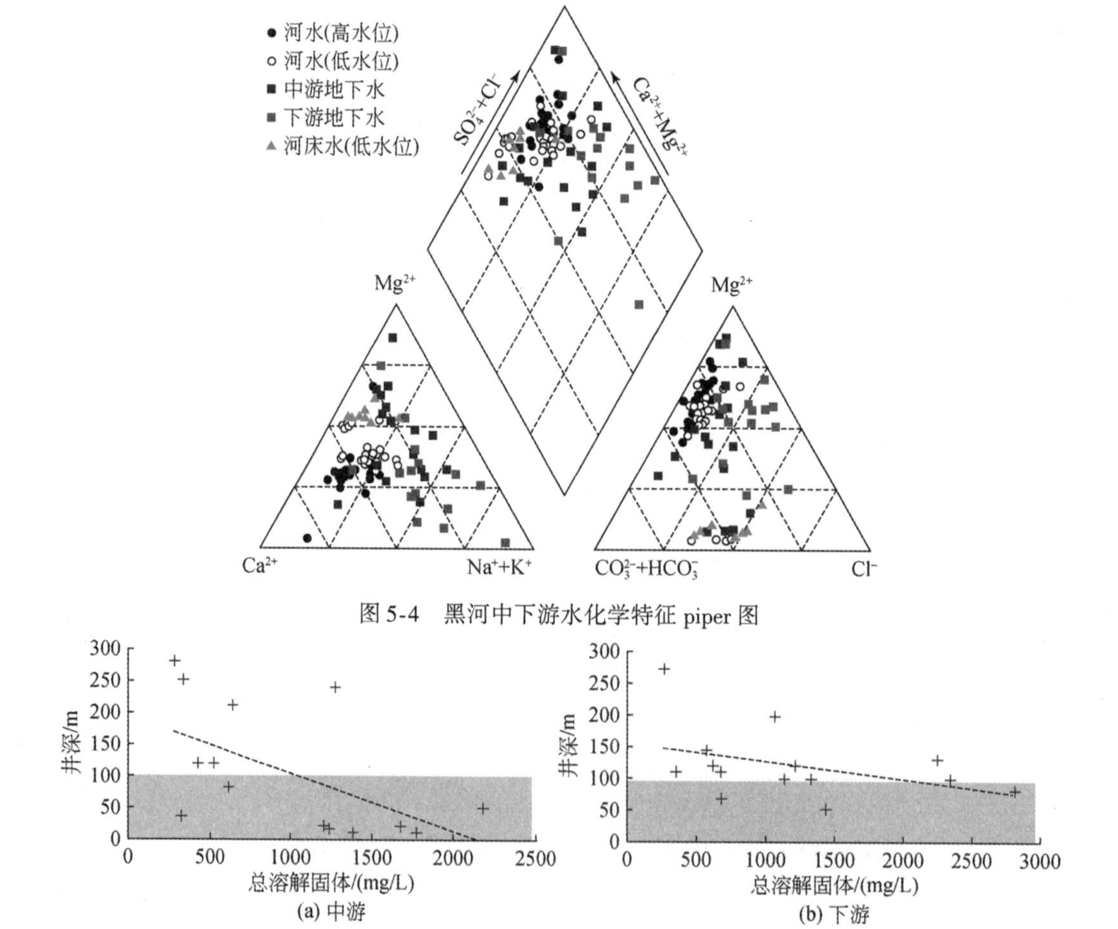

图 5-4　黑河中下游水化学特征 piper 图

图 5-5　黑河中下游地下水总溶解固体与井深关系图

从氘氧同位素分析结果来看（图 5-6），夏季河水（高水位时期）在图中的位置比秋季明显偏高，表现为明显更高的 δ^2H 值，反映了中游河水一部分接受上游山区的降水补给，而在此期间气温较高、降水量大，因此夏季河水水位于全球降水线的左侧。秋季河水（低水位时期），一方面在旱季会受到更强蒸发作用的影响，另一方面在流经中游细土平原的过程中接受大量地下水出露补给，导致其 δ^2H 值明显小于高水位时期。一部分河床水同位素特征接近河水，一部分接近地下水，反映了部分区域存在地下水出露现象。中游细土平原带和下游盆地地下水样点在图中多位于河水样点及全球降水线的下方，反映了氘氧同位素的蒸发效应。与细土平原带地下水相比，中游山前冲积扇带地下水氘氧同位素值均偏小，且更加靠近全球降水线，说明山区地下水对该区域存在地下水补给。下游尾闾湖附近两个深层承压井（自流）远离全球降水线与其他样点，氘氧同位素值均极低，说明该区域深层承压含水层与上层含水层相对隔离，为地质年代较老的古水。

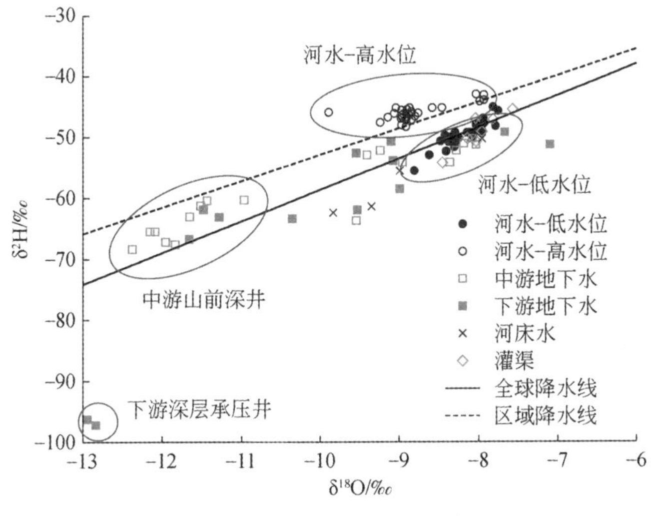

图 5-6　黑河中下游水体氘氧同位素关系图

5.2　黑河流域溶解营养物质含量、来源及迁移规律研究

5.2.1　流域溶解营养物质研究的必要性

营养物质是指可以为生命体的存活和生长提供所需物质及能量的一类物质。自然水体中的溶解营养物质是生态系统中的主要生源要素，其中溶解态的碳和无机氮则是溶解营养物质的重要组成元素，且碳元素和氮元素在自然界的循环过程中相互关联（Stevenson and Cole，1999），因此碳氮循环相关研究是当代生物地球化学研究的热点。自然界水生生态系统中的溶解态碳元素主要由溶解有机碳和溶解无机碳两部分构成。溶解有机碳在实际操作中通常被定义为能够通过 0.7μm 孔径滤膜的以化学键与其他元素连接的含碳有机分子

(Findlay and Sinsabaugh，2003)。溶解无机碳在水生生态系统中则主要以离子态呈现。溶解无机氮（dissolved inorganic nitrogen，DIN）是营养盐的重要组成成分。本节重点讨论这三类物质在水体中的含量、来源及迁移规律。

在自然界中，溶解营养物质是维持生态环境的关键。溶解有机碳和溶解无机碳是生命活动能量流动和物质流动中最重要的元素，参与了几乎所有的生物地球化学循环过程。例如，有机碳是生命体的基本构成（Jones et al.，2002），溶解有机碳和溶解无机氮则是水生生态系统中食物链底端的基础物质，溶解有机碳对水体的光学特性具有决定性作用(Findlay and Sinsabaugh，2003）等。此外，在水生生态系统中，溶解无机氮也是初级生产力的主要影响因子，作为重要的植物营养盐，溶解无机氮对于维护水生生态系统中的生物群落结构具有重要作用（Jones et al.，2002)。

溶解营养物质是人们进行水质评价的重要指标。在自然水体中，溶解有机碳和溶解无机碳不仅是重要的酸碱缓冲物质，还是各类重金属结合的重要络合物质（Findlay and Sinsabaugh，2003；Jones et al.，2002)。水体中溶解无机氮的富集会造成水体的富营养化，水生生物尤其是藻类大量繁殖，水体溶氧量下降，进而破坏水体的生态平衡（Vollenweider and Kerekes，1982)。在饮用水中，溶解有机碳和溶解无机氮的含量受严格的浓度限制，以避免对人的身体健康造成危害（Organization，2011)。

研究溶解营养物质在流域尺度下的行为，对流域的可持续发展管理具有至关重要的作用。研究营养物质由陆地生态系统向流域水体的输出迁移，对流域内水土保持的综合治理、水质情况的控制、生态系统健康的维持等都起着关键作用（Hu et al.，2016)。此外，河流碳通量也是构成全球碳循环的一个重要环节，有效地连接了陆地生态系统和海洋生态系统之间的物质传输（王飞，2004)。因此，有关溶解营养物质的研究是目前生物地球化学领域的研究热点。

黑河中游地区绿洲分布较广、农业发达，集中了流域内的主要人口。近年来，随着人口和农业经济的发展，用水需求不断上升，用于灌溉的河道引水量和浅、深层含水层的地下水开采量日益增加，进一步改变了区域内的水文循环过程，并造成下游生态用水需求无法得到满足，荒漠戈壁区生态环境和水质情况迅速恶化。在此背景下，在黑河流域这样生态环境十分脆弱的典型干旱区流域，更需要对溶解营养物质的生物地球化学特征进行调查和评价。本研究以溶解营养物质的生物地球化学特征为主线，综合考虑流域内复杂的水循环过程、农业活动、生态系统的影响和反馈，通过分析黑河流域这一具有普适性的干旱区流域内的碳、氮迁移规律，增加了对大尺度、农业发达的干旱区流域的碳、氮循环规律的认识，填补了这一领域的学者对大型干旱区流域的认知，为干旱区水质和生态维护提供科学的管理决策支持。

5.2.2 流域溶解营养物质研究进展

水体中的溶解营养物质浓度是反映营养物质由陆地向水体中输送能力的直接因子。随着降水过程的进行，河水水位发生变化，在不同的水位时期，溶解营养物质浓度会随之变化，因此河流流量与溶解营养物质浓度之间的关系是生物地球化学领域学者研究的重点。大多数学者发现，伴随降水过程造成的水位上涨及河水流量增加，大部分河流高水位时期的溶解有机碳、溶解无机碳、溶解无机氮浓度都明显高于低水位时期。例如，1998 年长江特大洪水期间，溶解有机碳的质量通量比往年正常径流条件下增加了 5 倍左右，浓度也较往常大大增加（Wu et al.，2007）；只有少部分流域表现出在低水位时期的浓度更高，或两者没有明显差别（Hornberger et al.，1994；Hu et al.，2016；Lu et al.，2014）。又如，对美国弗吉尼亚州帕芒基河、马特波尼河和詹姆斯河源头的考察可以发现，溶解有机碳浓度在不同季节和径流条件下没有明显区别（Lu et al.，2014）。研究者发现，造成此结果的原因主要是降水产生的产汇流过程使得短时间内河水水位和地下水位上涨。一方面，河水中汇集大量降水导致水位上涨，对河水中的溶质存在明显的稀释作用（Brown et al.，1999；Golle et al.，2006），造成河水中营养物质浓度降低。另一方面，降水引起的产汇流过程会使径流路径深度变浅（Aitkenhead-Peterson et al.，2003；Hinton et al.，1997），这样的过程通常都伴随着严重的水土流失现象。同时，包气带尤其是表层土壤层又被学者认为是各类营养物质（碳、氮、磷）的富集区域（Frank et al.，2000；Goller et al.，2006），因此这一区域内的营养物质很容易因为更快、更接近地表的径流被带入河流中（Elsenbeer et al.，1994；Grimaldi et al.，2004；Yusop et al.，2006），造成河水中营养物质浓度升高。在两方面原因的相互作用下，二者作用程度不同，由此造成不同溶解营养物质浓度和河水径流之间关系的不同。

目前，与溶解营养物质相关的多项研究都是在湿润地区进行，如美国亚利桑那州、多瑙河流域、亚马孙平原以森林为主要土地利用类型的小流域（Boy et al.，2008；Brooks and Lemon，2007；Finlay，2003；Frank et al.，2000；Lewis Jr，1986；Royer and David，2005），以及一些湿润地区的河流源头区域（Johnson et al.，2006；McGinness and Arthur，2011；Ogrinc et al.，2008），只有很少一部分研究是在干旱地区进行（Goller et al.，2006；Hornberger et al.，1994；Hu et al.，2016）。与湿润地区相比，干旱半干旱地区的水文气候特征体现为：雨季在水文年内比湿润地区更短，并且降水事件更少，导致区域内干湿季十分明显，因此土壤中的营养物质循环和迁移极易发生改变。同时，干旱地区的产汇流过程与湿润地区具有很大区别。在降水事件中，湿润地区的地下径流、壤中流及回流在产流过程中占据了相当大的比例，而干旱半干旱流域则主要是以地表径流为主，所以干旱地区河流更容易获得更多的陆生来源的营养物质。同时，该过程也与流域规模、汇水面积的大小关系十分密切。就目前来看，河流径流与河流溶解营养物质浓度和通量之间的关系尚无定论，只能解释一部分小型的、湿润地区的河流行为（Hinton et al.，1997）。因此，有必要对不同类型、不同流域尺度、不同气候类型下的流域进行相关研究，以明确河流径流与营养物质浓度之间的变化关系。

另外，地下水向河流的排泄也是影响流域营养物质由陆地向流域水体迁移的一个重要方式。研究者发现，在一些湿润地区的流域中，地下径流会以相对缓慢、路径更长的方式将营养物质带入河流中（Das et al.，2005；Johnson et al.，2006）。一些干旱地区的流域中，由于降水稀少，营养物质由地表向地下水的迁移数量有限且速度较慢；同时，地下水出露占据了河道径流补给的很大一部分，因此在很多干旱地区的流域，有研究者观察到地下水出露对营养物质向河流的迁移具有重要作用。例如，地下水出露是澳大利亚墨累河（Cartwright，2010）、美国亚利桑那州索诺拉沙漠附近河流（Dent et al.，2001）等干旱地区河流中溶解无机碳和溶解无机氮的重要来源。

除流域的水文过程以外，农业活动也被认为是影响营养物质由陆地向流域水体迁移的重要因素（Aitkenhead-Peterson et al.，2003；Dalzell et al.，2011）。在农业发达地区，灌溉、耕种及化肥的使用等农业活动改变了区域内的水文循环过程、群落结构、营养物质来源等。在干旱地区，由于大量河道引水和地下水抽水被用于灌溉，改变了地下水与河流之间的补给关系，增加了河水的地表入渗和蒸散发；同时，耕种改变了植被结构和生物群落构成，农田土壤层的初级生产力增加、营养物质的生物地球化学特征及土壤性质发生了改变（Brunet et al.，2005；Cartwright，2010；Köhl et al.，2014；Liu and Xing，2012），使得流域水体内的无机氮、无机碳及陆源（外源）的有机质更容易因水土流失和入渗过程进入河水及地下水，从而导致很多研究流域水体内的溶解营养物质含量因为农田生态系统内的生物地球化学过程作用而增加（Costa，1975；Graeber et al.，2012；Kosmas et al.，1997；Mattsson et al.，2009）。也有多位学者提出，以农业为主的流域的内源有机质含量比以森林和草地为主要土地利用类型的流域高（Lu et al.，2013，2014；Wilson and Xenopoulos，2008；Yang et al.，2012），主要是因为农业活动促进了无机营养盐向河水中的输出，进一步促进了水生生态系统中的微生物活动，加速了水生（内源）有机质的生成。这些结论相互之间的差异性都可以用流域之间不同的河岸带结构、灌溉方式、水土保持措施、耕种方式等因素进行解释（Stanley et al.，2012）。

与水文过程和营养物质的水陆联系这一关键影响因素的研究类似，农业活动和土地利用对水体中溶解营养物质浓度和来源影响的研究大多是在小型的湿润流域进行，很少在大型的干旱区农业流域展开（Hu et al.，2016）。与湿润地区相比，干旱地区在缺水的自然条件下，为了保证生产力水平，会增加灌溉、施肥等农业活动，因此更加剧烈地改变了土壤的性质、加重了土壤侵蚀的强度。例如，美国加利福尼亚州是典型的半干旱地区，学者对区域内某流域的氮流失进行研究，发现河流下游的溶解无机氮只有很少一部分来自流域上游，大部分来自流域中下游的农业活动（Ohte et al.，2007）。

在黑河流域，学者也开展了有关溶解营养物质的相关研究。在有机碳方面，Mu 等（2015）对黑河上游冻土层中有机质的含量及同位素特征进行考察，提供了黑河上游源区内土壤有机质的相关信息，但并没有对水体中的溶解有机碳进行相关调查。在无机碳方面，Zhang 等（2009）、张光辉等（2005）、Chen 等（2006）在黑河流域中下游采集了部分地表水和地下水的溶解无机碳浓度及稳定同位素信息，但主要是为流域内地下水年龄问题的研究提供稳定同位素背景信息，探讨区域内的水循环机制，并没有对溶解无机碳的含量、来源，以及与其他生物地球化学过程之间的变化关系进行总结。在无机氮方面，少部分学者如 Qin 等（2011）、Wang 等（2004）、王根绪等（2003）主要在黑河中游灌区对河水及浅、深层地下水中溶解无机氮的各类形态进行了监测和取样分析，得到了水体中溶解无机氮浓度的时空分布及动态变化特征。但是，更多的学者将溶解无机氮的研究重点放在了农业活动对包气带及土壤层中无机氮积累的影响上，如王琦和李锋瑞（2008）、Wang 等（2010）、苏永中等（2014）、杨荣和苏永中（2010）、Niu 等（2013）、Jiang 等（2015）。总体来说，黑河流域溶解营养物质相关研究中有关有机碳和无机碳的研究相对较少，无机氮方面的研究主要集中在非饱和带，关于水体中溶解营养物质动态变化的研究尚不多见，因此还需将溶解有机碳、溶解无机碳、溶解无机氮相结合，对其含量、来源的时空分布和各类影响因素之间的关系进行研究。

5.2.3 采样及研究方法

1. 样品采集方法

样品采集过程及之后的保存都需要遵守一定的规则，以保证样品反映自然水体的特征。采样及器具如图 5-7 所示。

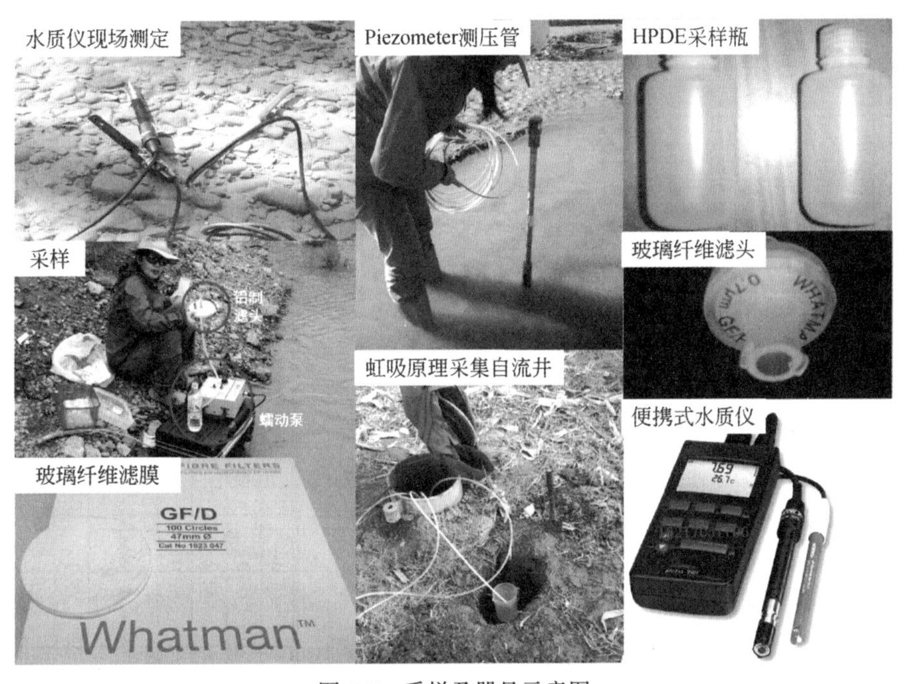

图 5-7　采样及器具示意图

1）现场水质测量：利用便携式水质仪（型号：Multi 350i；品牌：WTW；产地：德国）对河水的常规环境参数进行测量，包括水温、气温、pH、溶解氧、电导率等，在各类参数皆保持稳定之后记录结果并开始进行水样采集。

2）利用质量浓度为 10% 的稀盐酸浸泡清洗硅胶管，搭配蠕动泵采集水样。将水样用 0.7μm 孔径的玻璃纤维滤膜过滤（品牌：Whatman；直径：142mm）。其中，玻璃纤维滤膜事先由锡纸包裹，在马弗炉内煅烧（温度：650℃以上；时间：5h 以上）；用来装滤膜的铝制滤头（直径：142mm）也经过了超纯水（Milli-Q water）的多次清洗。每更换一次滤膜或更换一个采样点，都需要用超纯水彻底清洗铝制滤头，并舍弃最开始过滤的一部分水样。

3）2014 年进行的第三次采样采用了一次性的一体式玻璃纤维过滤头（品牌：Whatman；直径：0.7μm），搭配医用一次性注射器进行采样。

4）在大部分样点处，采集重复样点以确保数据质量，且大部分类型的样点都被收集到 30ml 的高密度聚乙烯采样瓶中（品牌：Nalgene；类型：窄口瓶），采样瓶事先也经过质量浓度为 10% 的稀盐酸浸泡 24h，并先后用自来水和超纯水清洗 3 次以上，采集水样前用过滤之后的水样润洗多次。此外，为了使用于溶解无机碳测试的水样不受大气中 CO_2 的影响，采用 15ml 的玻璃血清瓶配套铝制顶空盖和硅胶垫片隔绝空气进行保存。血清瓶经过马弗炉 650℃煅烧 5h，铝制顶空盖经过超纯水的多次清洗，硅胶垫片也经过质量浓度为 10% 的稀盐酸浸泡 24h 以上，随后用自来水和超纯水冲洗多次。

5）土壤样品的处理方法参照《土壤农业化学分析方法》（鲁如坤，2000），将采集到的土壤样品风干之后剔除枯根落叶等生物质，研磨（目的不在于研磨成细粉，只在于将黏合物磨细，以便过筛，分别出碎石块与土壤）之后过筛网（利用 2mm 空隙的筛网反复过筛 3 ~5 次）。进行土壤样品浸提实验：采用质量比为 5 ∶ 1 的水土比，取 100g 土样放入 1000ml 瓶中，加入 500ml 超纯水，于摇床之上震荡 24h，使用玻璃纤维滤头和注射器进行过滤并收集溶液。采集的土壤水水样保存方法与其他类型水样的保存方法一致。

6）用于测试溶解有机碳浓度、溶解无机氮浓度的样品在-15℃下冷冻保存；用于溶解有机碳同位素和光谱分析、氘氧同位素、阴阳离子浓度分析的样品在 5℃下冷藏保存；用于溶解无机碳浓度和同位素分析的玻璃瓶样品常温保存，并在采集后 2 周内进行测试分析。

2. 样品测试分析方法

本节涉及的生物地球化学参数包括溶解有机碳浓度和稳定同位素、溶解无机碳浓度和稳定同位素、溶解无机氮浓度、水化学离子浓度、氘氧同位素、光谱特征［紫外-可见光谱（UV-Vis）和三维荧光光谱（3D fluorescence）］等。

（1）溶解有机碳浓度和稳定同位素

溶解有机碳浓度的测试采用日本岛津公司的 TOC-V_{CSH} 总碳分析仪，并利用葡萄糖溶液作为标液制作标准曲线。在进行每天的样品测试之前都先重新测试标准曲线，并利用美国迈阿密大学 Hansell 实验室的溶解有机碳参考测试标准检测测试精度。每次开机测试都随机抽取样品进行重复测试，以保持测试的相对标准偏差在 5% 以内。此外，2013 年 7 月采集的地表水样品被送到加利福尼亚大学戴维斯分校的稳定同位素测试中心进行 $\delta^{13}C$-DOC 的分析测试，同时利用 O. I. Analytical 公司 1030 型号的总有机碳分析仪，衔接 PDZ Europa 公司 20-20 型号的同位素质谱仪，经过 GD-100 的气体分离接口基于 PDB（pee dee belemnite，美国南卡罗来纳州白垩系皮狄组地层内似箭石的碳氧同位素丰度比）标准进行测试，以保证最终测试结果的相对标准偏差小于 3%。

(2) 溶解无机碳浓度和稳定同位素

溶解无机碳浓度和稳定碳同位素值的测试在自然资源部第三海洋研究所进行，利用Finnigan公司Delta V advantage型号的同位素质谱仪，基于PDB标准进行测量，最终测试结果的溶解无机碳浓度的相对标准偏差小于0.8%，$\delta^{13}C$-DIC值的相对标准偏差小于0.5%。

(3) 溶解无机氮浓度

针对溶解无机氮的不同形态，利用荷兰Skalar公司San+型号具有自动进样装置的湿法化学分析仪，结合标准比色技术测试NO_3^-、NO_2^-、NH_4^+浓度。根据仪器本身配置，对NO_3^-+NO_2^-、NH_4^+、NO_2^-浓度进行测试（并非直接测试三个溶解无机氮形式的离子浓度）。测试遵守美国国家环境保护局规定的测试标准（EPA Test Methods，NO_3^-和NO_2^-：Method 353.2；NH_4^+：Method 350.1），并建立五点式标准曲线，每次测试前都对基线进行校准。测试结果显示，NO_3^-+NO_2^-的重复采集样品的相对标准偏差小于0.8μmol/L；NH_4^+的重复采集样品的相对标准偏差小于0.7μmol/L，在可接受范围内。

(4) 水化学离子浓度

水化学离子主要包括自然水体中常见的几种离子：Ca^{2+}、Mg^{2+}、Na^+、K^+、HCO_3^-、CO_3^{2-}、Cl^-、SO_4^{2-}。其中，HCO_3^-和CO_3^{2-}浓度都于采样当晚通过滴定的方法进行测试。其他离子浓度都在北京大学环境科学与工程学院利用电感耦合等离子体测试分析仪（品牌：Teledyne）和离子色谱仪（品牌：DIONEX）进行分析，测试误差小于3%。

(5) 氘氧同位素

氘氧同位素的测试分析分两次进行，第一次采集的样品利用中国科学院寒区旱区环境与工程研究所的同位素质谱仪（生产厂家：GV Company；型号：ISOprime；产地：德国）进行测试；第二次和第三次采集的样品在北京利用超高精度同位素水分析仪（品牌：Picarro；型号：L2130-i）进行测试。在测试过程中，利用国标GWB04458（$\delta^{18}O/\delta D$：-0.15/-1.7）、GWB04459（$\delta^{18}O/\delta D$：-8.61/-63.4）、GWB04460（$\delta^{18}O/\delta D$：-19.3/-433.3）对数据进行标准化。最终重复采样的数据结果相对标准偏差小于0.8%。

(6) 光谱特征

溶解有机质的光谱特征分析主要包括紫外-可见光光谱分析和三维荧光光谱分析。紫外-可见光光谱分析是利用紫外-可见光分光光度计（品牌：Shimadzu；型号：UV-1800）进行测试，波长为190~700nm，波长间隔为1nm。测试期间利用超纯水进行基线扫描，且在每次扫描前，都利用超纯水对石英皿（边长1cm）进行彻底清洗，同时利用水样进行润洗。

三维荧光光谱分析则根据Yamashita等（2011）、Lu等（2015）的方法进行，利用FluroMax-4荧光光谱仪（品牌：Horiba）进行测试得到发射激发光谱矩阵（excitation emission matrix，EEM）。其中，激发光波长为250~450nm，波长间隔为5nm；发射光波长为290~520nm，波长间隔为2nm。利用仪器制造商提供的发射和激发校正因子及扫描所得的紫外-可见光吸收光谱，校正样品扫描得到的发射激发光谱矩阵。在每天进行样品测试之前，重新扫描超纯水的发射激发光谱矩阵，用超纯水的发射激发光谱矩阵对当天样品结果进行修正，并用超纯水的拉曼峰值（Raman peak，激发光波长=350nm）进行荧光强度的标准化。最终得到每个样品的发射激发光谱矩阵，并以等高（荧光强度）线图的形式表示。

3. 数据分析方法

(1) 平行因子分析

在得到样品的发射激发光谱矩阵后，需对其中的各类荧光组分信息进行鉴别和提取。平行因子分析（parallel factor analysis，PARAFAC）是一种基于三线性分解理论，以交替最小二乘法为算法的统计模型（Jaffé et al.，2014）。平行因子分析原理如图 5-8 所示，在

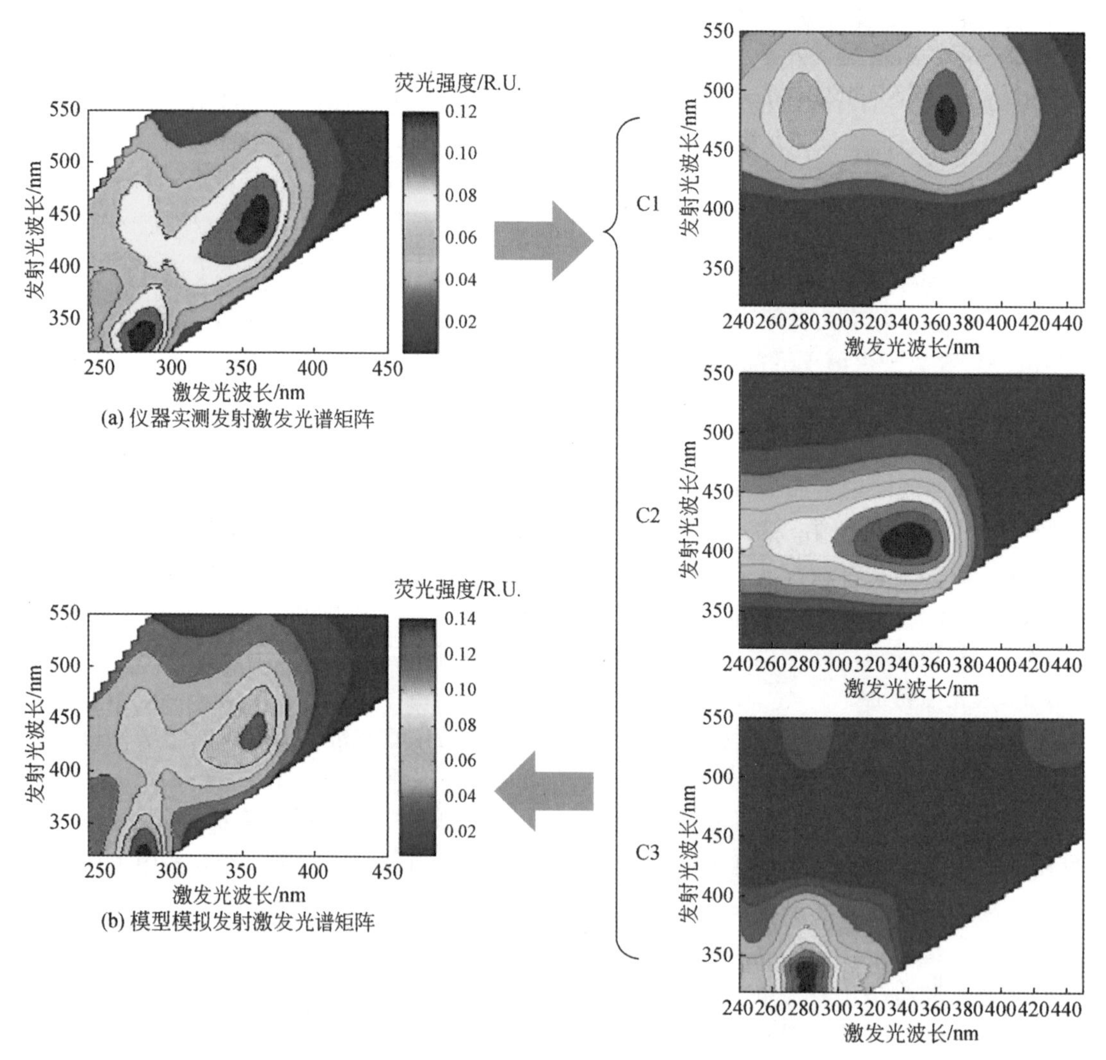

图 5-8 平行因子分析原理示意图

R. U.：Raman unit，拉曼单位

得到样品实测的光谱矩阵后，进行简单的光谱切割操作，得到仪器实测的发射激发光谱矩阵；利用模型统计方法将样品实测所得光谱矩阵信息分解为单个组分的荧光光谱信息及各样品、各组分的荧光强度和相对组分含量，最终生成模拟的发射激发光谱矩阵，并与实测值进行比较，从而进行误差分析。当误差在可接受范围内（通常要求<10%），且各样品之间误差的峰值分布没有明显的规律性时，认为结果可以接受。

平行因子分析的特点在于其解具有唯一性（Bro，1997），并且可以将复杂的荧光信号分解为相对独立的荧光组分，提高了分析的准确性。利用平行因子分析解析发射激发光谱矩阵时，计算公式如下：

$$X_{i,j,k} = \sum_{f=1}^{F} a_{i,f} b_{j,f} c_{k,f} + \varepsilon_{i,j,k} \tag{5-1}$$

式中，$X_{i,j,k}$为第 i 个样品在第 j 个发射光波长、第 k 个激发光波长处的荧光强度值；$\varepsilon_{i,j,k}$为残差矩阵，代表不能被解释的信号，体现为模拟值与实测值之间的误差；F 为因子数，代表由模型得到的独立荧光组分个数；由 $a_{i,f}$、$b_{j,f}$、$c_{k,f}$组成的矩阵 $\boldsymbol{A}$、$\boldsymbol{B}$、$\boldsymbol{C}$ 分别代表各荧光组分的发射光谱、激发光谱，以及各样品中每个荧光组分的荧光强度（也可视为样品中各组分的含量和浓度）。

针对 2013 年的两次采样数据，根据 Stedmon 和 Bro（2008）基于 MATLAB 开发的 DOMFluor 工具对黑河水体样品进行平行因子分析，最终得到一个包含 5 个独立荧光组分的平行因子分析模型，各组分的相对含量由式（5-2）表示：

$$F_{Ci} = \frac{F_{Ci}}{\text{TF}} \times 100\% = \frac{F_{Ci}}{\sum_{i=1}^{5} F_{Ci}} \times 100\% \tag{5-2}$$

式中，F_{Ci}为各样品中各组分的荧光强度，即式（5-1）中矩阵 $\boldsymbol{A}$ 的结果；TF 为各样品中各组分的荧光强度之和。

除各组分含量信息以外，还可利用一系列荧光因子指数探讨组分的来源信息，最常用的是荧光指数（fluorescence index，FI）和腐殖化指数（humification index，HIX）。FI 是指在激发光波长为 370nm 时，发射光波长在 450nm 的荧光强度除以在 500nm 时的荧光强度（Cory and McKnight，2005）；FI 在 1.2 左右代表有机质的来源主要为较高大的植被，FI 在 1.8 左右则代表有机质的来源主要为微生物降解（Cory and McKnight，2005；McKnight et al.，2001）。HIX 则是通过计算在固定激发光波长 254nm 下，发射光波长范围在 435 ~ 480nm 的峰面积和范围在 330 ~ 345nm 的峰面积之比得到（Chen et al.，2011），HIX 的增加意味着有机质腐殖化程度的增加（Zsolnay et al.，1999），而陆生的外源有机质通常比水生的内源有机质的腐殖化程度高，所以 HIX 也可用来表征有机质的来源（Spencer et al.，2008）。

（2）混合模型分析

混合模型分析是一类常用于水文分割（hydrograph separation）的分析方法，遵守质量守恒原理，利用一系列环境同位素（如氘氧同位素）和水化学离子作为示踪因子计算不同源头的河水的相对比例。模型通常具有 2 ~ 3 个端元，这里着重介绍具有 2 个端元的两端混合模型。两端混合模型需要遵守以下两个假设：①模型中至少应用 1 个保守性示踪因子

（在河水传输过程中不与其他化学物质发生反应）；②2 个端元之间示踪因子的值具有明显差异。

两端混合模型原理是，可将河水看作由两个不同来源的水源充分混合而成（图 5-9）。利用两个示踪因子做混合模拟图，河水样点的分布具有很好的线性规律，且恰好分布于两个端元之间的混合线附近，说明河水主要由两个端元混合而成，因此两个端元占河水的相对比例可以用式（5-3）~式（5-6）计算：

$$Q_t = Q_A + Q_B \tag{5-3}$$

$$Q_t C_t = Q_A C_A + Q_B C_B \tag{5-4}$$

$$f_A = \frac{C_t - C_B}{C_A - C_B} \tag{5-5}$$

$$f_B = \frac{C_t - C_A}{C_B - C_A} \tag{5-6}$$

式（5-3）代表的是水量的质量守恒，式（5-4）代表的是溶质的质量守恒。式中脚标 t、A、B 分别为河水、端元 A、端元 B；Q 为各端元及河水的流量；C 为各端元及河水的示踪因子值；f_A 和 f_B 分别为端元 A 和端元 B 占河水的相对比例。

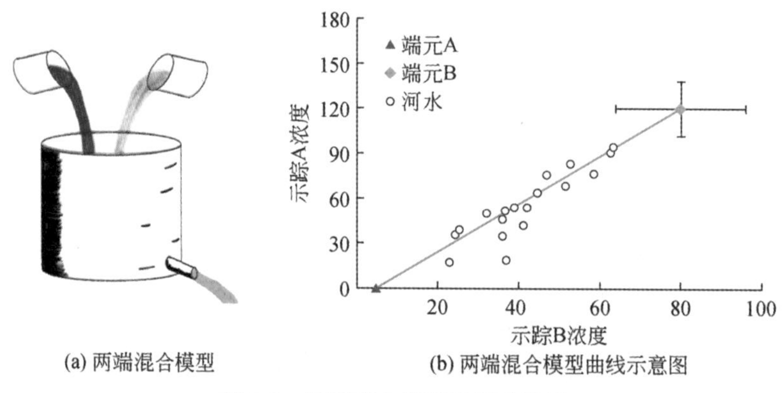

(a) 两端混合模型　(b) 两端混合模型曲线示意图

图 5-9　两端混合模型原理示意图

采用一系列统计分析方法对数据进行分析与整合，其中置信水平（α）统一设定为 0.05，大部分的统计分析通过软件 SPSS 19.0 进行。例如，利用 Shapiro-Wilk 正态分布检验各类数据是否符合正态分布，结果显示大部分数据类型都无法通过 Shapiro-Wilk 正态分布检验（P=0.50~0.99），因此后续统计分析多采用非参数形式。又如，可利用 Kendall 秩相关检验对数据之间的相关性进行考察，还可利用非参数 Mann-Whitney U 检验比较两组样本均值的大小。同时，还可利用主成分分析（principle component analysis，PCA），基于最大方差法对数据进行降维处理，并在分析前对参数进行标准化，当特征值大于 1 时提取主成分。

5.2.4 溶解营养物质的组成及来源特征

1. 溶解有机碳含量及来源特征

图5-10为黑河流域各类水体样品溶解有机碳浓度，箱线图上下边缘线代表各类水体样品溶解有机碳浓度的最大值和最小值。其中，土壤水样品基于土样的浸提实验而得，并不能保证真实反映土壤水中各类水文地球化学参数的浓度，但可用于不同土地利用类型土壤水中溶质浓度的横向对比。

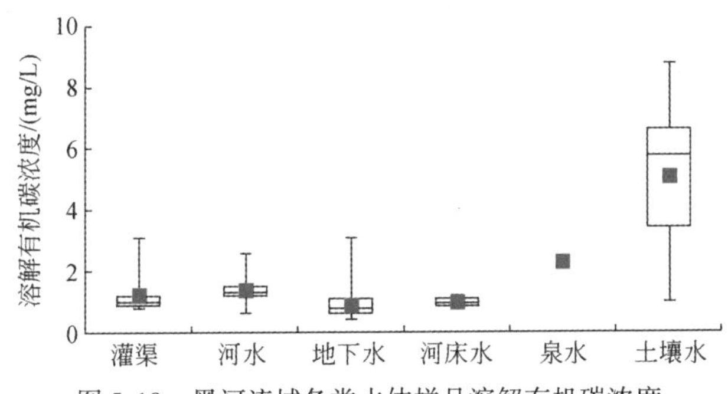

图5-10 黑河流域各类水体样品溶解有机碳浓度

总体来看，土壤水的溶解有机碳浓度最高，为1.00～8.74mg/L。虽然其不一定能够反映土壤水的真实溶解有机碳浓度，但可根据不同的土壤类型做横向比较。土壤样品分别采集自河岸土壤、农田表层土壤、旱地裸土坡表层土壤，其中河岸土壤水溶解有机碳浓度为3.38～8.74mg/L；农田表层土壤水溶解有机碳浓度为6.15～6.65mg/L；旱地裸土坡表层土壤水溶解有机碳浓度为1.00～3.44mg/L。可以看出，旱地裸土坡表层土壤水溶解有机碳浓度明显低于河岸土壤水和农田表层土壤水。主要原因在于，溶解有机碳主要来源于生物质的腐烂降解，而在干旱地区由于水分缺乏，旱地裸土坡土壤层中植被较少而河岸带草木茂盛，虽然在农闲时进行土样采集，但农田中仍有数量可观的秸秆和杂草生长。因此，植被覆盖对土壤中有机质含量的影响非常大，植被降解来源的有机质是黑河流域有机质的一个重要来源。

水体中泉水的溶解有机碳浓度最高，为2.32mg/L，但由于只采集到了一个泉水样，该点数据的代表性无法得到保证。同时，由于该样点并非泉的出露点，而是湿地中一条由泉出露汇集而成的很小的溪流，溪流宽度在2m以内，流速缓慢，杂草茂密且淤泥较厚。中游地下水的溶解有机碳浓度为0.42～3.10mg/L，均值为0.92mg/L，明显低于该泉水样的溶解有机碳浓度，因此有理由推断泉水样中的高浓度溶解有机碳并非来源于地下水，而是由出露泉中植被繁茂、淤泥层中积累的有机质溶解导致。

河水和灌渠水样的溶解有机碳浓度相对较接近，高于地下水，溶解有机碳浓度分别为0.64～2.60mg/L和0.78～3.10mg/L，均值分别为1.37mg/L和1.31mg/L。黑河中游众多灌渠都是从干流引流，且几条较大的主干渠开发时间较早，渠道具有30年以上的发展历史，目前来看已经与天然河道无异，因此不难理解灌渠水的化学特征接近干流河水，且同样会受汇水面积、河道规模、植被覆盖情况等因素的影响，在不同区域具有不同的溶解有机碳浓度特征。此外，河水溶解有机碳浓度在典型干旱半干旱地区河流溶解有机碳浓度范围（1～3mg/L）内，而针叶林和湿润的热带流域内的河流溶解有机碳浓度为7～8mg/L（Meybeck，1988）。

河床水溶解有机碳浓度为0.75～1.24mg/L，均值为0.96mg/L，浓度较低，且所有河床水样点的溶解有机碳浓度都小于对应该样点的河水溶解有机碳浓度，这与河床底部泥沙对有机质的吸附作用有关（Kaiser and Guggenberger，2000；Lalonde et al.，2012）。

图5-11（a）为地下水样品的溶解有机碳浓度随深度的变化趋势。除GW20和CMT26两个点的值明显高于其他样点以外，其他地下水样点的溶解有机碳浓度都较接近。抛开这两个异常高值，可以直观地发现地下水溶解有机碳浓度存在明显的随深度变化的趋势。以1mg/L为界，溶解有机碳浓度超过1mg/L的样点全部分布在距地表50m深度以内；深度超过200m的样点溶解有机碳浓度较低，且150m以上深度的样点溶解有机碳浓度与深度具有显著的负相关关系（$\tau=-0.57$，$P<0.001$，df=25），说明地下水中溶解有机碳的迁移随着水循环的方向，由地表补给地下，并在浅、中层地下水中发生了较好的混合；到达一定深度后，由于含水层之间的隔绝，深层含水层无法与浅层地下水混合，溶解有机碳浓度普遍较低。

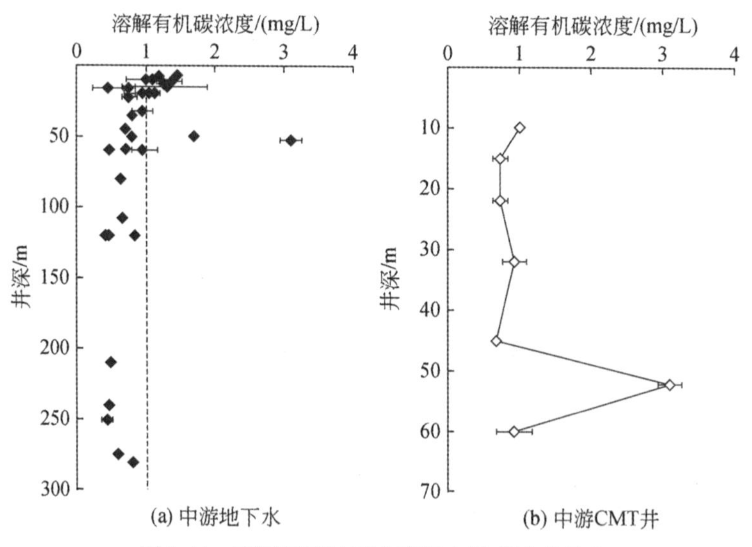

图5-11　不同深度地下水溶解有机碳浓度分布

对河岸附近的CMT井进行考察，2号CMT井7个通道全部进行了水样采集，数据较全，井深在10～60m，溶解有机碳浓度分布如图5-11（b）所示。可以发现，除第6通道以外（52m深度），其他6个通道的溶解有机碳浓度并没有明显差异，为0.69～1.01mg/L，且没有明显的变化趋势。第6通道的溶解有机碳浓度最高，达3.10mg/L。由此推测，由于河岸带潜水含水层底板埋深为 50～60m，恰好与 2 号 CMT 井第 6 通道的深度相对应，含砂砾卵石较多的潜水含水层在该深度被一层含泥质较多的隔水层阻断。相对砂砾，泥质黏土能更好地吸附有机质，使得有机质在该深度富集，因此由该通道所采集的地下水溶解有机碳浓度较高。

2. 溶解有机质组分信息及来源特征

利用平行因子分析，对黑河流域所有水体样品的发射激发光谱矩阵进行分解，可以得到一个适用黑河流域的平行因子分析模型，模型结果包含 5 个组分，各组分的发射激发光谱矩阵等高线如图 5-12 所示，各组分峰值的激发光波长和发射光波长的范围如表 5-2 所示。

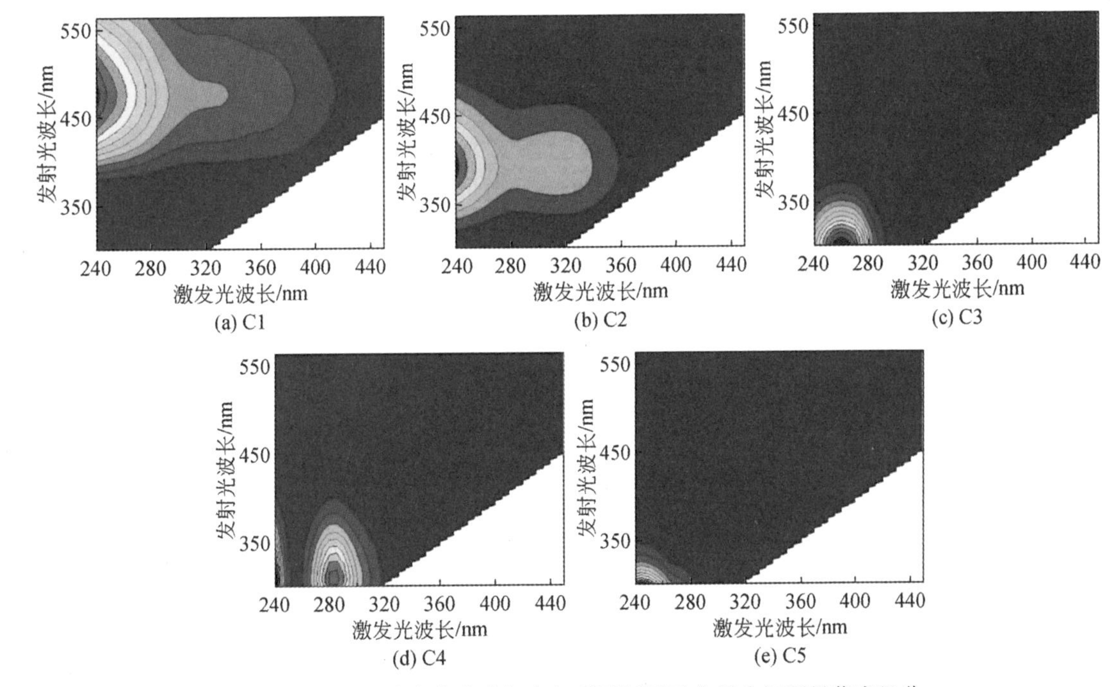

图 5-12　黑河流域水体中溶解有机质平行因子分析分解所得荧光组分发射激发光谱矩阵（基于第一、第二次采样结果）

表 5-2　黑河流域水体中溶解有机质平行因子分析分解所得荧光组分特征

组分	激发光波长/nm	发射光波长/nm	Cory 和 McKnight	Yamashita 等	Stedmon 等	Williams 等	有机质来源
C1	<240	476	Q2	C2	C1	C1	类腐殖质 土壤来源
C2	<240 (315)	400	C10	C3	C3	C2	类腐殖质 土壤来源

续表

组分	激发光波长/nm	发射光波长/nm	Cory 和 McKnight	Yamashita 等	Stedmon 等	Williams 等	有机质来源
C3	260	325	类酪氨酸	C7	C5	—	类蛋白 水生来源
C4	<240 (285)	326	类色氨酸	—	C4	C5	类蛋白 水生来源
C5	245	<300	—	—	—	—	类蛋白

资料来源：Cory 和 McKnight（2005）、Yamashita 等（2010）、Stedmon 等（2007）、Williams 等（2010）

比较各个组分可以发现，C1 和 C2 的荧光强度明显高于其他 3 个组分，各组分的平均荧光强度分别为 C1：0.40 R. U. 、C2：0.43 R. U. 、C3：0.23 R. U. 、C4：0.10 R. U. 、C5：0.012 R. U. 。将模型分解所得组分的发射激发光谱矩阵等高线图显示的峰的形状和峰值范围与相关文献中所得结果进行比较，如表 5-2 所示。

C1 荧光峰的发射光波长为 476nm，激发光波长则<240nm；其形状特征与 Cory 和 McKnight（2005）发现的一种氧化型醌类组分（Q2）类似，还与 Chen 等（2010）、Stedmon 等（2007）、Williams 等（2010）在其他水生生态系统中发现的陆生来源（土壤来源）的类腐殖质组分类似。与 C1 相比，C2 具有明显的双峰，峰值的发射光波长较短，在 400nm 左右，两个峰值对应的激发光波长则分别在<240nm 和 315nm；C2 的发射激发光谱矩阵特征与 Chen 等（2010）、Stedmon 等（2007）、Williams 等（2010）、Yamashita 等（2010）在水环境中发现的一种陆生来源（土壤来源）的类腐殖酸组分类似。由于 C1 和 C2 均属于来自土壤的类腐殖酸组分，考察二者的相关性可以发现，$\%F_{C1}$和$\%F_{C2}$具有强烈的正相关关系（$\tau=-0.79$，$P<0.001$，df=53），且二者都与 FI 呈负相关关系（$\tau=-0.54\sim-0.46$，$P<0.001$，df=53），又与 HIX 呈正相关关系（$\tau=0.73\sim0.85$，$P<0.001$，df=53），如图 5-13 所示。该结果与相关文献发现的 C1、C2 都是陆生来源的信息相符合。其中，$\%F_{C1}$和$\%F_{C2}$表示 C1 和 C2 在总有机质中所占比例。$\%F_{C1}$和$\%F_{C2}$越大，说明 C1 和 C2 所占比例越高；FI 和 HIX 越大，说明陆生来源的有机质和水生来源的有机质含量越多。因此，C1、C2 与 FI 和 HIX 之间的相关关系进一步证明了它们是土壤来源的外源有机质组分。

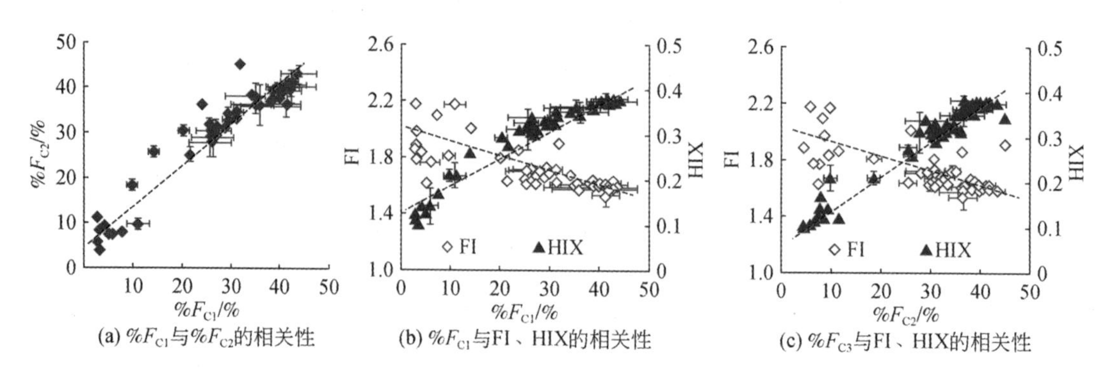

(a) $\%F_{C1}$与$\%F_{C2}$的相关性　(b) $\%F_{C1}$与FI、HIX的相关性　(c) $\%F_{C3}$与FI、HIX的相关性

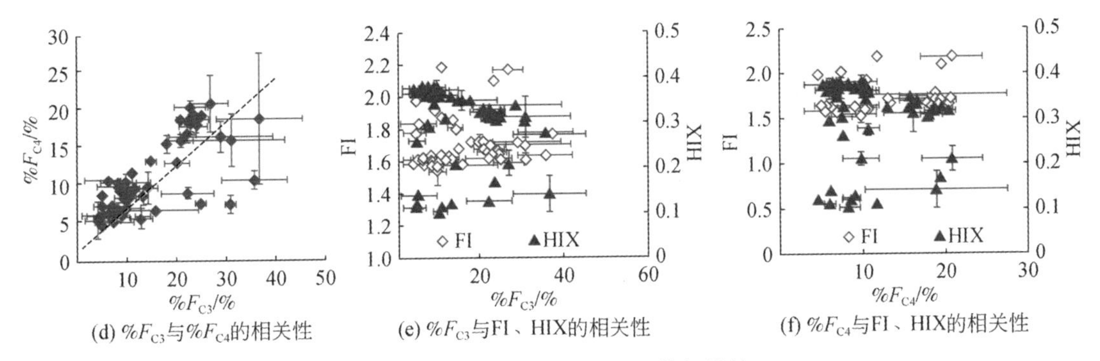

(d) %F_{C3}与%F_{C4}的相关性　(e) %F_{C3}与FI、HIX的相关性　(f) %F_{C4}与FI、HIX的相关性

图 5-13　C1 ~ C4 与 FI、HIX 的相关性

此外还可发现，C3 和 C4 分别与 Chen 等（2010）、Coble 等（1998）、Cory 和 McKnight（2005）发现的类酪氨酸（tyrosine-like compounds）和类色氨酸（tryptophan-like compounds）相似（表 5-2）(都可算作类蛋白、类氨基酸组分)，主要来源于水生生态系统中藻类和微生物的光合作用和生物质的降解（Stedmon et al., 2007），其生物可降解性普遍高于陆生来源的类腐殖质（Chen et al., 2010; Williams et al., 2010）。类似地，% F_{C3}和% F_{C4}也具有显著的正相关关系，但相关性不如% F_{C1}和% F_{C2}明显（$\tau=-0.55$，$P<0.001$，df=53）。然而，% F_{C3}和% F_{C4}并没有表现出与 FI 和 HIX 具有相关关系，说明二者都是来自水生内源的有机质，但由于含量较少，还不足以控制整个有机质的荧光特征的变化趋势。

C5 在所有样品中所占比例最小，其发射激发光谱矩阵图显示峰值出现在左下角，说明其是一种类蛋白有机组分。同时，还可发现 C5 的发射激发光谱矩阵特征与另一种水生来源的类蛋白物质相似，是一种苯丙氨酸的类似物（Jørgensen et al., 2011; Yamashita and Tanoue, 2003），该类物质通常分布在表层海水中，主要来源是浮游植物和细菌的降解。另外，% F_{C5}与% F_{C1}、% F_{C2}、% F_{C3}、% F_{C4}、FI、HIX 之间均没有相关性，说明 C5 既不来源于土壤层，也不来源于河水中的微生物降解作用，与其他 4 种组分不同源。

图 5-14 为黑河流域河水与地下水溶解有机碳浓度和各组分含量对比及随井深的变化，图中空心菱形表示河水样点，黑色实心菱形表示地下水样点。

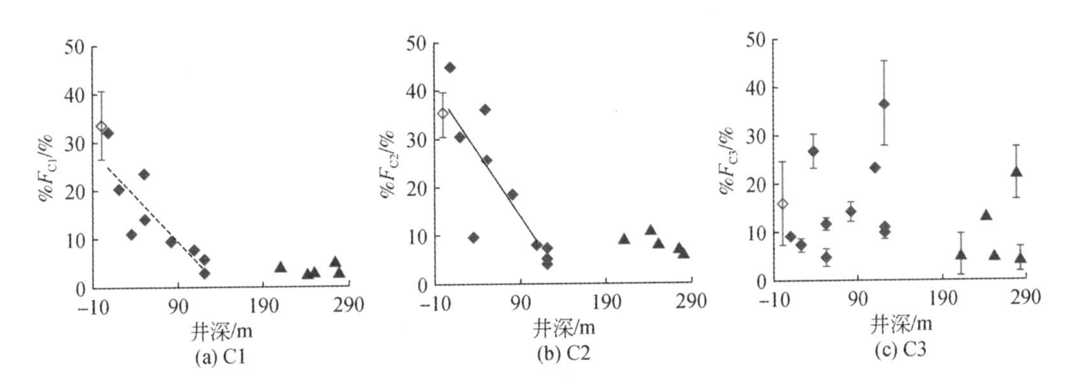

(a) C1　(b) C2　(c) C3

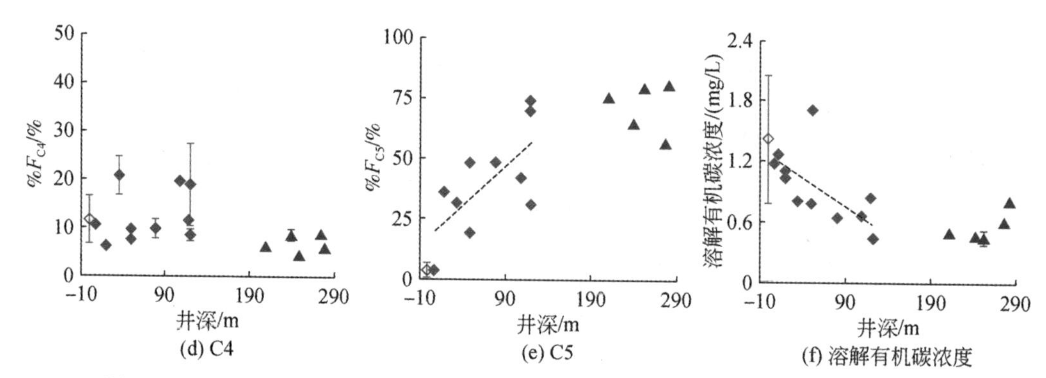

(d) C4　(e) C5　(f) 溶解有机碳浓度

图 5-14　黑河流域河水与地下水溶解有机碳浓度和各组分含量对比及随井深的变化

与河水相比，地下水溶解有机碳浓度偏低，且陆源的类腐殖质组分$\% F_{C1}$、$\% F_{C2}$也有同样的特点（Mann-Whitney U 检验：$t_s=4.75\sim6.32$，$P<0.001$），进一步说明土壤中的有机质是地下水中溶解有机碳和类腐殖质荧光组分的主要来源。同时，溶解有机碳浓度、$\% F_{C1}$、$\% F_{C2}$都随地下水深度的增加而减少，在井深为 0 ~ 150m 的地下水样点中，呈很好的负相关关系（$\tau=-0.82\sim-0.62$，$P<0.001$，df = 12）。其主要原因是，黑河中游降水和灌溉加剧，地表水对地下水进行补给，并在浅、中层含水层中混合；随着深度的增加和水文路径的发展，含水层的矿物质对溶解有机碳的吸附作用逐渐体现出来，因此在一定程度上降低了溶解有机碳浓度，该现象在很多实验和野外研究中都得到了证实（Pulido-Leboeuf，2004；Sivan et al.，2005；Stedmon and Markager，2003）。同时，在 0 ~ 150m 深度范围内，$\% F_{C1}$和$\% F_{C2}$与井深呈负相关关系（$\tau=-0.85\sim-0.77$，$P<0.001$，df = 12），说明 C1 和 C2 具有一定的生物抗降解性，因此其含量变化并不会明显地受含水层中微生物降解和生成的影响。在>150m 的深度范围内，$\% F_{C1}$和$\% F_{C2}$都保持在相当低的水平，且不随井深的变化发生明显变化。这可以由两种理论解释，第一种解释是所有可以被吸附的有机质都已经在浅、中层含水层中被吸附完全；第二种解释是深层地下水与上层含水层隔绝较好，因此其溶解有机碳的组分变化规律与上层含水层完全不同。目前来看第二种解释更加合理，且被很多前人基于环境同位素、水化学的研究所证实，因此可以将 C1 和 C2 这样的类腐殖质组分看作近似保守性的示踪因子（Chen et al.，2006；Yang et al.，2011；Zhang et al.，2009）。

另外，$\% F_{C3}$、$\% F_{C4}$都与深度没有相关性，说明微生物降解或矿物质吸附等过程在一定程度上影响了这类类蛋白组分的含量变化，且与类蛋白物质具有生物可降解性的特点相符（Aitkenhead-Peterson et al.，2003；Inamdar et al.，2012；Kaiser and Guggenberger，2000）。

更加值得注意的是，在深度小于 150m 的地下水样品中，$\% F_{C5}$与井深之间呈显著的正相关关系（$\tau=0.49$，$P<0.05$，df = 12），且地下水中 C5（43.7% ±20.8%）的占比明显高于河水（3.4% ±3.0%），在深层地下水中，个别样品的$\% F_{C5}$甚至超过 75%，其原因可能是地下水中微生物对其他有机质的降解作用，导致 C5 的相对含量增加。

对溶解有机质各个组分的相对含量百分比、溶解有机碳浓度、HIX、FI 等参数进行主成分分析，最终得到两个主成分 PC1 和 PC2，分别解释了方差的 56.3% 和 36.4%。图 5-15（a）

为相关溶解有机质参数的主成分分析参数载荷矩阵；图 5-15(b)为地表水和地下水体的主成分载荷得分矩阵。其中，溶解有机碳浓度、$\%F_{C1}$和$\%F_{C2}$、HIX 都表现为 PC1 的正载荷，FI 和$\%F_{C5}$则表现为 PC1 的负载荷，说明 PC1 代表的是来自表层土壤层的信号，它很好地在主成分载荷得分矩阵图中区分开了河水和地下水，且在深度大于 150m 的地下水样中与地下水深度呈很强的负相关关系（$\tau=-0.58$，$P<0.05$，df=10）。另外，$\%F_{C3}$和$\%F_{C4}$表现为 PC2 的正载荷，但几乎对除$\%F_{C5}$以外的其他参数没有造成显著影响。因此，PC2 反映的是 3 种水生来源的类蛋白组分之间的变化。其中，PC2 的含量在低水位时期的河水中最高，主要原因在于该时期的原位微生物由于农业活动输出了更多的营养盐进入水体中，进而促进了微生物活动，导致水生有机质组分增加。地下水样点在主成分载荷得分矩阵图中最为分散，且 PC1 和 PC2 的得分较河水低，主要原因在于 C5 的占比相对较高。$\%F_{C5}$对 PC1 和 PC2 都表现为负载荷，说明 C5 既不来源于地表土壤层，也不来源于河水，很有可能来自地下水生态系统，与 C3、C4 不同源且生产模式不同。

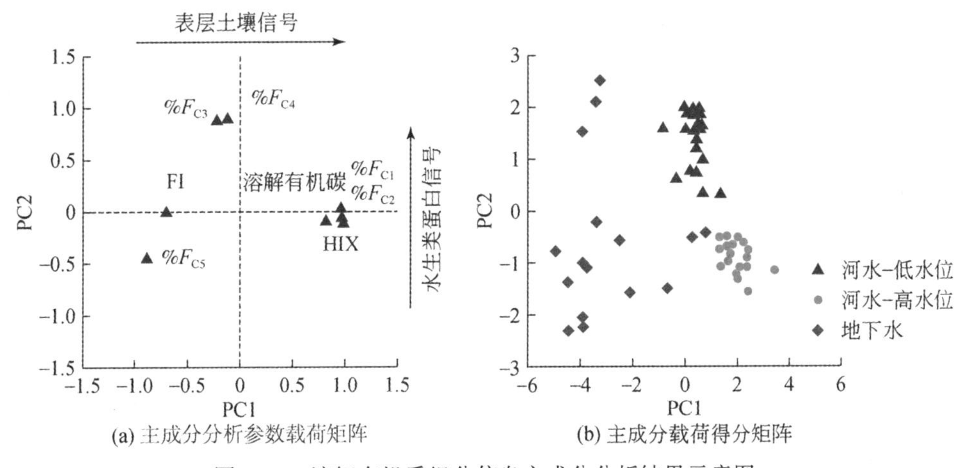

(a) 主成分分析参数载荷矩阵　(b) 主成分载荷得分矩阵

图 5-15　溶解有机质组分信息主成分分析结果示意图

3. 溶解无机碳含量及来源特征

溶解无机碳也是溶解营养物质的一个重要成分，针对在黑河流域采集的灌渠、河水、地下水、河床水、泉水等水样，对其进行溶解无机碳浓度和稳定同位素含量测试，得到各类水体样品溶解无机碳含量和同位素含量，如图 5-16 所示。

图 5-16 中白色方框表示各类水体的溶解无机碳浓度均值，填充方框表示 δ^{13}C-DIC 均值，误差棒表示各类水体样品之间的标准差。可以发现，地下水溶解无机碳浓度相对较高、δ^{13}C-DIC 值相对较低。地下水溶解无机碳浓度为 2.9～20.1mmol/L，跨度较大，均值为 7.3mmol/L；地下水 δ^{13}C-DIC 值为-20.8‰～-2.7‰，均值为-7.4‰。

河水和灌渠水样的溶解无机碳特征较为接近。河水溶解无机碳浓度为 3.5～5.6mmol/L，均值为 4.5mmol/L；δ^{13}C-DIC 值为-6.5‰～-1.9‰，均值为-4.8‰。灌渠水样溶解无机碳浓度为 4.0～6.4mmol/L，均值为 5.1mmol/L；δ^{13}C-DIC 值为-8.7‰～-5.2‰，均值为

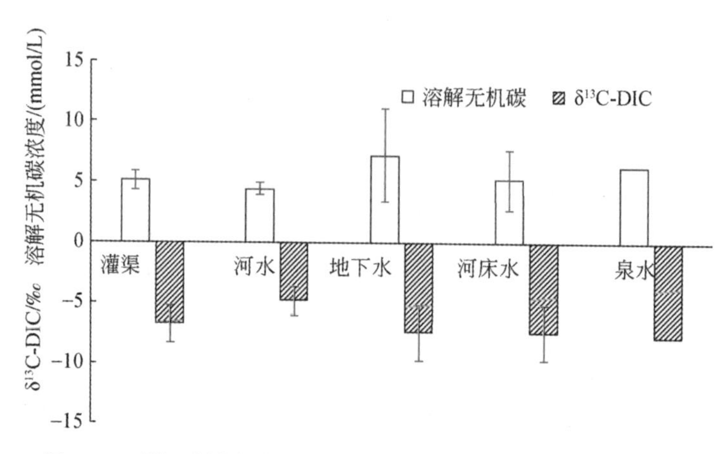

图 5-16　黑河流域各类水体样品溶解无机碳浓度和 $\delta^{13}C$-DIC 值

-6.7‰。此外，河床水溶解无机碳特征分布差异较大，一部分比较接近河水，另一部分比较接近地下水。河床水溶解无机碳浓度为 3.0 ~ 9.7mmol/L，均值为 5.3mmol/L；$\delta^{13}C$-DIC 值为-11.1‰ ~ -5.00‰，均值为-7.4‰。泉水样只采集了一个样品，溶解无机碳浓度为 6.4mmol/L，$\delta^{13}C$-DIC 值为-7.8‰。

将溶解无机碳浓度和稳定同位素值结合起来，可以提供与各类水体样品中溶解无机碳来源相关的信息，如图 5-17 所示。图中灰色条带表示文献中提出的各类典型溶解无机碳来源的 $\delta^{13}C$-DIC 值的范围；蓝色实心三角形及其误差棒表示前人研究中提出的关于大型干旱半干旱地区河流中溶解无机碳浓度及 $\delta^{13}C$-DIC 值，其中三角形 a 表示澳大利亚东部河流（Cartwright，2010）、三角形 b 表示非洲南部河流（Akoko et al.，2013）、三角形 c 表示中国黄河流域黄土高原（Liu and Xing，2012）。其他形状的样点分别表示分布在不同地理位置、不同水样类型、不同采样时间的水体样点。可以大致发现，山前冲洪积扇带的河水

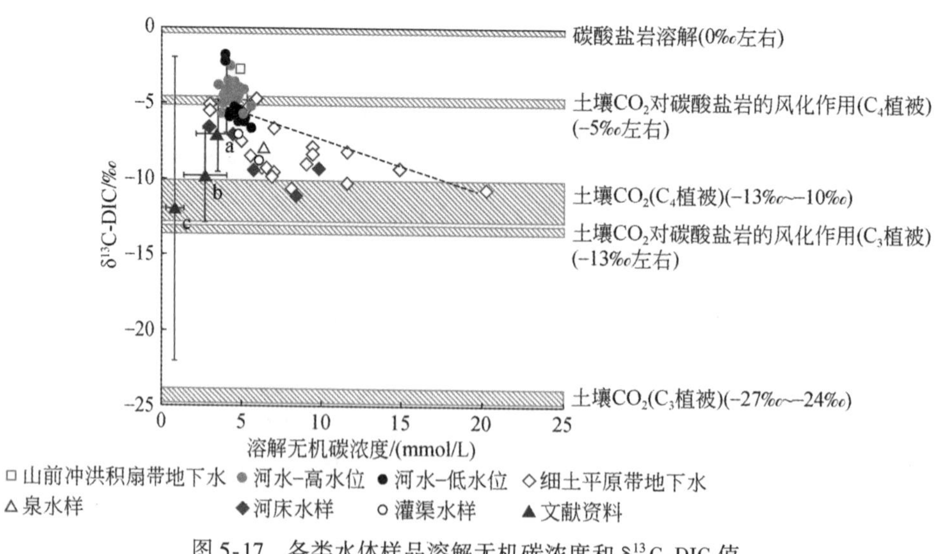

图 5-17　各类水体样品溶解无机碳浓度和 $\delta^{13}C$-DIC 值

及地下水分布较集中，细土平原带的河水和地下水分布较分散。因此，这一特点可以作为之后讨论的基础，方便从山前冲洪积扇带和细土平原带分别讨论样点之间溶解无机碳特征的不同。

在黑河中游，河水溶解无机碳浓度为 3.5 ~ 5.6mmol/L，HCO_3^- 浓度为 1.1 ~ 3.1mmol/L。Meybeck（1987）曾提出，如果流域完全处于硅酸盐岩环境下，河水中的 HCO_3^- 浓度应在 0.125mmol/L 左右；如果流域完全处于碳酸盐岩环境下，河水中的 HCO_3^- 浓度应在 3.195mmol/L 左右。黑河中游的 HCO_3^- 浓度位于二者之间，且更加接近 3.195mmol/L，说明黑河中游河水的无机碳主要受到碳酸盐岩风化作用的影响。黑河中游河水中的 $\delta^{13}C$-DIC 值为−6.5‰ ~ −1.8‰，由图 5-17 可以看出其与由 C_4 植被呼吸作用产生的土壤 CO_2（−13‰ ~ −10‰）对碳酸盐岩（0‰）的风化作用来源的 DIC 的同位素值更接近（Das et al.，2005）。

Zhang 等（2009）运用氘氧同位素分析和分布式水文模型，证实了黑河上游降水和冰雪融水是中游甚至整个流域内地表、地下水的水源。上游分布的植被类型中，木贼科、菊科植物、马齿苋等都是典型的 C_4 植被，且 Mu 等（2015）在对上游区域土壤层的有机质同位素特征进行调查时也发现其取值在−10‰左右，进一步证明了土壤中 C_4 植被的存在。因此可以认为，中游河水中的溶解无机碳主要来自上游土壤 CO_2 对碳酸盐岩的风化。

此外，从图 5-17 中可以发现，对于各个水体类型的样点，其溶解无机碳浓度和 $\delta^{13}C$-DIC 值之间呈反相关关系，越深层的地下水溶解无机碳浓度越低，$\delta^{13}C$-DIC 值越高。单独分离出地下水样品，考察溶解无机碳浓度、稳定同位素值与深度之间的相关关系，如图 5-18 所示。图 5-18（a）和图 5-18（b）呈现了全部地下水样点的溶解无机碳浓度和 $\delta^{13}C$-DIC 值随深度变化的规律，图 5-18（c）和图 5-18（d）则显示了 5.2.4 节提到的河岸带 CMT 井的溶解无机碳浓度和 $\delta^{13}C$-DIC 值随深度变化的规律。可以发现，图 5-18（a）中的样点分布规律与图 5-11（a）显示的所有地下水样点的溶解有机碳浓度随深度变化的规律类似，较高浓度的溶解无机碳大多分布在浅层地下水（<50m）中，在浅、中层地下水中，溶解无机碳浓度有一个明显的下降规律，但在达到较深的含水层后相对保持平衡。图 5-18（b）

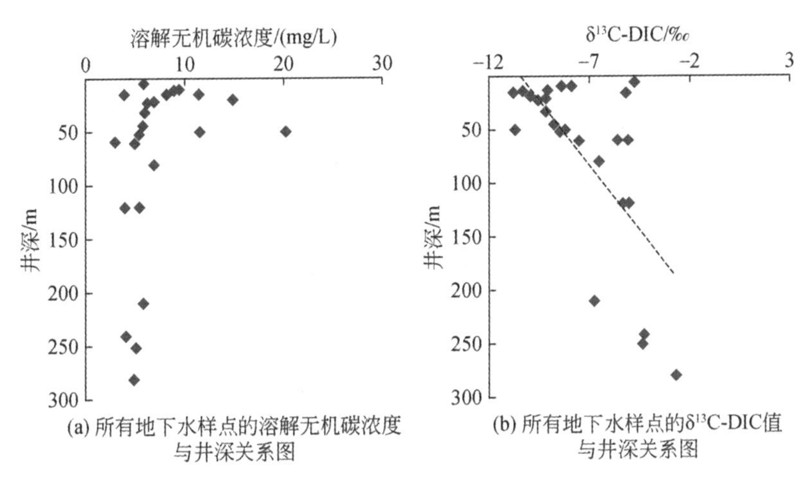

(a) 所有地下水样点的溶解无机碳浓度与井深关系图

(b) 所有地下水样点的 $\delta^{13}C$-DIC 值与井深关系图

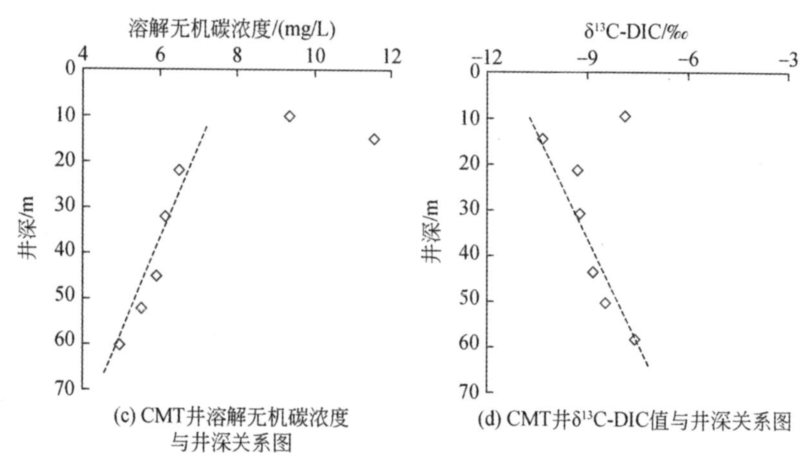

图 5-18 全部地下水样点及 CMT 井溶解无机碳浓度和同位素特征随井深变化的规律

中的 δ^{13}C-DIC 值范围变化较大，从接近-12‰增加到-2‰左右，由于碳酸盐岩中无机碳的 δ^{13}C-DIC 值为 0，而黑河中游地下水的径流方向又是由地表向含水层深处运移，可判断地下水中的 δ^{13}C-DIC 值随深度增加是由于含水层中的水岩相互作用。

该过程被认为是去白云石化（Guoliang et al., 2016），其控制了黑河中游含水层中的溶解无机碳浓度和稳定同位素特征的变化规律，其化学反应方程式为

$$CaMg(CO_3)_2+CaSO_4\cdot 2H_2O(s)+H^+ \xlongequal{} CaCO_3(s)+Ca^{2+}+Mg^{2+}+SO_4^{2-}+HCO_3^-+2H_2O$$

从化学反应方程式可以发现，去白云石化是通过石膏溶解到水中形成的 SO_4^{2-}，置换出白云石中的 Mg^{2+}，同时析出一单位白云石中的 Ca^{2+} 和 CO_3^{2-}；使溶液中的 Ca^{2+} 和 CO_3^{2-} 结合，形成 $CaCO_3$（s）沉淀/方解石矿物；另一单位的 CO_3^{2-} 和 H^+ 结合，形成 HCO_3^-。总体来看，化学反应方程式中的一个 CO_3^{2-} 发生沉淀脱离溶液，无机碳离子的数量减少一个，而保留的这一个碳酸氢根也有很大的概率来源于岩石中，具有较高的 δ^{13}C-DIC 值。因此，随着深度的加深、去白云石化的反应程度越完全，越来越多的来自地表水体中的溶解无机碳被沉淀析出，溶解无机碳浓度不断减小；同时，还有越来越多的岩石矿物中的无机碳进入地下水，导致 δ^{13}C-DIC 值不断增加。

另外，参考地下水中溶解无机碳的浓度分布特征和形成规律不难得出推断，地下水在浅、中层含水层中进行了较好的混合并发生了去白云石化的水岩相互作用，而深层地下水相对来说较封闭，因此地下水中溶解无机碳和 δ^{13}C-DIC 值的变化都主要发生在 150m 深度以内的含水层。图 5-18（c）和图 5-18（d）更直观地显示出浅、中层地下水的混合效应十分突出，溶解无机碳特征与深度之间的相关性非常好。

为了证实黑河中游含水层中的白云石化，根据去白云石化化学反应方程式的离子浓度比例比较了中游浅、中层地下水样品的 $Ca^{2+}+Mg^{2+}$ 浓度与 $SO_4^{2-}+1/2\ HCO_3^-$ 浓度之比，如图 5-19 所示。结果发现，样点之间呈现出很好的线性关系，且与图中黑色实线代表的去白云石化离子比例趋势线非常接近，由此证明了推断的合理性，说明黑河中游浅、中层地下水中溶解无机碳的一个主要来源的确是水岩相互作用导致的碳酸盐岩风化。

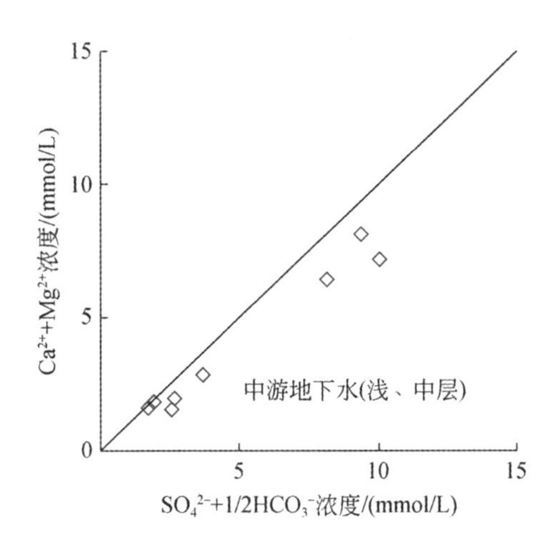

图 5-19　黑河中游浅、中层地下水中 $Ca^{2+}+Mg^{2+}$浓度与 $SO_4^{2-}+1/2\ HCO_3^-$ 浓度之比

此外，图 5-14 中显示的河水与浅层地下水中的溶解有机碳浓度、C1 和 C2 的含量都相当接近。从图 5-17 可以看出，与河水样点更为接近的是中游的深层地下水，而浅层地下水与河水之间的差别很大。究其原因，在含水层介质中，溶解有机碳的主要成分 C1 和 C2 从化学性质上来说相对保守，在含水层中并没有明显的来源（与 C1、C2 相比 C5 含量相对很少）；而在含水层中发生的一系列生物地球化学反应会对地下水中的溶解无机碳造成影响。浅层地下水中的 δ^{13}C-DIC 值说明，其溶解无机碳或许来自土壤中有机质的呼吸作用（C_4 植被：-13‰ ~ -10‰；C_3 植被：-27‰ ~ -24‰），或者来自 C_3 植被土壤 CO_2 对碳酸盐岩的风化作用（-13‰左右）。在此，风化作用接近真实情况的可能性更大，主要原因如下：

1）地下水样中的 $Ca^{2+}+Mg^{2+}$浓度与溶解无机碳浓度呈明显的正相关关系（$\tau=0.72$，$P<0.05$，df=8），说明碳酸盐矿物溶解风化对地下水溶解无机碳的形成具有重要作用。

2）浅层地下水中的溶解有机碳浓度为 0.7mmol/L 左右，而很多地下水样点的溶解无机碳浓度高于 10mmol/L，明显高于溶解有机碳浓度，说明地下水中的溶解有机碳还不足以成为溶解无机碳的一个重要来源。

浅层地下水中与河水中的溶解无机碳浓度存在差异，是由于浅层地下水中矿物质溶解作用增强，而该作用又与高密度、高强度的灌溉导致的水体与矿物质之间的接触增多有很大关系。因此，与澳大利亚、非洲南部、中国黄土高原等干旱半干旱地区的河流相比，黑河流域水体中的溶解无机碳浓度通常较高而 δ^{13}C-DIC 值较低。同时，黑河上游与黑河中游的含水层中确实广泛存在大量碳酸盐矿物，如第三纪和白垩纪的白云石、方解石、霰石等（张光辉等，2005）。

4. 溶解无机氮含量及来源特征

水体中的溶解无机氮有硝酸根、亚硝酸根、铵根等多种形式，本研究主要分析 NO_x^-（$NO_3^-+NO_2^-$）、NO_2^-、NH_4^+ 浓度。

图 5-20 显示了黑河流域各形态的溶解无机氮浓度，其纵轴是对数坐标，可以发现各形态的溶解无机氮中，NO_3^- 是最主要的成分，其平均浓度比 NH_4^+ 和 NO_2^- 大了 2～3 个数量级。NO_2^- 浓度极小（尤其是与 NO_3^- 相比），本研究并未直接得到 NO_3^- 浓度，因此后面统一讨论硝态氮离子（NO_3^-+NO_2^-），而不分别讨论两者。

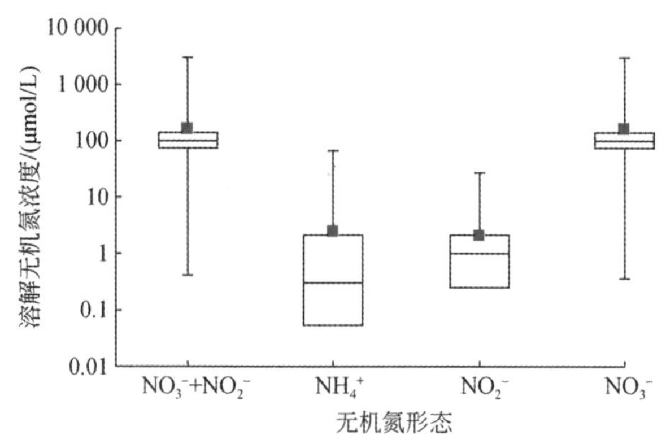

图 5-20 黑河流域各形态的溶解无机氮浓度

对黑河流域内不同水体类型的溶解无机氮浓度进行比较，如图 5-21 所示，可以发现地下水中的 NO_x^-浓度最高，且其浓度范围跨度非常大，最小浓度只有 49.10μmol/L，但最

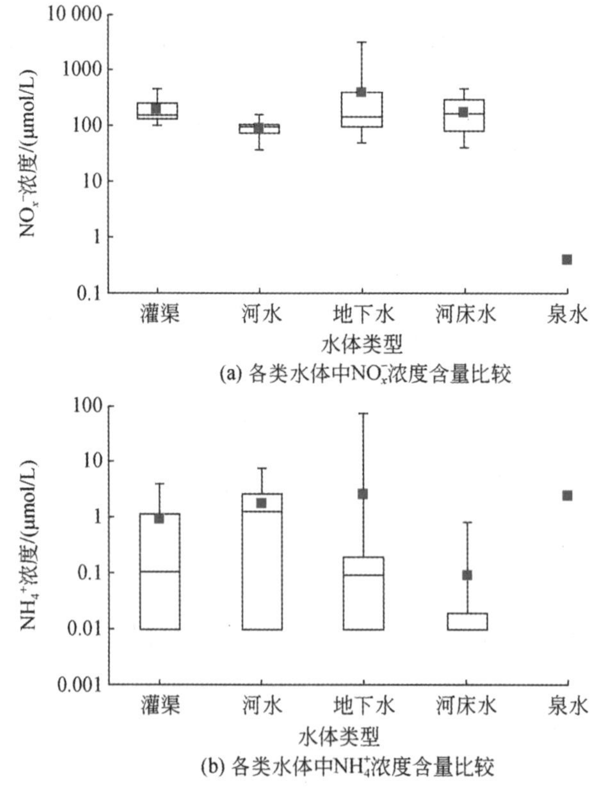

图 5-21 黑河流域各类水体中的溶解无机氮浓度

大浓度达3147.94μmol/L，均值为436.62μmol/L。多个地下水样点的NO_x^-浓度都超过了1000μmol/L，该浓度明显高于自然的生物地球化学过程能够达到的水平，反映了强烈的农业活动干扰，其中化肥的大量使用是地下水中溶解无机氮的重要来源。

此外，灌渠中的NO_x^-浓度较高，为100.23～464.71μmol/L，均值为210.50μmol/L。中游干流河水的NO_x^-浓度则低很多，波动范围不大，在38.50～160.38μmol/L，均值为92.71μmol/L。河水与灌渠之间的NO_x^-浓度差异，明显大于两者之间的溶解有机碳浓度差异。虽然中游灌渠的渠水引自干流，然而灌渠较长较窄，蜿蜒分布在农田之间，其与农田之间的相对接触面积比河流大，具有更复杂的交互过程，因此溶解无机氮浓度更高。

河床水的NO_x^-浓度为41.42～450.52μmol/L，均值为194.15μmol/L，样品之间存在较大差异，主要由于个别河床水样恰好分布于地下水出露带，表征的是排泄到河道中的地下水，因此浓度较高；其余样点则代表了潜流带的河水，性质更接近河水，因此存在较大差异。

值得注意的是，唯一的泉水样NO_x^-浓度<1μmol/L，该样点远离河岸带且不位于灌渠中，这进一步证明了在黑河中游这样的农业发达区域，农业活动是水体中营养物质含量的直接影响因素，因此可将NO_x^-浓度作为评价区域内农业活动的指标。

由图5-21（b）可以发现，NH_4^+浓度范围维持在较低水平，大多在10μmol/L以下，只有一个采集自农民家中手压井的浅层地下水样（井深11m）NH_4^+浓度达到了71.25μmol/L。除此极高的样点外，各类型的水体之间，河水中的NH_4^+浓度相对较高，为0～7.28μmol/L，均值为1.73μmol/L；其次是灌渠水样，NH_4^+浓度为0～3.88μmol/L，均值为0.93μmol/L，但大部分样点NH_4^+浓度为0μmol/L；此外，地下水样和河床水样NH_4^+浓度均值分别为0.35μmol/L和0.10μmol/L，主要原因在于这两类水体中大部分样点的NH_4^+浓度也都为0μmol/L；唯一的泉水样NH_4^+浓度相对较高，为2.58μmol/L。

NH_4^+是自然水体中有机氮转化为无机氮之后的主要形式，是由以蛋白质为主的有机物分解产生的。蛋白质分解的最终产物是氨基酸，同时释放出氨气，进入大气或溶于自然水体、土壤水中，并经过一系列硝化反应被氧化形成硝酸根和亚硝酸根（沈照理和朱宛华，2000）。黑河流域内NO_x^-浓度较NH_4^+高出数个量级，且地表、地下水体中溶解氧浓度为0.1～18mg/L，大部分地表水甚至在8mg/L以上，说明黑河流域中各类水体都属于氧化性的环境，导致溶解无机氮向NO_x^-尤其是NO_3^-转移。个别浓度极高的地下水样品采集自灌渠的浅层地下水，说明黑河流域的农业活动会造成大量有机、无机氮的污染，并在入渗和扩散到地下水的过程中被逐渐氧化为硝态氮。

进一步讨论NO_x^-和NH_4^+在地下水中的浓度分布。图5-22（a）和图5-22（b）表示地下水中的NO_x^-、NH_4^+浓度随深度变化的规律，图5-22（c）和图5-22（d）表示NO_x^-、NH_4^+浓度在CMT井地下水中随深度变化的规律。可以发现，随着地下水向深层含水层运移，NO_x^-和NH_4^+浓度都呈现出了与溶解有机碳和溶解无机碳类似的降低趋势，说明溶解无机氮主要来自农业活动的施肥和生物质的降解，且大多累积在土壤层，并随着降水和灌溉水的入渗被带入包气带，再以极缓慢的速度进入地下水。从CMT井地下水中的NO_x^-浓度分布可以看出，NO_x^-在地下水中的累积主要发生在表层地下水中，图 5-22（c）中显示深度在 10m 处 NO_x^-浓度超过 1000μmol/L，在第 2 通道（10～20m）则降到 385.29μmol/L。CMT 井地下水中的 NH_4^+ 浓度分布则较独特，在前 5 个通道内浓度都为 0μmol/L，只有在深度大于 50m 的第 6 和第 7 通道 NH_4^+ 浓度>1μmol/L。河岸带底部深度 50m 存在含泥质隔水层，隔水层中通常含氧量少，更趋近于还原态环境，因此有利于反硝化反应的发生，进而促进 NO_x^-向 NH_4^+ 的转化。该 CMT 井中的几个通道溶解氧浓度的确较低，属于明显的还原环境，导致溶解无机氮的形式以氨氮为主。

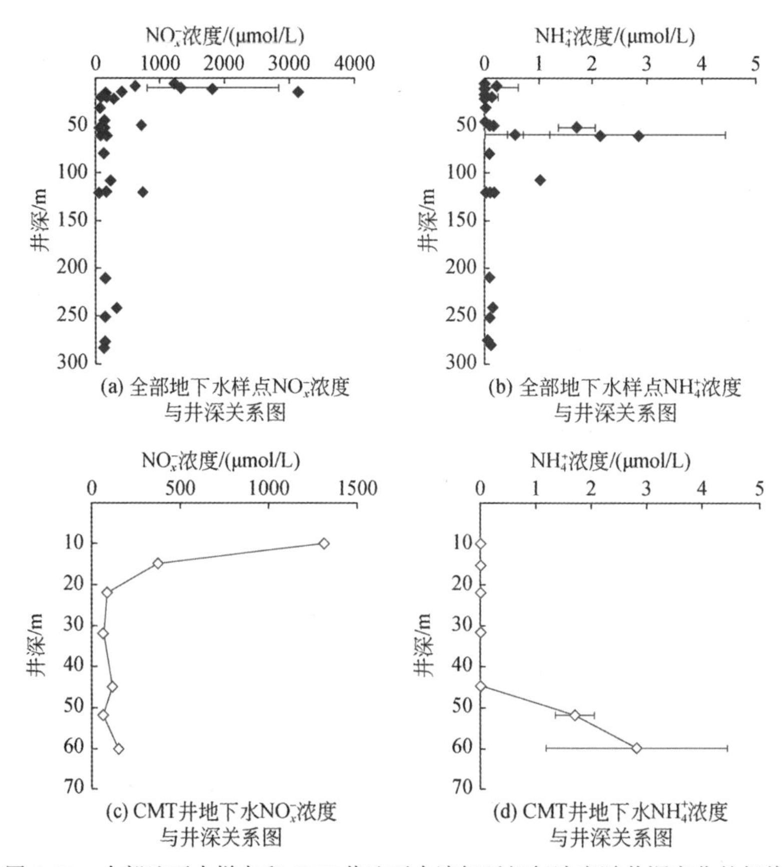

图 5-22　全部地下水样点和 CMT 井地下水溶解无机氮浓度随井深变化的规律

本研究中黑河流域地表、地下水中的溶解无机氮浓度与世界上其他一些受农业发展严重影响的干旱半干旱流域处于同一水平，如美国加利福尼亚州的圣华金河（Ohte et al., 2007）、澳大利亚的墨累河（Brown et al., 1999; Hadwen et al., 2010; Lamontagne et al., 2006）、土耳其的底格里斯河（Varol, 2013）等。然而在黑河流域，由于一部分当地居民直接将浅层地下水作为饮用水源，且溶解无机氮在浅层含水层中大量累积，因此该问题是区域水质管理的一大核心问题。

如表 5-3 所示，世界各国及世界卫生组织都对饮用水中硝态氮浓度有明确的规定：世界卫生组织将饮用水的硝态氮浓度定为 11mg/L（Organization, 2011）；美国将饮用水的硝态氮浓度定为 10mg/L；我国在考虑全国各地的具体情况后，特别规定将地下水作为直接饮用水源的不发达地区硝态氮浓度可以放宽到 20mg/L，其余地区都按照 10mg/L 的标准，换算成摩尔浓度即为 700μmol/L 左右。黑河流域水体中已经有相当一部分接近或超过此浓度限值。在黑河中游，除张掖市、临泽县、高台县等以外，大部分农村人口分布区发展程度有限，还无法做到市政供水的全面覆盖，相当一部分农村居民还是依靠自家的手压井或机井从浅层地下水中获取饮用水直接使用，无法进行统一净化处理。现有引水蓄水灌溉等水资源管理措施，更进一步增加了硝态氮在中游地下水中的累积。长此以往，地下水中的无机氮污染将会成为该区域饮用水健康的一个巨大威胁。

表 5-3　世界各国及世界卫生组织规定饮用水标准中硝态氮浓度限　　（单位：mg/L）

世界卫生组织	美国	中国
11	10	10/20

此外，目前黑河流域水体中溶解营养物质浓度过高的问题也将在可预见的未来造成潜在的富营养化危机。研究表明，当水体中总氮浓度超过 0.3mg/L、总磷浓度超过 0.1mg/L 时，水体将会存在潜在的富营养化威胁（Vollenweider and Kerekes，1982）。目前来看，严重的水土流失造成的河水浑浊度较高，不仅限制了水生生态系统中的内源初级生产力，还限制了藻类的生长，因此不太会在黑河干流造成严重的富营养化现象。但河流终端的两个尾闾湖在源源不断地积累营养盐，加之湖水比较清澈，光线条件很好，所以存在巨大的潜在威胁。因此，需要管理者针对该问题进行更为深入、更有针对性的调查。

5.2.5　流域水文过程溶解营养物质迁移输出的影响

1. 流域产汇流过程对溶解营养物质来源及迁移规律的影响

在黑河中游，河流径流条件与河水中溶解有机碳、溶解无机碳、溶解无机氮的浓度和来源特征之间的关系存在一定的规律性，受降水、产汇流、水土流失等过程的显著影响。前两次采样是在高水位时期和低水位时期分别进行，其中在铁路桥、板桥大桥、平川大桥 3 个流量监测点处的干流流量日变化趋势如图 5-23 所示。下面分别介绍产汇流对溶解有机碳、溶解无机碳、溶解无机氮来源及迁移规律的影响。

（1）产汇流过程对溶解有机碳来源及迁移规律的影响

在不同的径流条件下，对河水样品溶解有机碳浓度进行进一步观察可以发现，高水位时期，河水溶解有机碳浓度比低水位时期高［高水位时期：(1.55±0.37)mg/L；低水位时期：(1.22±0.21)mg/L］。黑河中游溶解有机碳浓度、组分、荧光因子在高水位时期和低水位时期的沿程变化，如图 5-24 所示，其中，$\%F_{C1}$ 在高水位时期高于低水位时期（高水位时期：39.75%±2.76%，低水位时期：27.25%±2.80%）；$\%F_{C2}$ 在高水位时期高于低水位时期（高水位时期：38.85%±2.00%，低水位时期：31.28%±2.76%）；$\%F_{C3}$ 在高水位时期低于低水位时期（高水位时期：8.69%±2.59%，低水位时期：23.91%±4.86%）；

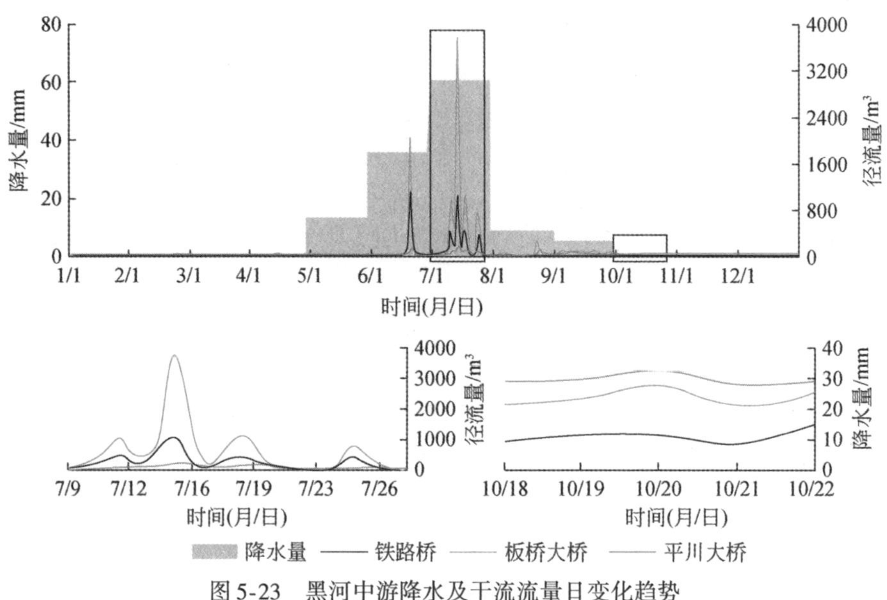

图 5-23　黑河中游降水及干流流量日变化趋势

$\%F_{C4}$在高水位时期低于低水位时期（高水位时期：7.74%±1.85%，低水位时期：15.87%±3.91%）；FI 在高水位时期低于低水位时期（高水位时期：1.59±0.02，低水位时期：1.67±0.04）；HIX 在高水位时期高于低水位时期（高水位时期：0.37±0.01，低水位时期：0.32±0.02）(Mann-Whitney U 检验：t_s=3.01～5.34，P<0.05)。$\%F_{C5}$在高水位时期和低水位时期并没有明显差别，且含量太少（多处样点处值为 0），所以在此不对 C5 做过多讨论。

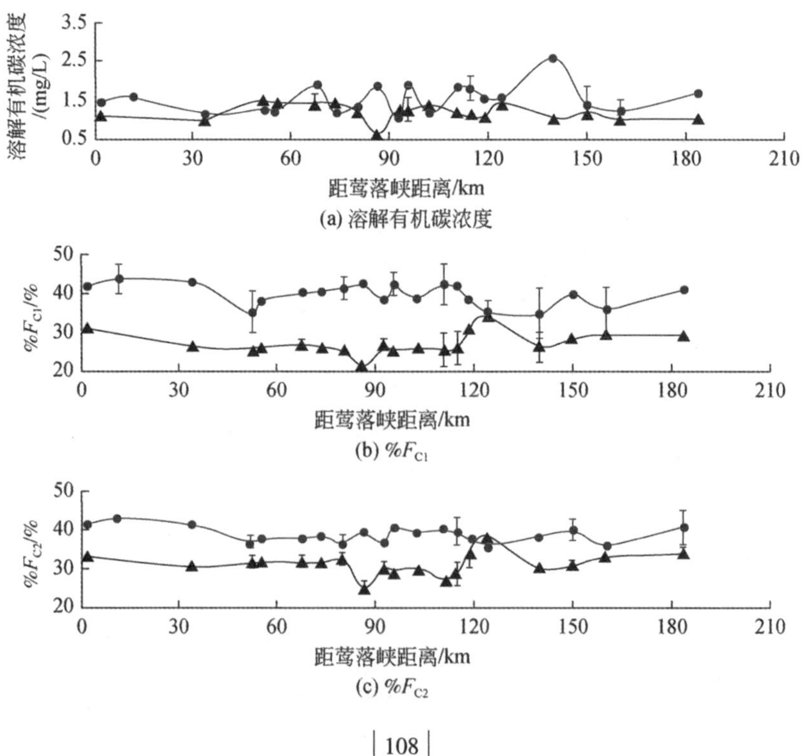

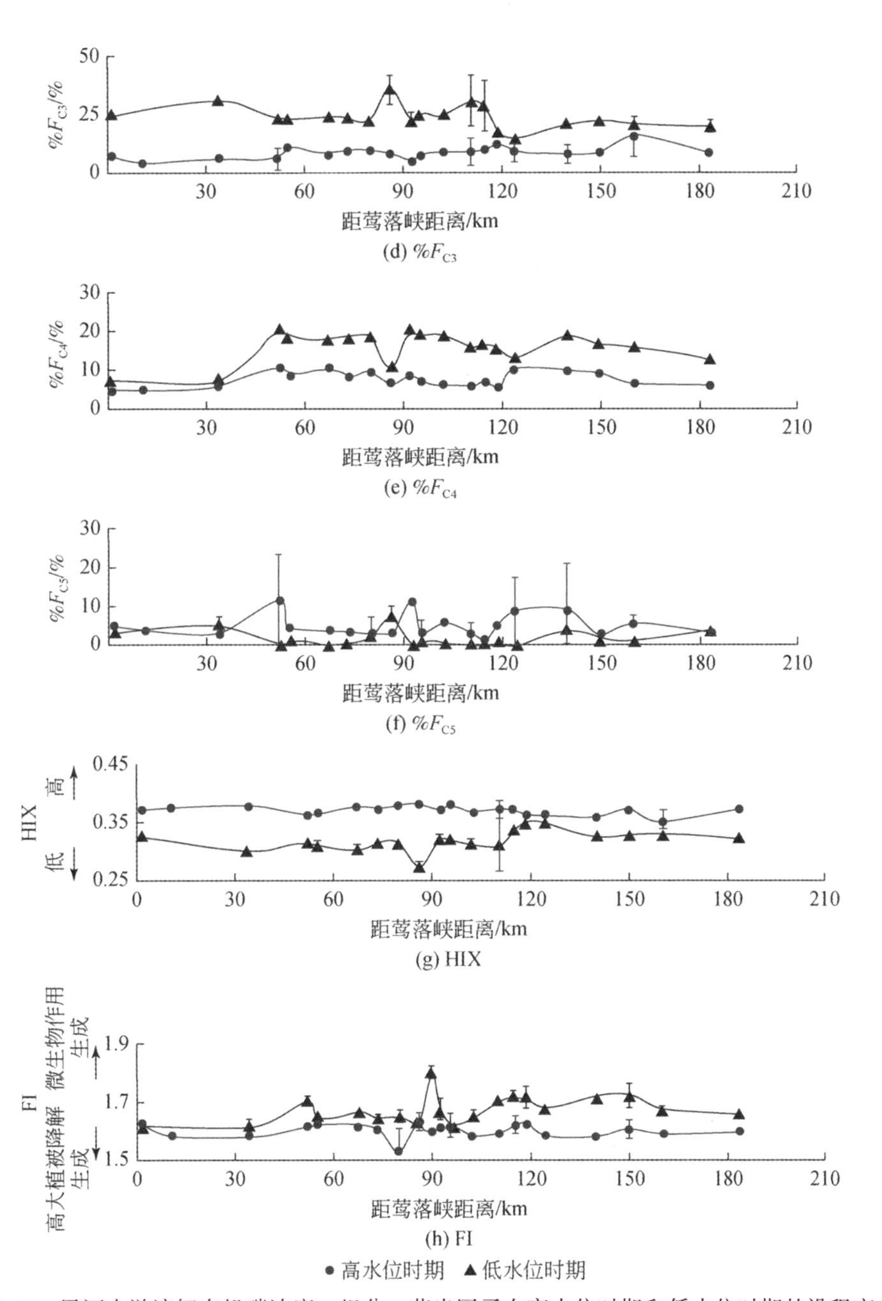

图 5-24 黑河中游溶解有机碳浓度、组分、荧光因子在高水位时期和低水位时期的沿程变化

高水位时期黑河干流径流远远大于低水位时期，且高水位时期河水的溶解有机碳浓度和陆源类腐殖质组分都更高，说明该时期有大量的有机质经降水-产汇流过程从土壤层进入河水，抵消了稀释作用。此外，表层土壤层也是有机质富集的区域（Boy et al., 2008; Frank et al., 2000; Goller et al., 2006），随着土壤深度的增加有机质含量呈减少趋势，因此可以用径流路径的深度变化理论进行解释：一方面，降水入渗使地下水位抬高，地下径

流深度变浅；另一方面，不同降水强度会产生相应的地表径流和壤中流，整体径流深度都得到抬升。该过程伴随着明显的水土流失现象，因此大部分富集在浅层土壤层中的有机质被冲刷进入河流中，导致高水位时期溶解有机碳浓度和 C1、C2 百分比高于低水位时期。

这样的现象在其他很多流域也非常普遍，如森林覆盖的高山流域（Brown et al.，1999；Goller et al.，2006；Hinton et al.，1997）、热带的森林流域（Boy et al.，2008）、草原流域（Frank et al.，2000）、以农业为主的流域（Dalzell et al.，2011；Meyer and Tate，1983；Royer and David，2005）、干旱半干旱地区的冲洪积流域（Brooks and Lemon，2007；Fellman et al.，2011），径流路径的变化都被认为是改变溶解有机质输出迁移的主要原因。在黑河这样的干旱半干旱地区，植被覆盖率较低，所以产流过程较快且水土流失更容易发生。

河水中的 $\delta^{18}O$ 值的变化也进一步证明，径流路径的转移是河流中溶解有机质组分特征和溶解有机碳浓度变化的控制因素。由于河水中的 $\delta^{18}O$ 值为-10‰～-8‰，正好落在区域降水线上，同位素值也在上游降水的氘氧同位素值范围内，与前人研究中游河水主要来自上游降水的结论相符（Yang et al.，2011；Zhang et al.，2009），因此河水中的 $\delta^{18}O$ 值越小，说明河水中包含的降水成分越多。如图 5-25 所示，河水中的 $\delta^{18}O$ 值与陆源的类腐殖

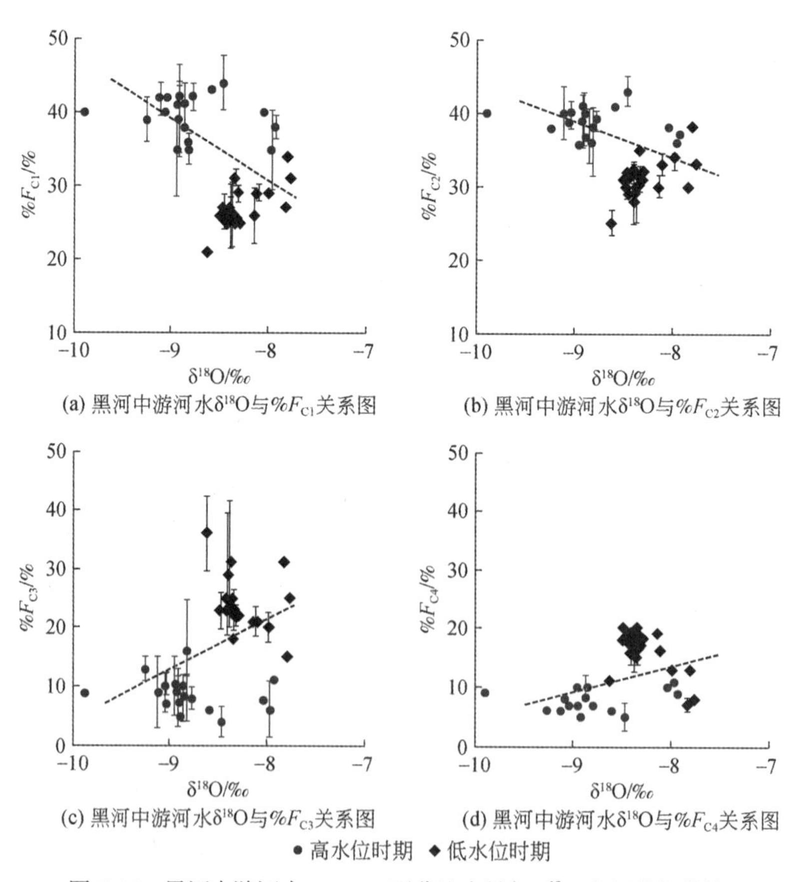

图 5-25　黑河中游河水 C1～C4 百分比含量与 $\delta^{18}O$ 之间的相关性

质组分% F_{C1}、% F_{C2}呈负相关关系（$\tau=-0.28$，$P<0.05$，df=39），说明这一类陆源组分随着较浅的径流迁移，被冲刷进入河道。河水中的 $\delta^{18}O$ 值与水源的类蛋白组分% F_{C3}、% F_{C4}呈正相关关系（$\tau=0.25\sim0.29$，$P<0.05$，df=39），主要是因为高水位时期水土流失造成河流浊度较大（经采样时的肉眼观察），河水透光性较差，且低水位时期营养盐浓度较低（$NO_3^-+NO_2^-$ 均值：高水位时期 72.4μmol/L，低水位时期 95.5μmol/L；PO_4^{3-} 均值：高水位时期 0.89μmol/L，低水位时期 2.42μmol/L），导致高水位时期的内源类蛋白组分含量较低，低水位时期含量较高。

此外，溶解有机碳及其组分的通量能够更加直观地说明黑河中游的有机质主要在高水位时期经由水土流失被带入河流中。可利用如下公式计算溶解有机碳在各时期的通量：

$$通量=径流量\times浓度 \tag{5-7}$$

图 5-26（a）表示溶解有机碳和各组分在高水位时期的通量变化趋势；图 5-26（b）表示各营养物质在低水位时期的通量变化趋势。由于第一次采样（7 月）的河流径流明显大于第二次采样（10 月）的河流径流，且全年超过一半的降水强度大于 10mm 的降水事件都发生在 6 ~7 月。假设只有降水强度超过 10mm 才会造成河流水位抬高，本研究采集到的这两个时间点（7 月底 8 月初、10 月底）则可以代表典型的高水位时期和低水位时

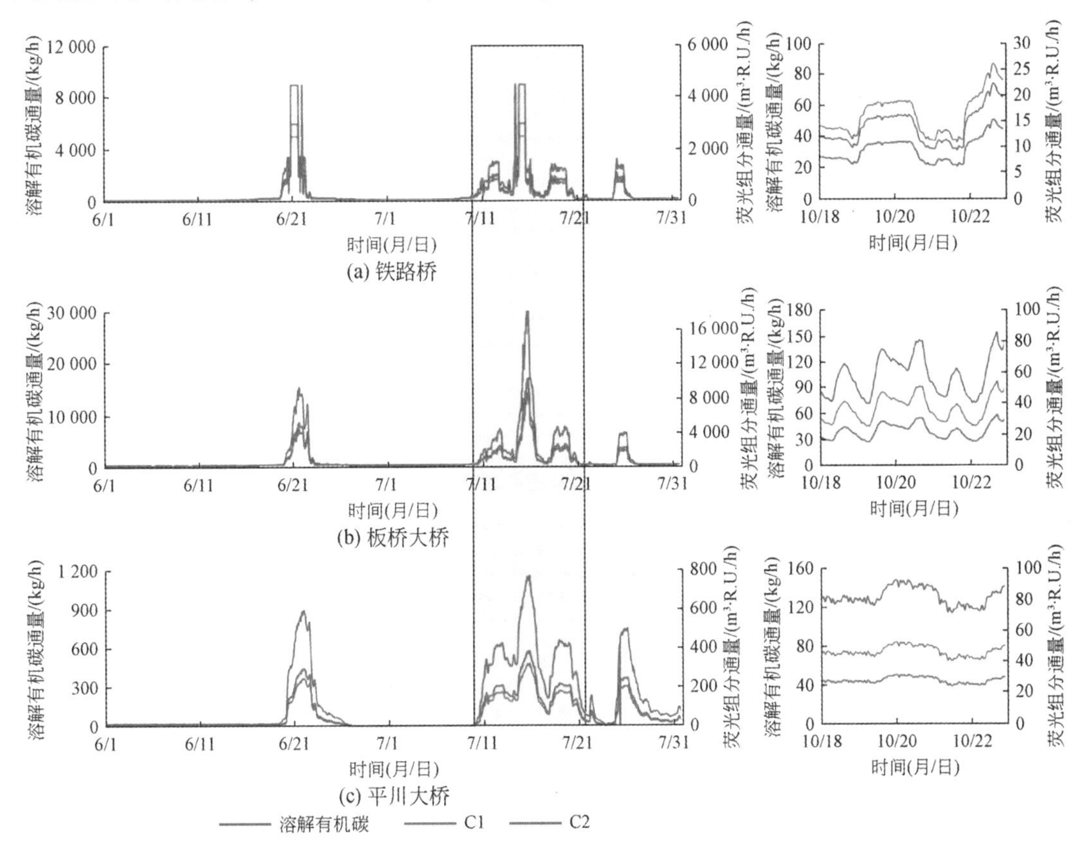

图 5-26　2013 年黑河中游溶解有机碳和类腐殖质组分 C1 和 C2 年内通量变化

大图代表高水位时期采样期间的流量变化，小图代表低水位时期采样期间的流量变化

期。因此，可以运用高水位时期的河流溶解有机碳浓度和陆源类腐殖质组分含量估算整个高水位时期（6～7月）的溶解有机碳和C1、C2通量；用低水位时期的河流溶解有机碳浓度和F_{C1}、F_{C2}估算整个低水位时期的溶解有机碳和C1、C2通量，并进一步计算高水位时期溶解有机碳和C1、C2通量占全年通量的比例。结果发现，由铁路桥和板桥大桥两处监测点流量计算所得的高水位时期被带入河流的溶解有机碳和陆源类腐殖质组分的通量占全年通量的66%～81%，由平川大桥处监测点流量计算所得的通量比例为23%～38%。平川大桥处出现较低比例的原因主要是平川大桥位于灌区内部，存在大规模的河道引水灌溉，大部分河水都在灌溉期间被引走，其监测点监测的流量不一定能真实地反映全年的径流变化规律。铁路桥和板桥大桥处的结果则显示降水事件的确是影响溶解有机碳由陆地向河流迁移的主要控制因子。

(2) 产汇流过程对溶解无机碳来源及迁移规律的影响

在黑河中游，由降水事件引起的流域产汇流过程同样会改变河流中溶解无机碳的来源及迁移规律，从而使河水在不同的径流条件下有不同的溶解无机碳浓度和δ^{13}C-DIC值。

如图5-27所示，高水位时期，中游河水的溶解无机碳浓度为（4.4±0.5）mmol/L，δ^{13}C-DIC值为-4.1‰±0.9‰，与低水位时期的河水溶解无机碳浓度［（4.7±0.4）mmol/L］和δ^{13}C-DIC值（-5.4‰±1.2‰）没有明显差别。降水引起的产汇流过程会使径流路径深度发生改变，所以在高水位时期会带入更多的有机质进入河水。因此可以推断，该理论同样适用于河流的溶解无机碳。类似地，在很多大型干旱半干旱区流域（Liu and Xing，2012）、大型湿润区流域（Ogrinc et al.，2008）、小尺度森林覆盖的上游源头（Finlay，2003；Johnson et al.，2006），都被发现在降水期间，河流中溶解无机碳浓度的增加，都是因为降水事件使径流深度变浅，导致大量的地表径流和较浅的地下径流补给河水，带走了土壤层中的无机碳。从理论上来说，因为干旱半干旱地区包气带的入渗能力弱于湿润地区，所以通常会有更大比例的径流以地表径流的方式产生，其对土壤层的侵蚀作用将无机

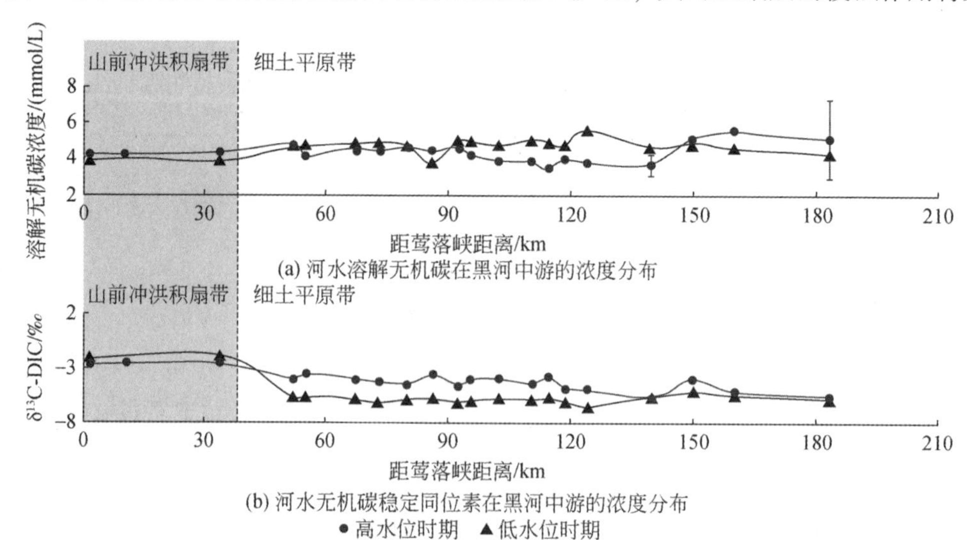

图5-27　黑河中游溶解无机碳浓度、组分、荧光因子在高水位时期和低水位时期的沿程变化

碳冲刷进入河流中，使高水位时期的溶解无机碳浓度大大增加。黑河流域在高水位时期和低水位时期的溶解无机碳浓度没有明显差别，主要原因是高水位时期虽然有大量无机碳进入河流，但该时期也有大量雨水进入河道，产生了稀释作用，各作用互相抵消造成高水位时期和低水位时期的浓度差异不明显。

同时，为了证明推断的合理性，对不同时期溶解无机碳通量进行计算。因为中游河水的溶解无机碳浓度在高水位时期和低水位时期没有明显差别，所以溶解无机碳通量在高水位时期和低水位时期的大小主要由河流的径流量决定。当降水强度>10mm 时，统计降水期间的洪峰径流（铁路桥以流量>10m^3/s 为限，超过即认为形成雨水径流并进行统计；板桥大桥以流量>20m^3/s 为限），计算时段内的溶解无机碳通量。而低水位时期和高水位时期的溶解无机碳平均浓度则分别作为基流和降水期间径流的浓度，用于溶解无机碳通量的计算。在此假设下，根据铁路桥和板桥大桥两个监测站的流量数据计算所得结果可知，降水期间的径流带走的溶解无机碳通量占全年总通量的比例超过 60%（图 5-28）。该结果表明，在干旱半干旱地区，降水和产汇流造成的水土流失对流域溶解无机碳通量具有重要的控制作用。在阿根廷的干旱流域也观察到类似结果（Brunet et al.，2005），说明在干旱半干旱流域，即使降水事件发生的时间只占全年很短的一段时间，但对无机碳由陆地向水体的运移具有很大作用。

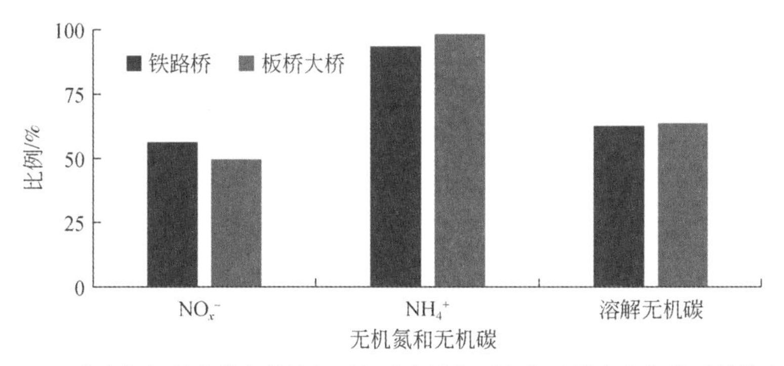

图 5-28　降水期间径流带走的溶解无机碳和溶解无机氮通量占全年总通量的比例

(3) 产汇流过程对溶解无机氮来源及迁移规律的影响

与溶解有机碳、溶解无机碳类似，黑河流域河水的溶解无机氮同样表现为在很大程度上受河道径流的影响，然而不同形式的溶解无机氮具有不同的变化规律。

如图 5-29 所示，NO_x^-浓度在高水位时期 [(71.6±16.9) μmol/L] 低于低水位时期 [(95.9±9.1) μmol/L]，而 NH_4^+ 浓度在高水位时期 [(3.1±2.0) μmol/L] 高于低水位时期 [(0.6±1.1) μmol/L]（Mann-Whitney U 检验：$P<0.001$）。二者在不同水位条件下表现出了相反的规律。

针对 NO_x^- 和 NH_4^+ 这两种形式的溶解无机氮，计算其在降水期间由径流带走的通量占全年总通量的比例（图 5-28）。可以发现，NH_4^+ 在降水期间的通量比例在 90% 以上，而 NO_x^-在降水期间的通量比例仅约为 50%。这表明，地表土壤层的确是 NH_4^+ 的主要来源区域，在降水期间，NH_4^+ 被快速的地表径流冲刷到河流抑或入渗到包气带和地下水，但后者

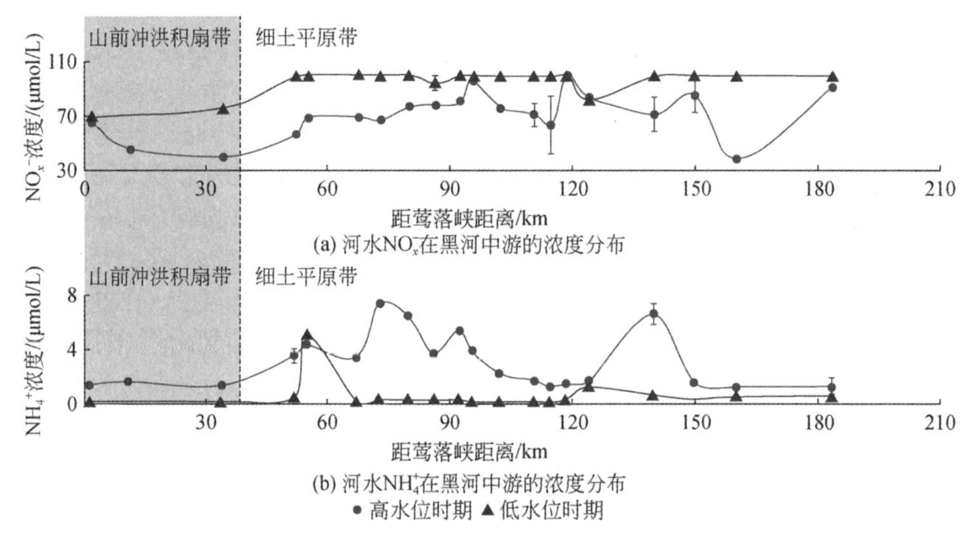

图 5-29 黑河中游溶解无机氮浓度在高水位时期和低水位时期的沿程变化

较为缓慢，所以极易在入渗过程中被硝化反应转化为其他形式或者被微生物和植物吸收利用（McCarthy et al.，1977；Robertson and Groffman，2007；Sher et al.，2012）。从图 5-21（b）中各类水体的 NH_4^+ 浓度的比较结果可以看出，大部分地下水样品中的氨氮浓度都低于地表水体。因此，即使黑河中游地下水出露量十分可观，但地下水能够带入河水的 NH_4^+ 量实在有限，所以地下径流对 NH_4^+ 由陆地到河流的迁移总量的影响其实很小。另外，因为 NO_x^- 可以很好地累积在地下水中，且黑河中游的地球化学环境仍有利于其他形式的溶解无机氮向 NO_x^- 转化，所以地下径流中的 NO_x^- 浓度较可观。相比之下，地表产汇流过程对 NO_x^- 由陆地向河流的迁移输出的影响相对较弱。

2. 中游地表–地下水交互过程对溶解营养物质来源及迁移规律的影响

黑河中游细土平原带地下水出露必然会带入数量可观的溶解营养物质进入河水，从而影响河流中溶解营养物质的含量及来源特征。对溶解营养物质在各类地表、地下水体中的浓度进行探讨可以发现，溶解有机碳在地下水中的浓度较低，其组分中只有 C5 主要来源于地下水，在河水中的含量极少，说明地下水出露对河水中溶解有机碳的影响很小；同时，NH_4^+ 浓度也具有同样的分布特征。溶解无机碳与 NO_x^- 在地下水，尤其在浅层地下水中的浓度远高于河水，因此中游地下水出露是影响河水中溶解无机碳与 NO_x^- 含量及来源特征的重要因素。

由图 5-27 可以看出，河水溶解无机碳浓度和 $\delta^{13}C$-DIC 值在图中灰色区域代表的山前冲洪积扇带和白色区域代表的细土平原带的交界处都有明显的转折变化。高水位时期山前冲洪积扇带的河水溶解无机碳浓度由 4.3mmol/L 变为 4.7mmol/L，$\delta^{13}C$-DIC 值由 –2.5‰变为 –4.0‰；低水位时期山前冲洪积扇带河水溶解无机碳浓度由 3.9mmol/L 变为 4.8mmol/L，$\delta^{13}C$-DIC 值由 –1.9‰变为 –5.7‰。这一边界恰好位于冲洪积扇带边缘，地表–地下水的交互关系在这里发生反转：在山前冲洪积扇带地下水埋深较大，直接接受河水的垂直入渗补给，而从冲洪积扇带边缘开始地下水位逐渐接近地表，在个别河段高于地表（该区域内河岸带的地下水位通常小于 10m，细土平原带的总体水位小于 50m），排泄到河水中。在细土平原带，浅层地下水较河水具有更高的溶解无机碳浓度［(15.5±4.3) mmol/L］和更低的 $\delta^{13}C$-DIC 值（-9.3‰±1.2‰），如图 5-27 所示。结合水文地质特征和溶解无机碳浓度、同位素的变化特征可以推断，中游地下水在冲洪积扇缘带的大量出露造成了河水溶解无机碳浓度的增加和 $\delta^{13}C$-DIC 值的降低，导致河水在进入细土平原带之后无机碳特征逐渐接近地下水。

为了证实中游地下水出露对溶解无机碳浓度和稳定同位素特征的影响，进一步考察了中游细土平原带内河水溶解无机碳特征的变化规律。由于中游细土平原带浅层地下水的 $\delta^{13}C$-DIC 值比河水小，且在强烈的蒸发作用下，浅层地下水矿化度较高，Ca^{2+}、Mg^{2+}浓度相比河水更高。由于中游细土平原带的地下水出露有明显的空间分布规律，中游细土平原带河水的 $\delta^{13}C$-DIC 值和 Ca^{2+}（$\tau=-0.57$，$P<0.001$，df=33）、Mg^{2+}（$\tau=-0.52$，$P<0.001$，df=32）浓度呈显著的负相关关系，如图 5-30 所示。图中十字菱形表示中游细土平原带的河水样点，实心菱形及其误差棒表示该区域内地下水 $\delta^{13}C$-DIC、Ca^{2+}浓度、Mg^{2+}浓度的均值及标准差的范围，虚线表示河水样点的拟合线。

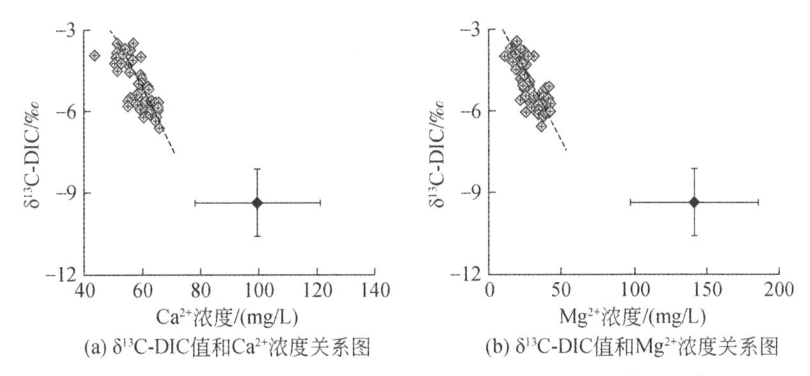

图 5-30 黑河中游细土平原带河水、地下水 $\delta^{13}C$-DIC 值和 Ca^{2+}、Mg^{2+}浓度关系

高水位时期和低水位时期的中游细土平原带河水 $\delta^{13}C$-DIC 值存在显著的正相关关系（$\tau=-0.42$，$P<0.05$，df=18），说明影响河水溶解无机碳含量及来源的因素与其空间分布和所处的径流条件无关，这与推断的地下水出露是影响中游细土平原带溶解无机碳含量及来源的重要因素相符。

与溶解无机碳相似，河水在进入细土平原带时 NO_x^- 浓度大幅增加。如图 5-29 所示，在高水位时期，冲洪积扇带边缘前后的 NO_x^-浓度由 40.3μmol/L 变为 57.0μmol/L；在低水位时期，冲洪积扇带边缘前后的 NO_x^-浓度由 75.8μmol/L 变为 99.7μmol/L。说明在这一区域，地下水开始大量出露并对河水中的 NO_x^-浓度造成了显著影响。此外，河水中的 NO_x^-浓度还与其 $\delta^{13}C$-DIC 值和 Mg^{2+}浓度分别呈显著的负相关关系（$\tau=-0.54$，$P<0.001$，df=33）和正相关关系（$\tau=-0.45$，$P<0.001$，df=32），如图 5-31 所示。图中空心菱形表示中游

细土平原带的河水样点，实心菱形及其误差棒表示该区域内地下水 NO_x^- 浓度、$\delta^{13}C$-DIC、Mg^{2+}浓度的均值及标准差的范围，虚线表示河水样点的拟合线。由此说明，积累在细土平原带浅层地下水中的 NO_x^- 由于地下水出露重新被排泄到河水中，因此地下水成为河水中 NO_x^- 的一个重要来源，且该过程由于灌溉等人类活动加速了区域水循环过程而得到进一步强化。

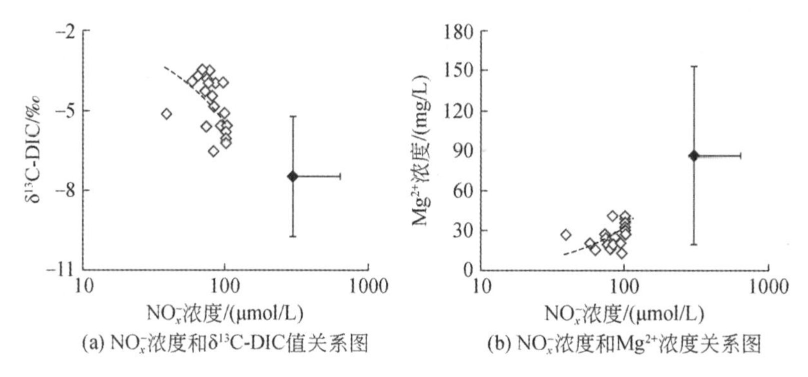

图 5-31 黑河中游细土平原带河水、地下水 NO_x^- 浓度和 $\delta^{13}C$-DIC 值、Mg^{2+}浓度关系

地下水出露需经河床之下的潜流带进入河水中，因此考察河床水的化学特征并与对应位置河水的特征进行对比，也可以表征区域内的地下水出露分布。

从图 5-32 可以发现，靖安乡、板桥大桥、香古寺、平川大桥 4 个样点处（1、5、6、8 处样点）的河床水、河水之间的水质数据具有较大差异。此外，细土平原带浅层地下水的 NO_x^-、Mg^{2+}、Cl^-浓度都大于河水，且 $\delta^{13}C$-DIC 值远小于河水，以河水作为比较对象，图中 4 个样点处的河床水恰好展示了与地下水类似的大小对比关系（即在 1、5、6、8 处河床水的 NO_x^-、Ca^{2+}、Mg^{2+}浓度高于河水，无机碳同位素值小于河水）。值得注意的是，在第 6 个样点香古寺处进行采样时，测压管内的河床水水头高于河水水位，河床水是自流的，更直观地证明了在该位置地下水出露十分明显。因此可以认为，呈现类似河床水–河水水质规律的细土平原带内的靖安乡、板桥大桥、香古寺、平川大桥等也是地下水出露的区域。

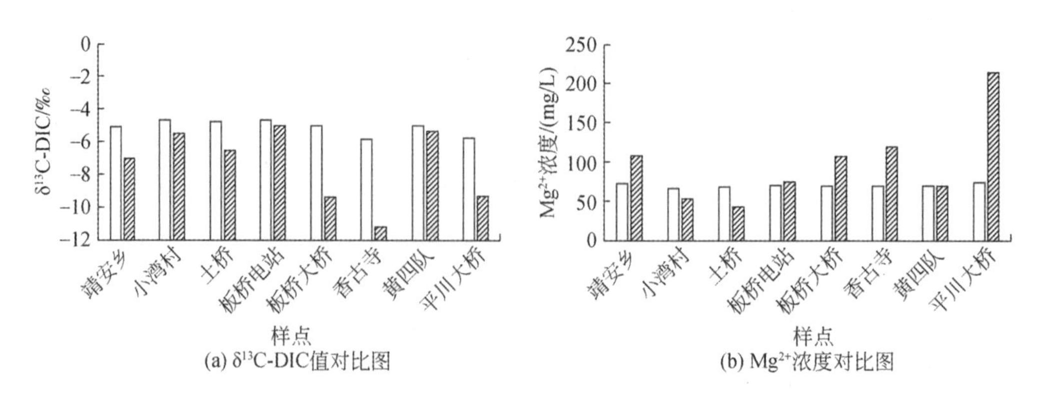

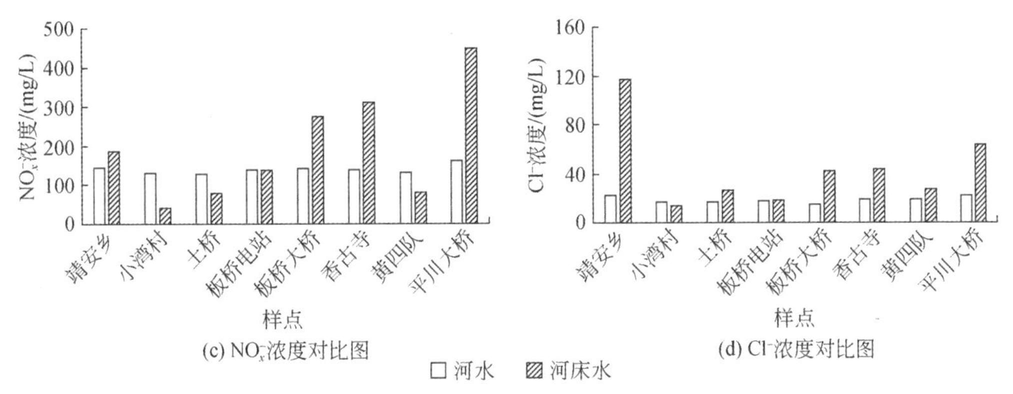

图 5-32　黑河中游河水、河床水溶解营养物质特征及水化学离子浓度对比

5.2.6　农业活动对溶解营养物质迁移规律的影响

1. 农业土地利用对河流溶解有机碳/溶解无机氮含量和迁移规律的影响

黑河中游农业十分发达，因此需要进行灌溉、施肥、耕种等大量的农业活动以保证农业的发展。频繁的农业活动势必会影响河水及地下水中溶解营养物质的含量和来源特征。

利用 ArcGIS 软件中的 buffer 工具，取中游干流河道两旁 1km 范围以内的缓冲带，计算干流河岸带的农田面积率，如图 5-33 所示。虽然学界普遍认为农业土地利用会促进区域内的水土流失（Costa，1975；Kosmas et al.，1997；O'hara et al.，1993），但研究并未发现河岸带的农田面积率与河流溶解有机碳浓度之间具有相关性（$\tau=0.20$，$P=0.2$，df=20）。然而，在高水位时期，却发现溶解有机碳的来源似乎受河岸带农业活动的影响。

如图 5-33 所示，在高水位时期，河水中的溶解有机质陆源类腐殖质组分含量 F_{C1} 与河岸缓冲带农田面积率呈显著的正相关关系（$\tau=0.39$，$P<0.05$，df=20），说明土壤中有机质向河流的输出迁移因为河岸带的农业活动而加强。进一步地，可以发现溶解有机碳的稳定同位素值 $\delta^{13}C$-DOC 值与农田面积率也呈正相关关系。$\delta^{13}C$-DOC 值可以反映溶解有机碳的来源，如出山口河水的 $\delta^{13}C$-DOC 值在-26‰左右，为典型的 C_3 植被降解后的同位素值，

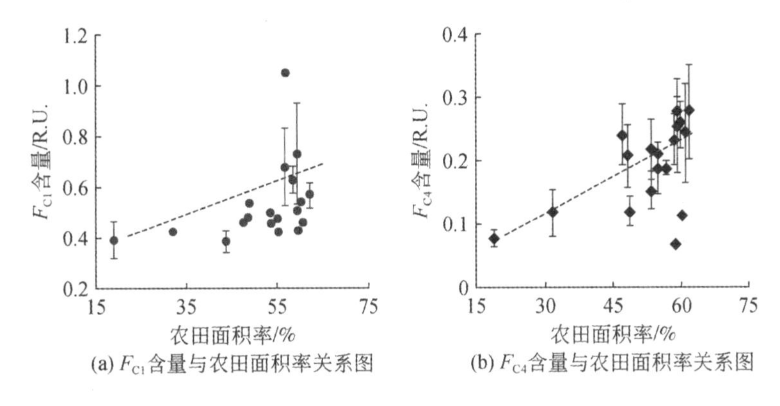

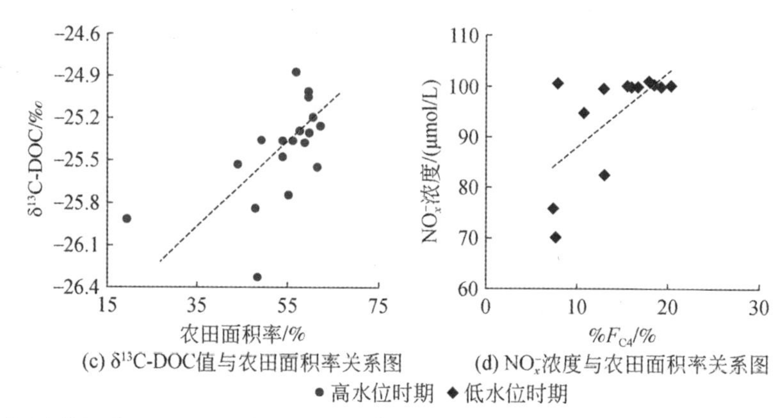

图 5-33 黑河中游河水 C1、C4 组分含量以及 δ^{13}C-DOC 值与农田面积率和 NO_x^- 浓度之间的相关性

在河流进入细土平原带灌区后呈逐渐上升趋势。该结果主要由源于农田表层土壤的有机质被冲刷进入中游河流造成。但中游灌区的主要作物类型为玉米，是一种典型的 C_4 植被，其 δ^{13}C-DOC 值在-10‰左右。由于中游农业活动使得水土流失加剧，大量来源于 C_4 植被的有机质被冲刷到河水，造成了 δ^{13}C-DOC 值的增加。

Graeber 等（2012）认为，农业型的流域会比一般森林覆盖为主的流域输出更多的陆源有机质进入河流中，表现为河水具有更高的 HIX、陆源有机质组分比例，更低的 FI 等。然而 Graeber 等（2012）的研究是在低水位时期进行的，本研究只在高水位时期发现了类似的规律，说明农业活动与产汇流过程造成的影响在黑河中游存在相互促进作用，进一步加重了区域内的水土流失，并导致更多的土壤中的有机质输出迁移到河流中。

在低水位时期，可以发现 F_{C4}与农田面积率呈明显的正相关关系（$\tau=0.34$，$P<0.05$，df=19），说明在此径流条件下农业活动有效增强了河流中微生物对内源有机质的生产。该结果与很多在小型流域进行的研究相符，其认为一些农业活动和人为的改变会增加河流中类蛋白组分比例（Lu et al.，2013；Williams et al.，2010；Wilson and Xenopoulos，2008；Yamashita et al.，2010）。此外，低水位时期的% F_{C4}与 NO_x^- 浓度之间呈显著的正相关关系（$\tau=0.42$，$P<0.05$，df=19），说明化肥的大量使用造成的河水营养物质增加会促进河水中的微生物活动，从而进一步促进水生类蛋白组分的生成。同时，类蛋白组分通常被用来指示溶解有机质的生物可降解性（Balcarczyk et al.，2009）。

2. 灌溉回流对地下水中溶解营养物质含量和来源特征的影响

要研究灌溉回流对地下水中溶解营养物质含量和来源特征的影响，首先需要弄清地下水中溶解有机碳组分信息和灌溉回流的表征。

（1）地下水中溶解有机碳组分信息

为进一步了解黑河中游灌区内的农业灌溉引起的灌溉回流对地下水中溶解营养物质含量和来源特征的影响，本研究于 2014 年在黑河中游高崖—平川河段（主要包含板桥灌区和平川灌区）对河水、河床水、地下水等各类水体以及土样进行了密集采样，并进行了溶解营养物质浓度及同位素、光谱特征的测试。

在收集到 2014 年低水位时期的采样结果之后，结合 2013 年高水位时期和低水位时期的两次采样结果，利用全部水样的 3D 荧光光谱特征所得的反射激发光谱矩阵，通过平行因子分析方法，建立新的平行因子分析模型从而分解得到新的组分信息。同样地，参考 Stedmon 和 Bro（2008）的平行因子分析模型建立方法，建立适用于黑河流域的有机质组分模型。平行因子分析最终结果的反射激发光谱矩阵图如图 5-34 所示，一个三组分的平行因子分析模型通过了模型验证，为了与第一、第二次采样的模型结果进行对比分析，将本次模拟得到的结果命名为 NC1、NC2、NC3，并从模拟结果中提取各组分的绝对含量 F_{NC1}、F_{NC2}、F_{NC3}，进一步计算得到相对百分比%F_{NC1}、%F_{NC2}、%F_{NC3}。

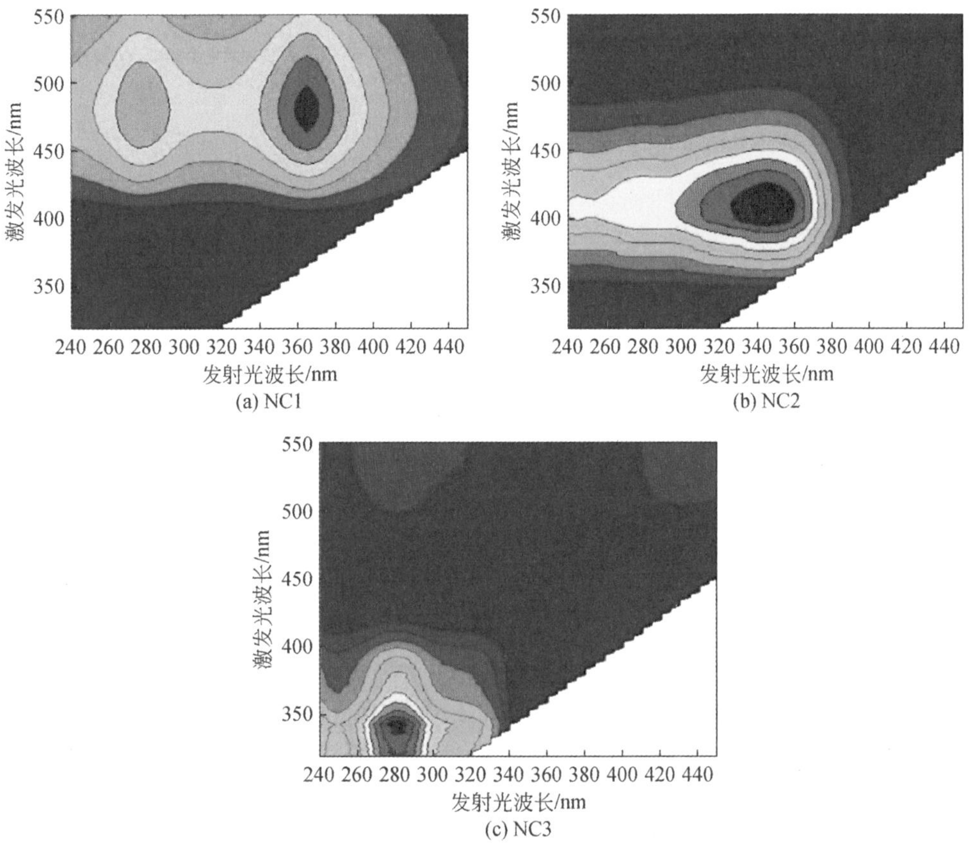

图 5-34　黑河流域水体溶解有机碳经平行因子分析分解所得荧光组分反射激发光谱矩阵（基于三次采样结果）

由图 5-34 可以发现，NC1 与 NC2 的荧光峰都属于双峰，其峰值的激发光和发射光波长都位于腐殖质类有机质的峰值范围内，属于类腐殖质组分，大多以陆地上的植被降解和土壤中的微生物生成的有机质为主要来源。NC3 的激发光波长和发射光波长相较 NC1 和 NC2 更短，荧光峰位于反射激发光谱矩阵的左下角，属于类蛋白组分，以水生来源为主。如图 5-35 所示，河水、地下水等各类水体中 NC1 和 NC2 的绝对含量 F_{NC1}、F_{NC2} 和相对百分比含量$\%F_{NC1}$、$\%F_{NC2}$呈明显的正相关关系（$\tau=0.71\sim0.90$，$P<0.001$，df=108），反映了NC1与NC2两种组分都来自土壤层，并且基本同源，导致二者在水体中的含量变化相当一致，绝对含量比例几乎是1∶1。同时，NC1与NC3的绝对含量和相对百分比含量均呈负相关关系。其中，F_{NC1}和F_{NC3}呈显著的正相关关系（$\tau=0.37$，$P<0.001$，df=108），$\%F_{NC1}$和$\%F_{NC3}$呈显著的负相关关系（$\tau=-0.85$，$P<0.001$，df=108），说明NC3、NC1、NC2都来自地表，但不是与NC1和NC2一样都来自表层土壤。NC3与NC1、NC2之间的关系基本遵守：

$$\%F_{NC3}=1-\%F_{NC1}-\%F_{NC2} \tag{5-8}$$

式中，$\%F_{NC1}$和$\%F_{NC2}$呈显著的正相关关系，二者的含量基本可以用线性关系式表达，因此式（5-8）可以转换为式（5-9）的形式，$\%F_{NC1}$和$\%F_{NC3}$之间呈很好的线性关系。

$$\%F_{NC3}=1-\theta\times\%F_{NC1} \tag{5-9}$$

式中，θ为百分比系数。

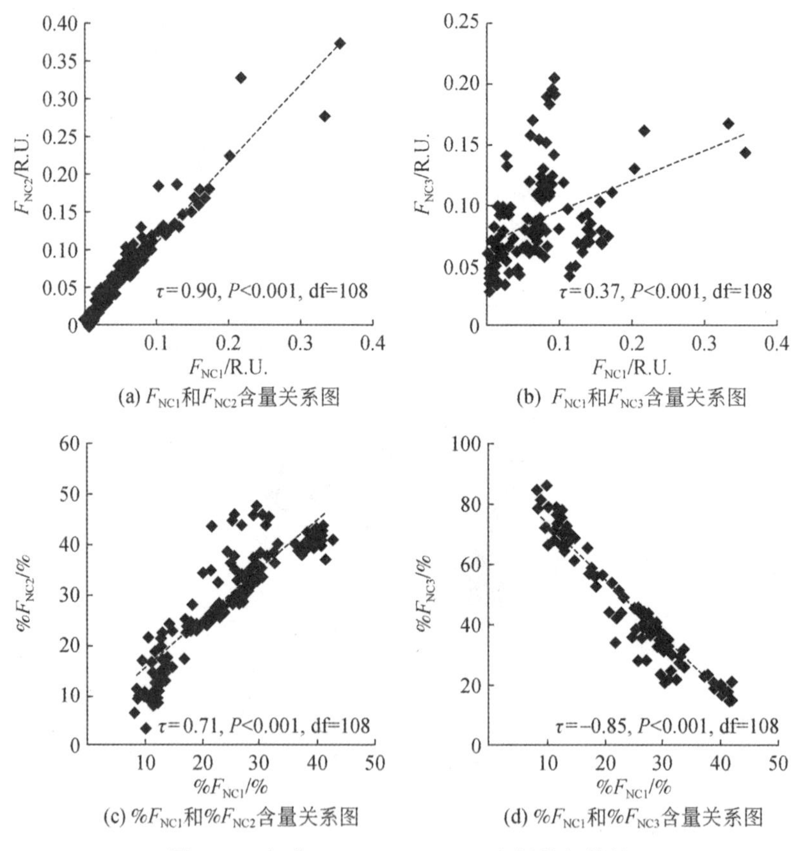

图5-35　组分NC1、NC2、NC3之间的相关性

各组分在不同类型的水体中表现出了不同的分布特征。如图5-36（a）所示，其中$\%F_{NC1}$和$\%F_{NC2}$在灌渠和泉水中的含量较高，$\%F_{NC3}$在河床水和部分地下水中的含量较高，

在泉水中的含量不高，图中的误差棒表示不同时期、不同空间分布下样品之间的标准差。如图 5-36（b）所示，河水中的% F_{NC1} 和% F_{NC2} 都是在高水位时期含量较高，这一点与第一次进行的平行因子分析模型所得 C1、C2 的结果类似（旧平行因子分析模型是运用了 2013 年两次采样所得数据建立的平行因子分析模型，见 5.2.4 节），说明这两种类腐殖质组分来源于土壤中的植被和微生物的分解；河水中的% F_{NC3} 在低水位时期较高，这一点与旧平行因子分析模型中的% F_{C3}、% F_{C4} 近似，同时% F_{NC3} 在灌渠、部分地下水、河床水中平均含量也较高。新平行因子分析模型中同样包含第一次和第二次采样的样品反射激发光谱矩阵，但旧平行因子分析模型中分解出了 5 个组分，而新平行因子分析模型只得到了 3 个稳定有效的荧光组分，且 NC1 与 NC2 已经被认为类似于旧平行因子分析模型的 C1、C2，所以按理 NC3 应该包含 C3 ~ C5 的组分信息，因此有理由猜测 NC3 与 C3、C4 具有同样的来源特征，主要来自河水中的微生物降解。

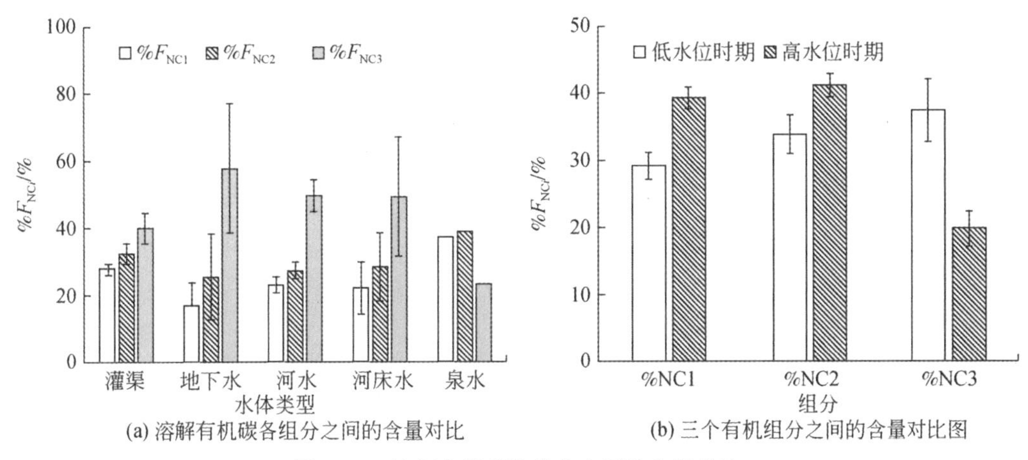

(a) 溶解有机碳各组分之间的含量对比　　(b) 三个有机组分之间的含量对比图

图 5-36　溶解有机碳各组分之间的含量对比

进一步地，对不同深度地下水中 F_{NC1}、F_{NC3} 的含量进行分析，如图 5-37 所示。其中，F_{NC1}（因为 F_{NC1}、F_{NC2} 之间的含量比几乎是 1 : 1，所以 F_{NC2} 具有同样的分布特征，在此不单独再对 F_{NC2} 进行过多讨论）的含量随着深度的增加明显减小，且在深度 100m 之后，保持在很低的水平，一直到接近 300m 深度。此外，F_{NC1} 在浅、中层含水层中的含量与深度呈很好的线性变化规律，说明 NC1、NC2 具有很强的抗降解性，保守性较高，可以很好地反映浅、中层含水层的地下水与地表水之间的混合作用，二者在这个范围内与深度呈现了很好的线性关系。因此，可以将 NC1、NC2 都看作地表土壤层来源的信号。从图 5-37（b）可以发现，深度超过 50m 的地下水中 F_{NC3} 含量较低，浅层含水层中的 F_{NC3} 部分较低而部分极高，没有明显的规律。值得注意的是，所有的 F_{NC3} 高值点都出现在浅层地下水中（深度<50m），与推测相符：NC3 主要来源于河水、灌渠等地表水体，会通过河水垂向补给入渗到地下水中，样品采集区域主要分布在张掖—临泽—高台一带的灌区内部，该区域内河岸带潜水含水层的底板恰好在 50m 左右，河水补给最多到达潜水含水层底板，因此浅层地下水的 F_{NC3} 值并不与更深层地下水的 F_{NC3} 值连续。

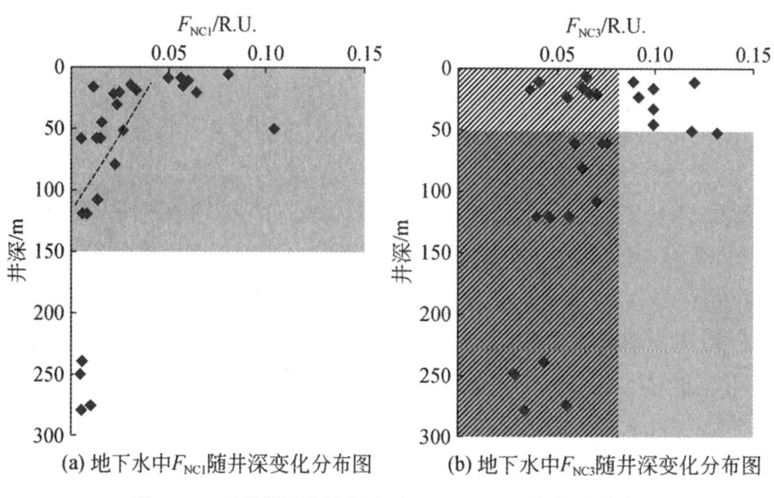

(a) 地下水中F_{NC1}随井深变化分布图 (b) 地下水中F_{NC3}随井深变化分布图

图 5-37 不同深度地下水中 F_{NC1}、F_{NC3}的含量分布

(2) 灌溉回流的表征

为了探讨灌溉回流对黑河中游灌区地下水水质的影响，首先需要区分地下水补给中的灌溉回流，然后利用各类水化学、同位素及生物地球化学指标对灌溉回流加以表征。

图 5-38 为黑河中游灌区各类水体氘氧同位素的含量特征。图中实线表示全球降水线（$\delta D=8\delta^{18}O+10$），虚线表示区域降水线（$\delta D=6.65\delta^{18}O+4.16$）（吴军年和王红，2011）。

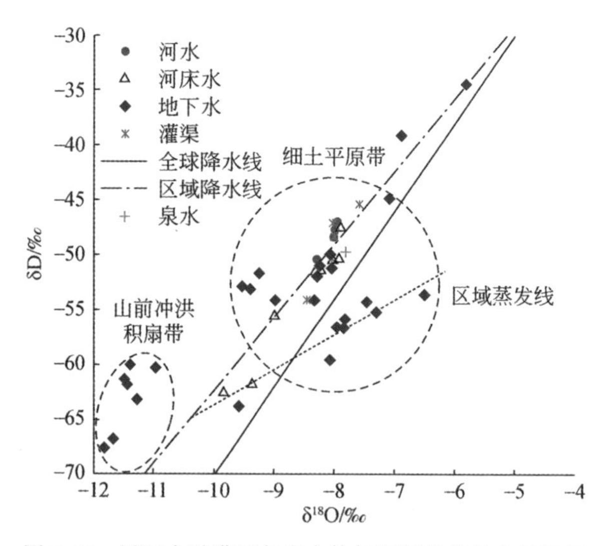

图 5-38 黑河中游灌区各类水体氘氧同位素的含量特征

图 5-38 中大部分的河水、地下水、灌渠水样等都位于区域降水线附近，说明区域内水体的主要来源是当地降水和山区降水的上游来水；其中，部分河水较区域降水线偏高，同位素含量分别为-8.28‰～-7.96‰（$\delta^{18}O$）、-50.34‰～-46.88‰（δD），原因在于河水中有相当一部分来自上游山区，山区河水主要来自上游降水，在温度较低的山区形成的

降水的氘氧同位素值因温度效应而相对偏小（中国地质调查局，2012）。灌渠水样的氘氧同位素含量与河水接近，分别为-8.45‰～-7.58‰（$\delta^{18}O$）、-54.12‰～-45.43‰（δD）。地下水的氘氧同位素含量范围分布较广，与其接受补给的方式相关：中游山前冲洪积扇带的地下水氘氧同位素含量分别为-11.68‰～-10.97‰（$\delta^{18}O$）、-66.76‰～-59.98‰（δD），地下水位埋深较大，直接接受山区河水的垂直入渗和山区地下水的侧向补给，因此氘氧同位素特征主要受山区降水控制，因山区降水形成时的温度较低所以同位素含量较低，明显不同于中游其他水体。中游细土平原带的地下水氘氧同位素含量分别为-11.83‰～-5.84‰（$\delta^{18}O$）、-67.57‰～-34.44‰（δD），差距较大，可以分为以下三类。

1）第一类位于中游灌区，靠近河岸带，氘氧同位素含量分别为-8.45‰～-5.84‰（$\delta^{18}O$）、-54.12‰～-34.44‰（δD），靠近降水线及河水，说明这一部分地下水受降水、河水、灌渠等现代水补给较多。

2）第二类同样位于中游灌区，但受蒸发的影响强烈，样点主要落于蒸发线附近，氘氧同位素含量分别为-9.58‰～-6.52‰（$\delta^{18}O$）、-63.82‰～-53.58‰（δD）。同时，还有两个河床水样点也分布在这一区域内，说明在这一河段内出露的地下水也受强烈的蒸发作用的影响。

3）第三类氘氧同位素含量较低（仅包含 2 个点，位于山前冲洪积扇带的虚线框内），分别为-10.97‰～-11.83‰（$\delta^{18}O$）、-67.57‰～-60.32‰（δD），样点都位于降水线偏上位置，主要包含 2 个位于酒泉东盆地和张掖盆地深层含水层的地下水样点，与灌区浅层地下水的特征差距较大，相对独立隔绝。

综上所述，黑河中游地下水主要以大气降水为最终来源，然而由于区域内降水稀少，由降水直接入渗补给地下水的含量较少，地下水的补给还是以河道及灌溉引水入渗为主。中游深层地下水相对较封闭，接受地表水补给较少。

在明确中游地下水的补给来源之后，需要利用水体中的物质特征来表征灌溉回流在地下水循环中所起的作用。由于过去 40 年来黑河中游农业的发展，大量的化肥使用，导致灌区农田土壤中营养物质的增加（Qin et al.，2011）。黑河属于典型的干旱半干旱气候类型，全年大部分时间没有降水，因此土壤层中颗粒态（非溶解态）的营养物质在中游灌区内的垂向运移主要依靠灌溉水（地表灌溉+地下水灌溉）入渗来完成。在此过程中，水分的蒸发和可溶性物质的溶滤都会使接受灌溉回流补给的地下水的离子浓度和电导率更高。同时，营养物质在农业活动中经灌溉回流由地表带入含水层中，因此地下水中的高硝态氮（NO_x^-）浓度通常也反映了该区域地下水中较高比例的灌溉回流。此外，灌溉回流同样也会使得有机质进入地下水中，造成不同区域地下水中有机质组分、含量不同。

图 5-39（a）展示了中游水体中 F_{NC3} 含量与电导率之间的关系。地下水的电导率与 F_{NC3} 含量呈显著的正相关关系（$\tau=0.64$，$P<0.001$，df=17），NC3 在被解释为可以代表地表水体来源的补给信号。由于地表水体中的电导率通常不高（一般为 600～700μS/cm），如直接接受未经任何过程影响的地表水的补给，地下水中的电导率与 F_{NC3} 含量应呈负相关关系。二者之间的正相关关系恰好反映了在灌区内的地表水入渗过程中，由于水体入渗的

速率较慢，该过程中的水分蒸发作用十分明显，使得入渗的地表水的电导率增高，从而造成接受补给的地下水中的电导率也增高，同时入渗过程还带入了大量地表水来源的 NC3 组分，因此电导率与 F_{NC3}呈正相关关系。图 5-39（b）展示了中游地下水中电导率与 NO_x^-浓度之间的关系。以地表水，尤其是河水为基准，相当一部分的地下水 NO_x^-浓度远远高于河水 NO_x^-浓度，如图 5-39（b）中白色部分所示，二者之间的最大浓度差异达 100 倍以上，说明溶解无机氮由灌溉回流带入地下水中，导致地下水中 NO_x^-浓度极高、水质恶化。高浓度 NO_x^-的灌溉回流大多聚集在灌区，电导率同样也很高，但低浓度 NO_x^-的地下水样点却分为高电导率［图 5-39（b）中深灰色］和低电导率［图 5-39（b）中浅灰色］两部分。结果显示，中游地下水中的高 NO_x^-浓度对应高电导率，然而高电导率却并不对应高 NO_x^-浓度。为了进一步探讨硝态氮和电导率的直接关系，需要结合 $\delta^{18}O$、F_{NC3}等其他信息进一步对不同区域地下水的形成规律和混合机制进行分析。

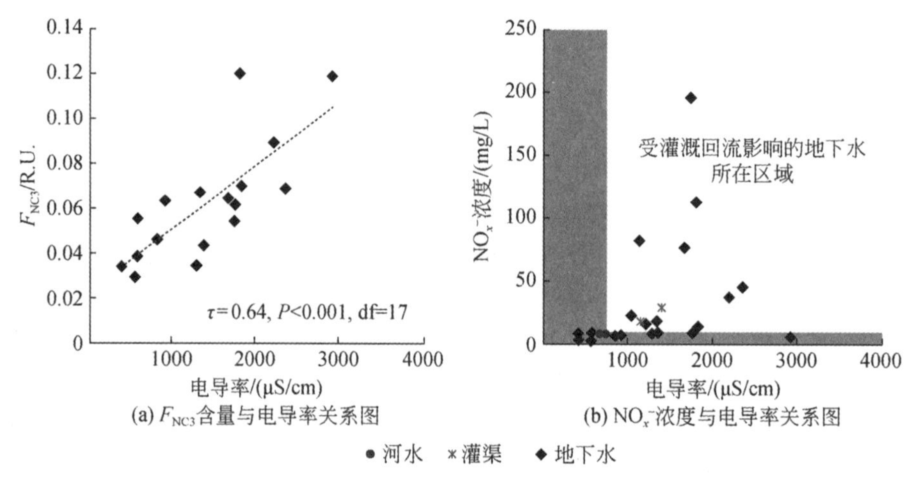

图 5-39　黑河中游水体中 F_{NC3}含量、电导率、NO_x^- 浓度之间的关系

图 5-40 为中游各类水体中电导率和 $\delta^{18}O$ 值之间、NO_x^-浓度和 F_{NC3} 含量之间的关系。通过对各类水体进行归类划分，可以将区域内的水体分为几个具有代表性的类型端元。

1）SW 类型端元：这一部分样点主要包含全部的河水样和大部分的灌渠水样等地表水体，并且还有个别的河床水样点，$\delta^{18}O$ 值较高但电导率很小，并未经过强烈的蒸发作用。作为地表水体类端元，F_{NC3} 含量很高但 NO_x^-浓度很低，如图 5-40（b）中蓝色圆圈所示范围。

2）IW 类型端元：这一端元类型主要表现为电导率与 $\delta^{18}O$ 值都较高，如图 5-40（a）中绿色圆圈所示范围。灌溉水在回渗入含水层的过程中，在非饱和带中经历了强烈的蒸发作用。黑河中游的灌溉方式通常以漫灌为主，土壤层中的碳、氮营养物质、矿物质等被充分溶解并带入含水层中，因此同时也有非常高浓度的 NO_x^-和较高含量的 F_{NC3}，样点大多分布在灌区内的浅层地下水中（深度<50m）。因此，图 5-40（a）中 IW 类型与 SW 类型端元之间的关系主要通过虚线代表的蒸发过程连接。

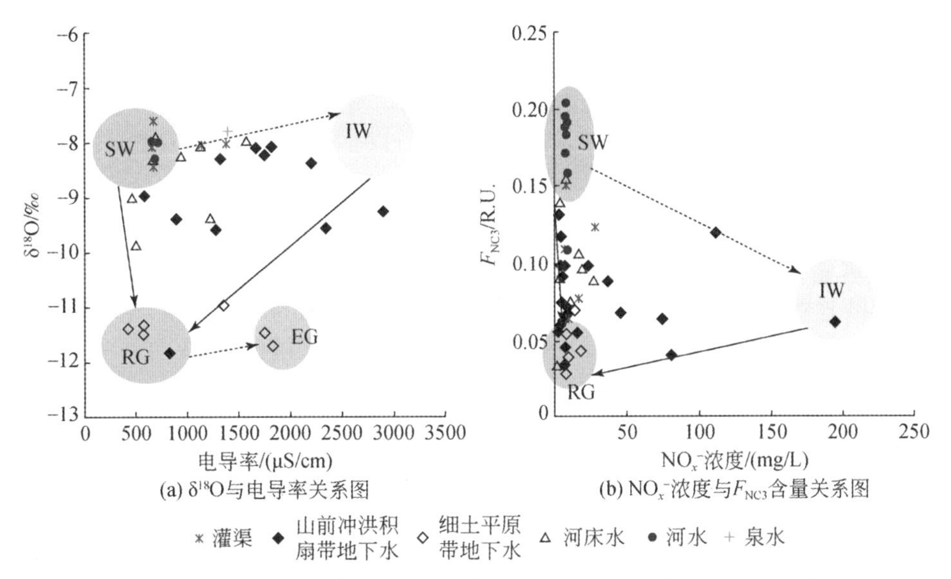

图 5-40 黑河中游各类水体中电导率和 $\delta^{18}O$ 之间、NO_x^-浓度和 F_{NC3} 含量之间的关系

3）RG 类型端元：这一部分样点电导率与 $\delta^{18}O$ 值都很低，如图 5-40（a）中的橘色圆圈所示范围，由山前冲洪积扇带和细土平原带的深层地下水组成，地下水深度都在 120m 以上。由于该深度的地下水与地表之间相隔如此厚的非饱和带，即使区域内存在地表水体的入渗，在下降过程中也会被蒸发损失掉。因此，这一类型的地下水无法接受灌溉水和河水的补给，NO_x^-浓度和 F_{NC3} 含量都极低。同时，由于接受不到来自地表的信息，代表地表物质信号的 F_{NC1} 含量也极低（<0.009 R. U.）。黑河中游农民大量使用机井抽取深层地下水进行灌溉，使本来隔绝较好的深、浅层地下水人为发生了混合。RG 类型与 SW 类型和 IW 类型端元之间的实线代表了这个混合过程，位于这两条实线上的点则代表了分别由其中两类端元混合形成的地下水。

4）EG 类型端元：这一端元类型仅有两个样点，同样也分布在山前冲洪积扇带的深层地下水中（深度>100m）。与 RG 类型端元相比，这一类型的地下水 $\delta^{18}O$ 值同样很低，显然也不参与现代水循环，没有接受现代水补给的明显表现，NO_x^-浓度和 F_{NC3} 含量很低，但电导率较高，明显经过了强烈蒸发。这一类水体由于埋深较大，属于区域地下水，但是会因为毛细管效应造成一定程度的蒸发（Qin et al.，2011），因此与 RG 类型端元之间也是通过虚线代表的蒸发作用连接，且与另一条虚线平行。

除此之外，位于图 5-40 中各实线、虚线上的样点，主要受两端水体类型的混合作用或蒸发作用的影响；位于各条直线中间区域的样点，同时受 SW、IW、RG 类型端元混合作用和蒸发作用的影响。可以发现，图 5-40（b）中 SW 类型端元与 RG 类型端元之间混合线上的样点明显多于图 5-40（a）中两者之间实线上的样点，主要原因在于两者之间的样点有相当一部分虽然位于灌区、河岸带内，既接受大量的地表水补给（主要指河水和灌渠），又受到了强烈的蒸发作用的影响，但并没有受到灌溉的影响，所以 NO_x^-浓度很低而电导率较高。此外，这一部分地下水接受的地表水补给大多以河水和灌渠水的侧向补给为主，入渗过程并未经过地表土壤层和非饱和带，因此这一部分地下水中 F_{NC1} 代表的地表水信号很弱，但 F_{NC3} 代表的地表水信号较强烈。

RG 类型端元和 IW 类型端元之间混合线上的点，代表了深层地下水与浅层地下水之间的混合过程。由于隔水层的阻碍，该过程在自然过程中很难发生。但是，由于黑河中游大量利用机井抽取深层地下水进行灌溉，以灌溉回流的形式补给当地浅层地下水并进行混合，该过程得以实现。故而这条混合线由人类活动主导。

（3）灌溉回流对地下水水质的影响

在上面的分析中，我们对中游区域内各类型地下水经历的入渗、混合及蒸发过程进行了区分，并对其中受到灌溉回流明显影响的地下水体进行了识别与表征。可以发现，地下水中溶解无机氮含量的增加，会因为不透水层的阻挡和渗透性的限制主要累积在浅层含水层中。如图 5-22（c）展示的 CMT 井地下水中 NO_x^- 浓度随深度变化的趋势所示，在最浅层的通道内 NO_x^- 浓度很高，但从第 3 通道开始大幅下降。同时，在非河岸带地区，由于缺少降水、河水等现代水补给对浅层地下水的稀释作用，硝氮污染在浅层地下水中的积累会更加严重。

地下水抽灌促进了 NC1、NC2 这样的陆源类腐殖质组分进入地下水中。类腐殖质组分有机质的抗降解性较强，将会长期积累在含水层中。同时，作为灌溉的另一个重要方式，河水引水灌溉会使 NC3 这样的类蛋白组分大量入渗到地下水系统中，进一步改变了含水层中原有的有机质特征。

同时，溶解无机碳浓度和来源特征也会因灌溉而改变。从图 5-41 可以看出，地下水的溶解无机碳浓度、$\delta^{13}C$-DIC 值与 F_{NC1} 含量呈明显的相关关系（$\tau=0.61$，$P<0.001$，df=23；$\tau=-0.57$，$P<0.001$，df=23）。浅层地下水中的溶解无机碳浓度与河水并不接近，其来源与河水不同。NC1 作为一个强烈的地表水信号，在灌溉回流发生时会异常强烈，而中游土壤中的 CO_2 对碳酸盐岩的风化作用产生的溶解无机碳会因此被灌溉回流带入地下水中，从而造成地下水中溶解无机碳浓度的显著上升，且其碳稳定同位素值变得更小。

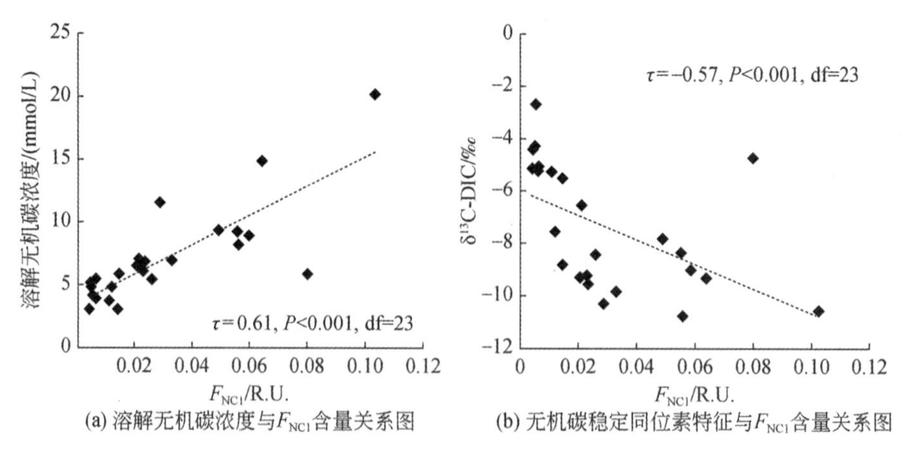

(a) 溶解无机碳浓度与 F_{NC1} 含量关系图　　(b) 无机碳稳定同位素特征与 F_{NC1} 含量关系图

图 5-41　黑河中游地下水溶解无机碳浓度及稳定同位素特征与 F_{NC1} 含量之间的关系

在中游利用大量的地表水和地下水进行灌溉会促进中游区域水循环，造成更多地表水入渗，并加速其下渗速率；中游机井抽取大量深层地下水进行灌溉，使得本来应与上层含水层隔离的深层地下水被抽取到地表，并重新入渗补给浅层地下水，人为创造了深、浅层含水层之间的混合条件。这样虽然有效避免了土壤的盐碱化，但入渗过程中的溶滤作用使得浅层地层中的营养物质被“冲刷”向地层深处，造成地下水浓缩、水质恶化等严重后果。同时，中游深层地下水被大量抽取用于灌溉，导致个别区域内深层地下水位下降严重，而浅、深层地下水接受大量的灌溉补给，二者之间的水头大小关系开始发生反转，在中游浅层累积的溶解营养物质会因为水头差而逐渐渗透进入深层含水层中，进一步造成深层含水层的水质恶化。

5.3 本章小结

本章主要介绍黑河流域中下游物质循环过程研究，重点分析溶解有机碳、溶解无机碳、溶解无机氮等溶解营养物质的分布特征。主要结论如下：

探明黑河中游水体中溶解有机碳、溶解无机碳、溶解无机氮的浓度变化范围，并分析其主要来源和影响因素：黑河中游水体溶解有机碳、溶解无机碳、溶解无机氮的浓度分别为0.5~2.0mg/L、3~10mmol/L、1~1300μmol/L。其中，溶解有机碳的主要来源为陆源类腐殖质有机质；溶解无机碳的主要来源为碳酸盐岩的风化；溶解无机氮的主要来源为包气带中化肥残留物的分解。从宏观来看，由于引水灌溉和蒸发，干流中游出口较进口处多年平均流量低70亿m^3/a，而干流沿程的溶解营养物质浓度变化不明显，中游河流的溶解营养物质保留在了中游地下水系统中并不断累积。

通过在高水位时期和低水位时期分别取样并进行分析，探讨水位和径流对河流溶解营养物质浓度和来源特征的影响：中游6~8月降水集中，水位升高，引发的产汇流过程会造成河岸带水土严重流失，使大量的陆源有机质、无机碳、无机氮随地表径流和浅层地下径流迁移进入河流，导致溶解无机碳在高水位时期的平均浓度（4.4mmol/L）与低水位时期的平均浓度（4.7mmol/L）无明显差别，溶解无机氮和溶解有机碳平均浓度在河水高水位时期（溶解有机碳：1.55mg/L；NH_4^+：3.1μmol/L）高于低水位时期（溶解有机碳：1.22mg/L；NH_4^+：0.6μmol/L）。此外，在高水位时期，溶解有机碳、溶解无机碳和溶解无机氮由地表径流带入河流的通量皆占总入河通量的较大比例（溶解有机碳：73%；溶解无机碳：60%；溶解无机氮：96%）。

通过河水和地下水样中溶解营养物质含量的对比并结合混合模型分析，定量刻画地下水出露占河水的平均比例：中游细土平原带浅层地下水中溶解无机碳和溶解无机氮浓度高于河水，该区域内地下水出露频繁，因此该区河水中溶解无机碳和溶解无机氮含量及来源特征的空间分布与地下水出露的空间分布高度耦合，反映了地下水出露对溶解营养物质向河流的迁移具有重要作用。

在黑河中游河岸带，广泛分布的农业用地会促进该区域的水土流失，同时导致大量无机营养盐进入地表水体。高水位时期，水土流失会直接导致陆源有机质含量的增加；低水位时期，营养盐浓度的增加会进一步促进内源有机质在河水中的生成。此外，地表水引水灌溉和地下水抽灌在中游灌区的普遍应用，加速了地表水、深层地下水和浅层地下水在潜水含水层中的混合，人为地改变了水循环规律；在灌溉回流入渗的过程中，土壤和包气带中富集的陆源有机质、无机碳和无机氮等营养物质被溶解并伴随入渗过程向含水层中迁移，同时在该过程中受到强烈的蒸发作用的影响，从而进一步增加了水资源的消耗，加剧了水质的恶化。

第6章 黑河流域中下游地表-地下水模型模拟

6.1 流域地下水模型研究进展

由于黑河流域具有典型的内陆河流域特点，激烈的中下游用水冲突和复杂的水循环特点成为我国流域研究的热点。为体现流域水循环的特征，在空间和时间尺度上量化地下水系统变化并衡量水资源利用的可持续性，20世纪90年代起一批代表性的流域地下水模型被开发出来，其中主要包括：贾仰文等（2006a，2006b）在黑河上游和中游建立的区域水文模型（WEP-Heihe），周兴智等（1990）在黑河中游盆地建立的甘肃二水模型（M90-2D），张光辉等（2005）在黑河中游和下游建立的地表地下水模型（中游：M05-2D；下游：L05-2D），苏建平（2005）在黑河中游建立的三维地下水模型（M05-3D），Hu等（2007）在黑河中游建立的三维地下水模型（M07-3D），武选民等（2003）在黑河下游额济纳盆地建立的三维地下水模型（L03-3D），如图6-1所示。本节主要对这几种模型的建模目的、模型特点、对地下水系统的刻画表达方式等进行总结。

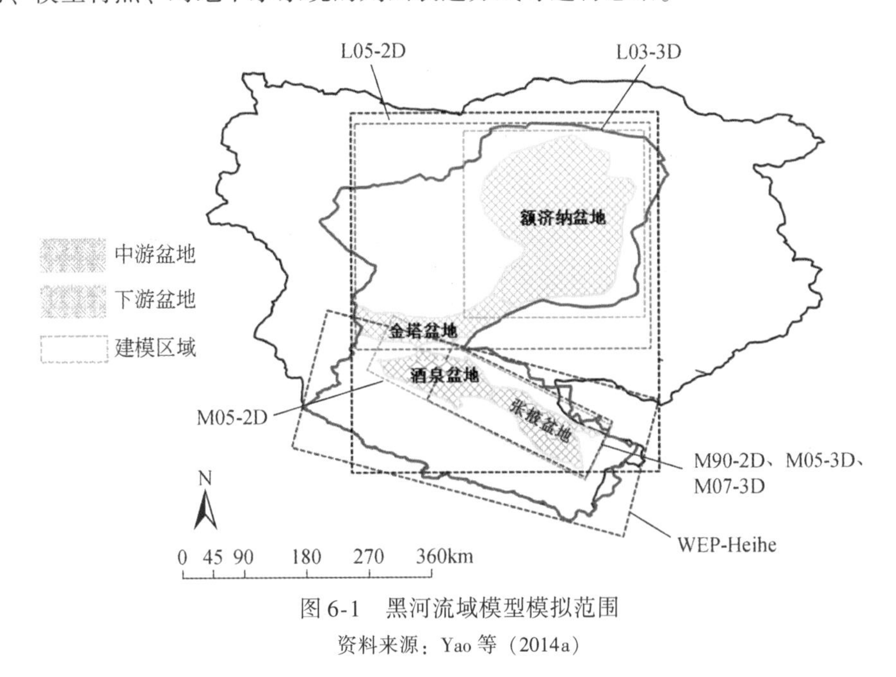

图6-1 黑河流域模型模拟范围
资料来源：Yao等（2014a）

黑河中游地下水系统量化研究存在两个挑战，一是复杂的地表-地下水转换关系表达，二是可持续开采量的确定。M90-2D的目的主要是量化在考虑/不考虑下游生态需求的情况下中游的可持续开采量，该模型也是第一个在黑河流域定量模拟抽水对动态水平衡影响的模型。M90-2D 将张掖盆地概化为二维面状的封闭子系统，即将整个含水层系统概化为一层，采用有限差分不规则网格（FD-I）进行模拟。模型将地下水入渗概化为面状补给，将地表河流等概化为线状补给。模拟结果显示，当中游抽水量增大时，地下水补给量相应增大，河流入渗补给地下水量增大，蒸发和泉出露量由于地下水位的降低而减少。M90-2D 简单地将张掖盆地概化为单层含水层，但无法准确刻画从山前盆地到细土平原区盆地地下水的三维水流特征。M05-2D 是一个耦合的地表地下水模型，其将河流动态过程和地下水流过程结合起来，可更为准确地量化开采情况下的地下水动态变化。模型将地下水系统概化为一个准三维含水层系统，即采用一个潜水含水层和一个承压含水层进行概化，两层之间通过越流发生垂向水量交换。模型采用有限元（FE）方式对模拟区进行剖分求解，并对两种不同开采方案下的水位动态变化进行模拟和预测。相比单层地下水模型，双层地下水模型对垂向水流的刻画有一定的提升，可在一定程度上反映盆地水流从下降到上升的变化特点（王旭升和周剑，2009）。WEP-Heihe 为黑河上游和中游水文模型，其中的地下水模块同样将含水层概化为一个浅部含水系统和一个深部含水系统。模型以相对水位的高低估算河流和地下水的交互量，并对河道和地下水进行了耦合。M05-3D 为黑河中游张掖盆地三维地下水模型，对未来 50 年水资源需求量进行了模拟预测。模型将含水系统概化为一个潜水含水层和两个承压含水层，含水层之间各夹一个弱透水层，共 5 个模拟层。模型不仅表达出了中游张掖盆地三维地下水结构特征，还对该区水资源量进行了系统量化。M07-3D 采用更细的划分方法概化了黑河中游的三维含水层结构，并且考虑了地表河流和泉的影响作用。模型采用有限差分不规则网格（FD-I）进行求解，将泉作为定水头边界，计算地下水向河、泉的排泄量。图 6-2 为黑河流域模型含水层概化方式。

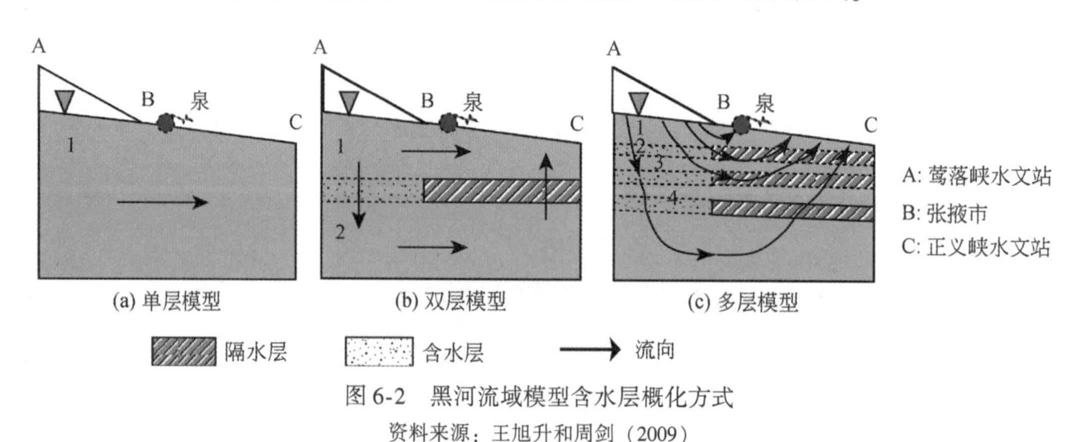

图 6-2　黑河流域模型含水层概化方式

资料来源：王旭升和周剑（2009）

1、2、3、4 表示含水层；A、B、C 表示剖面上的典型地点

黑河下游地下水主要依靠地表水进行补给，研究主要集中于不同流量下的水位动态变化，因此下游模型模拟大多集中在不同径流情势下的地下水动态变化。但黑河下游模型的研究数量远少于黑河中游模型，原因在于黑河下游数据相对较少。L03-3D 为在黑河下游额济纳盆地建立的三维地下水模型，模型系统考虑了非饱和带和饱和带水流过程，对不同

调水方案下的地下水流场进行了动态模拟。同时，还采用了不规则网格对模拟区域进行剖分，将整个含水层概化为 5 个模拟层。与 M05-2D 类似，L05-2D 同样采用双层结构对水流进行模拟，且可以配合黑河中游模型分析不同分水方案下的全流域水位动态。

黑河流域前期地下水模型发展迅速（表 6-1），从二维单一含水层的概化模拟到三维多含水层的耦合模拟，成为流域水资源定量分析和管理的重要工具。但前期地下水模型模拟尺度大多局限于子盆地尺度，并且将中游和下游划分开。这样的模型可以精确量化子盆地内的水资源量和流场分布，但无法获得区域流场分布和子盆地间交换量信息（Yao et al.，2014a）。

表 6-1　黑河流域地下水模型总结

模型	区域大小/km^2	时间（年/月）		地层概化个数/个	模拟方法		
		模拟	预测		FD-R	FD-I	FE
M90-2D	11 000	1987/1 ~ 1989/12	—	1		√	
M05-3D	8 146	1990/1 ~ 1999/12	2000/1 ~ 2050/12	5			√
M07-3D	8 716	1995/12 ~ 2000/1	2000/1 ~ /2002/12	8		√	
M05-2D	11 300	1987/9 ~ 1988/8	1999/9 ~ 2009/9	2			√
WEP-Heihe	36 728	1981/1 ~ 2002/12	—	2	√		
L03-3D	33 987	1996/1 ~ 1999/12	2000/1 ~ 2005/12	5		√	
L05-2D	32 900	1987/9 ~ 1988/8	1999/9 ~ 2009/9	2			√

6.2　流域地表–地下水耦合模型

6.2.1　地表–地下水耦合模型进展

随着流域水资源综合管理的发展，水资源评估必须将地表–地下水作为一个整体，并且充分量化二者的转化关系。因此，耦合模型成为近年来模型的主要发展方向。目前，国际上流行的耦合模型主要包括 MODHMS、HydroGeoSphere、ParFlow、GSFLOW、MIKE SHE 等。下面主要介绍这几种模型的研究进展。

MODHMS 是由 HGL 公司开发的基于物理过程的地表–地下水耦合模型，可与广泛使用的地下水模型 MODFLOW 进行连接计算，同时还可提供一个基于物理空间分布的水文系统建模框架。该模型为水资源管理者提供了完整的水文循环模拟方案以解决复杂的水资源管理问题，如地表水与地下水联合利用、地下水储量安全分析及农业灌溉管理等（Panday and Huyakorn，2004；Zou and Zhang，2014），但在大流域尺度的应用并不多见。Beeson 等（2004）利用 MODFLOW 在堪萨斯州白水河盆地建立了三维地表–地下水耦合模型，评估了长序列气候驱动下的地下水入渗补给。

HydroGeoSphere 是加拿大滑铁卢大学在 FRAC3DVS 裂隙地下水模型的基础上开发的基

于有限元分析的地表-地下水耦合模型。该模型主要应用于水资源综合评估和流域水文特性分析，以及土地利用或气候变化对地表地下水的影响分析（Brunner and Simmons，2012）。Jones 等（2008）将 HydroGeoSphere 应用于加拿大南安大略的大河流域，对耦合地表地下过程进行了检验，验证了该模型在流域尺度的应用价值，量化了多种水文过程（如降雨入渗、非饱和带渗流、饱和带地下水流）交界面转化量。

ParFlow 是由国际地下水模型中心开发的非均质多孔介质三维饱和非饱和地下水模型，其突出优点是可以通过先进的数据计算器和多网格预调节器进行巨大的并行计算，解决了耦合模型因多网格产生的计算量大的问题（Kollet and Maxwell，2006）。在物理过程上，ParFlow 增加了对陆面过程的考虑，因此在流域植被、能量平衡和水平衡方面具有很强的优势。Srivastava 等（2014）利用 ParFlow 通过全局敏感性分析探究了流域地质地貌和植被覆盖对复杂流域水文过程的影响，发现地质概化的程度对整个水文过程具有重要作用，地下水系统对蒸发参数的响应最敏感。

GSFLOW 是由美国地质调查局开发的地表-地下水耦合模型，其地下水模块仍然采用 MODFLOW 模型框架进行模拟计算，同时考虑了气候条件下的地表产流、地下潜流以及非饱和带和饱和带地下水系统。目前，GSFLOW 开始运用于流域地表-地下水综合管理分析中。美国地质调查局在华盛顿溪湾流域对 GSFLOW 进行了测试和评估，量化了地下水开采对地表水资源造成的影响（Ely and Kahle，2012）。Hunt 等（2013）利用 GSFLOW 模拟计算了地下水地表水相互转化量，对威斯康星州特莱特湖流域在气候变化影响下的地表径流、湖水平衡等进行了评估。

MIKE SHE 是由丹麦水利研究院开发的分布式物理水文模型，其地下水模块调用 MODFLOW 模型进行模拟计算。与其他模型相比，MIKE SHE 以其良好的界面环境和强大的计算能力广泛应用于水文、生态、气象等领域。McMichael 等（2006）将 MIKE SHE 应用于美国加利福尼亚州中部盆地，并采用植被叶面积指数和径流数据对模型进行校正，验证了 MIKE SHE 在生态和水文评估方面的应用。Qin 等（2013b）利用 MIKE SHE 在华北平原建立了三维耦合地表地下水模型并结合系统动力学模型，对当前和未来水资源可持续利用方案进行了评估和预测。

这些耦合模型被广泛应用于近年来的流域水资源研究中，模型的主要差别体现在对物理过程的表达和耦合的求解方式有所不同。表 6-2 为上面介绍的 5 种耦合模型的对比总结。在地表河流计算方面，除 ParFlow 以外，其他均采用一维圣维南方程进行河道内水流运动计算；在坡面流模拟方面，除 GSFLOW 以外，其他均采用二维圣维南方程求解；在地下水系统的表达和模拟方面，均采用三维方程表达饱和带水流，不同之处在于对非饱和带水流过程的模拟。MIKE SHE 和 GSFLOW 采用一维垂向的理查德方程描述非饱和带的水流过程及与饱和带的交互。其他 3 种模型不再区分饱和带和非饱和带，而是采用可变饱和度的三维理查德方程对地下系统进行统一描述。在对模型的求解方式上，MODHMS 和 ParFlow 采用联立求解的方式，HydroGeoSphere 和 GSFLOW 采用迭代式求解的方式，MIKE SHE 采用非迭代式求解的方式。

表 6-2 常用地表–地下水耦合模型对比总结

模型	河道	坡面流	地下水	求解方式
MODHMS	一维	二维	三维，可变饱和度	联立求解
HydroGeoSphere	一维	二维	三维，可变饱和度	迭代式求解
ParFlow	二维	二维	三维，可变饱和度	联立求解
GSFLOW	一维	分布式	三维饱和流，一维非饱和流	迭代式求解
MIKE SHE	一维	二维	三维饱和流，一维非饱和流	非迭代式求解

6.2.2 黑河流域地表–地下水耦合模型框架

考虑到黑河流域中下游地表水和地下水的复杂交互作用，必须建立既能体现三维水流地下水特征，又能体现地表陆面过程的耦合模型。本节在 GSFLOW 的基础上，针对黑河流域的特点对源代码进行改进，建立了黑河中下游地表–地下水耦合模型，模型框架如图 6-3 所示。该耦合包括地表陆面过程（图 6-3 中黄色区域）和地下水流过程（图 6-3 中红色区域），地表–地下水过程包含 5 个基本水循环要素：大气、土壤带、地表河流、非饱和带、饱和带。

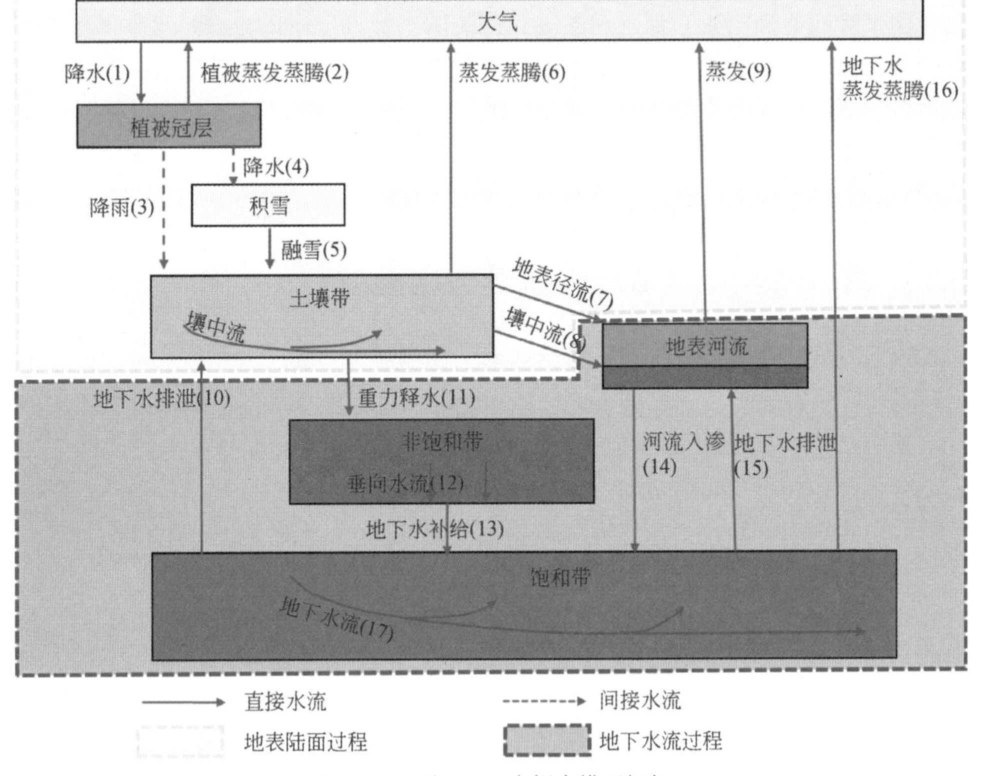

图 6-3 地表–地下水耦合模型框架

地表过程模拟基于降雨–径流模型系统（precipitation-runoff modeling system，PRMS）（Markstrom et al.，2015），模拟计算从大气到土壤带的水流过程，并计算地下水入渗补给量。大气代表了所有气候驱动因子，包括降水、气温和太阳辐射，这些气候驱动因子用来计算入渗和蒸散发量。对于地表陆面过程，考虑植物冠层截留的水分和积雪，并根据能量平衡计算积雪融化部分入渗的水分。在该模型中，土壤带从地表延伸到植被平均生根深度的底部，非饱和带从土壤带的底部延伸到饱和带。土壤中的水分运移由不同的含水量阈值（即萎蔫量、田间持水量和优先流）决定。土壤带通过地表径流和壤中流与地表河流联系起来。

地下水流过程模拟包括：非饱和带中的垂直流动、饱和含水层系统中的三维稳态和瞬态流动与地表水的相互作用。地下水模块采用 MODFLOW-2005 进行模拟。该耦合模型模拟的地下水系统包含的水文过程有：①运用水量平衡和运动波方法计算降水通过土壤和非饱和带向饱和带的补给。②通过设置河床和河道的属性，利用水量平衡和曼宁方程计算含水层与地表河流之间的动态双向交换通量，确定地表水在河网中的流动路径。③计算饱和带流向土壤的流量，其调节土壤湿度，影响土壤带的蒸散发量，同时将地下水排入河流。④计算饱和带到大气的直接蒸散发量。利用 PRMS 土壤区模型模拟来自地下的蒸散发通量。然而，当土壤较薄且植物根深在土壤带底部以下时，土壤带中储存的水量不能满足蒸散发量。在这种情况下，蒸散发作用发生在饱和带和非饱和带，且这两者的蒸散发常出现赤字。基于对 GSFLOW 的改进，该耦合模型在地表和地下采用统一的规则网格，并将日气象数据和用水数据（如引水、抽水和灌溉）作为驱动数据，使得模型能够显式和灵活地模拟农业用水活动（即地表水引水、地下水抽水和灌溉）。该耦合模型利用多个数据集进行校准，包括观测的地下水位长时间序列及径流、基于遥感的蒸发数据和叶面积指数等独立数据集。本书重点介绍耦合模型地下水模拟部分以及地下水在生态水文系统中的作用。模型参数和校准的更多详细信息，请参见相关文章（Tian et al.，2015；Yao et al.，2014b）。

6.3 流域数据模型

数据模型（data models）是通过构建数据结构（如表、关系等），实现对现实世界观测量的一种简化抽象的表达和存储。数据模型通过提供标准统一的框架结构存储多源多尺度数据，是科学研究和应用分析的有效信息平台（Strassberg，2005）。地理空间数据模型（geographic data model）是基于地理信息系统（geographic information systems）平台的用以存储实体对象的空间位置和关系的数据结构模型（Jones and Strassberg，2008；Strassberg，2005）。地理空间数据模型可提供一套实用的分析模板，统一的坐标系统，简化的多源数据融合和交换方式，以及可支持数据扩展和分析的模块（Strassberg et al.，2007）。

目前，基于 ESRI 公司的 ArcGIS 平台提供了 30 多种数据模型，如农业数据模型（agriculture data model）、生物多样性数据模型（biodiversity data model）、碳足迹数据模型（carbon footprint data model）、灌溉数据模型（irrigation data model）等。其中，常用于流域尺度研究的模型主要有地质数据模型（geology data model）、水文数据模型（arc hydro data model）和地下水数据模型（groundwater data model）。

6.3.1 数据模型结构

地下水数据模型结构如图 6-4 所示，模型由空间属性数据集（蓝色框）和关系数据集（绿色框）构成。空间属性数据集用来描述地表和地下水的空间特征分布，关系数据集用来记录不同空间属性的关系。根据数据内容可分为：空间属性数据集，以多种数据格式存储地表地下信息的空间分布；时间序列数据集，主要以表数据格式存储按不同时间尺度记录的地表地下水动态变化数据。

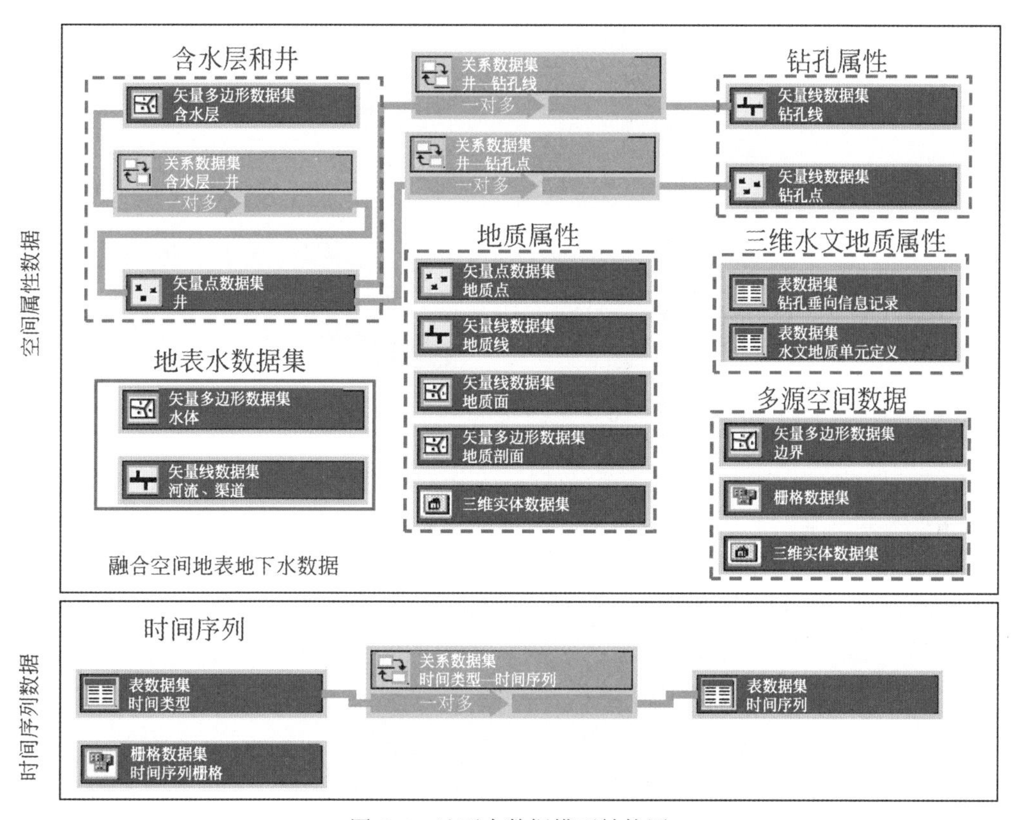

图 6-4　地下水数据模型结构图

地下水数据模型融合了多源多尺度地表地下水数据。其中，地下水数据集包括：含水层和井，用以存储地下水含水层系统的空间分布及井的位置，以及井位与所在含水层所属关系；钻孔属性，用以存储钻孔点在二维的空间分布位置及三维的垂向岩性信息；时间序列，主要记录气象、水文和地下水等随时间的动态变化（如温度、流量、水位变化等）；地质属性，用以记录岩性特征的定义和编码；三维水文地质属性，用以记录钻孔中与地下水有关的垂向信息；多源空间数据，不仅存储与地下水系统相关的专题数据，如边界范围、高程、土地利用等，还存储用于可视化表达的三维实体数据集（Strassberg，2005；

Strassberg et al.，2011）。地表水数据集包括：用以存储地表水体的矢量多边形数据集；用以存储河流、渠道等的矢量线数据集。

6.3.2 地下水实体表达及数据类型

地下水数据模型包括完整的地下实体表达方式（图 6-5），下面详细介绍“由点到体”的各个地下实体表达方式和主要采用的数据类型（Strassberg，2005）。

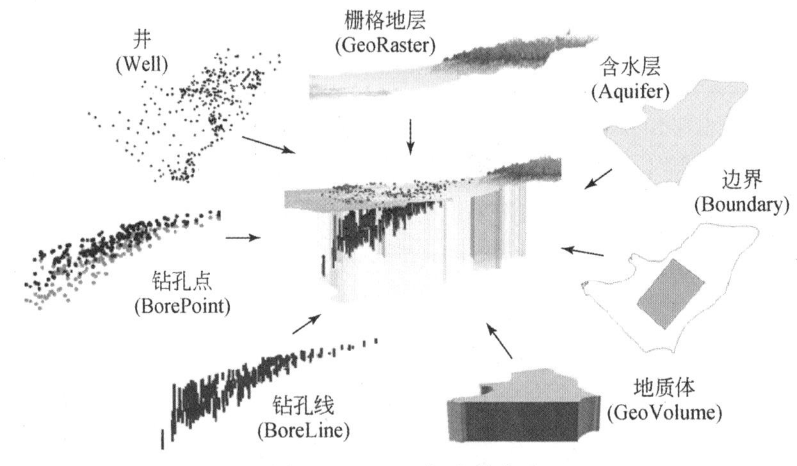

图 6-5　地下空间实体表达

井：用以表达实际各类地下水空间数据点的分布，包括观测井、抽水井、钻孔等。数据类型主要采用二维矢量点（Point）记录空间位置和属性。

钻孔点：用以表达井在三维空间内的位置分布和垂向信息（图 6-6）。数据类型主要采用三维矢量点（Point *Z*）记录井在垂向各层的空间分布。

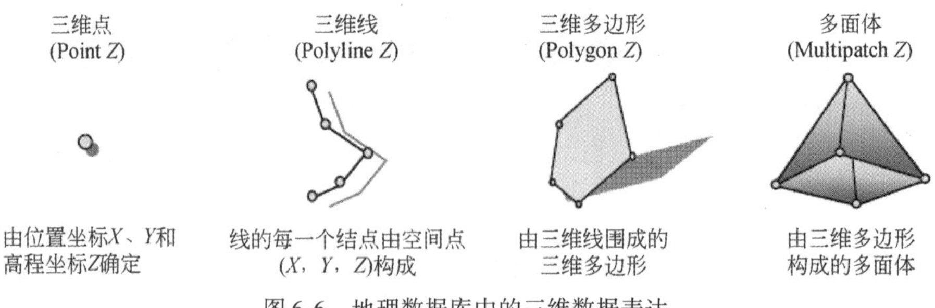

图 6-6　地理数据库中的三维数据表达

钻孔线：将同一坐标位置（*X*,*Y*）的各垂向高度分布的钻孔点连成线，采用三维线（Polyline）表达井在三维空间内的详细信息。

地质体：在所有栅格地层之间进行三维实体填充，从而对地下结构实现三维可视化表达。

边界：用以表达地下水系统的位置和分布范围。数据类型采用二维多边形（Polygon）记录数据信息。

含水层：用以表达实际含水层在二维空间内的分布范围和属性，采用二维多边形（Polygon）记录各含水层的分布范围和属性。

栅格地层：对同一地层所有钻孔点的数据，通过插值计算的方法，生成三维栅格数据，用以存储研究范围内任一点的三维信息。

6.3.3 关系及可视化

在数据模型中，采用结构化编码方式对各类数据分类命名并将其与外部多源数据进行关联。如图 6-7 所示，编码命名大体可分为三个层次：HydroID、FeatureID 和 HydroCode。

HydroID：是数据模型中以整型编码的数字标识，具有唯一性。在整个地理数据库中进行编码，所有空间数据的属性表必须包括此字段，其是各层次数据间进行关联的唯一标识。

FeatureID：是数据模型中以整型编码对各类专题数据进行的数字标识。例如，井数据的属性字段 WellID、含水层数据的属性字段 AquiferID 等。

HydroCode：是采用文本类型对各类专题数据属性进行的标识和说明。可通过此字段对数据库内部和外部数据进行查询和关联。

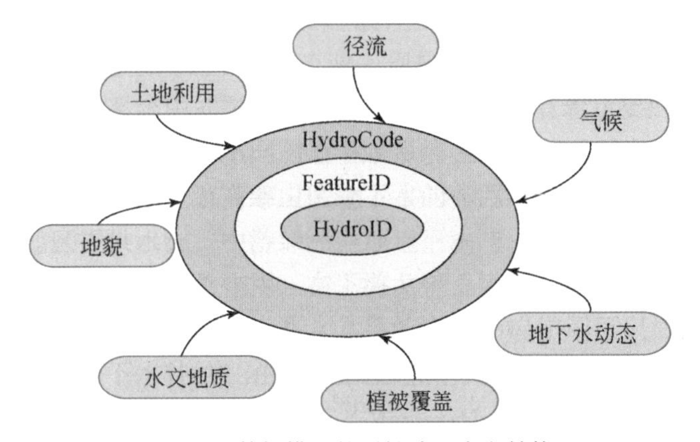

图 6-7　数据模型的属性编码字段结构

在地下水数据模型中，可通过各级编码字段的关联实现信息的存储、提取和空间可视化。图 6-8 概括了“由点到体”的地下空间属性关联结构及可视化过程。井数据通过二维空间位置坐标信息和垂向信息记录表可进一步生成三维钻孔点和钻孔线。二维井数据和三维钻孔点（钻孔线）通过 HydroID 和 WellID 进行关联，即同一井的 HydroID 有在各个层分布的多个钻孔点的 WellID 与之对应。同样地，同一含水层的 HydroID 与其层内多个井点的 AquiferID 相对应。钻孔点和钻孔线生成后，可进一步关联外部多源数据生成三维可视化模型。

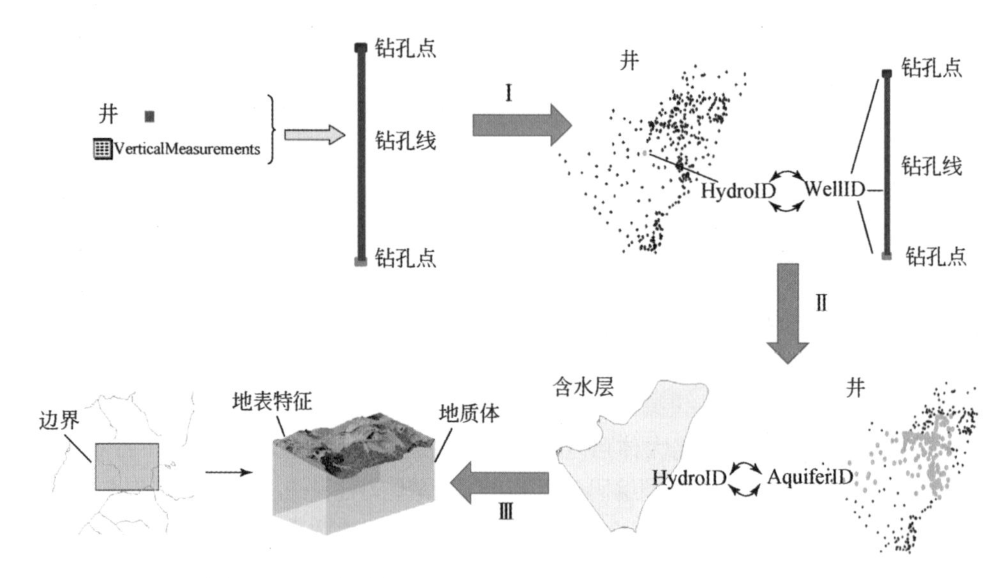

图 6-8 “由点到体”的地下空间属性关联结构及可视化过程

6.3.4 黑河流域地下水数据模型

1. 数据模型结构

基于 Arc Hydro Groundwater 搭建了黑河流域地下水数据模型框架（图 6-9），模型框架主要分为三个部分：由地表水数据集和地下水数据集组成的专题数据集；通过空间多源数

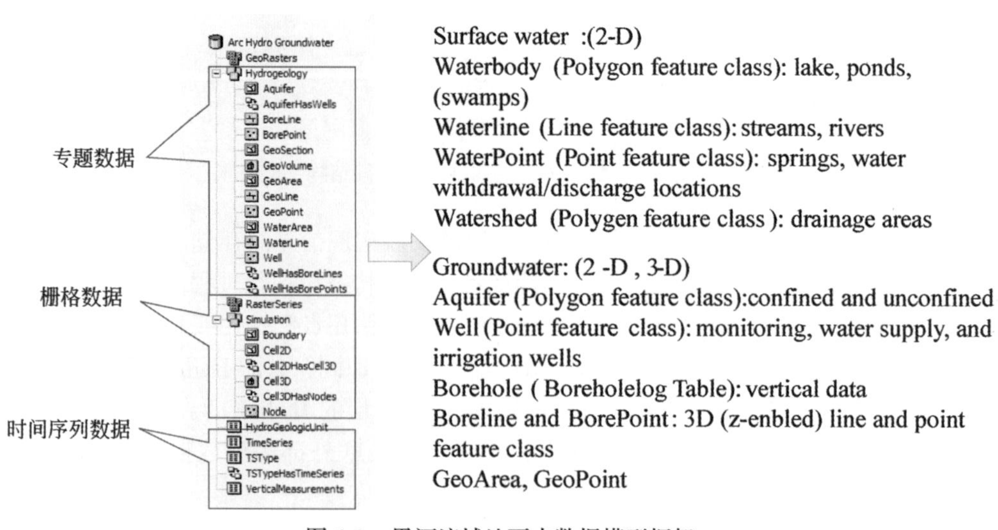

图 6-9 黑河流域地下水数据模型框架

据生成的栅格数据集；以表格存储的时间序列数据集。地表水数据集主要由二维矢量点、线、面和多边形及其属性组成，包括地表水体、黑河主河道及支流、渠道等。地下水数据集主要由二维和三维矢量构成的各地下水要素组成，包括全流域含水层分布、井分布、钻孔分布、三维钻孔点和钻孔线等。栅格数据集主要存储外部数据产品以及根据地下水矢量数据生成的栅格数据，包括全流域数字高程、降雨分布、蒸发分布、生成的栅格地层等。时间序列数据集主要存储不同时间尺度的时间序列数据，包括月/日径流数据、月/日气象数据、月/旬地下水动态观测数据等。

表6-3列出了黑河地下水数据模型包含数据，所有数据按照统一坐标投影（WGS 1984 UTM Zone 47N）保存在地理数据库中。其中，含水层数据是通过数字化《西北典型内流盆地水资源调控和水资源优化利用模式研究报告》中的数据信息获取的（李文鹏等，2004；张光辉等，2005），地层数据为根据钻孔数据二次生成的面数据。蒸散发和植被叶面积指数数据为外部导入的遥感数据（Liao et al.，2013；Wu et al.，2012）。

表6-3　黑河地下水数据模型包含数据

分类	数据	时间精度	空间精度	原始格式
专题数据	河网	2000年	1∶100 000	Shapefile
	渠道	2000年	1∶100 000	Shapefile
	水文地质图	2000年	1∶500 000	Shapefile
	含水层		1∶500 000	Shapefile
	原始钻孔			Image
	观测井	2000～2012年	287个井（47个井）	Excel file
栅格数据	高程	2008年	90m×90m	Raster
	地层		90m×90m	Raster
	蒸散发	2000～2012年（月）	1km×1km	Raster
	叶面积指数	2000～2012年（每8日）	1km×1km	Raster
时间序列数据	观测井	2000～2012年（月）	47个井	Excel file
	地下水抽水	2000～2012年（年）	46个区	Excel file
	径流量	2000～2012年（日）	4个站点	Excel file
	气象数据	2000～2012年（日）	19个站点	Excel file

2. 黑河流域水文地质单元划分

根据已有研究成果（李文鹏等，2011；苏建平，2005；武选民等，2002），黑河流域从上游山区到中下游盆地，地层由古生界至第四系均有沉积，因此可以将中下游地区概化为三个层系：中生界和下古生界基底、新生界古近系—新近系、新生界第四系。

中生界和下古生界基底：下古生界主要为海相沉积的碎屑岩、灰岩、大理岩和火山岩等。上古生界为海相及陆相交互地层，主要分布灰岩、砂岩、石炭系夹煤石膏等。上游祁连山主体为古生界构成的基岩，北山地区部分存在古生界基岩，但范围有限。中生界除了中、下三叠统为海陆交互沉积形成的碎屑岩以外，其他全部为陆相沉积的含砾砂岩、泥岩、页岩和砂岩夹灰岩。侏罗系是重要的含煤地层，白垩系中夹石膏及煤线。这部分地层出露于上游祁连山海拔相对较低的地带，在地貌上表现为低山丘陵，在山前与新生界构成走廊过渡带。

新生界古近系—新近系：古近系—新近系少量分散存在于上游祁连山区地势较低的山麓地区，广泛分布在中游构造盆地的山麓地带和盆地底部。山麓地带的岩性以褐红色砂岩、灰白色砂岩、砂砾岩为主。受不同沉积环境的影响，厚度变化较大。古近系—新近系分布于下游盆地的冲洪积湖盆底部。

新生界第四系：第四系少量分布在上游祁连山区的河谷地带，广泛分布在中下游盆地内部，是地下水赋存和运移的主要场所。在走廊中游，第四系是一个强烈的沉积带，堆积了巨厚的松散颗粒。在水流冲刷侵蚀作用下，沉积颗粒由南向北变细。大致以狼心山木吉湖隆起为界，在地湾东梁—古日乃一带，沉积颗粒由粗变细。

根据已划分好的地层垂向定义，对地下水数据模型中的 HydrogeoID（Hydrogeology Unit ID，HGUID）进行编码，并根据此定义重新对钻孔柱状图进行垂向分组并与二维空间数据相关联。考虑到上游缺乏钻孔数据，依照概念模型，采用虚拟钻孔的形式进行水文地质单元的划分。

3. 黑河流域数据模型三维可视化

Arc Hydro Groundwater 可视化在 ArcScene 平台上进行三维展示和渲染。在完成所有钻孔垂向编码后，可生成不同高度的钻孔点。利用 Arc Hydro Groundwater Tools 可进一步构建三维钻孔线，并实现不同层的渲染。图 6-10 为基于 Arc Hydro Groundwater 的黑河流域三维钻孔线可视化。

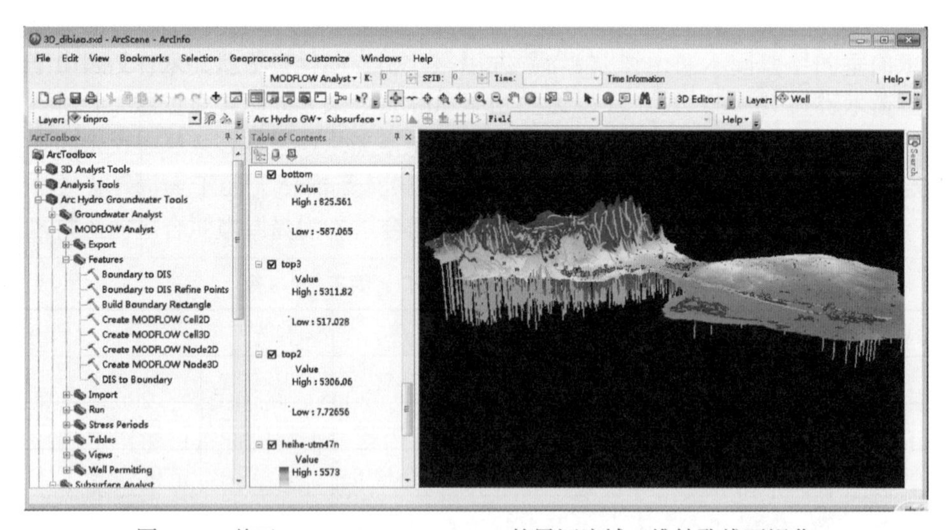

图 6-10 基于 Arc Hydro Groundwater 的黑河流域三维钻孔线可视化

基于生成的不同层的钻孔点，可运用插值算法生成三维地质层。在该黑河地下水数据模型中，地表采用 90m 数字高程模型，第一层底板至基底的 3 个地层均为钻孔生成数据。

生成三维地层后可采用 Arc Hydro Groundwater Tools 中的 Raster to GeoVolumes 进行三维实体填充，在地层交错和切割处，手动进行地层尖灭处理。Arc Hydro Groundwater 中提供了 3 种尖灭处理方法：上覆地层尖灭下覆地层；下覆地层与上覆地层融合；下覆地层尖灭上覆地层。黑河流域中游盆地沉积序列相对完整有序，因此只需在北部盆地边缘处进行尖灭处理。下游盆地地层较薄，盆地局部地区也进行了尖灭处理。三维实体填充完成后，可绘制剖面线位置（SectionLine），然后按照剖面线位置对三维实体进行切割，最后生成三维剖面体。

图 6-11 为基于 Arc Hydro Groundwater 的黑河流域三维地层剖面结构可视化。图 6-12 为黑河流域数据模型三维可视化。图 6-13 为黑河流域数据模型三维地质结构图。

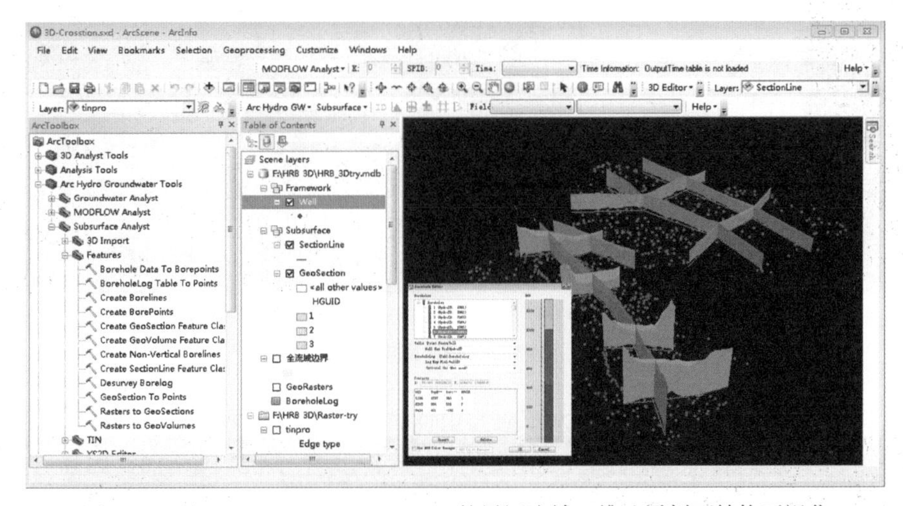

图 6-11　基于 Arc Hydro Groundwater 的黑河流域三维地层剖面结构可视化

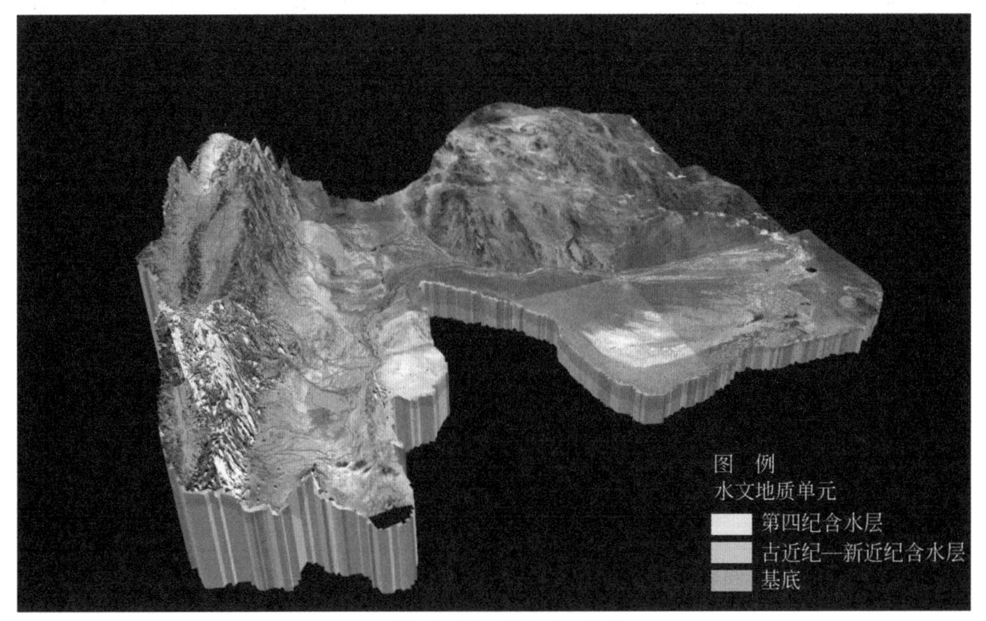

(a) 黑河流域三维地质地貌图

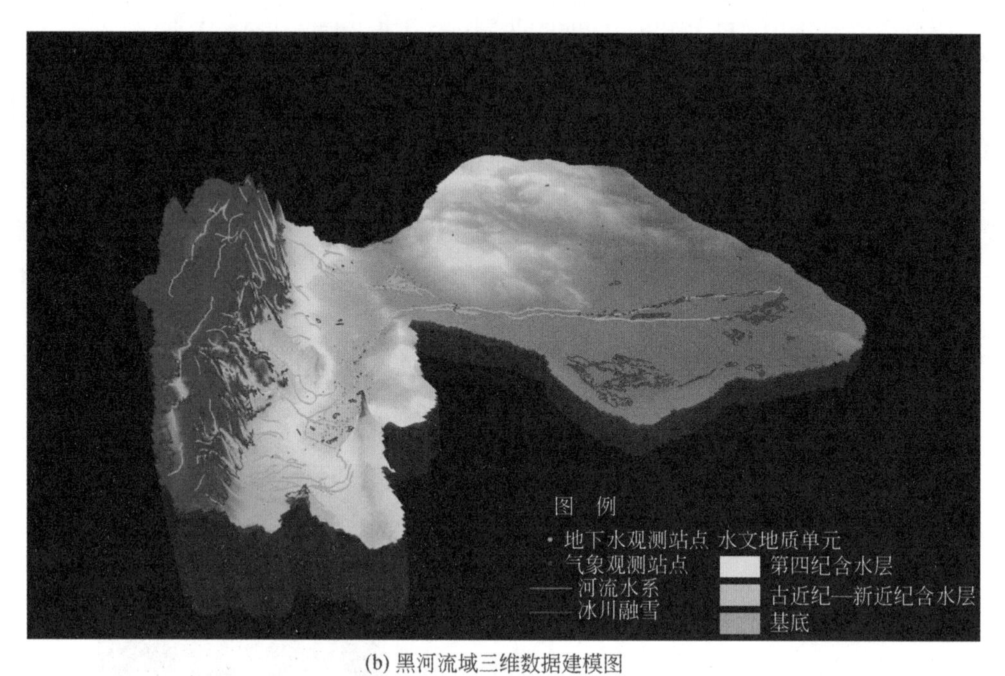

(b) 黑河流域三维数据建模图

图 6-12　黑河流域数据模型三维可视化

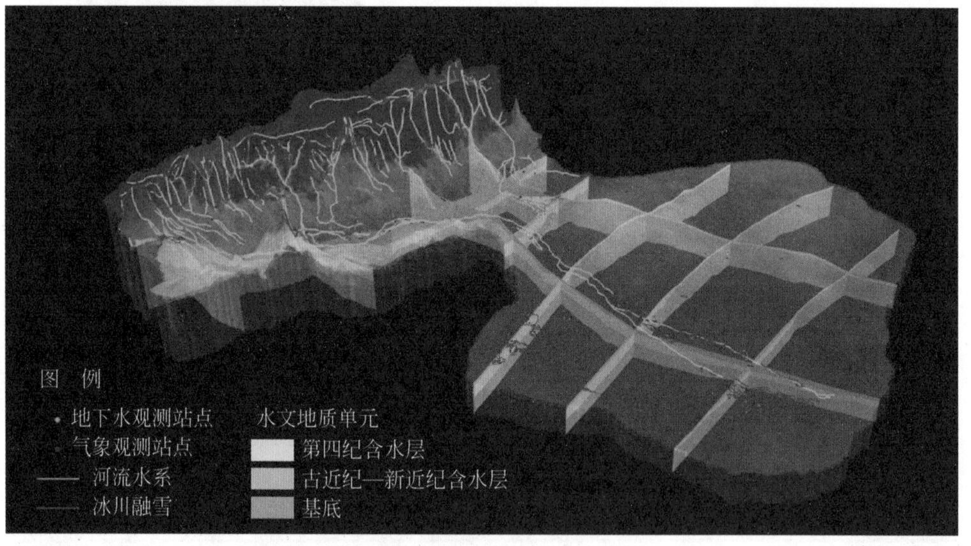

图 6-13　黑河流域数据模型三维地质结构图

6.4　地下水系统概念模型

地下水系统概念模型是建立地下水水流数值模型的基础，主要包括含水层概化、边界条件概化和源汇项概化。其中，边界条件概化包括上游山区模型概化和中下游盆地模型概化。

6.4.1 模型范围

在地下水数据模型的基础上，分别对上游山区和中下游盆地建立模型。上游山区模型模拟范围包括中部和北部祁连山脉，面积为 23 730km²，如图 6-14 所示。中下游盆地模型模拟范围以祁连山北边界为界（图 6-15），包括中游民乐-大马营盆地、张掖盆地、酒泉东盆地、酒泉西盆地、金塔-花海子盆地、额济纳盆地；河西走廊低山区和巴丹吉林沙漠，面积为 90 162km²。

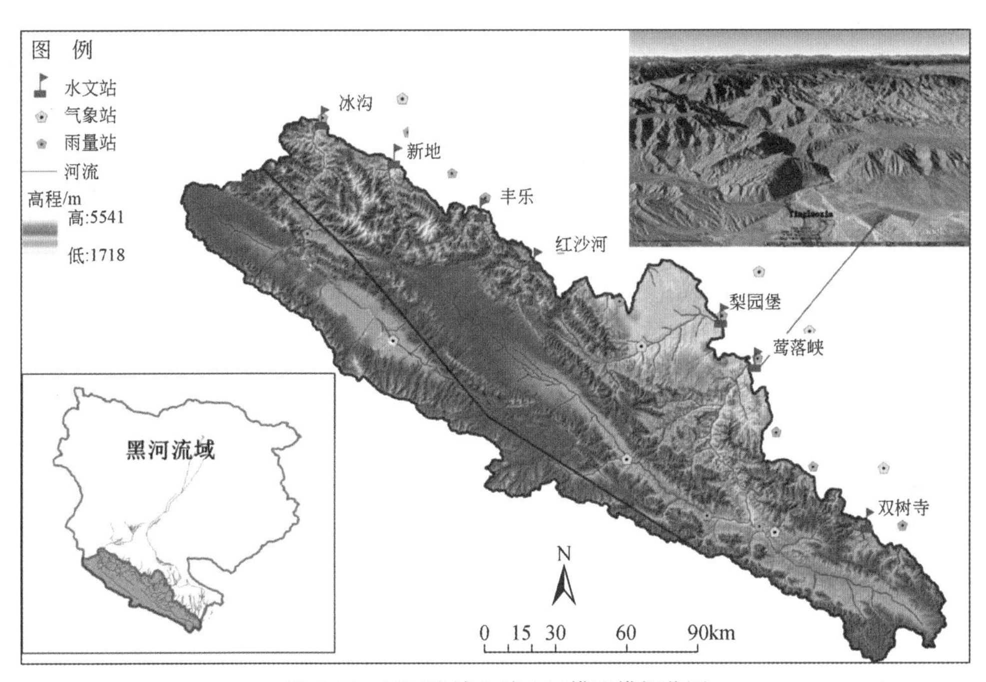

图 6-14 黑河流域上游山区模型模拟范围

6.4.2 含水层概化

（1）上游山区模型概化

根据地层沉积特点对缺乏钻孔资料的上游山区进行概化。由于上游地势变化大，为使模型计算能够更好的收敛，细化靠近地表的几层，将整个上游地下水系统垂向分为 7 个模拟层，模拟厚度依次变大。第一层和第二层厚度为 5～100m，从山谷到山脊处厚度逐渐递增。第三层和第四层厚度为 50～200m，第五层和第六层厚度为 200～500m，第七层厚度为 700～1000m。

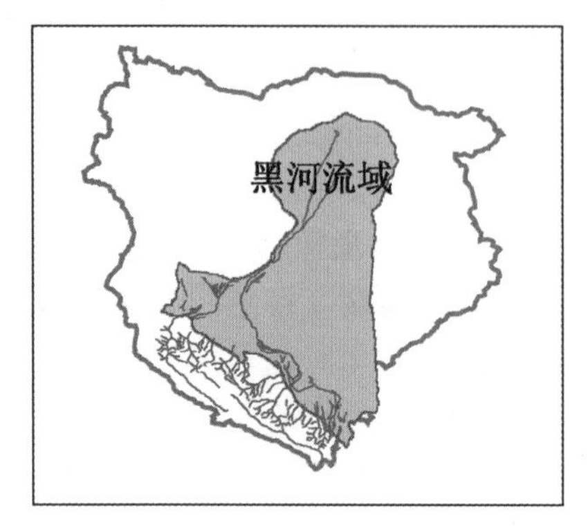

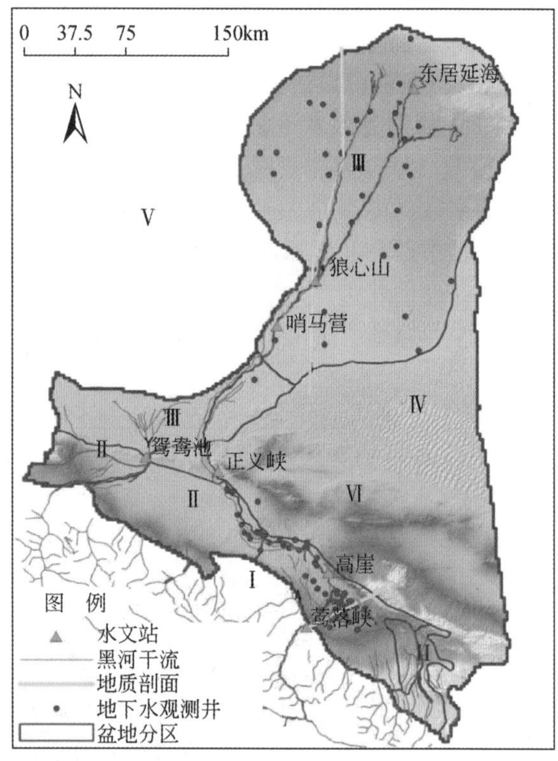

图 6-15　黑河流域中下游盆地模型模拟范围

(2) 中下游盆地模型概化

根据钻孔柱状岩性，可将整个中下游地下水系统在 3 层数据模型的基础上划分为 5 个模拟层，即一个潜水含水层，两个承压含水层。第一层为潜水含水层，厚度为 5 ~ 150m；第二层为第一承压含水层的隔水顶板，厚度为 5 ~ 20m；第三层为第一承压含水层，厚度为 50 ~ 200m；第四层为第一承压含水层底板，厚度为 5 ~ 20m；第五层为第二承压含水层，厚度为 100 ~ 300m。

在层序不连续的区域（如山前盆地），只有单一的潜水含水层，对该区域进行虚拟层的划分，即在该区域内，各层的水文地质参数一致。

6.4.3　边界条件概化

(1) 上游山区模型概化

上游祁连山区的东部、南部和西部 3 个边界为零流量边界，假设无侧向流流入。在北部与中下游相接处将边界概化为通用水头边界。该边界条件表示处在边界两边的流量补给取决于相对水位的高低。

(2) 中下游盆地模型概化

中游民乐-大马营盆地的东边界与祁连山相接，并与石羊河相邻，可视为分水岭，概化为零流量边界。酒泉西盆地的西边界被北山阻隔，概化为零流量边界。张掖盆地和酒泉盆地的南部边界与祁连山相接，概化为指定流量边界，接受祁连山的定流量补给。下游金塔–花海子盆地和额济纳盆地的西边界与北山相邻，存在少量的侧向补给（郭永海等，2011），概化为指定流量边界。额济纳盆地、河西走廊低山区和巴丹吉林沙漠西边界也同样概化为指定流量边界。

6.4.4 源汇项概化

（1）上游山区模型概化

大气降水是上游山区地下水补给的主要来源，其他天然补给包括山谷处河流入渗补给等。根据上游葫芦沟子流域的研究结果，降水入渗补给系数为0.17～0.2（Evans et al.，2015）。基流和向中下游的地下水侧向流是上游山区地下水的主要排泄方式。由于上游地势起伏大，地下水在山体处埋深后，其蒸发可忽略不计，只有在河谷地带地下水埋深较浅地带存在少量蒸发。

（2）中下游盆地模型概化

中游盆地包括民乐–大马营盆地、张掖盆地、酒泉东盆地和酒泉西盆地，补给项主要有降雨入渗、地表径流入渗、田间灌溉水入渗。研究表明，黑河中游地下水埋深大于5m的地区，降雨入渗补给速率为13.3～18.4mm/a（聂振龙等，2011）。在山前以单一大厚度潜水含水层为主的区域，沉积物岩性以大颗粒卵砾石为主，地表径流对地下水的入渗系数高达0.65～0.8（姚莹莹等，2014；张光辉等，2005）。中游田间灌溉水入渗系数在地下水埋深1～5m处约0.3，在5～10m处约0.18（Yao et al.，2014a；曹建廷等，2002）。中游盆地的主要排泄项有蒸发蒸腾、地下水向地表径流的排泄、人工开采。中游盆地地下水蒸发在地下水埋深小于1m处约300mm/a，当地下水埋深在5～10m时，地下水蒸发减小至约12mm/a。中游细土平原地表地下水交互带是地下水向河流排泄的主要区域。

下游盆地包括金塔–花海子盆地、额济纳盆地，地下水补给主要依靠地表径流入渗和少量降雨入渗，在金塔和额济纳旗县城三角洲地带，存在一部分灌溉入渗。根据野外试验，估计下游鼎新河段的河水渗漏量约1.74亿m^3/a（仵彦卿等，2004），狼心山—居延海河段的渗漏量约2.62亿m^3/a（席海洋等，2012）。

6.5 地下水流模型——数值模型

上游山区地下水系统使用MODFLOW-2005进行模拟，中下游盆地模型使用针对黑河流域建立的地表–地下水耦合模型Heiflow模型，但地下水模块仍然使用MODFLOW-2005进行模拟。本节主要介绍数学模型描述，数值模型在空间和时间上的离散，以及模拟程序包的选取。

6.5.1 数学模型

干旱内陆河流域地下水系统数值模型主要考虑地表入渗、蒸发以及河流与地下水的交互作用，因此本节主要介绍上面几种数学模型及在 MODFLOW-2005 中的计算方程。

1. 非饱和带水流模型

在均质非饱和带中，垂向一维的水流过程可用理查德方程描述：

$$\frac{\partial\theta}{\partial t}=\frac{\partial}{\partial z}\left(D(\theta)\frac{\partial\theta}{\partial z}-K(\theta)\right)-i \tag{6-1}$$

式中，θ 为土壤含水量；$K(\theta)$ 是以土壤含水量（θ）为自变量的传导系数（K）的函数；$D(\theta)$ 为水力扩散系数；z 为垂向运移距离；t 为时间；i 为垂向上单位长度的蒸散发量。

在 MODFLOW-2005 中，采用 UZF 程序包计算垂向非饱和带水流（Niswonger et al., 2006），并对理查德方程进行简化，去掉了扩散项，并假设在垂向上地下水的流动仅受重力作用，其方程采用一维运动波形式可近似表达为

$$\frac{\partial\theta}{\partial t}+\frac{\partial K(\theta)}{\partial z}+i=0 \tag{6-2}$$

垂向非饱和带水流模型的计算一般都需要较细的网格划分，而 UZF 采用的运动波近似表达方法更适合区域尺度的研究。

2. 饱和带水流模型

在 MODFLOW 中，采用以达西定律为本构方程构建的三维地下水流运动方程计算饱和带水流：

$$\frac{\partial}{\partial x}\left(K_{xx}\frac{\partial h}{\partial x}\right)+\frac{\partial}{\partial y}\left(K_{yy}\frac{\partial h}{\partial y}\right)+\frac{\partial}{\partial z}\left(K_{zz}\frac{\partial h}{\partial z}\right)+W=S_s\frac{\partial h}{\partial t} \tag{6-3}$$

式中，K_{xx}、K_{yy}、K_{zz} 分别为 x、y、z 三个方向的水力传导系数；h 为水头；W 为源汇项，W 大于 0 表示水流流入地下水系统，W 小于 0 表示水流流出地下水系统；S_s 为储水系数，表示水头升高（下降）一个单位，含水层吸收（释放）水的体积。

3. 地表-地下水交换模块

地表河流模拟采用 MODFLOW-2005 中的 SFR2 模块（Niswonger and Prudic, 2005），该模块不仅可以计算地表产流和壤中流等，还可根据地表和地下水位的相对高低计算河流和地下水的交换量。根据地下水流数值模型中提供的空间河网信息，在每个子流域内将河流进一步划分为不同的河段（segment），每个河段又在地下水计算网格单元内划分为不同的河流单元（reach）。对每个网格内的 reach 进行流量演算，并计算该 reach 与地下水的交换量。其中，每个 reach 中流量演算采用的动力波方程可表示为

$$q=\frac{\partial Q}{\partial l}+\frac{\partial A}{\partial t} \tag{6-4}$$

$$Q=\frac{A\ (A/B)^{2/3}(\text{Slope})^{1/2}}{\text{Roughness}} \tag{6-5}$$

式中，q 为此段 reach 内的源汇项；Q 为河流流量；A 为河流的截面积；l 为沿河方向的长度；t 为时间；B 为河道的湿周；Slope 为河流坡度；Roughness 为糙率，即河底的粗糙程度。

河流与地下水交互量的计算公式为

$$Q_{\text{bed}}=\text{RVK}\times B\times L\times\left(\frac{h_{\text{str}}-h}{\text{thick}_{\text{bed}}}\right) \tag{6-6}$$

式中，Q_{bed}为河流与地下水交互量；RVK 为河床水力传导系数；B 为河道的湿周；L 为河段长度；$\text{thick}_{\text{bed}}$为河床厚度；$h_{\text{str}}$为该时刻网格内 reach 中点的水位；$h$ 为该时刻地下水位。

6.5.2 数值离散

1. 空间离散

上游山区模型采用 1km 有限差分网格进行剖分，模拟区域可分为 277 行、387 列、7 层，面积为 23 730km^2。图 6-16 为上游山区模型网格图。

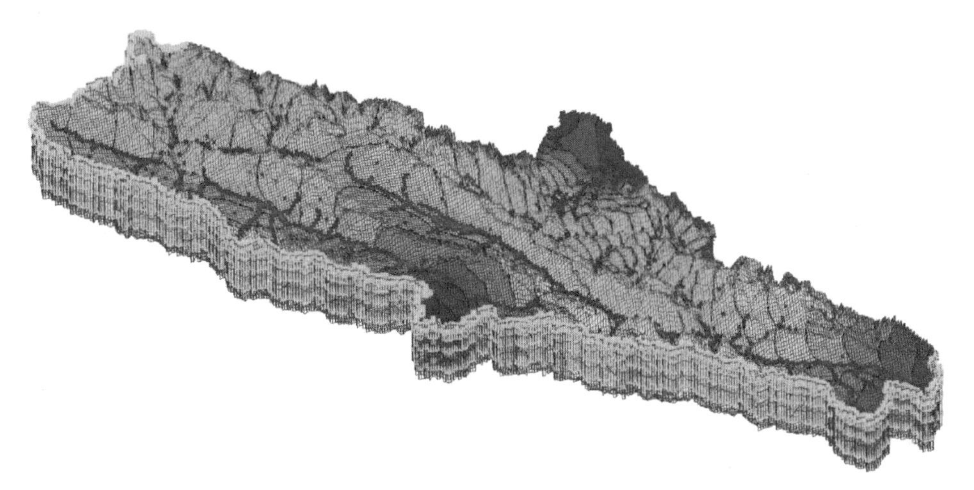

图 6-16 上游山区模型网格图

不同颜色的网格代表不同的水力传导系数，网格分辨率为 1km

中下游盆地模型同样采用 1km 有限差分网格进行剖分，模拟区域可分为 548 行、404 列、5 层，面积为 90 162km^2。图 6-17 为中下游盆地模型网格图。

2. 时间离散

上游山区模型采用稳态流模拟，即假设地下水流系统在长时间内的补给和排泄保持平衡状态（Ball et al.，2014），流场内运动过程中的各运动要素（如水位、流速、流向等）

图 6-17　中下游盆地模型网格图

不同颜色的网格代表不同的水力传导系数，网格分辨率为 1km

不随时间改变，模拟步长为 1 天。

中下游盆地模型首先采用稳态流模型模拟未加开采条件下的流场，然后采用非稳态流模型模拟，即流场内运动过程中的各运动要素（如水位、流速、流向等）随时间改变。该模型模拟时间段为 2000 ~ 2012 年，模拟步长为 1 天，应力期为 1 月，各应力期内源汇项和开采量保持不变。

6.5.3　模拟程序包的选取

MODFLOW 的模型结构、原理及求解方法在其技术文档中已有详细论述，在此不做单独介绍。MODFLOW-2005 的子程序包括：①基础程序包，用于模型初始化及输出控制；②水流模拟包，对地层属性进行参数化及对水流过程进行计算；③边界条件和源汇项，用于表达计算区域内边界条件和源汇项的特点；④求解包，对方程组进行求解（Harbaugh, 2005）。本节主要介绍如何根据山区和盆地的特点选取计算程序包，以实现对其水流特点的模拟。

1. 上游山区模型

表 6-4 列出了上游山区模型计算采用的程序包。其中，采用基础程序包 DIS、BAS6 和 OC 进行网格初始化、网格定义及模型的输出控制。采用 RCH 程序包模拟降雨入渗过程，

主要控制参数为入渗率。采用 WEL 程序包模拟山区南边、东边和西边的指定流量边界条件。采用 STR 程序包模拟山区地下水对基流的贡献，主要控制参数为河段内坡度、与地下水的水力传导系数等。采用 GHB 程序包模拟通用水头边界条件，估算上游山区对中下游侧向流的补给量。在山谷地下水埋深较浅地区，采用 EVT 模拟蒸发过程。值得注意的是，上游山区地形梯度变化大，容易造成网格疏干，因此采用 NWT 求解器进行求解。NWT 求解器通过生成一个非对称矩阵对方程进行求解，且与其配套的水流模拟包必须选用 UPW 程序包计算网格间水力传导系数（Niswonger et al.，2011），并控制模型疏干。此外，还可采用 LIST 程序包和二进制文件等保存模型输出结果。

表 6-4　上游山区模型计算采用的程序包

类别	所选程序包	文件格式	功能
输出数据存储程序包	LIST	. out	保存计算的均衡项
	DATA（BINARY）	. hed	保存计算的流场
	DATA（BINARY）	. ccf	保存计算的网格水量均衡
基础程序包	DIS	. dis	离散有限差分网格
	BAS6	. ba6	定义有效/无效计算网格及初始值
	OC	. oc	控制模型输出
水流模拟包	UPW	. upw	计算网格间水力传导系数，并控制模型疏干
边界条件和源汇项	RCH	. rch	模拟降雨入渗过程
	WEL	. wel	模拟井及指定流量边界条件
	STR	. str	模拟基流
	GHB	. ghb	模拟通用水头边界条件
	EVT	. evt	模拟蒸发过程
求解包	NWT	. nwt	牛顿迭代求解器

2. 中下游盆地模型

表 6-5 列出了中下游盆地模型计算采用的程序包。其中，输出数据存储程序包与表 6-4 相同，基础程序包除同样采用 DIS、BAS6 和 OC 程序包外，还采用了 GAGE 程序包，输出指定河段的流量计算结果，方便与实测流量进行比较验证。采用通用 PCG 求解器进行求解，同时可选择 LPF 程序包对地层属性进行参数化和模拟。此外，还可采用 UZF 程序包模拟非饱和带的入渗和蒸发过程，因此不需要单独再使用 RCH 和 EVT 程序包。采用 WEL 程序包模拟抽水过程，采用 FHB 程序包模拟指定流量（水头）边界条件。采用 SFR2 程序包模拟河流与地下水交互过程，该程序包与 STR 程序包的不同之处是考虑了河流与地下水交互的非饱和水流运移过程（Niswonger and Prudic，2005）。在山体隆起阻隔水流地段采用 HFB6 程序包模拟水平方向的山体阻隔。采用 LAK 程序包模拟湖泊、水库及其与地下水的交互作用。

表 6-5　中下游盆地模型计算采用的程序包

类别	所选程序包	文件格式	功能
输出数据存储程序包	LIST	. lst	保存计算的均衡项
	DATA（BINARY）	. hed	保存计算的流场
	DATA（BINARY）	. ccf	保存计算的网格水量均衡
基础程序包	DIS	. dis	离散有限差分网格
	BAS6	. bas	定义有效/无效计算网格及初始值
	OC	. oc	控制模型输出
	GAGE	. gag	输出指定河段的流量计算结果
水流模拟包	LPF	. lpf	对地层属性进行参数化和模拟
	UZF	. uzf	模拟非饱和带的入渗和蒸发过程
边界条件和源汇项	WEL	. wel	模拟抽水过程
	SFR2	. sfr	模拟河流与地下水交互过程
	HFB6	. hfb	模拟水平方向的山体阻隔
	LAK	. lak	模拟湖泊、水库及其与地下水的交互作用
	FHB	. fhb	模拟指定流量（水头）边界条件
求解包	PCG	. pcg	预处理共轭梯度求解器

6.6　模型模拟及校正

上游山区模型和中下游盆地模型的模拟目的和数据基础不同，因此采用不同的方法进行校正。本节主要介绍模型校正评价标准、上游山区模型和中下游盆地模型采用的校正方法以及数据和校正结果分析。

6.6.1　模型校正评价标准

分别采用平均误差（error，ERR）、均方根误差（root mean square error，RMSE）、无量纲均方根误差（FitNRMSE）3 个统计量评价模型性能。其中，平均误差和均方根误差为常规统计，下面主要介绍无量纲均方根误差。

均方根误差主要用来比较不同量级或不同单位的数据误差。对于序列 $X=\{x_1, x_2, \cdots, x_n\}$：

$$\mathrm{RMSE}=\sqrt{\frac{\sum_{i=1}^{n}(X_{\mathrm{obs},i}-X_{\mathrm{model},i})^2}{n}} \tag{6-7}$$

$$\mathrm{FitNRMSE}=1-\frac{\mathrm{RMSE}}{X_{\mathrm{obs,max}}-X_{\mathrm{obs,min}}} \tag{6-8}$$

式中，X_{obs}为观测值；X_{model}为模拟值。

6.6.2 上游山区模型校正

由于缺乏上游山区观测井数据资料，采用基流校正上游山区模型。基流是河川径流中通过地下水排泄得到的比较稳定的径流部分，是枯水期主要径流的来源（陈利群等，2006）。基流很难通过实测方法确定，目前主要通过图形法、环境同位素法、水文模拟法和数学方法确定（陈利群等，2006）。近年来，数字滤波法成为国际上研究和应用最广泛的基流分割方法。因此，利用数字滤波法对流量数据进行计算，计算得出的基流量可作为一个独立验证的变量，将其与模型计算得出的基流量进行比较和验证，这种方法成为数据缺乏区域进行模型校正的有效手段（Fan et al.，2013；Zhou et al.，2013）。

1. 基于数字滤波的基流估计

采用下面两种数字滤波方法分割黑河上游山区径流的流量过程。

（1）Lyne-Hollick 滤波法

Lyne-Hollick 滤波法由 Lyne 和 Hollick（1979）提出，并由 Nathan 和 McMahon 首次应用于水文领域（Nathan and McMahon，1990），在诸多流域取得了很好的效果。其滤波方程为

$$q_{s(i)}=\begin{cases}\alpha q_{s(i-1)}+\beta(1+\alpha)(Q_{(i)}-Q_{(i-1)}), & q_{s(i)}>0\\ 0, & q_{s(i)}\leqslant 0\end{cases} \tag{6-9}$$

$$q_{b(i)}=Q_{(i)}-q_{s(i)} \tag{6-10}$$

式中，$Q_{(i)}$为总径流；$q_{s(i)}$为高流部分；$q_{b(i)}$为基流部分；i为时间步长；α、β为分割参数，α取值范围为 0 ~ 1，β一般取 0.5。

（2）Eckhardt 滤波法

2005 年，Eckhardt 在多种数字滤波法的基础上提出了一种可应用于任何时间步长水文序列的递归数字滤波法，并将其应用于美国 65 个流域。研究表明，该方法估算的基流量可能最为合理（Strassberg，2005）。其滤波方程为

$$q_{b(i)}=\frac{\alpha(1-B_{max})q_{b(i-1)}+(1-\alpha)B_{max}Q_{(i)}}{1-\alpha B_{max}} \tag{6-11}$$

$$q_{s(i)}=Q_{(i)}-q_{b(i)} \tag{6-12}$$

式中，$Q_{(i)}$为总径流；$q_{s(i)}$为高流部分；$q_{b(i)}$为基流部分；i为时间步长；α、β为分割参数，α取值范围为 0 ~ 1，β一般取 0.5；B_{max}为各数字模拟算法在连续时间序列中计算得到的最大基流指数。Eckhardt 推荐，以孔隙含水层为主的常流河B_{max}取 0.8；以孔隙含水层为主的季节性河流B_{max}取 0.5；以弱透水层为主的季节性河流B_{max}取 0.25。由于α对计算结果的影响较小，在此取 0.99。基流分割的滤波参数及结果如表 6-6 所示。

表 6-6 滤波参数及结果

控制站	Lyne-Hollick 滤波法	Eckhardt 滤波法	基流指数
	α	B_{max}	
莺落峡	0.925	0.880	0.421
双树寺	0.920	0.905	0.107
梨园堡	0.925	0.875	0.375
红沙河	0.945	0.840	0.143
丰乐河	0.925	0.870	0.232
新地	0.895	0.905	0.251
冰沟	0.970	0.800	0.622

2. 基于滤波基流的模型校正结果

上游山区模型通过手动调整参数进行校正，需要调整的参数主要包括：降雨入渗率、垂向的水力渗透系数和河床渗透系数。根据两种数字滤波法确定的基流指数，可计算出 7 个水文站 1960 ~ 2010 年的基流量，获得基流的变化范围，然后再与上游山区模型计算的基流进行比较验证。图 6-18 为滤波基流模型校正结果与上游山区模型计算结果对比。相对较大的两条支流，如莺落峡和冰沟，其平均基流量分别为 21.1m³/s 和 12.4m³/s，上游山区模型计算和滤波基流模型校正的误差为 0.6m³/s。其他 5 条基流量小于 5m³/s 的较小支流，上游山区模型计算和滤波基流模型校正的平均误差为 0.1m³/s。所有支流校正的无量纲均方差拟合度为 0.96，因此可认为模型具有良好的校正效果。

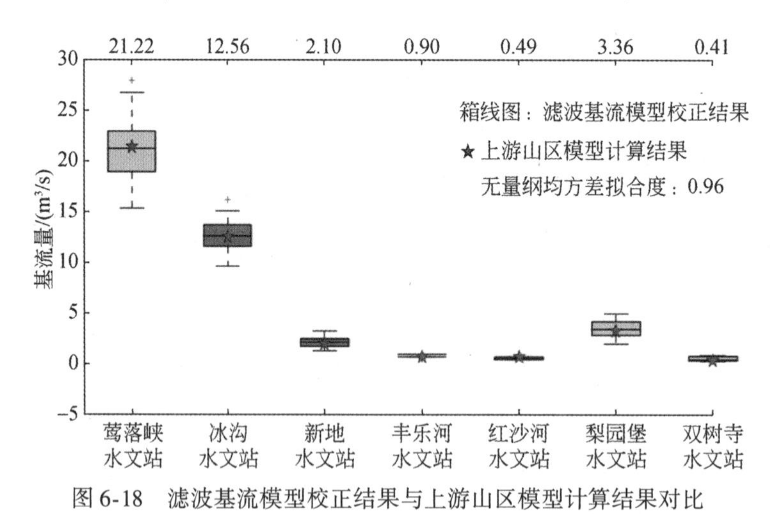

图 6-18 滤波基流模型校正结果与上游山区模型计算结果对比

6.6.3 中下游盆地模型校正

中下游盆地模型校正过程可分为两个步骤：稳态流场校正和非稳态流场校正。稳态流场校正可为非稳态流场校正提供一个稳定且接近的初始流场，有助于非稳态流计算收敛。

1. 稳态流场校正

稳态流场校正步骤如下：

1）采用全流域等水位线图对流场的大致走向和趋势进行校正。图 6-19（a）为稳态流场校正结果。因为核心盆地区域有地下水流场数据，可以用这部分数据与模型进行对比，对比发现在这些区域计算效果好，说明模型可以体现地下水流特点。

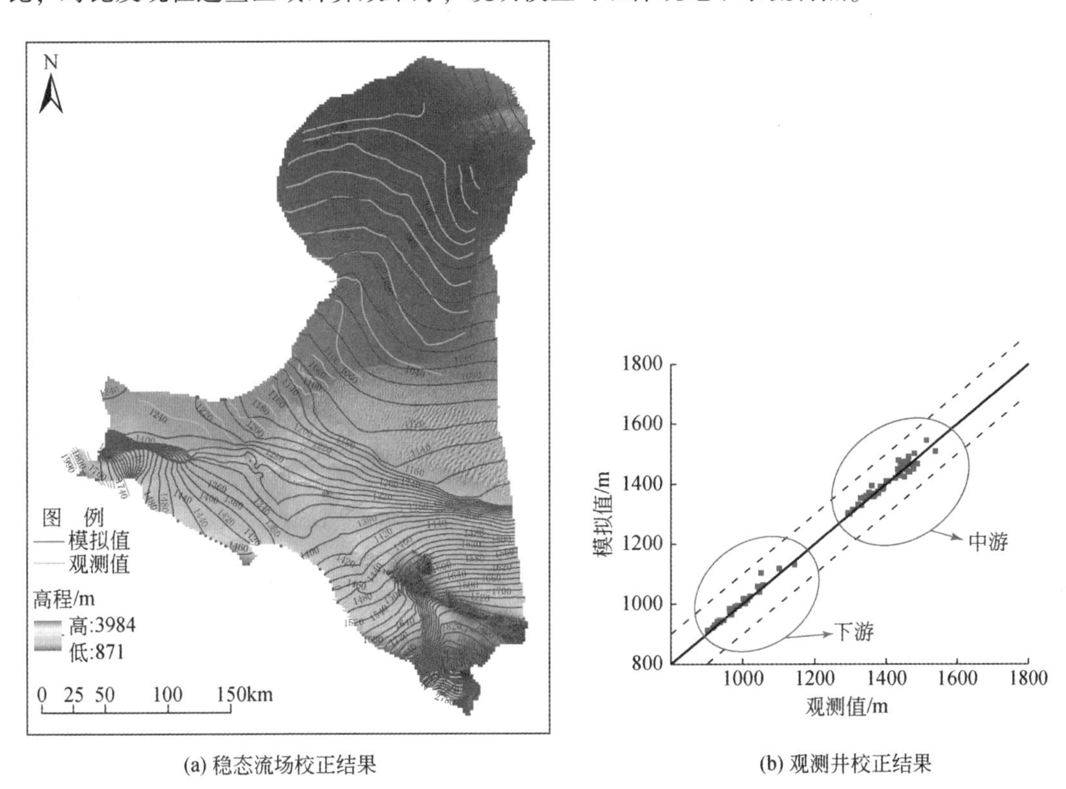

(a) 稳态流场校正结果

(b) 观测井校正结果

图 6-19 中下游盆地模型稳态流场校正结果

2）采用 1980 ~ 1990 年的观测水位进行初始流场校正，假设该时段的流场状态为未开发时的状态，整个地下水系统输入输出保持稳定。稳态流场校正共采用 89 个观测井，其中中游观测井 54 个，下游观测井 35 个。图 6-19（b）为观测井校正结果，平均误差为 5. 89m，均方根误差为 15. 27m。其中，中游的均方根误差为 17. 11m，下游的均方根误差为 12. 75m。模拟区海拔差超过 1500m，因此，此阶段的校正结果可认为已达到稳态流场的校正目标。

3）将模拟计算的河段渗漏量与野外试验估测的渗漏量进行对比，对地表和地下水表达关系进行校正。野外试验常通过测流和水平衡方式估计河流渗漏量，虽然此方法存在误差且无法考虑地表-地下水交互量，但可作为一个独立的验证数据，对河岸带地下水稳态流场进行对比验证。

2. 非稳态流场校正

非稳态流场主要采用动态观测井进行校正。目前，用于校正的动态观测井共 274 个，但各区内观测井的观测序列长度不同，且时间尺度不同，因此完整覆盖模拟时间段且数据连续的观测井共 46 个。在进行非稳态流场校正时，基于所有观测井的时间序列水位动态数据对模型进行校正，共包含 8497 个数据点。然后调整模型参数使动态变化趋势更为准确。

通过校正，全流域动态校正的平均误差为 3.9m，均方根误差为 9.2m。通过计算每个观测井点的多年平均误差，获得全流域校正误差分布（图 6-20）。从图 6-20 可以看出，在中下游盆地中心地带，即与河流交汇地带，模拟较为准确，而在山前埋深较厚地带误差较大。造成误差的可能原因有两个：一是山前地带地质条件相对复杂，模型不能表达局部的地层特性，因此造成误差较大；二是黑河流域分水计划实施后，对地表水的引用加以限制，因此在远河的山前地区，地下水开采量增加，但增加的这部分量并无有效的实测抽水量数据，因此无法很好地概化入模型。但从总体来看，该模型能够较好地反映中下游人类活动区域内的水流特性。

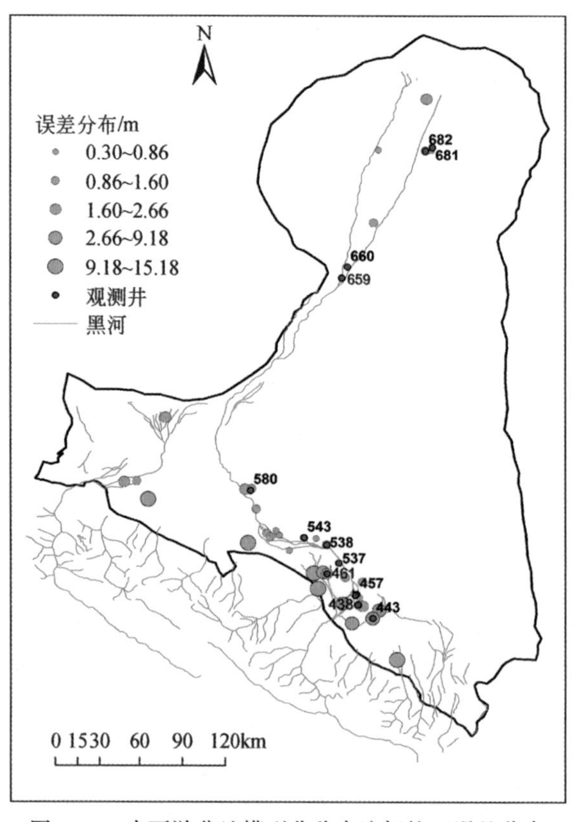

图 6-20　中下游盆地模型非稳态流场校正误差分布

选取12个分布在中游和下游的数据序列完整的观测井分析地下水趋势变化(图6-21)。中下游高程相差较大，因此统一采用地下水埋深来表示。结果显示，模拟的地下水动态与观测值序列趋势相近，模型能够很好地呈现模拟时间段内地下水系统的变化趋势。在沿河道处和下游平原模拟较好，山前处由于地形起伏较大、抽水数据分辨率较低因此误差相对偏大。

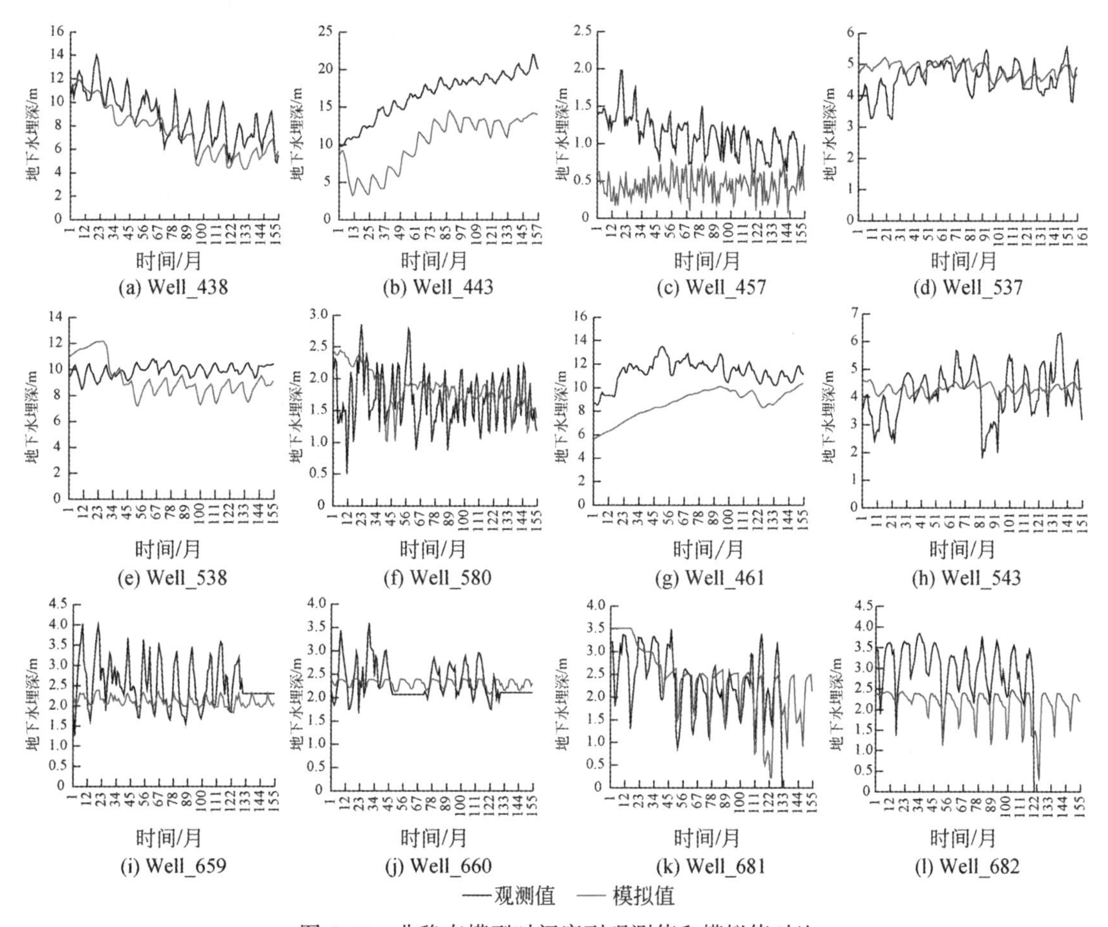

图6-21 非稳态模型时间序列观测值和模拟值对比

6.7 本章小结

本章系统梳理了流域地下水模型的发展，根据黑河流域需要解决的科学问题建立了耦合地表-地下水模型框架。重点梳理建立了统一坐标系统的地理空间数据模型和地下水系统可视化概念模型，并详细介绍了地下水模型的建立及模型校正结果。结果发现，模型在细土平原区沿河地带拟合程度较好，而在山前区域拟合误差相对偏大，总体认为模型能够很好地体现黑河流域三维地下流场特征和补给排泄关系。

第7章　基于模拟的流域地下水流系统分析

利用已校正好的地下水数值模型，可从时间和空间尺度系统量化计算区域内的水量平衡。因此，本章主要从地下水流系统角度定量分析地下水流场分布、地下水系统均衡及子盆地水量均衡分布。

7.1　地下水系统流场分布

7.1.1　上游地下水流场分布

上游山区地下水位自南向北随高程变化逐渐降低［图7-1（a）］，在南部最高处达5500m，向北至与中游盆地交界处降低至约2000m。整个流场呈现出受地形影响的趋势。为进一步分析流场分布，采用粒子追踪方法（Pollock，2012）绘制迹线（flow path）图。在模型中均匀放置了273个粒子，使用Modpath模块模拟追踪每个粒子在地下水系统中的轨迹。如图7-1（a）中红色流线所示为迹线，表示示踪粒子在地下水系统中的运动轨迹。根据粒子示踪结果，最长的运移轨迹为54km，最短的运移轨迹为0.26km。上游山区约64%的地下水流处于局部水流循环，主要存在于各子流域内，流动范围小于10km；约31%的地下水流处于中尺度水流循环，即水流可以在相邻的子流域流动，流动范围为10～30km；约5%的水流处于区域水流循环，流动范围最大可达54km。小尺度子流域内水流呈现出由山脊汇向河谷的特点，而中尺度跨子流域水流呈现出由上一级山脊流至下一级支流河谷和由上一级河谷通过入渗作用流向下一级河谷的特点。超过95%的水流均在深度小于1000m的地层内流动，包含不同级次的水流系统［图7-1（b）］。

7.1.2　中下游地下水流场分布

黑河流域中下游稳态流场分布已在图6-19（a）中展示，根据中下游非稳态模型可模拟得到2000～2012年流场动态变化（图7-2）。结果显示，水位变化敏感区域主要集中在中游山前盆地（径流出山口区域）、正义峡—居延海河岸带、鸳鸯池水库、河西走廊低山区零散地带。受地表径流入渗补给的影响，莺落峡和梨园河河谷出口处水位动态变化剧烈，可达5～10m。正义峡—居延海河岸带地下水位波动明显，范围一般为0.02～0.6m，狼心山分水处地下水位波动范围可达1.5～2.7m。下游水位动态变化的原因在于，河流入渗补给带地下水位波动受地表水流情势影响显著，随着生态调水计划的实施，下游相对较

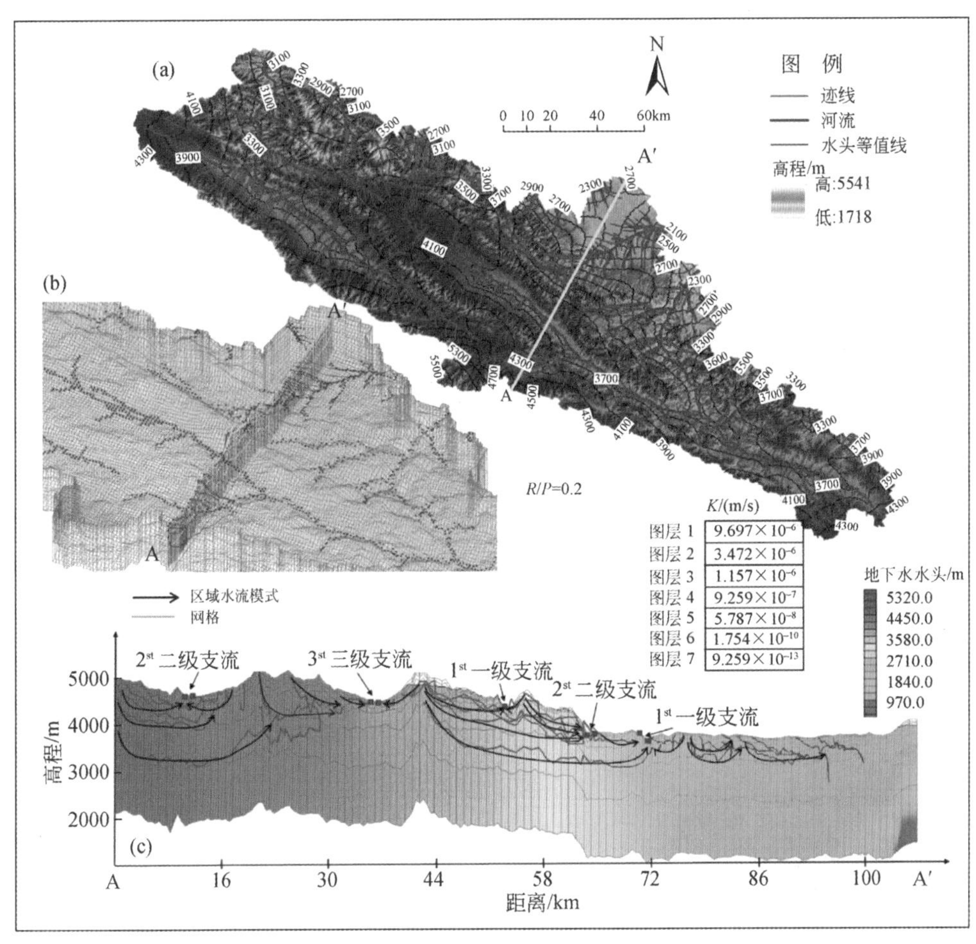

图 7-1　上游山区水平流场分布、三维透视图、剖面流场分布

资料来源：Yao 等（2017）

薄的含水层迅速得到补给，水位抬升。同样地，在中游地表地下水交汇处，地下水位部分出现了明显的波动斑块，但并未形成带状，说明中游地表地下水相互交换在该区域同步进行。在中游酒泉西盆地，由北大河流向鸳鸯池水库的地下水位波动明显，范围为 0.5 ~ 2m，这主要是由于中游地区的农业灌溉量和水库渗漏量不断增加。在黑河下游额济纳盆地，由于生态输水，东、西河下部沿河岸带地下水位波动明显，且东河下部三角洲地区水位波动也较为明显，范围为 0.2 ~ 1.5m。在无资料区的河西走廊低山区和巴丹吉林沙漠地带，地下水位保持稳定，但在南部山区，地下水位局部呈零星上升趋势。

图 7-3 显示了 2000 ~ 2012 年黑河中下游平均水位动态变化与径流量的关系。结合图 7-2 可以看出，当下游额济纳河岸带水位明显增加时，全流域水位相比上一年整体表现为下降（GC<0）；当下游额济纳河岸带水位略微下降时，全流域水位相比上一年整体表现为上升（GC>0）。这表明，气候变化影响下的地表径流情势影响着径流调节，从而对全流域水位的动态变化产生影响。

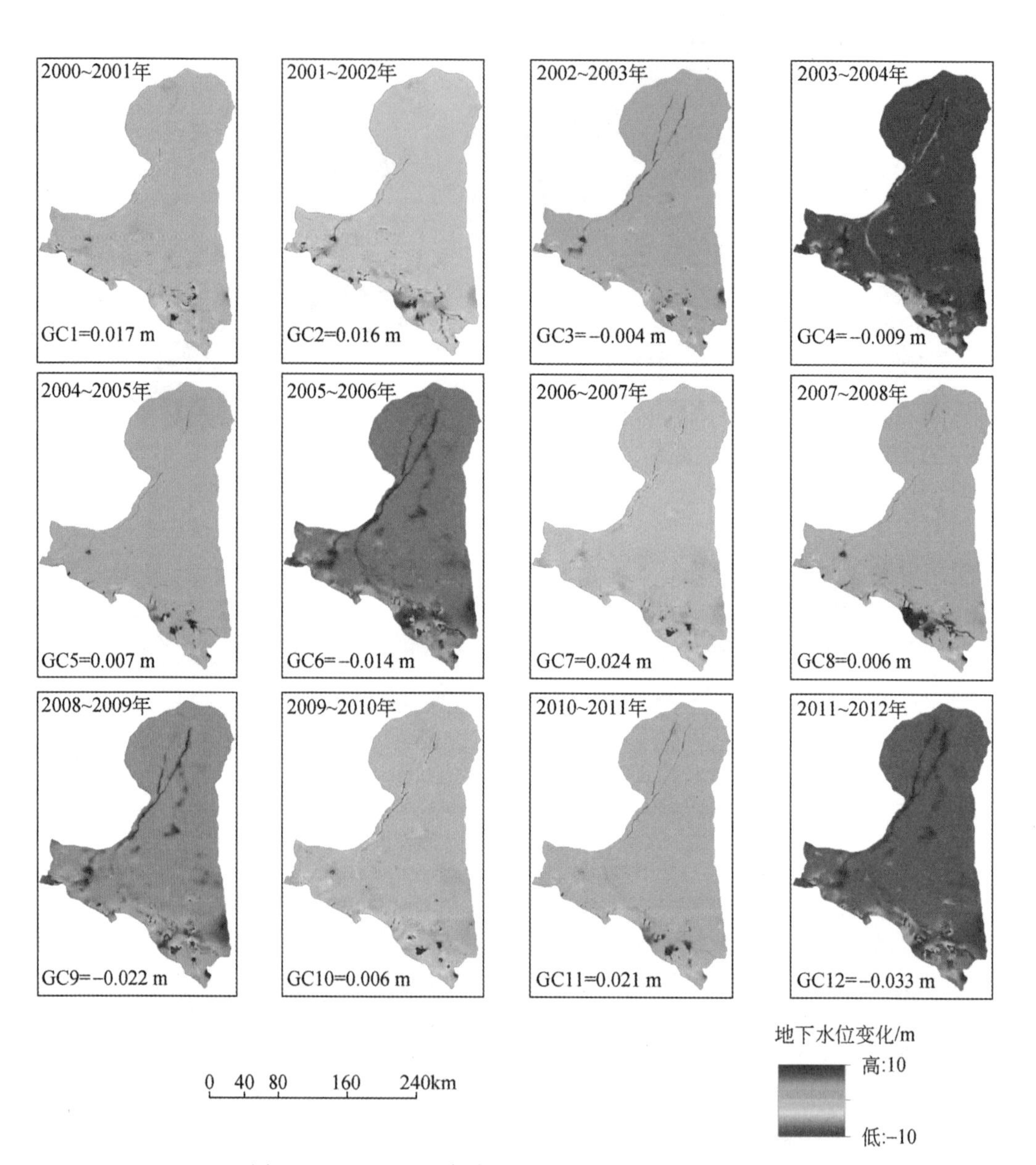

图 7-2 2000~2012 年中下游流场动态变化（年平均）

GC：流域平均水位变化

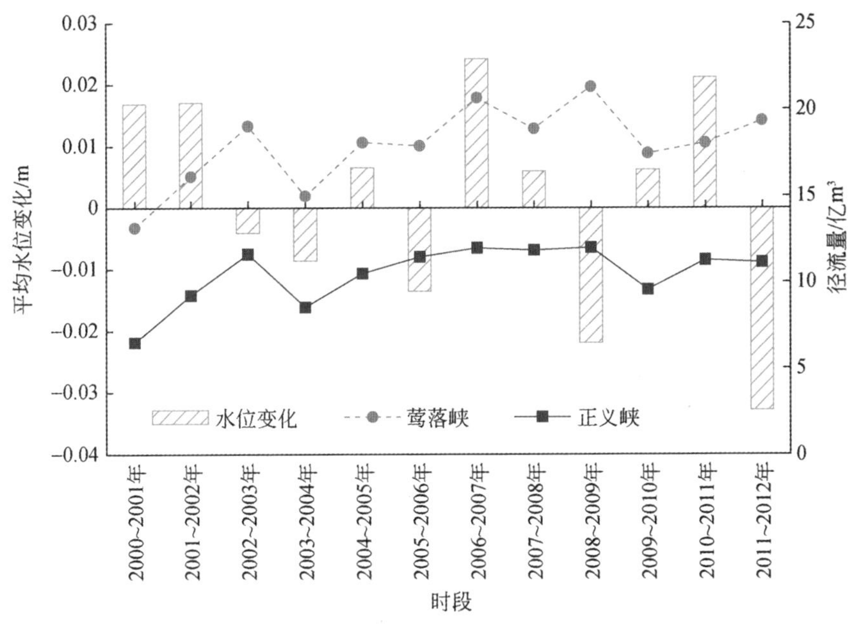

图 7-3　2000～2012 年黑河中下游平均水位动态变化与径流量的关系

7.2　地下水系统均衡

地下水系统均衡是衡量地下水是否能可持续开发的重要指标，因此量化流域地下水系统均衡对于水资源系统管理与调控具有重要意义。通常，地下水系统均衡可表示为下式（Bredehoeft，2002；Zhou，2009）：

$$(R+\Delta R)-(D-\Delta D)-P=\Delta S \tag{7-1}$$

式中，R 为自然补给量；ΔR 为人类活动引起的补给增量（如抽水引起水位下降使河流向地下水的补给增多及天然补给量增加等）；D 为自然排泄量；ΔD 为人类活动引起的排泄量的减少量（如抽水引起水位下降导致蒸发减少，地下水向河流及泉的排泄量减少等）；P 为抽水量；ΔS 为地下水储量变化。此处，地下水储量是指进入含水层骨架中的地下水存储量。因此，地下水系统均衡是一个由外部系统和内部各要素相互影响和关联的动态平衡过程。

7.2.1　上游山区地下水系统均衡

本研究考虑的上游山区地下水系统均衡要素主要包括：降雨入渗补给量（Recharge）；以基流形式从地下水系统排泄到地表河流的排泄量（Baseflow）；由含水层中侧向边界流向中下游山体的补给量（mountain block recharge，MBR）。假设上游山区地下水系统长期处于稳定状态，地下水储量不发生改变，其补给量和排泄量长期保持稳定均衡状态。表7-1为上游山区地下水系统均衡估计。其中，降雨入渗补给量为15.1亿~19.2亿 m^3/a，以基流形式从地下水系统排泄到地表河流的排泄量为10.6亿~13.4亿 m^3/a，由含水层中侧向边界流向中下游山体的补给量为5.6亿~7.4亿 m^3/a。值得注意的是，由于上游山区地处高海拔地区，积雪融化入渗也是地下水补给的一部分，而本研究主要以地下水系统为概化体系，因此假设此处降雨入渗补给量中已包含积雪融化部分。

表7-1　上游山区地下水系统均衡估计　（单位：亿 m^3/a）

均衡项	Recharge	Baseflow	MBR
数量	15.1~19.2	10.6~13.4	5.6~7.4

7.2.2　中下游盆地地下水系统均衡

中下游地下水系统均衡的主要补给项包括：降雨入渗及人工灌溉入渗补给量（R）；地下水侧向补给量（LFI）；河流向地下水的入渗补给量（SLI）。主要排泄项包括：地下水抽水量（P）；地下水蒸发量（ET），此处主要指从地下水潜水面的蒸发量；地下水以泉或沟渠方式向地表的排泄量（SUO）；地下水向地表河流的排泄量（SLO）。地下水储量变化（ΔS）。

1. 多年平均

根据中下游盆地地下水系统均衡估计（表7-2），降雨入渗及人工灌溉入渗补给量为17.49亿 m^3，约占中下游年降水量（86.55亿 m^3）的20.21%，占地下水总补给量的43.67%。地下水侧向补给量为6.63亿 m^3，占地下水总补给量的16.55%。河流向地下水的入渗补给量为15.93亿 m^3，约占年径流量（35.08亿 m^3）的45.41%，占地下水总补给量的39.78%。地下水抽水量为8.72亿 m^3，占总排泄量的20.58%。地下水蒸发量为9.58亿 m^3，占中下游总蒸发量（131.94亿 m^3）的7.26%，占总排泄量的22.61%。地下水以泉或沟渠方式向地表的排泄量为14.70亿 m^3，占总排泄量的34.72%。地下水向地表河流的排泄量为9.36亿 m^3，占年径流量（35.08亿 m^3）的26.68%，占总排泄量的22.09%。中下游地下水呈负均衡状态，平均每年储量减少约2.35亿 m^3。

表7-2　中下游盆地地下水系统均衡估计

均衡项	补给项			排泄项				ΔS
	R	LFI	SLI	P	ET	SUO	SLO	
多年平均/亿 m^3	17.49	6.63	15.93	8.72	9.58	14.70	9.36	-2.35
比例/%	43.67	16.55	39.78	20.58	22.61	34.72	22.09	

2. 多年动态

采用 MK 检验法对多年动态变化趋势进行计算。其中，P 表示拒绝原假设的显著性水平；tau 表征趋势性，正为上升趋势，负为下降趋势。地下水系统内各均衡项在模拟时间段内也呈现出不同的动态变化趋势。补给项和排泄项在年际和年内尺度上的变化各异，但相互均衡，共同影响着地下水储量变化。中下游地下水系统均衡的补给项主要包括：降雨入渗及人工灌溉入渗补给量（R）和河流向地下水的入渗补给量（SLI）。图 7-4 为地下水补给量多年动态变化。降雨入渗及人工灌溉入渗补给量呈显著的上升趋势（$P=0.003$），河流向地下水的入渗补给量呈显著的上升趋势（$P=0.04$）。2005 年以来，降雨入渗及人工灌溉入渗补给量的年内波动幅度增大，方差由 2005 年的 0.21 亿 m^3/a 增加至 2010 年的 0.48 亿 m^3/a。

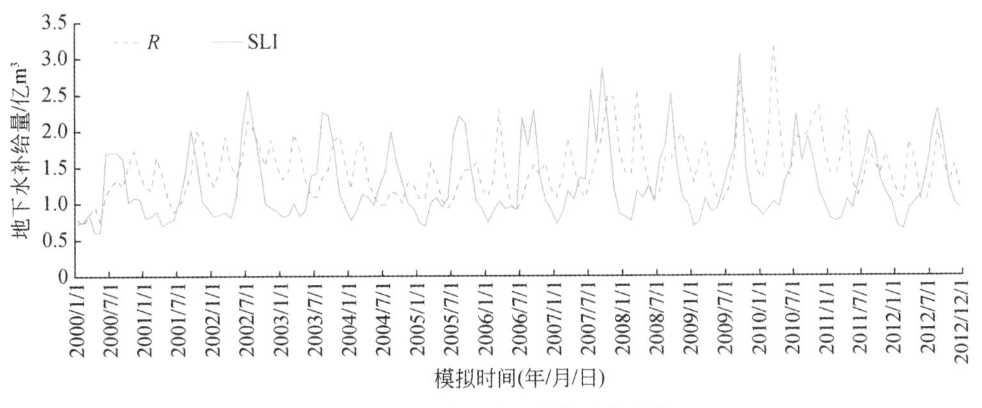

图 7-4 地下水补给量多年动态变化

图 7-5 为降雨入渗及人工灌溉入渗补给量和河流向地下水的入渗补给量年内变化，每一个箱线图表示历年同一月份的模型计算结果。在年内，降雨入渗及人工灌溉入渗补给量呈双波峰趋势，在 6 月最小而在 3 月和 10 月达到最大，且在补给量较大的月份，年际波动较大。这反映了降雨入渗及人工灌溉入渗对地下水补给的趋势主导作用。河流向地下水的入渗补给量呈单波峰趋势，在 9 月达到最大，在 1 月最小，在 7 月呈现出较大的年际波动。

中下游盆地地下水系统动态均衡的排泄项主要包括：地下水向地表河流的排泄量（SLO）；地下水蒸发量（ET）；地下水以泉或沟渠方式向地表的排泄量（SUO）。图 7-6 为地下水排泄量多年动态变化。其中，地下水向地表河流的排泄量在年际尺度保持稳定，上升趋势不显著（$P=0.335$）。同样，地下水蒸发量的年际波动也相对保持稳定，上升趋势不显著（$P=0.322$）。地下水以泉或沟渠方式向地表的排泄量在年际尺度呈非常显著的上升趋势（$P=0.000$），这表明在地下水埋深较浅地区（如中游细土平原带和下游冲积扇细土平原区）地下水位波动较剧烈。

从年内波动来看，地下水蒸发量年内波动较大，且波动程度呈增加趋势，方差由

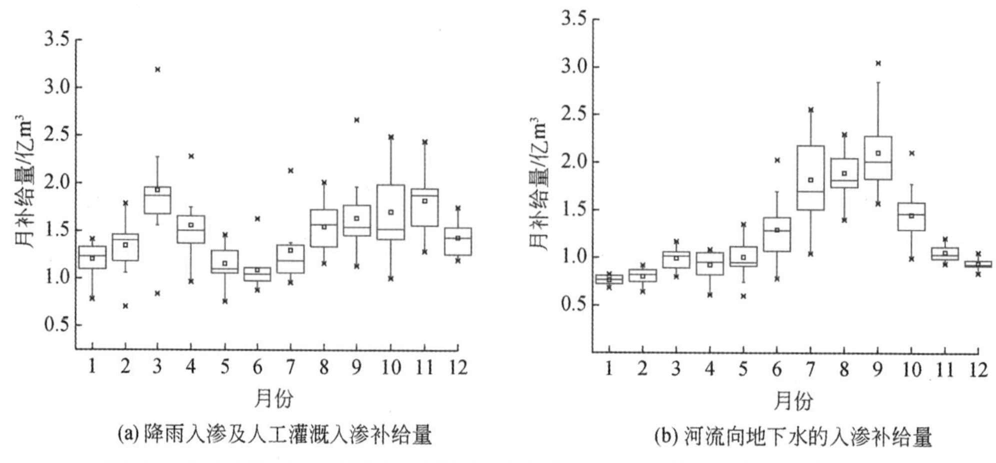

(a) 降雨入渗及人工灌溉入渗补给量　　(b) 河流向地下水的入渗补给量

图 7-5　降雨入渗及人工灌溉入渗补给量和河流向地下水的入渗补给量年内变化

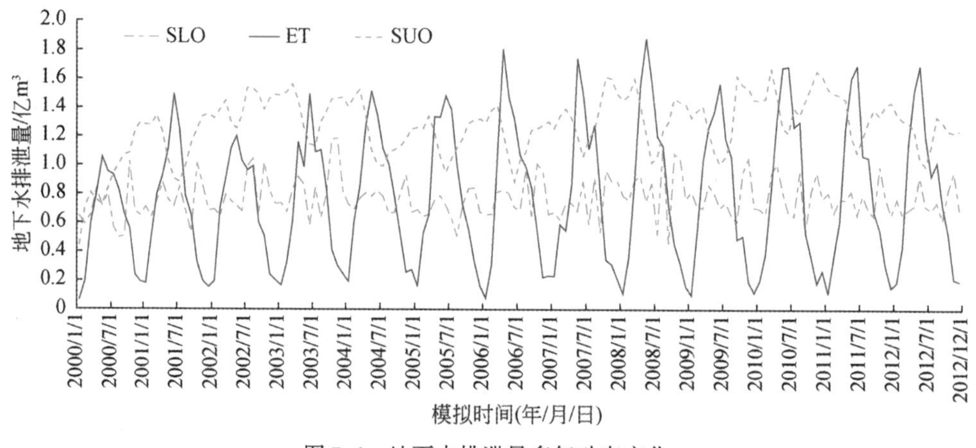

图 7-6　地下水排泄量多年动态变化

2000 年的 0. 32 亿 m^3/a 增加至 2010 年的 0. 55 亿 m^3/a；年内变化呈单峰型动态变化趋势，在 5 月达到最大，1 月最小，且各月份内的年际波动程度随地下水蒸发量的增大而增大（图 7-7）。地下水向地表河流的排泄量年内波动程度呈减小趋势，方差由 2000 年 0. 23 亿 m^3/a 减小至 2010 年的 0. 10 亿 m^3/a；年内动态变化与地下水蒸发量相反，呈双波峰型趋势，在 4 月和 10 月达到最大，9 月最小，各月份内的年际波动程度保持相对稳定。地下水向地表河流的排泄量多年年内波动整体呈上半年稳定排泄下半年剧烈波动的状态，10 月最大，9 月最小，8 月年际变化最大（图 7-7）。

图 7-8 为流域地下水储量变化。总体来看，黑河中下游地下水储量呈略微下降趋势，但并不显著（P=0. 131）。年内变化总体上呈上半年负均衡（$\Delta S<0$）下半年正均衡（$\Delta S>0$）状态（图 7-7）。在 5 月时负均衡达到最大，在 9 月时正均衡达到最大，7 月的年际波动达到最大。多年水均衡变化趋势统计如表 7-3 所示。

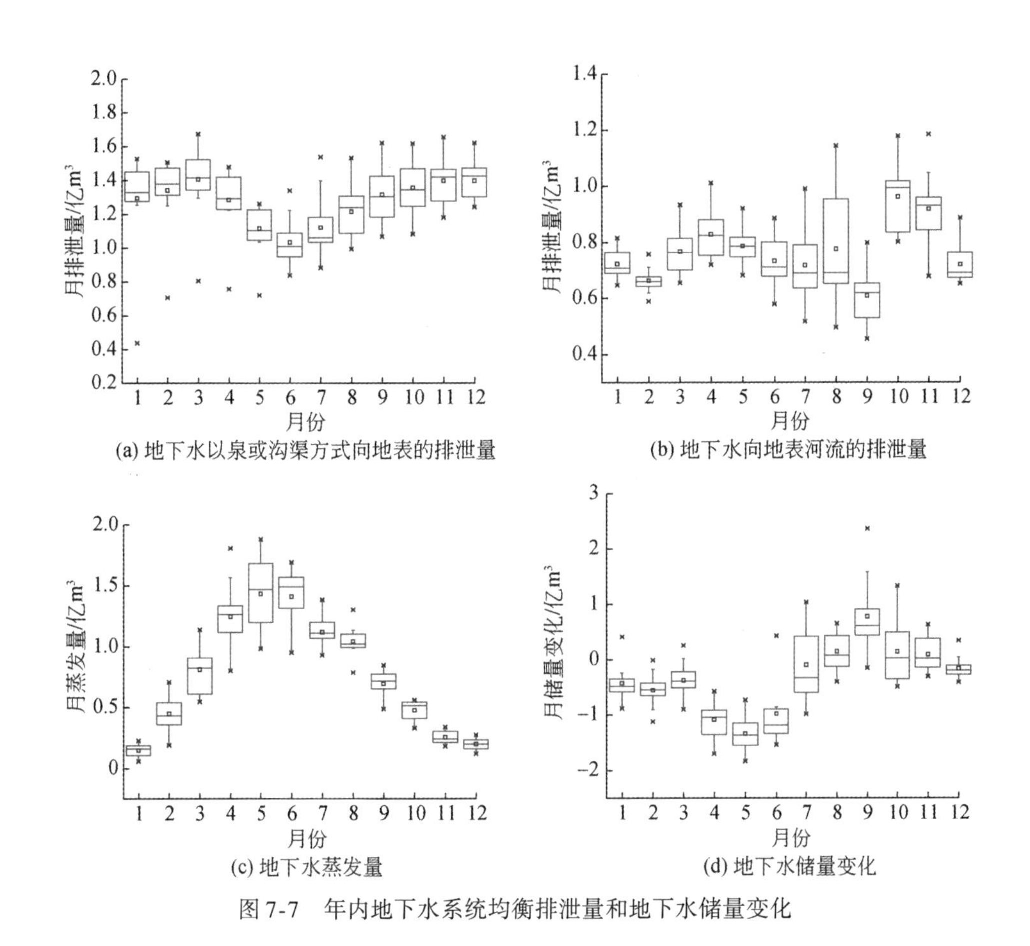

(a) 地下水以泉或沟渠方式向地表的排泄量　(b) 地下水向地表河流的排泄量

(c) 地下水蒸发量　(d) 地下水储量变化

图 7-7　年内地下水系统均衡排泄量和地下水储量变化

图 7-8　流域地下水储量变化

表 7-3　多年水均衡变化趋势统计

统计量	补给项		排泄项			ΔS
	R	SLI	SLO	ET	SUO	
STD	2. 379	1. 241	0. 415	0. 883	1. 729	2. 641
tau	0. 158	0. 107	0. 052	0. 053	0. 181	-0. 081
P	0. 003	0. 04	0. 335	0. 322	0. 000	0. 131

注：$P<0.05$，显著；$P<0.01$，很显著；$P<0.001$，非常显著

7. 3　子盆地水量均衡分析

中下游地下水系统包含6个三级盆地分区：民乐-大马营盆地、张掖盆地、酒泉东盆地、酒泉西盆地、金塔-花海子盆地、额济纳盆地，此外还包括分隔中下游的河西走廊低山区和巴丹吉林沙漠。通过流域地下水模型系统量化各子盆地的水量均衡和盆地间水量交换，对进一步理解系统内补给排泄关系和流域水资源管理具有重要意义。本节主要分析黑河中下游各子盆地水量均衡和动态变化趋势，估算山区及沙漠等无资料地区的补给排泄量。

本研究对基于 MODFLOW 的子盆地水量均衡模块（Zonebudget）(Harbaugh，1990）进行改进，可以对已划分好的空间区域内的所有计算网格结果进行提取和新的水量均衡计算。Zonebudget 模块的主要提取结果除包括降雨入渗及人工灌溉入渗补给量（*R*）、河流向地下水的入渗补给量（SLI）、地下水蒸发量（ET）、地下水向地表河流的排泄量（SLO）、地下水以泉或沟渠方式向地表的排泄量（SUO）、地下水抽水量（*P*）外，还包括地下水侧向补给量（LFI 和 LFO）、盆地间交换量（TBFI 和 TBFO）。同时，采用 MK 检验法对提取结果进行系统计算，量化各子盆地内所有均衡项的多年变化趋势。

7. 3. 1　子盆地多年平均水量均衡

表 7-4 列出了计算出的各子盆地水量均衡估计。Zongbudget 模块在计算各分区水量均衡时边界网格可能存在重复计算或缺漏，因此子盆地的各计算总量与整个模型系统均衡计算结果（表 7-2）可能存在一定误差，因此中下游全局系统均衡仍然以系统模型计算为准。张掖盆地和酒泉东盆地为黑河中游主要农业灌溉区域，张掖盆地降雨入渗及人工灌溉入渗补给量为 7. 92 亿 m^3/a，酒泉东盆地为 3. 21 亿 m^3/a。金塔-花海子盆地为下游主要农业灌溉区域，其降雨入渗及人工灌溉入渗补给量为 1. 79 亿 m^3/a。河西走廊低山区并无灌溉区域，但由于该区覆盖面积大，降雨入渗及人工灌溉入渗补给量为 2. 01 亿 m^3/a。地表河流入渗在不同区域内的量级各异，其中张掖盆地河流向地下水的入渗补给量为 6. 93 亿 m^3/a，约占全流域入渗总量的 42. 22%，总径流量的 18. 25%。额济纳盆地河流向地下水的入渗补给量为 2. 64 亿 m^3/a，约占全流域入渗总量的 17. 43%，总径流量的 7. 5%。酒泉东西盆地河流向地下水的入渗补给量为 3. 52 亿 m^3/a，主要为北大河入渗补

给，而民乐-大马营盆地河流向地下水的入渗补给量为 0.46 亿 m^3/a，主要为东部支流补给。Zonebudget 模块还进一步计算了山前盆地的地下水侧向补给量（LFI）及盆地间交换量（TBFI）。接受山前补给的盆地主要有民乐-大马营盆地、张掖盆地和酒泉东盆地，其中张掖盆地地下水侧向补给量为 3.18 亿 m^3/a，为总祁连山前补给的 49.53%。

黑河流域各子盆地的排泄项由于受地形和人类活动影响差异巨大，其中地下水蒸发量在埋深较浅的下游地区明显大于埋深较深的中游地区。额济纳盆地地下水蒸发量为 3.02 亿 m^3/a，约占流域地下水蒸发总量的 28.05%，金塔-花海子盆地地下水蒸发量为 2.50 亿 m^3/a，约占流域地下水蒸发总量的 23.51%，张掖盆地地下水蒸发量为 2.34 亿 m^3/a，约占流域地下水蒸发总量的 22.43%。地下水向地表的排泄量是盆地地下水排泄的重要部分，而这部分量的估算在以往模型中常被忽略。张掖盆地地下水以泉或沟渠方式向地表的排泄量为 6.75 亿 m^3/a，约占全流域地下水以泉或沟渠方式向地表的排泄总量的 48.28%。原因可能有两方面，一是张掖盆地下降-上升式的含水层结构导致盆地边缘细土平原区地下水埋深浅，地下水易出露；二是增加的灌溉使地下水位上升而出露。地下水向地表河流的排泄量也主要集中在张掖盆地，为 3.74 亿 m^3/a，约占全流域地下水向地表河流的排泄总量的 61.83%。地下水抽水量集中在农业灌区盆地，主要集中在河西粮食产地的张掖盆地，为 4.98 亿 m^3/a，约占全流域地下水抽水总量的 57.44%。

表 7-4 各子盆地水量均衡估计 （单位：亿 m^3/a）

均衡项		民乐-大马营盆地	张掖盆地	酒泉东盆地	酒泉西盆地	金塔-花海子盆地	额济纳盆地	河西走廊低山区	巴丹吉林沙漠
补给项	R	0.23	7.92	3.21	1.13	1.79	1.44	2.01	0.30
	SLI	0.46	6.39	2.06	1.46	1.58	2.64	0.56	0.00
	LFI	1.61	3.18	1.63	0.00	0.00	0.00	0.00	0.00
	TBFI	1.30	0.97	1.54	0.92	1.79	1.02	3.18	1.01
排泄项	ET	0.02	2.34	0.94	0.35	2.50	3.02	0.98	0.28
	SUO	0.00	6.75	2.32	1.57	1.20	0.75	1.38	0.01
	SLO	0.00	3.74	0.82	0.28	0.35	0.79	0.17	0.00
	P	0.69	4.98	1.87	0.00	0.83	0.30	0.00	0.00
	LFO	1.07	1.32	1.50	0.00	0.00	0.00	0.00	0.00
	TBFO	2.37	0.55	1.55	1.56	0.36	0.17	3.23	1.02
ΔS		-0.53	-1.12	-0.48	-0.23	-0.06	0.07	0.01	0.00

通过 Zonebudget 模块的计算，量化了黑河流域侧向补给及各子盆地间的交换量和空间分配（图 7-9），从模型角度回答了各区域间尤其是山区和沙漠等无资料区域间的相互补给排泄的几个重要问题。河西走廊低山区对中游盆地的补给从东到西逐渐减小，这与地形起伏变化密切相关。河西走廊低山区每年通过地下水约向巴丹吉林沙漠补给 0.87 亿 m^3，而巴丹吉林沙漠净补给下游额济纳盆地约 0.66 亿 m^3。对各子盆地间交换量的估计进一步说明了流域地下水系统的相互关联性及整体性。虽然这部分量目前并无支持数据验证，但

可为流域地下水系统的研究提供一定的参考依据。

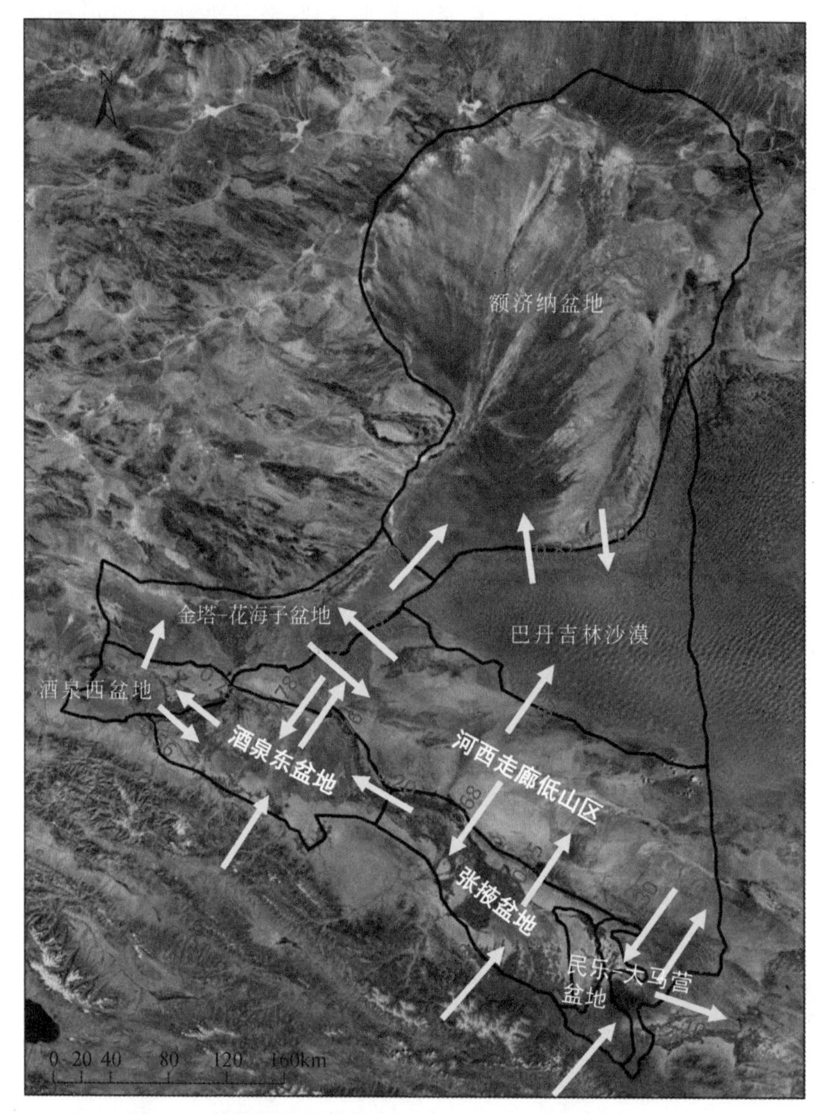

图 7-9　估算侧向补给及各子盆地间的交换量和空间分配

图中数字单位为亿 m^3

7.3.2　子盆地补给排泄动态变化

采用 MK 检验法对流域各子盆地水均衡动态变化趋势进行了统计分析（表 7-5），主要包括降雨入渗及人工灌溉入渗补给量（R）、河流向地下水的入渗补给量（SLI）、地下水蒸发量（ET）、地下水以泉或沟渠方式向地表的排泄量（SUO）、地下水向地表河流的排泄量（SLO）。对于山区的地下水侧向补给和盆地间水量交换，本研究假设这些量在模拟时间段的时间尺度内均保持稳定。入渗补给量的变化趋势可以衡量各子盆地地下水系统对气候变化（降雨）和人类活动（灌溉）的响应过程。结果显示，对于降雨入渗及人工灌溉入渗补给量，民乐-大马营盆地、张掖盆地和酒泉东盆地均呈显著的增大趋势；额济纳盆地、河西走廊低山区和巴丹吉林沙漠均呈非常显著的减小趋势。对于河流向地下水的入渗补给量，张掖盆地、金塔-花海子盆地和额济纳盆地呈很显著的增大趋势，而其他盆地无明显变化。对于地下水蒸发量，除民乐-大马营盆地呈显著的降低趋势外，其他区域并无显著变化。对于地下水以泉或沟渠方式向地表的排泄量，民乐-大马营盆地和酒泉东盆地呈非常显著的下降趋势，其他区域上升趋势显著。对于地下水向地表河流的排泄量，只有酒泉西盆地和额济纳盆地呈显著的上升趋势。对于地下水储量变化，民乐-大马营盆地和额济纳盆地呈显著的上升趋势，酒泉东盆地无显著变化趋势，其他区域呈一定程度的下降趋势。

表 7-5　黑河中下游子盆地水均衡动态变化趋势统计分析

均衡项			民乐-大马营盆地	张掖盆地	酒泉东盆地	酒泉西盆地	金塔-花海子盆地	额济纳盆地	河西走廊低山区	巴丹吉林沙漠
补给项	*R*	tau	0.461	0.312	0.083	0.045	0.036	−0.286	−0.395	−0.831
		P	0.000	0.000	0.007	0.145	0.235	0.000	0.000	0.000
	SLI	tau	0.012	0.106	0.079	0.019	0.103	0.163	0.031	1.000
		P	0.733	0.001	0.010	0.534	0.001	0.001	0.314	1.000
排泄项	ET	tau	−0.063	0.009	−0.008	0.001	0.061	0.055	0.023	−0.003
		P	0.041	0.757	0.799	0.964	0.045	0.075	0.454	0.935
	SUO	tau	−0.286	0.289	−0.109	−0.024	0.287	0.248	0.506	0.102
		P	0.000	0.000	0.000	0.436	0.000	0.000	0.000	0.001
	SLO	tau	1.000	−0.024	−0.055	0.707	0.044	0.197	0.010	1.000
		P	1.000	0.429	0.071	0.000	0.153	0.000	0.750	1.000
ΔS		tau	0.527	−0.078	−0.020	−0.407	−0.064	0.197	−0.371	−0.105
		P	0.000	0.011	0.517	0.000	0.036	0.015	0.000	0.001

注：$P<0.05$，显著；$P<0.01$，很显著；$P<0.001$，非常显著

7.4　本章小结

本章主要对黑河上游和中下游地下水系统的流场分布和区域水平衡进行了系统分析。在已校正好的上游山区模型上运行 Modpath 模块对不同尺度水流系统进行了量化分析；在已校正好的中下游盆地模型上运行 Zonebudget 模块对 8 个三级子分区动态水均衡进行了计算，并估算了盆地间交换量。通过模型计算，主要得到以下几点认识：

黑河上游地下水系统呈现出明显的网状次级结构，局部水流系统和中尺度水流系统主导了山区水流过程（95%）。其中，约 64% 的水流处于局部水流循环，主要存在于各子流

域内，流动范围小于 10km；约 31% 的水流处于中尺度水流循环，主要存在于各相邻两个子流域间，流动范围为 10 ~ 30km；仅有约 5% 的水流处于区域水流循环，流动范围最大可达 54km。

黑河中下游地下水流场动态变化呈现出明显的地带性，变化敏感区域主要集中在出山口径流补给区、河岸带、水库等处。出山口径流补给区受地表径流情势影响较大，年地下水位波动在 5 ~ 10m，而河岸带受地表地下水相互作用影响，年地下水位波动在 1m 以内。受生态调水计划的影响，下游河岸带地下水响应较为显著，但与全流域平均水位呈相反的趋势，即当中下游整体水位抬升时，下游河岸带地下水位相对降低，而当整体水位下降时，下游河岸带地下水位相对抬升。

黑河上游山区地下水均衡以降雨入渗补给量为主要补给项，以基流形式从地下水系统排泄到地表河流的排泄量和由含水层中侧向边界流向下游山体的补给量为主要排泄项。其中，上游降雨入渗补给量为 15.1 亿 ~ 19.2 亿 m^3/a，以基流形式从地下水系统排泄到地表河流的排泄量为 10.6 亿 ~ 13.4 亿 m^3/a，由含水层中侧向边界流向下游山体的补给量为 5.6 亿 ~ 7.4 亿 m^3/a。黑河中下游盆地地下水均衡则以降雨入渗及人工灌溉入渗补给量、地下水侧向补给量、河流向地下水的入渗补给量为主要补给项，以地下水抽水量、地下水蒸发量、地下水以泉或沟渠方式向地表的排泄量、地下水向地表河流的排泄量为主要排泄项。其中，年均降雨入渗及人工灌溉入渗补给量为 17.49 亿 m^3，在 2000 ~ 2012 年呈很显著的上升趋势，且在 2005 年后年内波动逐渐增大；年均河流向地下水的入渗补给量为 15.93 亿 m^3，在 2000 ~ 2012 年呈显著的上升趋势，且在 7 ~ 9 月年际波动较大；年均地下水蒸发量为 9.58 亿 m^3，在 2000 ~ 2012 年并无明显的变化趋势；年均地下水以泉或沟渠方式向地表的排泄量为 14.70 亿 m^3，且在 2000 ~ 2012 年呈非常显著的上升趋势；年均地下水向地表河流的排泄量为 9.36 亿 m^3，且在 2000 ~ 2012 年呈显著上升的趋势。

黑河流域包含 6 个三级子盆地、低山区和沙漠，其中张掖盆地中的人类活动对整个流域地下水系统水均衡起重要作用。张掖盆地内降雨入渗及人工灌溉入渗补给量、地下水侧向补给量、河流向地下水的入渗补给量均占全流域该项总量的 40% 以上，而地下水以泉或沟渠方式向地表的排泄量占到了该项流域总量的 59%，并且这几项在模拟期内均呈显著上升的趋势。地下水蒸发作用则主要体现在地下水埋深较浅的金塔–花海子盆地和额济纳盆地，占流域总地下水蒸发的 52%。从地下水储量变化来看，除额济纳盆地、河西走廊低山区和巴丹吉林沙漠以外，其他各盆地均为负均衡。通过各分区水均衡还估计了河西走廊低山区和巴丹吉林沙漠等无资料区的边界补给量，巴丹吉林沙漠每年向下游额济纳盆地的净补给量约 0.66 亿 m^3，而河西走廊低山区向巴丹吉林沙漠的补给量约 0.87 亿 m^3。

第8章　流域关键带地下水流过程及影响分析

8.1　地下水流过程的影响研究进展

地下水对于调节流域水循环过程和生态系统平衡，维持人类的粮食生产和饮用水需求具有至关重要的作用。量化地下水空间分布特征及其水流过程在生态水文系统中的影响作用，将增进人们对陆地水循环的了解，并填补第四次政府间气候变化专门委员会报告中提出的气候变化将如何影响生态水文系统的知识空白（Izrael et al.，2007）。然而，在大尺度生态水文系统中量化地下水流过程的影响作用是极其困难的。第一个挑战是不同尺度研究系统所用的数据集和模型工具存在差异，如典型的地下水模型研究侧重于含水层尺度，而群落生态学统计侧重于野外田间尺度（Griebler et al.，2014）。第二个挑战是如何将地下水的作用和影响从复杂的受各项生态水文作用的综合过程中分离出来，如从山前出流中分割出地下水排泄基流的贡献以及地下水对蒸散发的贡献（直接从地下水面蒸发的量）（Karimov et al.，2014）。这些问题在黑河流域表现较为突出，因此借助模型模拟系统分析地下水在干旱区生态水文系统中的影响作用对其他干旱流域有着重要的借鉴作用。

由于地形、气象、土地覆被的不同，地下水系统在水循环过程中的影响作用不同。在典型的流域生态水文系统中，上游高寒山区地下水的作用体现在地下水入渗后通过径流和山区侧向流为下游地区提供水源，中游绿洲盆地地下水与地表河流交互频繁，且气候变化和灌溉作用会进一步影响蒸发蒸腾作用，在下游戈壁荒漠区，地下水位是影响荒漠植被生长的重要因素。因此，地下水在流域生态水文系统中的影响作用可以概括为4个方面：存储入渗的大气降水作为地下水补给；在上游山区组织分配基流与山区侧向流；与中下游地表水进行交换；水位波动影响植被生长状态（Miguez-Macho and Fan，2012；Pokhrel et al.，2013）。

地下水补给是指到达地下水面的入渗量。研究表明，在干旱半干旱山区，地下水补给与降水之比（也称入渗系数）的变化范围为0.03～0.42（Ball et al.，2014）。Scanlon等（2006）对全世界地下水入渗进行了调研分析，发现只接受降水补给的干旱区域，入渗系数为0.001～0.005，灌溉地区的地下水补给是降水地区的5～100倍。这表明，地下水补给不仅受地形的影响，还受气候变化和土地利用/覆盖时空变化的影响（Scanlon et al.，2006；Taylor et al.，2012）。雨季含水层接受补给，地下水位升高，而与此相反的是，在旱季，浅层地下水通过根系消耗作用与蒸发蒸腾维持植被生长，地下水补给量和蒸发量与地下水位关系密切（Miguez-Macho and Fan，2012）。研究表明，大约10%的蒸散发量是由地下水直接提供的，在旱季这一数值可达20%～30%（Lam et al.，2011；Yeh and

Famiglietti，2009）。

地下水系统在上游山区调节分配基流与山区侧向流，在中游冲积平原调节与地表水的交换量。目前，流域尺度的山区侧向流的研究仍较少，根据理论模型计算估计，在山区5% ~35%的地下水补给成为山区侧向流（Gleeson and Manning，2008；Wilson and Guan，2004），这一部分补给直接进入中下游地下水，从而进一步通过中下游地下水位变化调节地表-地下水交互作用和蒸发作用。然而，缺乏上游山区地下水系统对中下游冲积平原的影响程度的定量研究。在流域中游冲积平原，地下水系统与地表河流联系密切，在气候变化和灌溉条件的双重影响下，地表-地下水交换量呈现出季节性特征。尽管分布式光纤测温技术和航空热红外遥感等为量化地表-地下水交互作用提供了帮助（Liu et al.，2016；Yao et al.，2015），但无法提供地表-地下水交换量的年季变化特征和水流路径信息。

在流域中下游地下水埋深较浅地区，地下水直接供给地表植被的蒸发蒸腾，从而维持着干旱区流域生态系统。在下游戈壁荒漠地区，地下水系统还间接地缓冲降水和地表水入渗，以保持土壤水分减缓蒸发蒸腾的消耗（Koirala et al.，2017）。由于地下水对生态系统具有重要的影响作用，地下水依赖型生态系统（groundwater-dependent ecosystem，GDE）的概念被提出，并被定义为植被动态和土壤水平衡受地下水影响显著的陆地生态系统（如湿地、河岸林等），其景观组分中部分或全部植被需水由地下水供给，在失去地下水供给时系统结构可能发生改变、功能可能遭受损伤（Humphreys，2006）。尽管地下水依赖型生态系统的概念强调了地下水的作用，但地下水与植被之间的关系却很难确定，也很难绘制地下水依赖型生态系统区域图，尤其是在流域尺度上，戈壁荒漠植被稀疏，地下水与植被之间的相互作用很难量化。确定植被对地下水的依赖主要有以下两种方法：第一种方法是采用基于群落尺度的生态水文模型，该模型将植物生长与地下水之间的关系和植物根系之间的动态水运动耦合起来，以量化特定类型植物对地下水的依赖性（Chui et al.，2011）；第二种方法是利用遥感数据如叶面积指数（leaf area index，LAI）、归一化植被指数（normalized difference vegetation index，NDVI）、净初级生产力（net primary productivity，NPP）等，绘制地下水依赖型生态系统区域图（Döll and Fiedler，2008；Pérez Hoyos et al.，2016）。然而，这两种方法都存在弊端，第一种基于群落的生态水文模型很难绘制地下水依赖型生态系统区域图；而利用遥感数据绘制地下水依赖型生态系统区域图必须设计可靠的判断标准，以确定地下水与植被之间的相互作用，这种相互作用需要考虑物候（如生长季节）和水文要素的时空变化。特别地，由于人对径流的调节作用，下游戈壁荒漠的径流发生改变，并进一步影响地表-地下水交互作用和植被蒸发过程，因此需要量化径流调节作用对其产生的影响。

因此，本章以黑河流域为例，聚焦以下5个方面的问题来量化地下水在生态水文系统中的影响作用：①地下水对降雨的响应程度以及对蒸发蒸腾的贡献程度；②在上游山区，地下水如何调节分配山区侧向流和基流，两者又是如何影响下游冲积平原的水文过程的；③在中下游盆地戈壁，地下水如何在年际尺度上调节与地表水的交换；④地下水在多大程度上维持着植被生态系统；⑤径流调节作用对荒漠生态系统的影响。

8.2 上游山区地下水流系统控制因素及影响

黑河上游山区地下水系统均衡主要以降雨入渗、基流排泄和山区侧向流为主，而气候条件影响下的不同降雨量成为影响基流和山区侧向流的重要因素（Jiang et al., 2009; Kuang and Jiao, 2014; Toth, 1963）。此外，区域的垂向水力传导系数影响着区域水流、中尺度水流、局部水流的范围和分布。因此，本节首先通过量化降雨入渗补给和垂向水力传导系数这两个控制因素对基流和山区侧向流分配的影响，然后进一步探讨二者的分配关系对中下游水文系统的影响。

8.2.1 入渗补给

干旱流域地下水的实际入渗补给（AP）一般为降雨量（P）的 5% ~30%（Scanlon et al., 2006），确定降雨入渗补给率（AP/P）的变化效应对认识山区水流作用有着重要意义。因此，以 AP/P 为重要因变量，基于已校正的上游山区模型，通过设置不同的模型情景量化基流和山区侧向流对其的响应程度。表 8-1 为不同 AP/P 情景下的地下水补给量和模型的拟合度。结果表明，在黑河上游山区，AP/P 为 0.18 ~ 0.20，在此范围内，模型的拟合度高达 93% ~96%（表 8-1 中灰色区域）。

表 8-1　不同 AP/P 情景下的地下水补给量和模型的拟合度

AP/P	R/(mm/a)	拟合度/%
0.05	20.57	13
0.10	41.15	46
0.12	49.38	59
0.15	61.73	76
0.18	74.08	93
0.20	82.31	96
0.25	102.89	67
0.30	123.47	38

图 8-1 为不同 AP/P 情景下的山区水均衡系统响应。可以发现，随着 AP/P 的增大，基流和山区侧向流的绝对量级都随之增大，且基流增大较为迅速。根据第 7 章上游地下水流场分布的分析，基流的增加主要来源于局部水流，因此可推测 AP/P 的变化对局部流场具有强烈作用。由相对比例的变化趋势可知，在不同 AP/P 情景下，水均衡的比例结构在一定程度上保持稳定，其中基流约占 65%，山区侧向流约占 35%，地下水蒸发急剧减小，从 0.42% 减小到 0.20%。原因在于，山区地下水蒸发主要发生在河谷地下水埋深较浅地区，当补给增大时，基流和山区侧向流的绝对量增加，虽然地下水蒸发的绝对量也在增

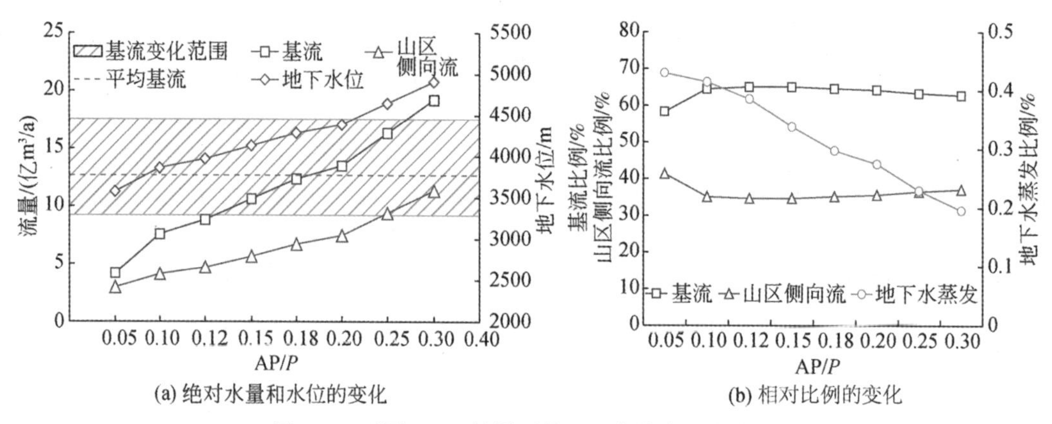

图 8-1　不同 AP/P 情景下的山区水均衡系统响应

加，但相对于基流和山区侧向流，地下水蒸发比例减小。与基流和山区侧向流相比，地下水蒸发只占非常小的比例，所以在水均衡讨论中可忽略不计，但在此处列出主要是为了突出 AP/P 的变化对各水均衡项的影响强度。

8.2.2　垂向水力传导系数

垂向水力传导系数（K）对于区域水流系统的影响可通过一个通用的指数衰减模型（exponential decay model）进行描述（Jiang et al.，2009；Kuang and Jiao，2014）：

$$\log K_z = \log K_0 - AZ \tag{8-1}$$

式中，A 为衰减系数；K_0 为在地层表面的垂向水力传导系数；K_z 为在深度 z 处的垂向水力传导系数。

由于山区没有水文地质资料的支持，采用式（8-1）对山区不同地层的垂向水力传导系数进行估计。通过设置不同 A 来生成相应配套的 K_z，代入式（8-1）进行水流模拟，从而量化垂向水力传导系数对区域水流系统的影响。

表 8-2 为不同 A 下的 K 分布及其模型的拟合度。可以发现，A 为 0.004 和 0.005 时，上游山区模型的拟合度达到最优（拟合度为 95% 和 94%，表 8-2 中灰色部分）。

表 8-2　不同 A 下的 K 分布及其模型的拟合度

A	K_2	K_3	K_4	K_5	K_6	K_7	拟合度/%
0.001	8.86×10^{-6}	7.78×10^{-6}	6.57×10^{-6}	4.14×10^{-6}	1.52×10^{-6}	2.20×10^{-7}	31
0.002	7.85×10^{-6}	6.06×10^{-6}	4.32×10^{-6}	1.71×10^{-6}	2.32×10^{-7}	4.84×10^{-9}	67
0.003	6.95×10^{-6}	4.72×10^{-6}	2.84×10^{-6}	7.09×10^{-7}	3.53×10^{-8}	1.06×10^{-10}	85
0.004	6.16×10^{-6}	3.67×10^{-6}	1.87×10^{-6}	2.94×10^{-7}	5.38×10^{-9}	2.34×10^{-12}	95
0.005	5.46×10^{-6}	2.86×10^{-6}	1.23×10^{-6}	1.22×10^{-7}	8.19×10^{-10}	5.17×10^{-14}	94
0.006	4.83×10^{-6}	2.23×10^{-6}	8.09×10^{-7}	5.03×10^{-8}	1.25×10^{-10}	1.13×10^{-15}	89

图 8-2 为不同 A 下的水均衡系统响应。可以发现，当 A 增大时，K 衰减量级增大，山区侧向流呈减小趋势，基流呈增加趋势。原因在于，A 变大导致 K 量级变小，使局部水流和区域性水流的迁移过程变得困难，所以山区侧向流呈显著减小趋势。K 的减小使更多的补给量停留在靠近地表的几层，增加了局部水循环的量级，进而使基流增加。由图 8-2（b）可以发现，A 能够彻底影响水均衡系统的比例分配，使基流和山区侧向流的比例发生变化。

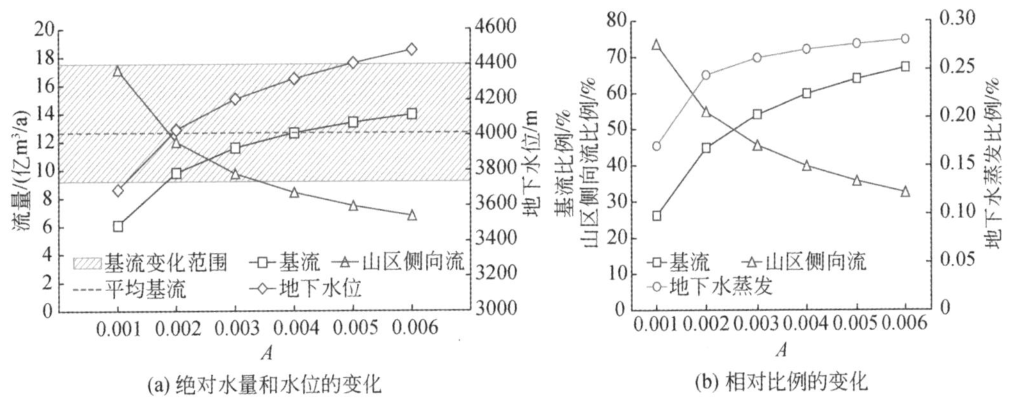

图 8-2　不同 A 下的水均衡系统响应

降雨入渗补给和垂向水力传导系数都对山区地下水系统有着不同程度的影响，为了比较这两种控制因素的影响大小，在此引入一个无量纲的参数——弹性系数（EI）来量化不同量级因子的影响程度：

$$\mathrm{EI}=\frac{P_0}{Q_0}\times\frac{Q_0-Q_i}{P_0-P_i} \tag{8-2}$$

式中，P_0 为基准的因变量；P_i 为变化后的因变量；Q_0 为对应 P_0 的模型输出；Q_i 为对应 P_i 的模型输出。

表 8-3 为 AP/P 和 A 对山区水流影响大小的比较。可以看出，降雨入渗对基流和山区侧向流均会产生正反馈作用，且山区侧向流比基流更加敏感。垂向水力传导系数对基流产生正反馈作用，而对山区侧向流产生负反馈作用，山区侧向流同样比基流更加敏感。因此，山区侧向流对于两种影响因素的响应比基流表现得更为敏感；在上游山区模型中，合理的垂向水力传导系数估计能够有效降低模型的不确定性。

表 8-3　AP/P 和 A 对山区水流影响大小的比较

因素	Δ^1	ΔBaseflow			ΔMBR		
		比例/%	数值/（亿 m³/a）	EI	比例/%	数值/（亿 m³/a）	EI
AP/P	↑0.01	↑4.56	↑0.56	0.82	↑5.54	↑0.37	0.99
A	↑0.001	↑5.87	↑0.74	0.23	↓-11.31	↓-0.95	-0.45

注：↑表示增加，↓表示减小

8.2.3 上游山区地下水系统对中下游水循环过程的影响

上游山区的基流和山区侧向流是中下游重要的汇入水源，量化上游山区地下水系统控制因子对中下游水循环过程的影响，对认识全流域水循环过程机理具有重要意义。因此，将上游山区不同 AP/*P* 和 *A* 下产生的基流和山区侧向流作为输入条件，放入中下游地表-地下水耦合模型中，模拟中下游各水文过程的响应程度。

表 8-4 为不同 AP/*P* 和 *A* 下的中下游水文过程响应，图 8-3 为中下游水文过程对上游山区地下水变化响应。中下游所有水文过程对 AP/*P* 表现为正响应关系，当 AP/*P* 增大 0.01 时，地下水侧向补给量（LFI）的响应程度最大（EI=1.01），增大 5.59%，其次为地下水蒸发量（ET），增大 1.44%，地下水以泉或沟渠方式向地表的排泄量（SUO）增大 1.08%，河流向地下水的入渗补给量（SLI）增大 0.62%，地下水向地表河流的排泄量（SLO）增大 0.06%。地下水侧向补给量为上游与中下游的直接输入量，因此其响应程度最大。而上游山区地下水对中下游地下水蒸发量产生影响的主要原因为：增加的基流和山区侧向流使局部地下水位升高从而使地下水蒸发量增加，这同样也是造成地下水以泉或沟渠方式向地表的排泄量和地下水向地表河流的排泄量增加的原因。而中下游河流向地下水的入渗补给量的增加主要是因为基流补充到地表水的量增加，使局部地区地表水位相对高于地下水。

表 8-4 不同 AP/*P* 和 *A* 下的中下游水文过程响应

因素	项目	LFI	SLI	ET	SUO	SLO
AP/*P* ↑0.01	幅度/%	↑5.59	↑0.62	↑1.44	↑1.08	↑0.06
	EI	1.01	0.11	0.26	0.19	0.01
A ↑0.001	幅度/%	↓-11.23	↑0.73	↓-1.98	↓-0.17	↓-0.49
	EI	-0.48	0.03	-0.08	-0.01	-0.02

从表 8-4 可以看出，除河流向地下水的入渗补给外，中下游水文过程对上游垂向渗透系数变化的主要反馈为负响应。其中，影响最大的仍然为直接关联中下游的地下水侧向补给量，当 *A* 增大 0.001 时，地下水侧向补给量减少 11.23%。造成河流向地下水的入渗补给量正反馈的主要原因为增大的 *A* 增加了汇入河流的基流，使地表河流水位相对升高，因此增加了河流向地下水的入渗补给量。

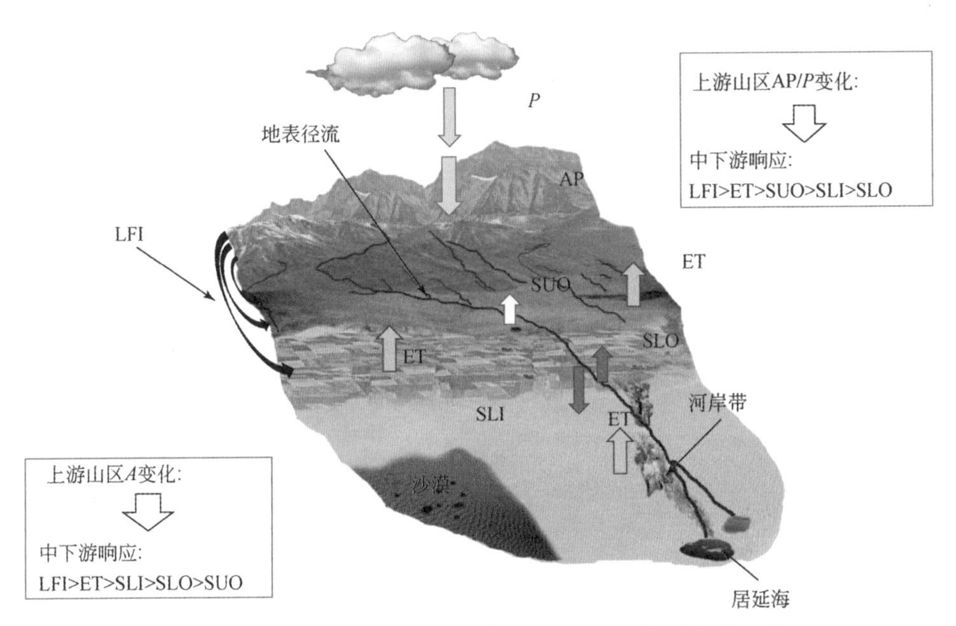

图 8-3　中下游水文过程对上游山区地下水变化响应示意图

8.3　地下水补给和蒸发作用

降水入渗是流域自然景观带地下水的主要补给方式，在人工耕种区，灌溉对地下水的补给远大于降水。同样地，蒸发是流域中下游浅埋藏地下水的主要排泄方式。不同植被覆盖、不同水位埋深条件、不同气候条件下，地下水补给和蒸发作用不甚相同。但在流域尺度的研究中，缺乏地下水补给和蒸发作用的时空分布特征及其影响因素的定量化研究。本节基于已校正好的中下游地表–地下水耦合模型分析地下水补给和蒸发作用的时空分布特征及其影响因素。

8.3.1　不同土地利用下地下水补给和蒸发作用

黑河流域土地利用分布如图 8-4 所示，戈壁荒漠和山地面积比例为 58% 和 33%，绿洲面积比例少于 9%（Yao et al., 2014b）。流域中下游的年均蒸发量和年均降雨量如图 8-5 所示，下游戈壁荒漠平原年均降雨量不足 50mm。在中游绿洲盆地，年均蒸发量较高，在 500mm 以上，下游戈壁荒漠平原年均蒸发量在 100mm 以下。

利用已校正的中游地表–地下水耦合模型，提取每个计算网格上接受的降水量（precipitation，P）、入渗到土壤层的水分量（soil infiltration，Soilin）和入渗到地下水面的量（groundwater recharge，GWR），并统计在不同土地利用下这些水文变量的值，其中土地利用可分为自然土地利用组（包括裸地、林地、戈壁荒漠、草地）以及人为土地利用组（包括耕地和城市土地）。图 8-6（a）为年均 GWR 的空间分布。GWR 的补给源包括降水、灌溉入渗、湖泊和湿地渗漏等。在中游绿洲盆地，主要以耕地和城市土地覆盖为主，其年均地下水补给为5～600mm。由于降水少且水位较深，横跨中下游戈壁荒漠平原的低洼山区的地下水入渗小于1mm/a。在巴丹吉林沙漠，零散分布的湖泊以每年6～20mm的速度补给地下含水层。下游戈壁荒漠平原的地下水补给主要来自地下水入渗速度为1～50mm/a的耕作地区的渗漏和灌溉作用。

图8-4 研究区及土地利用分布

同一土地利用类型下的地下水入渗可能呈现出明显的空间变异。如图8-6（b）所示，林地、耕地和城市土地的地下水入渗存在明显的空间变异性，而裸地和戈壁荒漠的地下水入渗相对均匀。Soilin/P表示降水对土壤非饱和区的贡献，GWR/P表示降水对地下水饱和区的贡献。如图8-6（c）和图8-6（d）所示，对于广阔的裸地和戈壁荒漠地区，约87%的降水平均渗透到土壤区域，只有不到1%的降水到达地下水位，流域下游戈壁荒漠地下水主要依靠河流入渗获取补给。由于上游与中游交接处森林地区支流的河流入渗补给，林地平均入渗为降水量的 2 倍以上，12.230% 的降水入渗补给给地下水，明显高于其他自然土地利用类型。耕地平均入渗超过降水量的 3 倍，56.663% 的降水因灌溉入渗进入地下水位。

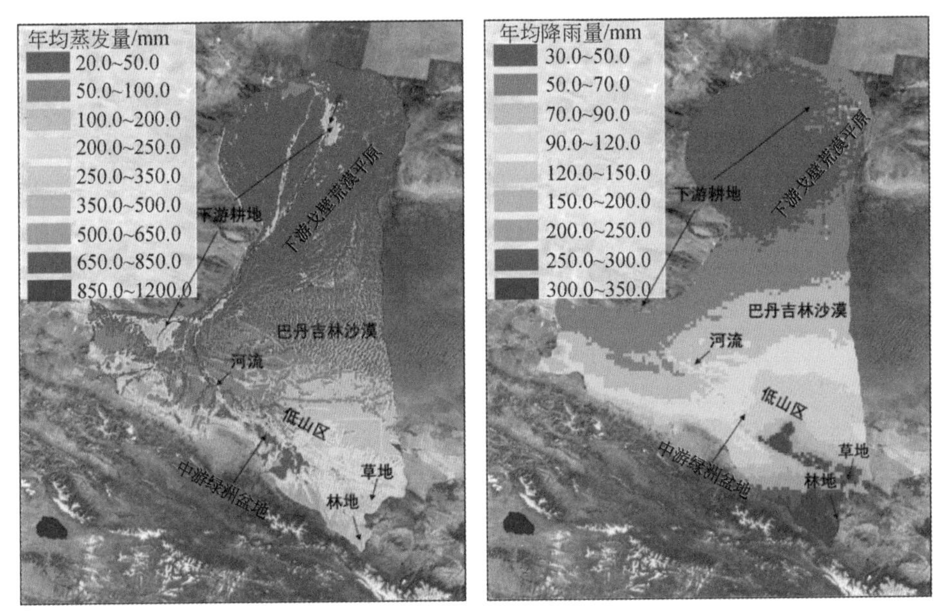

图 8-5　黑河流域中下游年均蒸发量和降雨量

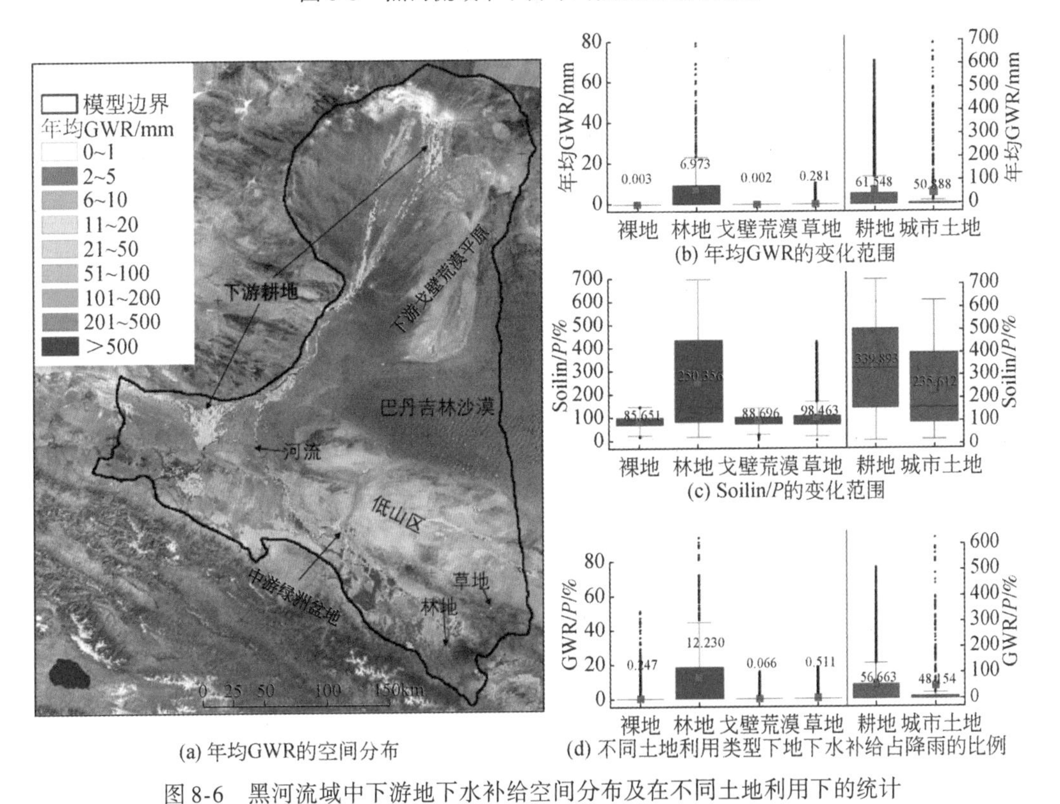

图 8-6　黑河流域中下游地下水补给空间分布及在不同土地利用下的统计

图（b）~（d）中的红方块表示箱线图的平均值，蓝色箱线图柱表示自然土地利用组，绿色箱线图表示人为土地利用组通过已校正的中下游地表-地下水耦合模型，提取中下游每个网格上的实际蒸散发量（actual evaporation，AET）和地下水蒸发量（groundwater evaporation，GWET）。图8-7显示了地下水蒸发量的分布情况。如图8-7（a）所示，在中游耕地、下游耕地和冲积平原边缘，年均GWET为5～150mm。地下水埋深较浅（深度<1m）或地下水位与河流、湖泊相接的地区，年均GWET在300mm以上。年均GWET在不同土地利用类型之间表现出很高的变异性，除林地外，5种土地利用类型的年均GWET保持不变（低于10mm）[图8-7（b）]。然而，从模拟结果中提取的AET表明，土地利用对AET的影响很大。反映在观测中，人为土地利用组的年均AET显著高于自然土地利用组。对于同一类群，植被地（林地和草地）的年均AET大于裸地。地下水对AET的贡献用GWET与AET的比值表示，如图8-7（d）所示。除了林地中地下水对AET的贡献率平均为8.742%以外，其他土地利用类型的贡献率均在3%以下，但GWET与AET的比值变异性较大。

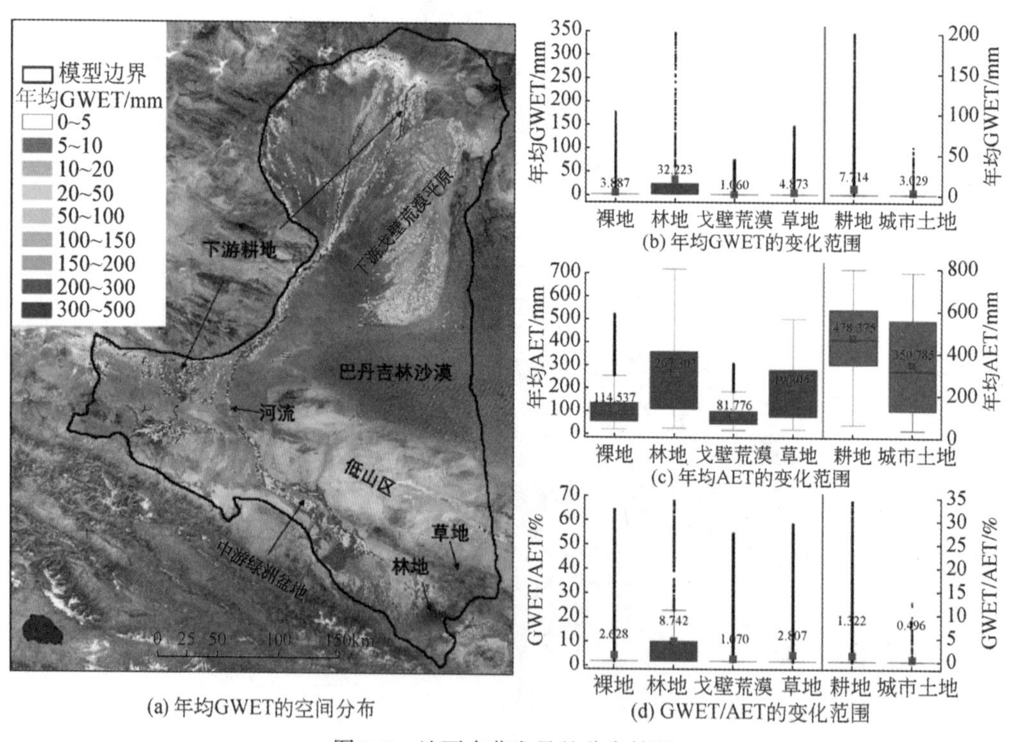

图8-7　地下水蒸发量的分布情况

图（b）～（d）中的红方块表示箱线图的平均值，蓝色箱线图表示自然土地利用组，红色箱线图表示人为土地利用组

8.3.2 年际和年内地下水补给和蒸发作用

地下水埋深会随气候条件波动，不同埋深条件下的地下水补给和蒸发作用不同。以天为计算步长，采用中下游地表-地下水耦合模型对 2000 ~ 2012 年的水循环过程进行模拟，根据已校正的模型，提取模型内每个计算网格（1km）的地下水补给（GWR）、地下水蒸发量（GWET）、地下水埋深（DWT）的年际和月变化量，同时对中下游子盆地的年均和月均 GWR、GWET、DWT 进行统计。黑河流域中下游各指标年际和年内统计如图 8-8（a）所示。年均 DWT<2m 的区域所占比例为 11.13%，浅层地下水主要分布在沿河漫滩区域。年均 DWT<10m 的区域所占比例为 40.68%，年均 DWT 在 100m 以上区域所占比例为 27.34%，大多数分布在低山区。

流域中游和下游平原之间的气候条件、地形、地貌都存在较大差异，因此分别对中下游盆地年均和月均 DWT、GWR、GWET 进行了提取分析，并比较它们之间的差异。在张掖盆地 DWT<2m 的区域［图 8-8（b）］，其最大年均 GWR 超过 500mm；年内 GWR 峰值发生在 8 月，月均 GWR 超过 40mm。2005 年，年均最大 GWET 约 67mm，月均 GWET 峰值发生在 6 月，为 9mm。最高 DWT 出现在 3 月，最低 DWT 出现在 7 月。在张掖盆地 DWT 在 2 ~ 5m 的区域［图 8-8（c）］，最大年均 GWR 和最大月均 GWR 分别为 164mm 和 17mm。2011 年，年均 GWET 大于 30mm，月均 GWET 峰值发生在 6 月，为 3.4mm。DWT 的年变化量在 3.4 ~ 3.7m，年内变化为 3.4 ~ 3.5m［图 8-8（c）］。在张掖盆地 DWT 为 5 ~ 10m的区域［图 8-8（d）］，最大年均和最大月均 GWET 分别为 5.3mm 和 0.57mm，GWET 的年内变化情况与图 8-8（c）相似。

同样，根据不同地下水深度，绘制了下游额济纳盆地的年均和月均 GWR、GWET、DWT 变化曲线。在额济纳盆地 DWT<2m 的区域，DWT 为 0.1 ~ 0.2m，2003 年 GWR 最大达 5.4mm，年内变化范围在 0.02mm（6 月）至 0.57mm（10 月），而最大年均 GWET 约 68mm，年内变化范围在 1.2mm（1 月）至 9.5mm（5 月）［图 8-8（e）］。在额济纳盆地 DWT 为 2 ~ 5m 的区域［图 8-8（f）］，DWT 年际变化范围在 3.32 ~ 3.37m，年内变化范围在 3.33m（9 月）至 3.37m（3 月）。最大 GWR 为 2.1mm，年内变化范围在 0.007mm（7 月）至 0.15mm（11 月）。与额济纳盆地 DWT<2m 的区域相比，其年最大 GWET 几乎小 10 倍，为 5.1mm（2010 年），年内变化范围在 0.08mm（11 月）至 0.72mm（4 月）。在额济纳盆地 DWT 为 5 ~ 10m 的区域，DWT 年际变化范围在 7.32 ~ 7.46m，年内变化稳定在 7.39 ~ 7.41m，由于水位埋深较深，GWR 较小，年均 GWET 约 0.28mm，GWET 的年内变化范围在 0.002mm（12 月）至 0.05mm（4 月）。

气候状况用年均降水与潜在蒸发的比值表示，这一比值称为干旱指数（DSI）。如图 8-8（h）所示，在 2000 ~ 2010 年，GWR 具有显著的增长趋势，但 DSI 并没有显示出相应的趋势。最干旱的月份为 4 月，最湿润的月份为 1 月。黑河流域中下游 DSI 空间分布如图 8-9 所示。

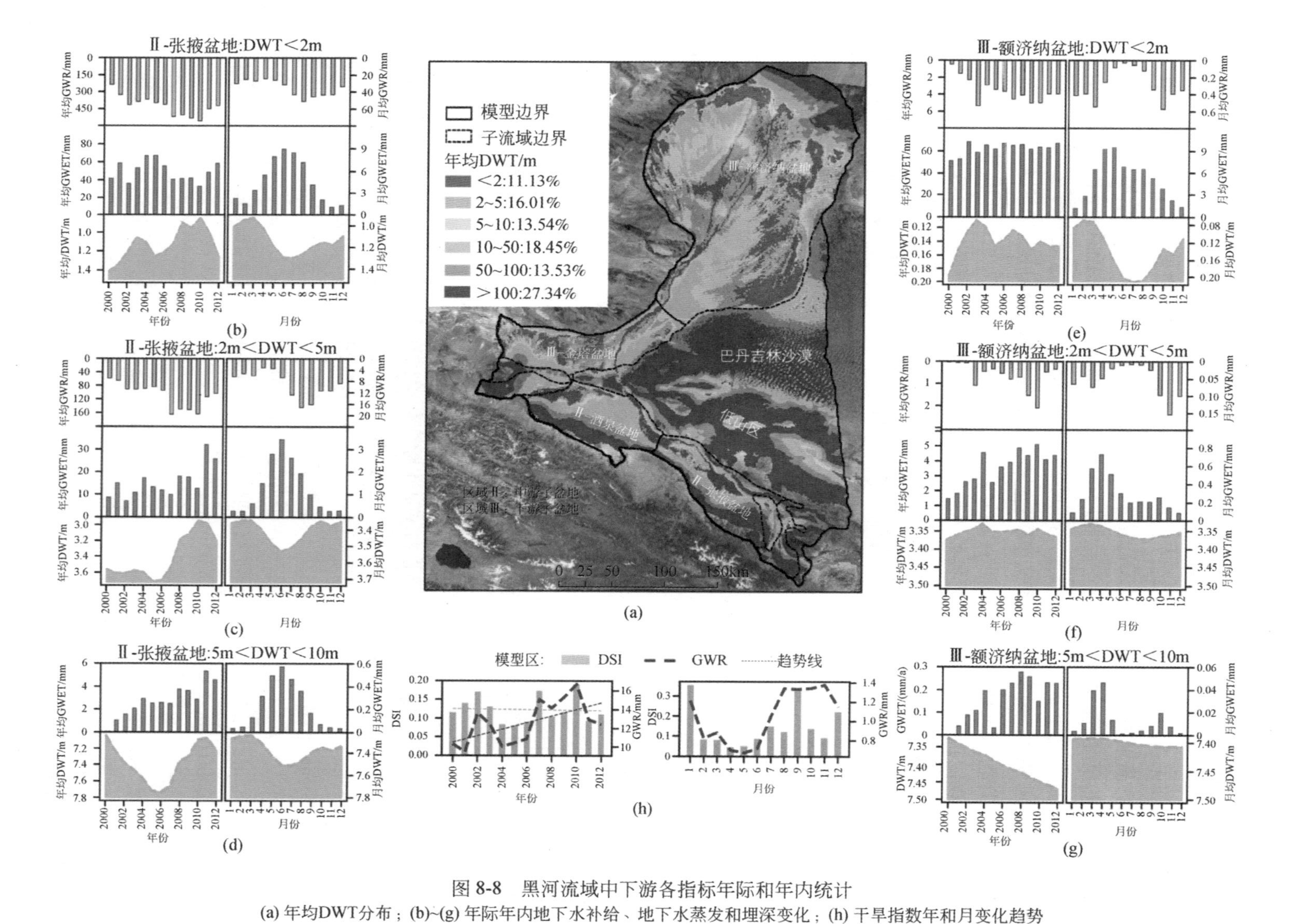

图 8-8 黑河流域中下游各指标年际和年内统计

(a) 年均DWT分布；(b)~(g) 年际年内地下水补给、地下水蒸发和埋深变化；(h) 干旱指数年和月变化趋势

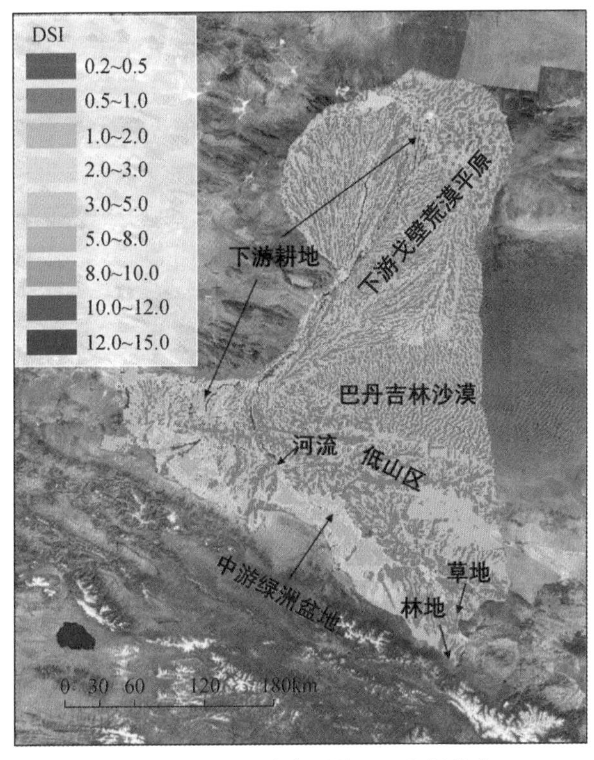

图 8-9　黑河流域中下游 DSI 空间分布

基于中下游地表-地下水耦合模型模拟，系统分析地下水入渗补给和蒸发作用的特征，而这一过程是对地表动态的响应，包括气候条件（即降雨和温度）和人类活动（即土地利用和灌溉）。黑河流域中下游地下水补给在不同土地利用区变化范围很大，从戈壁荒漠的 0mm/a 到耕地的超过 600mm/a。同一土地利用类型内地下水入渗的差异显著，林地、耕地城市土地的地下水补给量具有两个数量级以上的显著差异性，这表明在估算地下水入渗时需要考虑人为地区的当地特定因素。在裸地和戈壁荒漠地区，虽然气候条件差异导致入渗系数（GWR/P）值是可变，但地下水补给量相对均一。综上所述，在裸地和戈壁荒漠地区气候变化不会显著影响地下水补给量，其是由水文地质条件决定的。相比地下水补给，年均地下水蒸发量并不显著依赖于土地利用，即除林地以外所有其他土地利用类型的年均地下水蒸发量为 0 ~ 7. 7mm。

地下水补给和蒸发作用共同构成地下水系统的水均衡。中游绿洲盆地与下游戈壁荒漠平原、浅层含水层与深层含水层的地下水平衡存在差异。一方面，在中游绿洲盆地（张掖盆地），年均地下水补给量（400mm）远大于年均地下水蒸发量（100mm），而在下游戈壁荒漠平原额济纳盆地地下水埋深小于 2m 的地区，年均地下水补给量（低于 6mm）远远小于年均地下水蒸发量（60mm）。另一方面，这种不平衡表现在浅层含水层补给充足，且由于这些区域沿河分布，其灌溉也多依赖于地表水。深层含水层较难获得补给，且由于地表水资源不足，灌溉更依赖于地下水，这可能会进一步导致深层含水层面临枯竭的危险。同时，气候变化造成的干旱（如降水量减少和气温上升）将进一步加剧这种不平衡。

8.4 流域中下游地表-地下水交互量化分析

黑河中下游是水资源的主要耗散区，地表-地下水交互频繁。本节将中下游河流分为以河流入渗补给地下水为主的河段和以地下水出露为主的河段，分别分析中下游各河段河流入渗和地下水出露的时空分布特征。

8.4.1 地表-地下水河段交互分析

根据已校正的中下游地表-地下水耦合模型，提取所有沿河道网格内的河道入渗量（stream leakage to groundwater，SLG）和地下水出露量（groundwater seepage，GSS）。6 个主要水文站将黑河流域莺落峡—东居延海分割成 5 个主要河段，每个河段的年均地下水交互分布如图 8-10（a）所示。沿黑河干流河段的年河道入渗量为 100 ~ 500mm，黑河支流的年河道入渗量为 0 ~ 100mm。莺落峡—正义峡的中游绿洲盆地有 3 个河段。第一河段是莺落峡—黑河 312 大桥，河道入渗是该河段地下含水层的主要补给来源。该河段地下水埋深较深（深度为 50 ~ 100m）而径流量较大，其中平均 27% 的径流量入渗补给地下含水层［图 8-10（b）］。地下水入渗量（Qg）的年内变化范围为 3.8 ~ 17.0m^3/s，分别发生在 9 月和 3 月，而年内入渗量与径流量之比（Qg/Q）范围在 26%（7 月）至 55%（1 月）。该河段地下水埋深年内变化范围在 86.9m（5 月）至 85.6m（10 月）。第二河段是黑河 312 大桥—高崖，该河段处于中游细土平原区，地下水埋深较浅（2m），以地下水出露过程为主。如图 8-10（c）所示，地下水出露平均约占地表径流的 25%。地下水出露量的年内变化范围在 5.2m^3/s（9 月）至 7.5m^3/s（10 月）。地下水在 6 月对径流的贡献率高达 60%，9 月径流量的贡献率仅为 7%。地下水位的年内变化范围在 1.8m（6 月）至 1.3m（9 月）。第三河段是高崖—正义峡，该河段仍处于中游细土平原区，以地下水出露为主。如图 8-10（d）所示，地下水出露量约占径流量的 8%，地下水出露的年内变化模式和上游河段相同，但最大通量仅有 2.0m^3/s（10 月），最小通量为 0.55m^3/s（9 月）。地下水的贡献低于黑河 312 大桥—高崖，其中在 6 月高峰期地下水的贡献量为 24%，在 9 月小于 1%。

经过正义峡水文站，黑河流入下游戈壁荒漠。黑河下游第一河段是正义峡—狼心山，该河段河道入渗是地下含水层的主要补给来源，地下水位随径流的变化而波动。河道入渗补给地下水量平均占径流量的 5%，年内周期从 6 月的低流量 0.64m^3/s 到 9 月的高流量 2.25m^3/s［图 8-10（e）］。由于冬季河流径流量大，地面雨量少，平均地下水埋深从6 月的 1.2m 升高到 3 月的 0.15m。黑河下游第二河段是黑河干流的东支，狼心山—东居延海。

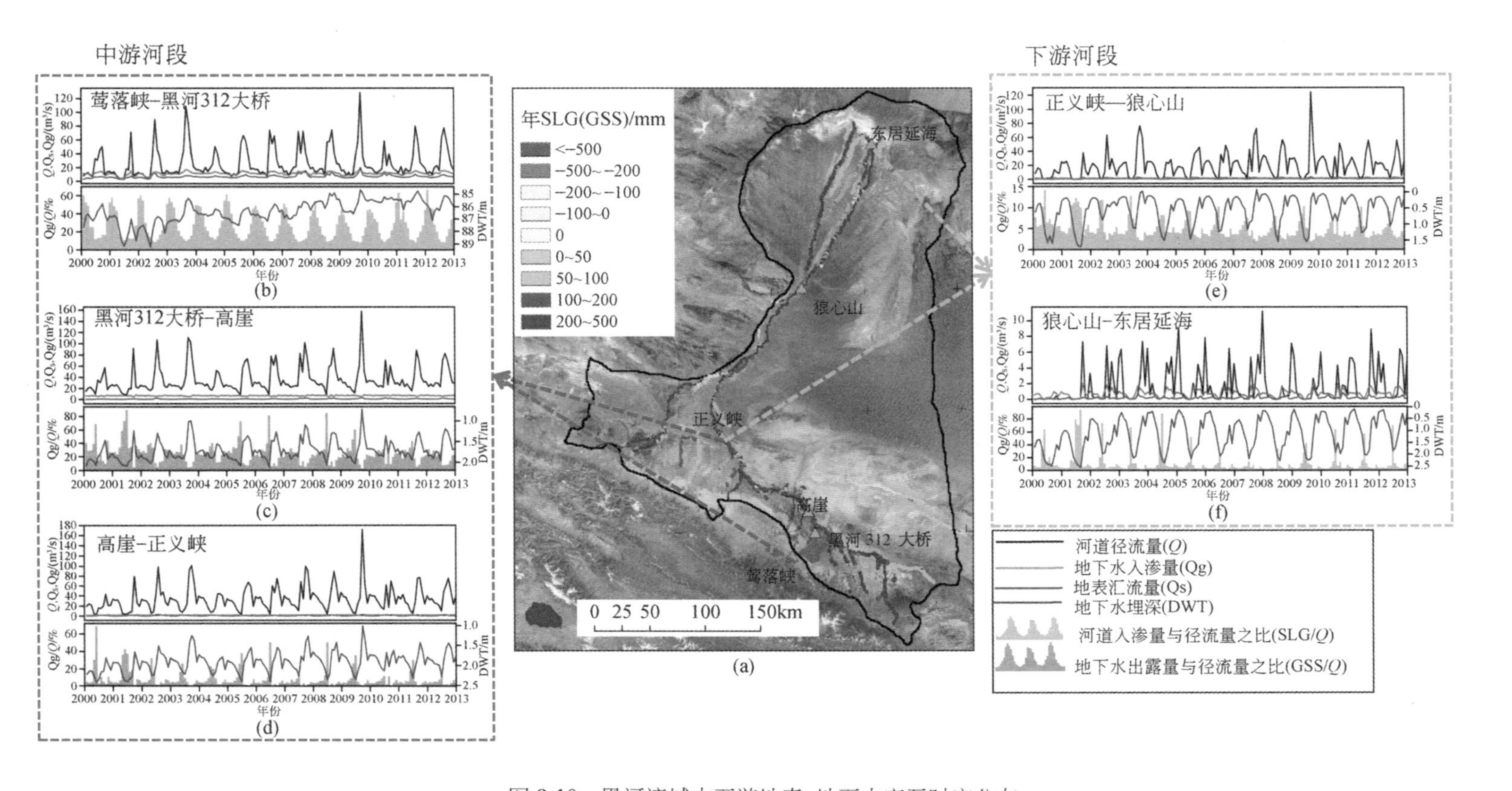

图 8-10 黑河流域中下游地表-地下水交互时空分布

(a) 年均地下水交互分布，正值代表河道入渗补给地下水，负值代表地下水出露排泄至河流；(b)~(f)各个河段地表-地下水动态分布

该河段狼心山下游的径流量显著减少，但河道入渗仍然是地下水的主要来源，其入渗量约占总径流量的11%，且在6月流量最低时，入渗量占径流量的42%，如图8-10（f）所示。在该河段中，地下水埋深年内变化从6月的2m升高到3月的0.7m。

8.4.2 地表-地下水交互影响因素

中下游地表-地下水耦合模型的模拟结果为分析地下水系统对径流调节程度提供了信息。在中下游盆地的5个河段中，地下水入渗量与河道径流量之比（Qg/Q）为5%～27%，表明河道入渗和地下水排泄过程受当地水文地质条件（包括地形、地质和土地覆盖）的影响。这5个河段地表-地下水交互的特征不同，但在枯水期至丰水期，交互量的变化幅度较大。莺落峡—黑河312大桥，地下水埋深大，具有很厚的非饱和带，枯水期河道入渗量占径流量的50%以上，丰水期仅占10%左右。在中游细土平原河段（黑河312大桥—高崖），地下水在枯水期通过出露维持了60%以上的河道径流量。黑河下游荒漠平原（狼心山—东居延海），95%以上的径流在极端干旱季节入渗地下水，表明枯水期地下水位下降加剧了径流入渗过程。为了进一步分析地下水埋深变化与地表-地下水交互量的关系，将各个河段内网格的交互量和地下水埋深做数据标准化处理，并进行相关分析。相关分析表明（图8-11），在以地下水出露为主河段，地下水埋深和溢出量之间有很显著的相关性（黑河312大桥—正义峡），但在以河道入渗为主河段，则没有相关性。在以地下水出露为主河段，当地下水位高于河床水位时，地下水就会排泄至河流中，由于地下水位变化与地下水出露不存在较长时间的延迟和滞后，月分辨率模拟可以反映地下水位和地下水出露的同步变化。在以河道入渗为主河段，造成两者相关性不显著的原因是河流入渗补给到地下水存在延迟。地下水与地表水的综合模拟是表征地下水与地表水双向交换过程的有效手段。与相关研究相比（Ding et al.，2006，2012；Zhao et al.，2011），基于中下游地表-地下水耦合模型模拟的地表-地下水交互过程分析，补充了关于地下水对径流贡献的空间特征和年际年内变化特征的认识。

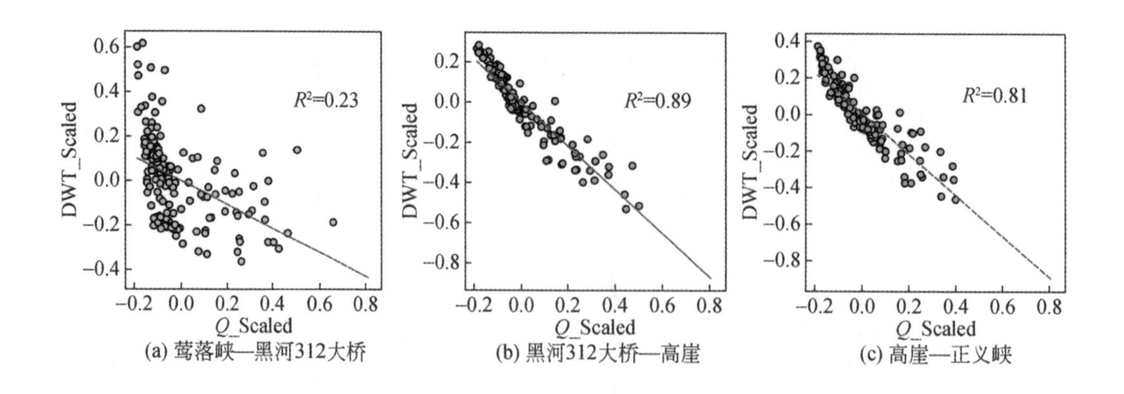

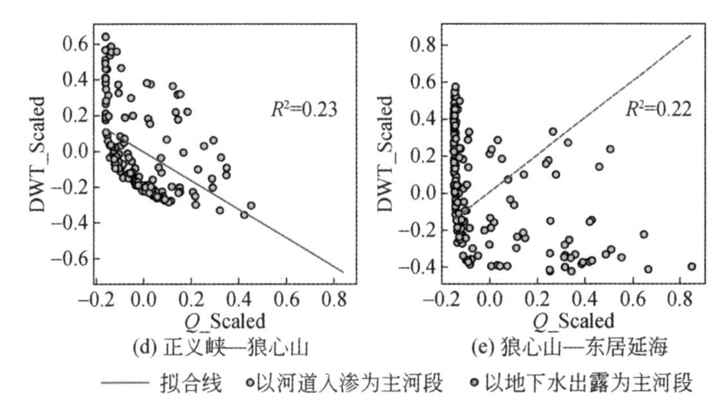

图 8-11 河段地表-地下水交互量与地下水埋深的相关分析

DWT_Scaled 和 Q_Scaled 分别表示标准化后的地下水埋深和地表-地下水交互量

8.5 中下游地下水位变化与植被关系

黑河流域植被类型复杂，植被生长对地下水位的依赖程度不同，因此确定中下游地下水位变化与植被生长的关系对地下水管理和生态安全至关重要。本节主要介绍通过建立植被生长季地下水埋深与植被 NPP 的关系，确定空间上地下水位变化与植被的关系。

8.5.1 地下水与植被关系确定方法

基于 Koirala 等（2017）提出的方法，在每个物候季节评价地下水埋深与 NPP 的直接相关关系。基于已校正的中下游地表-地下水耦合模型，可生成 1km 分辨率的水位模拟数据，同时从西部数据中心获得 2000 ~ 2006 年 1km 分辨率的 NPP 数据。植被耗水主要集中在生长阶段，因此首先根据 NPP 数据确定黑河流域植被生长时间的空间分布。植被年物候季可定义为 12 月至次年 2 月、3 ~ 5 月、6 ~ 8 月和 9 ~ 11 月（Koirala et al., 2017）。对应每个 1km 网格，在每个物候季内求 NPP 的平均值和最大值，确定 NPP 最大的月份为成熟阶段（最大产量）。计算每个物候季的 NPP 变化（物候季结束月 NPP 减去开始月 NPP），NPP 正变化最大的季节为生长绿化季（greening stage）。分别对 n 对模型网格，计算确定的生长绿化季地下水埋深 DWT（X）与 NPP（Y）之间的相关系数（r），公式如下：

$$r = \frac{\sum_{i=1}^{n} (X_i - \overline{X})(Y_i - \overline{Y})}{\sqrt{\sum_{i=1}^{n} (X_i - \overline{X})^2} \sqrt{\sum_{i=1}^{n} (Y_i - \overline{Y})^2}} \tag{8-3}$$

8.5.2 地下水与植被关系

如图 8-12 所示，中下游植被生长绿化季有两种明显的物候季。中游山前草地、林地和下游额济纳盆地的天然植被主要以 6 ~8 月为生长绿化季，这部分植被所占比例为 68%；中游绿洲人工种植耕地以 3 ~5 月为生长绿化季，这部分植被所占比例为 32%，成熟季最大值出现的时间从耕地的 6 月和 7 月到自然植被地的 8 月。

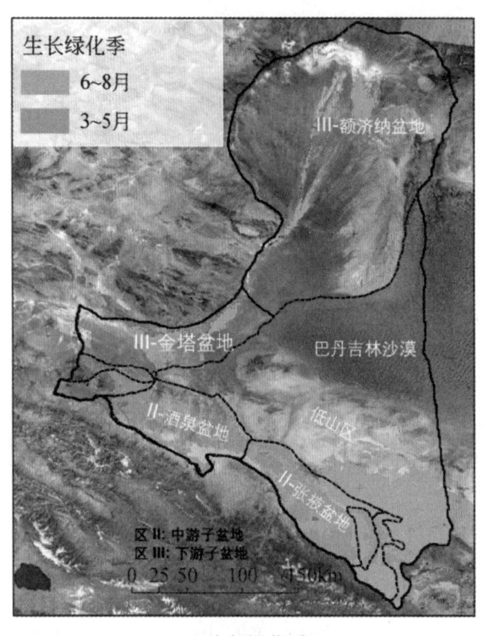

(a) 生长绿化季

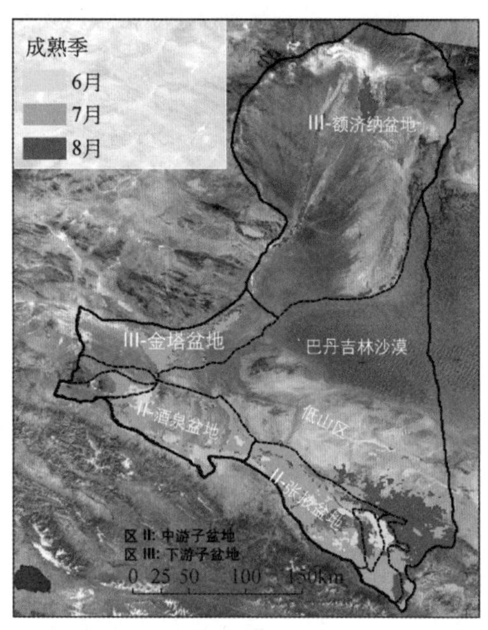

(b) 成熟季

图 8-12 植被生长绿化季和成熟季空间分布

根据已确定的植被生长绿化季，对每个计算网格生长季内的地下水埋深与 NPP 做相关分析计算，图 8-13（a）表示在生长绿化季内地下水埋深与 NPP 相关关系的空间分布。正相关（即当地下水埋深上升，NPP 上升）占了计算区域的 78%，而负相关（即当地下水埋深下降，NPP 上升）占了 22%。在张掖盆地低山丘陵的天然植被区，73% 以上的地区地下水埋深与 NPP 呈负相关关系。在戈壁荒漠平原的浅层含水层区，80% 以上的地区地下水埋深与 NPP 呈正相关关系。浅层地下水位对植被的贡献体现在植被生长所需的蒸发作用，因此需分析地下水蒸发的贡献，提取流域中下游 GWET/AET，进一步分析地下水与植被生长的依赖关系。实际蒸发中的地下水蒸发部分可认为是地下水对维持生态系统健康的直接贡献量。如图 8-13（b）所示，在中游绿洲盆地，GWET/AET 大于 10% 的面积仅占张掖盆地面积的 3%，而在下游戈壁荒漠平原，GWET/AET 大于 10% 的面积占额济纳盆地面积的 13%，GWET/AET 大于 50% 的面积约占额济纳盆地面积的 6%。

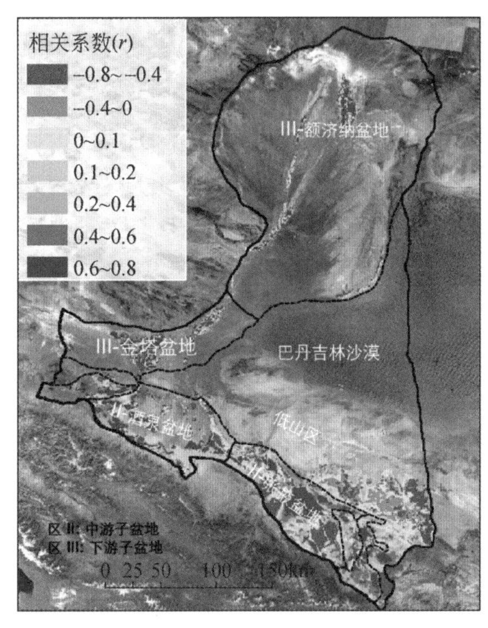

(a) 地下水位埋深与NPP相关关系的空间分布

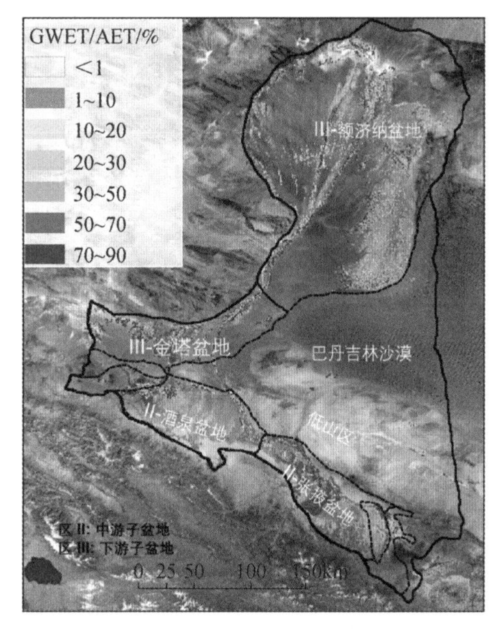

(b) GWET/AET的空间分布

图 8-13　地下水埋深与植被关系空间分布

地下水埋深与 NPP 相关关系的空间分布说明了空间范围内植被生长对地下水的依赖程度。地下水对蒸发的贡献解释了在较平坦且地下水埋深较浅地区，地下水埋深与 NPP 之间存在显著的正相关关系。在中游盆地河流附近，以地表径流为主的灌溉区域，灌溉入渗补给地下水，因此地下水埋深与 NPP 仍然存在正相关关系。然而，在山前盆地中，对于以地下水灌溉为主且地下水埋深较深的地区，抽取深层地下水进行灌溉，作物得到了生长，但地下含水层并不能很快获得补给，导致地下水位下降，因此地下水埋深与 NPP 之间存在显著的负相关关系。

地下水对蒸发的贡献不仅反映了地下水对植被生长的维持程度，还反映了地下水对戈壁荒漠平原土壤水分的维持程度。如图 8-13 所示，在毗邻巴丹吉林沙漠的额济纳盆地东南部地区，GWET/AET 大于 70%。这表明，浅层地下水在防止土地荒漠化、盐碱化和提供植被生长条件等方面具有关键作用。

8.6　径流调节对荒漠生态系统的影响

2000 年以来，黑河流域强制实施了生态调水计划，旨在通过增加正义峡下泄径流量改善整个下游生态系统。该计划实施的生态目标主要是增加尾闾湖的入湖流量，使居延海不再干涸（Guo et al.，2009），但对植被和整个生态系统水环境恢复的量化不够明确。因此，本节主要对下游额济纳盆地的水环境变量（径流、地下水埋深）和生态变量（LAI）在径流调节时期的变化进行时间和空间尺度的分析。

8.6.1　径流及 LAI 时间变化

图 8-14 为自实施生态调水计划后狼心山径流变化。2000 年，流量峰值为 70.8m³/s，零流量天数约 200 天。2007 年，流量峰值为 309.6m³/s，零流量天数约 127 天。2012 年，流量峰值为 152.3m³/s，零流量天数约 112 天。径流的调节作用使下游干旱断流期逐渐缩短，这在一定程度上确保了总地表水源。

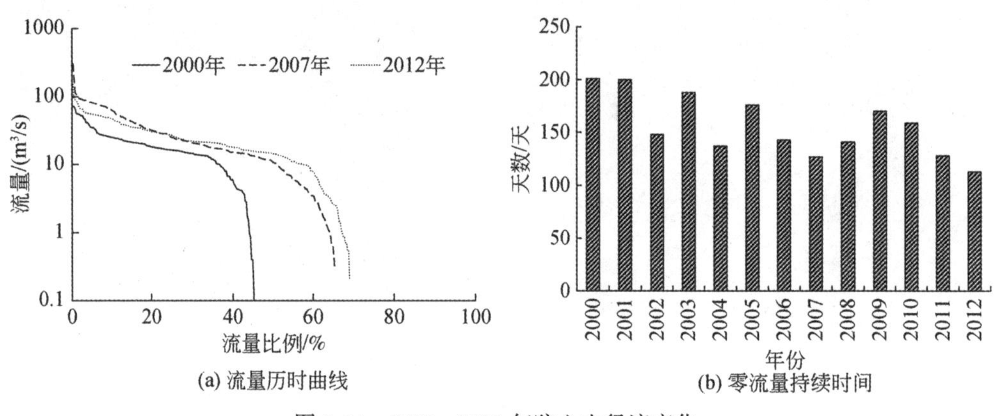

(a) 流量历时曲线　　(b) 零流量持续时间

图 8-14　2000 ~ 2012 年狼心山径流变化

根据生态调水计划，到狼心山后，主要保证向东河的配水量，约占总配水量的 66%。因此，东西两河的流量和 LAI 变化如图 8-15 所示。2000 ~ 2012 年，东河流量呈显著的上升趋势，西河流量变化趋势并不明显，但东西两河 LAI 均呈显著的上升趋势。

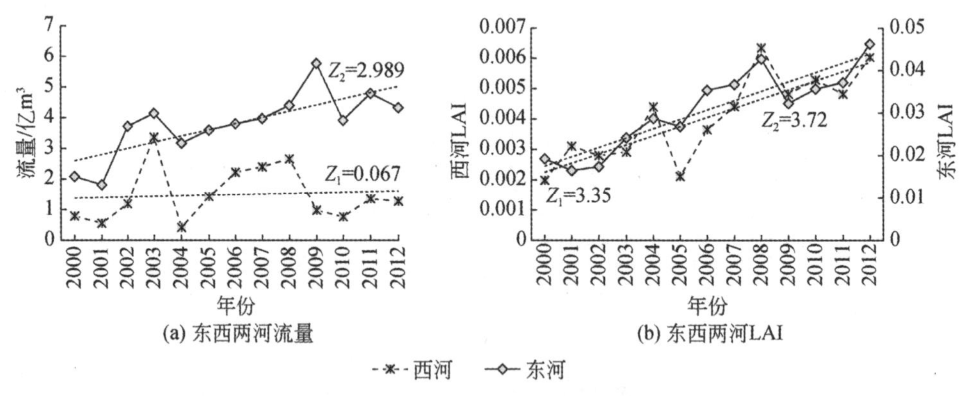

(a) 东西两河流量　　(b) 东西两河LAI

图 8-15　2000 ~ 2012 年东西两河流量及 LAI 变化

Z_1 和 Z_2 表示趋势增大的统计量，数值越大表示趋势越明显

8.6.2　地下水埋深及 LAI 空间变化

为了重点分析径流调节对下游的影响，以下游东西两河为中心扩展 15km 缓冲区，划

分出一块 18 188km² 的区域进行分析。基于已校正的中下游地表-地下水耦合模型，可提取下游河岸带地下水位，并与地表高程数据相减，得到地下水埋深。如图 8-16 为黑河下游地下水埋深及 LAI 空间分布，地下水埋深分布体现了湖积盆地的特点，从北至南地下水埋深依次变浅。1km 精度 LAI 数据显示，植被主要分布在额济纳三角洲及西河沿岸，面积约 315km²。

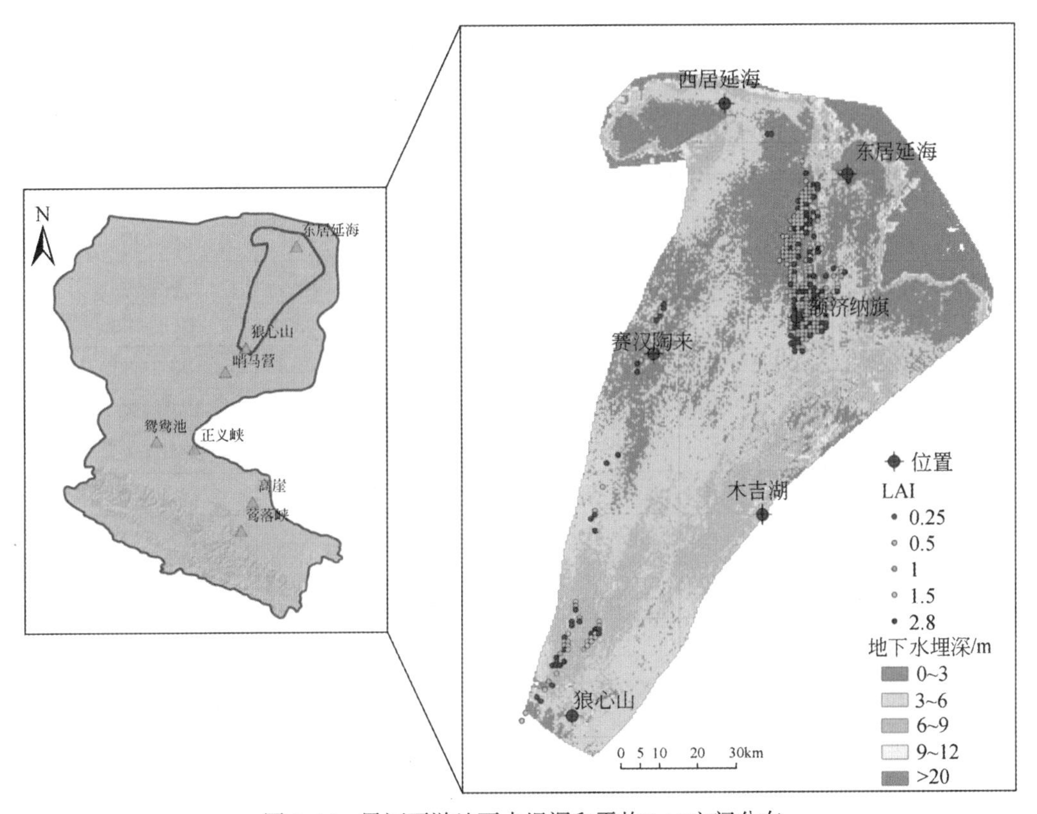

图 8-16　黑河下游地下水埋深和平均 LAI 空间分布

采用 MK 检验法对每个 LAI 网格时间序列值进行统计分析，获取空间上的植被变化趋势，此处以 Z 为统计量表示其趋势变化大小，若为正，呈增长趋势，若为负，呈减小趋势。同时，取 2000 ~ 2012 年地下水位变化，量化区域内地下水位变化的空间分布。根据模型计算结果（图 8-17），地下水位抬升区主要在狼心山出口、西河下游、东河三角洲及西居延海附近。地下水位抬升程度最大的地区为西河下游，抬升速度约 0.48m/a，原因可能在于西河下游地势较平坦宽阔。东河三角洲水位抬升的主要原因可能是农业灌溉。对于 LAI 的变化情况来说，整个区域约有 266km² 的面积呈增长趋势，主要集中在东河三角洲，而 39km² 的面积呈下降趋势，这些区域的植被散落分布。

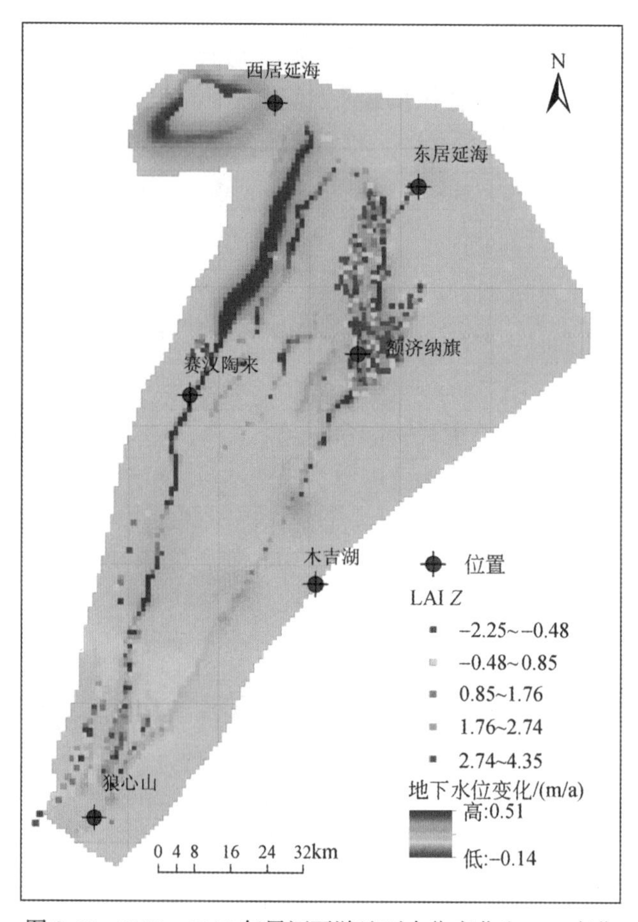

图 8-17 2000~2012 年黑河下游地下水位变化和 LAI 变化

8.6.3 径流调节的影响

为衡量径流调节对黑河下游水文过程和生态植被的影响，对正义峡控制流量（Q）与下游各水文生态变量进行相关分析，包括河流向地下水的入渗补给量（SLI）、地下水位（GL）、地下水蒸发量（ET）、入湖流量（Lake$Q$）、叶面积指数（LAI）、耕地面积（CL）。如表 8-5 所示，通过径流调节可非常显著地影响河流向地下水的入渗补给量，很显著地影响地下水蒸发量和入湖流量，显著地影响耕地面积、地下水位、LAI。这表明，以居延海为治理目标的生态调水计划，通过河流入渗作用对整个下游水环境起到了改善作用。受整个区域地形地貌和空间岩性的影响，只有河岸带地下水位有较为明显的抬升。由于下游接受地表水源的增多，其耕地面积有扩大趋势，LAI 增加趋势较明显的区域集中在额济纳三角洲农业区，而零散分布的天然植被并未表现出明显的改善状态。

表 8-5　径流调节与各水文生态变量相关分析

关系	系数	R^2	P
Q-SLI	0.9290	0.8648	0.0000
Q-GL	0.7590	0.4119	0.0329
Q-ET	0.7106	0.5049	0.0065
Q-Lake$Q$	0.7471	0.5581	0.0033
Q-LAI	0.5736	0.3290	0.0404
Q-CL	0.6116	0.3741	0.0263

注：$P<0.05$，显著；$P<0.01$，很显著；$P<0.001$，非常显著

8.7　本章小结

本章围绕地下水在生态水文系统中的影响作用，基于已校正的地表-地下水耦合模型对 8.1 节中的 5 个方面的问题进行分析，可得到以下结论：

地下水埋深 10m 以内的地区占中下游总面积的 40% 以上，该地区地下水入渗补给量和地下水蒸发量均与地下水埋深有关，但地下水入渗补给量受土地利用的影响大于地下水蒸发量。在同一植被覆盖区，地下水入渗补给具有较高的空间异质性，补给量相差在 2 个数量级以上。浅层地下水入渗补给量和地下水蒸发量受气候条件影响产生波动。

黑河上游山区地下水补给量占降雨量的 18% ~20%，当入渗补给率增大时，基流和山区侧向流都相应呈现显著的增加趋势，但其在水均衡中的比例相对保持稳定，基流约占 65%，而山区侧向流约占 35%。地层的垂向渗透系数对区域水循环路径有着显著的影响，具有重新分配水均衡比例的作用，且基流和山区侧向流对地层的垂向渗透率响应敏感。这两个控制因素直接作用于上游山区地下水系统结构，且通过基流和山区侧向流间接影响中下游的水循环过程，尤其是蒸发和地表-地下水交互过程。

中游地表-地下水交互过程复杂，空间分布的特征不同。山前地区厚非饱和带是储存河流渗漏水的“天然水库”（枯水期河道入渗量占河道径流的 50% 以上，丰水期约占 10%）；在中游细土平原区，枯水期地下水出露贡献约 40% 的地表径流来维持河道流量，地下水位与径流呈显著相关关系；下游戈壁荒漠平原河道入渗补给地下水量占河道径流的 5% ~11%。

通过 NPP 可确定植被生长绿化季和成熟季时间和空间分布，而通过在生长绿化季内地下水埋深与 NPP 的相关关系和地下水蒸发贡献，可确定植被生长对地下水的依赖程度。在张掖盆地和低山丘陵的天然植被区，73% 以上的地区地下水埋深与 NPP 呈负相关关系，且地下水蒸发贡献较小。在戈壁荒漠平原的浅层含水层区，超过 80% 的地区地下水埋深与 NPP 呈正相关关系，且 GWET/AET 大于 50%，可见地下水为蒸发直接提供水源，从而维持着生态系统。

生态调水计划的实施对于下游河道径流变化有着强烈影响，下游断流时间已从2000年的约200天减少到2012年的约112天。尽管东西两河的配水比例不同，但东西两河的LAI都有显著增加。地下水位在空间的变化主要体现在西河北部河岸带水位的明显增加，而LAI增加的区域主要集中在额济纳三角洲。以尾闾湖居延海为治理目标的生态调水计划通过河流入渗作用显著提高了地下水位，但蒸发量也显著增加。生态调水计划实施后，下游耕地面积对水文动态变化的响应增加，LAI增加的区域也主要集中在人工植被区，而在天然植被中分布零散，精度为1km的LAI并不能详尽地体现荒漠植被的状态。

第9章 未来气候变化对黑河流域水资源的影响分析

对未来气候及水文状况进行预测，有助于科学合理地进行水资源规划管理。在内陆河流域，径流主要来自流域上游山区，且上游山区的水文循环对全球气候变化的响应极为敏感（Bales et al.，2006；Zhang et al.，2015）。研究气候变化条件下内陆河流域未来的水资源有效性，需重点研究上游山区的径流变化。本章基于未来气候情景假定和流域水文模拟技术，预测黑河流域未来的水资源状况，为流域水资源管理政策的制定提供参考。

9.1 研究数据及方法

9.1.1 研究数据

1. 水文气象与空间数据

1961～2010年9个气象站的逐日气象数据，包括降水、温度（最高和最低）、风速、相对湿度和日照时数，下载于国家气象信息中心。模型需要的太阳辐射数据采用Angstrom公式，基于日照时数数据计算得到（Allen et al.，1998）。1981～2010年6个水文站的月径流观测数据和1990～2010年19个降水站的日降水数据来自各省份水文部门。少量缺测数据基于缺测站与相邻站点数据的线性相关关系插补得到。

采用的空间地理信息数据包括DEM数据、土壤数据和土地利用数据。本章使用的SRTM① 90m精度的DEM数据，下载于中国科学院计算机网络信息中心国际科学数据镜像网站（http://datamirror.csdb.cn）。1∶100万的土壤分布数据和土地利用数据由寒区旱区科学数据中心提供，数据包含30种土壤类型和15种土地利用类型。基于研究区的土壤属性和植被生长特征，本研究重建了SWAT（soil and water assessment tool）模型中的土壤和植被属性数据库（Yin et al.，2012）。研究区概况如图9-1所示。

2. GCMs与NCEP/NCAR再分析数据

研究用到的47个大气环流模式（general circulation models，GCMs）的温度和降水模

① SRTM，shuttle topography mission，航天飞机雷达地形测绘任务。

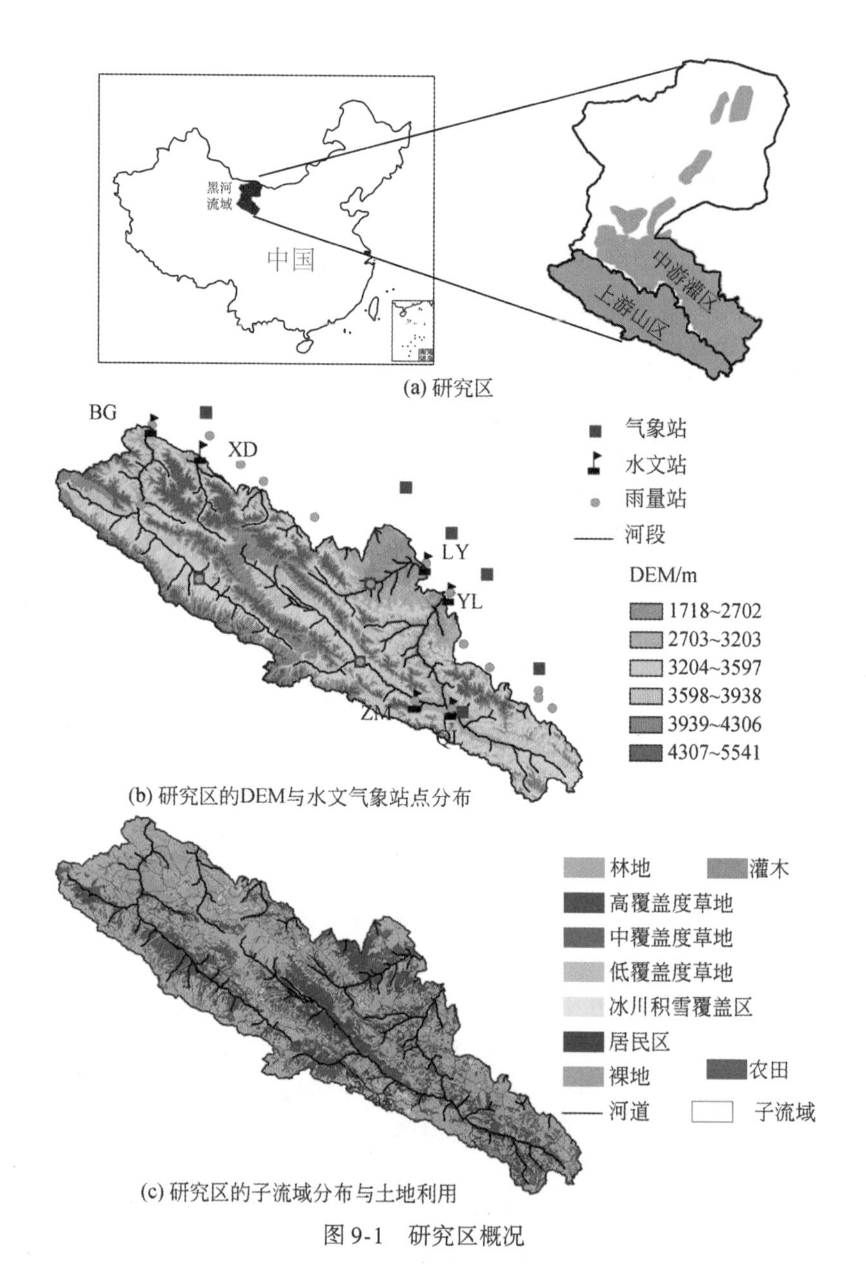

(a) 研究区

(b) 研究区的DEM与水文气象站点分布

(c) 研究区的子流域分布与土地利用

图 9-1　研究区概况

拟输出数据时段，如表 9-1 所示。6 个大气环流模式（bcc-csm1.1、CanESM2、CMCC-CMS、CNRM-CM5、MPI-ESM-LR 和 NorESM1-M）在 RCP4.5 和 RCP8.5 排放情景下输出的不同层次（500hPa、700hPa、850hPa 和地表层）的气温、海平面气压、风速、风向和比湿数据，数据时段为 1971 ~2050 年。

表 9-1　大气环流模式的基本信息

序号	大气环流模式	科研机构	国家（地区）	时段
1	ACCESS1. 3	Commonwealth Scientific and Industrial Research Organization (CSIRO) and Bureau of Meteorology	澳大利亚	1971 ~ 2050 年
2	ACCESS1-0			1971 ~ 2050 年
3	**bcc-csm1. 1**	Beijing Climatic Center	中国	1971 ~ 2050 年
4	bcc-csm1. 1-m			1971 ~ 2050 年
5	BNU-ESM	Beijing Normal University	中国	1971 ~ 2006 年
6	CanCM4	Canadian Centre for Climate Modelling and Analysis	加拿大	1971 ~ 2006 年
7	**CanESM2**			1971 ~ 2050 年
8	CCSM4	National Center for Atmospheric Research (NCAR)	美国	1971 ~ 2006 年
9	CESM1-BGC	Community Earth System Model Contributors National Science Foundation (NSF), the U. S. Department of Energy (DOE) and NCAR	美国	1971 ~ 2050 年
10	CESM1-CAM5			1971 ~ 2050 年
11	CESM1-WACCM			1971 ~ 2006 年
12	CESM1-FASTCHEM			1971 ~ 2006 年
13	CMCC-CESM	Centro Euro-Mediterraneo per I Cambiamenti Climatici	意大利	1971 ~ 2006 年
14	CMCC-CM			1971 ~ 2050 年
15	**CMCC-CMS**			1971 ~ 2050 年
16	**CNRM-CM5**	Centre National de Recherches Meteorologiques/Centre Europeen de Rechercheet Formation Avanceesen Calcul Scientifique	法国	1971 ~ 2050 年
17	CSIRO-Mk3. 6. 0	CSIRO in collaboration with Queensland Climate Change Centre of Excellence	澳大利亚	1971 ~ 2050 年
18	EC-EARTH	European Centre-Earth (EC-EARTH) consortium	欧洲	1971 ~ 2050 年
19	FGOALS-g2	State Key Laboratory of Numerical Modeling for Atmospheric Sciences and Geophysical Fluid Dynamics (LASG), Chinese Academy of Sciences and Center for Earth System Science (CESS), Tsinghua University	中国	1971 ~ 2050 年
20	FGOALS-s2	LASG, Chinese Academy of Sciences	中国	1971 ~ 2006 年
21	FIO-ESM	The First Institute of Oceanography, State Oceanic Administration (SOA), China	中国	1971 ~ 2006 年
22	GFDL-CM2p1	NOAA Geophysical Fluid Dynamics Laboratory	美国	1971 ~ 2006 年
23	GFDL-CM3			1971 ~ 2050 年
24	GFDL-ESM2G			1971 ~ 2050 年
25	GFDL-ESM2M			1971 ~ 2050 年
26	GISS-E2-H	NASA Goddard Institute for Space Studies	美国	1971 ~ 2006 年
27	GISS-E2-H-CC			1971 ~ 2006 年

续表

序号	大气环流模式	科研机构	国家（地区）	时段
28	GISS-E2-R			1971～2006年
29	GISS-E2-R-CC			1971～2006年
30	HadCM3	Hadley Centre	英国	1971～2006年
31	HadGEM2-AO	National Institute of Meteorological Research/Korea Meteorological Administration	朝鲜	1971～2050年
32	HadGEM2-CC			1971～2050年
33	HadGEM2-ES			1971～2050年
34	inmcm4	Institute for Numerical Mathematics	俄罗斯	1971～2006年
35	IPSL-CM5A-LR	Institut Pierre-Simon Laplace	法国	1971～2006年
36	IPSL-CM5A-MR			1971～2006年
37	IPSL-CM5B-LR			1971～2006年
38	MIROC4h	Atmosphere and Ocean Research Institute (The University of Tokyo), National Institute for Environmental Studies, and Japan Agency for Marine-Earth Science and Technology	日本	1971～2006年
39	MIROC5			1971～2050年
40	MIROC-ESM			1971～2006年
41	MIROC-ESM-CHEM			1971～2006年
42	**MPI-ESM-LR**	Max Planck Institute for Meteorology	德国	1971～2050年
43	MPI-ESM-MR			1971～2050年
44	MPI-ESM-P			1971～2006年
45	MRI-CGCM3	Meteorological Research Institute	日本	1971～2050年
46	**NorESM1-M**	Norwegian Climate Centre	挪威	1971～2050年
47	NorESM1-ME			1971～2050年

注：加粗大气环流模式被用来预测未来气候情景

全球再分析数据是在大气环流模式输出数据的基础上，同化地面观测数据和高分辨率卫星遥感数据得到的具有更高时间和空间分辨率的数据产品。在统计降尺度过程中，为了得到更精确的大气环流和地面观测数据之间的关系，通常先采用再分析数据代替大气环流模式输出数据建立统计降尺度模型，再将大气环流模式输出数据输入到所构建的降尺度模型，用于未来气候情景预估。因此，要求选择的再分析数据与大气环流模式输出数据的变量相同。再分析数据下载自美国国家海洋和大气管理局。变量时段为1961～2010年，时间分辨率为日，空间分辨率为2.50°×2.50°。

大气环流模式输出数据和再分析数据的预处理理均在TCL/TK Nap平台上完成。首先将不同空间分辨率的大气环流模式输出数据插值到统一的分辨率（2.50°×2.50°），然后将能覆盖整个研究区的大气环流模式输出数据裁切出来。

9.1.2 研究方法

1. 研究框架

在黑河流域这样的干旱和半干旱内流河流域，了解气候变化对水资源的影响对于科学管理有限的水资源十分必要。为了评估气候变化对黑河流域未来水源的潜在影响，本章采用 SWAT 模型模拟不同气候情景下黑河流域未来的水循环状况。

在进行未来水文过程模拟之前，首先通过比较模型的模拟流量和观测流量来评价 SWAT 模型的适用性，检验其是否可以用于进行气候变化影响研究。SWAT 模型的驱动数据包括：日降水数据、日最高气温数据、日最低气温数据，以及由 SWAT 内置天气发生器生成的风速、湿度和太阳辐射数据。模型适用性检验完成后，采用敏感性分析方法检验径流和实际蒸散发对单一气候因子（降水、温度、太阳辐射、相对湿度和风速）变化的响应程度。即忽略气候因子之间的交互影响，每次改变一个气候变量，并保持其他因子不变进行水文模拟，比较模拟结果与初始结果的差值。如图 9-2 所示，径流和实际蒸散发对温度和降水的响应较其他因素敏感，降水和温度变化是导致研究区水文变化的主导因素。因此，本章在研究气候变化对水资源的影响时，只考虑降水和温度变化。

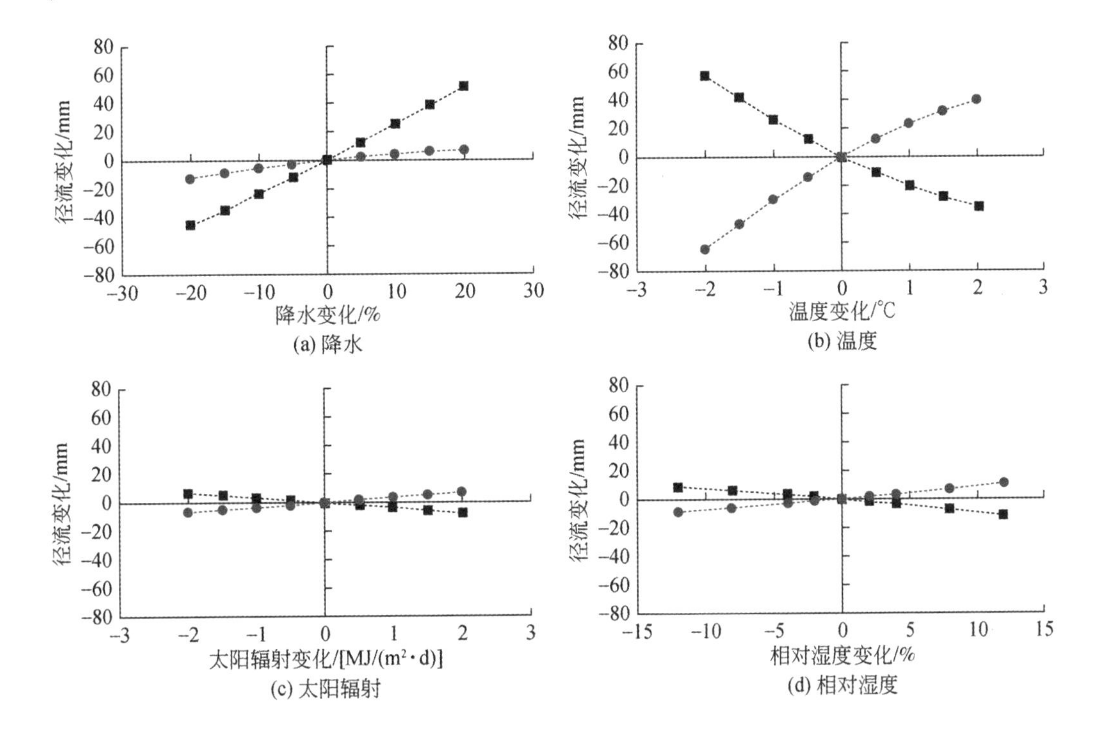

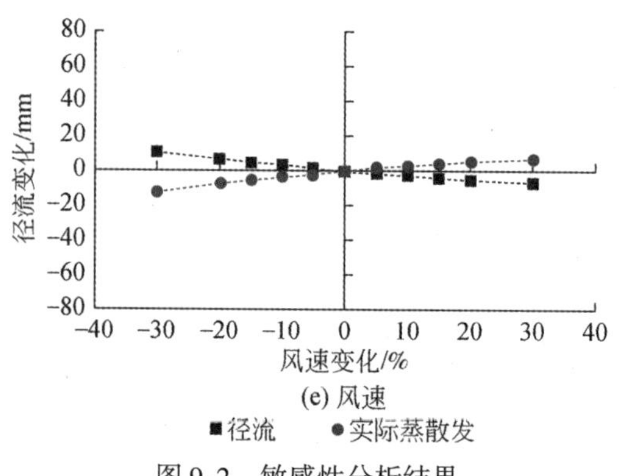

图 9-2　敏感性分析结果

在进行未来气候情景生成之前，首先检验大气环流模式对历史温度和降水的模拟能力，然后采用统计降尺度方法生成研究区历史时期和未来时期的降水和温度。以生成的降水和温度数据作为率定后水文模型的输入，进行流域水文模拟。通过比较未来时期和历史时期模拟值的变化，评价气候变化对水资源的影响。其他气候因子（风速、太阳辐射和相对湿度）以及土壤和土地利用数据，在进行历史时期和未来时期水文模拟时保持不变。

SWAT 模型需要 2 ~3 年预热期。为了避免模型预热期对检验结果的影响，在进行水文模拟时，设定历史时期为 1975 ~2010 年，未来时期为 2015 ~2050 年。在比较研究区历史时期和未来时期的水文状况时，选用 1981 ~2010 年和 2021 ~2050 年的模拟结果。历史时期和未来时期的气候因子采用降尺度数据，这在一定程度上降低了统计降尺度方法带来的系统偏差。

2. SWAT 模型简介及其改进

SWAT 模型是一个开放源代码的，可以连续模拟多种不同水文物理化学过程的，具有物理机制的半分布式水文模型。模型开发的最初目的是预测复杂多变的土壤类型、土地利用方式和管理措施等对流域水分、泥沙和化学物质的长期影响。SWAT 模型被应用于我国很多流域，包括黑河流域。SWAT 模型目前已有多个版本，这里选用嵌套到 ArcGIS 中的 ArcSWAT 2009 作为研究工具，模型安装软件可以到官方网站下载（http://swatmodel. tamu. edu/）。

如图 9-3 所示，SWAT 模型包含 3 个子模型，即水文过程子模型、土壤侵蚀子模型和水质模拟子模型。研究人员可根据不同的研究目的选择不同的子模型，这里使用描述径流形成的水文过程子模型。SWAT 模拟的整个水分循环系统遵循水量平衡规律，涉及降水、径流、土壤水、地下水、蒸散发、河道汇流等。对该模型更详细的介绍可以参考模型的理论文档（Neitsch et al.，2011）。

降水和温度是模型的重要输入。SWAT 模型通过设置每个子流域的温度随地形变化梯度（TLAPS）和降水随地形变化梯度（PLAPS）来考虑由地形引起的降水和温度变化（Fontaine et al.，2002）。黑河上游祁连山区，降水与温度随高程变化很大。将研究区划分为 186 个子流域，基于子流域的面积和高程范围，将每个子流域划分为 1 ~6 个高程带。进行模型模拟时，设置所有子流域的温度梯度为-5℃/km。

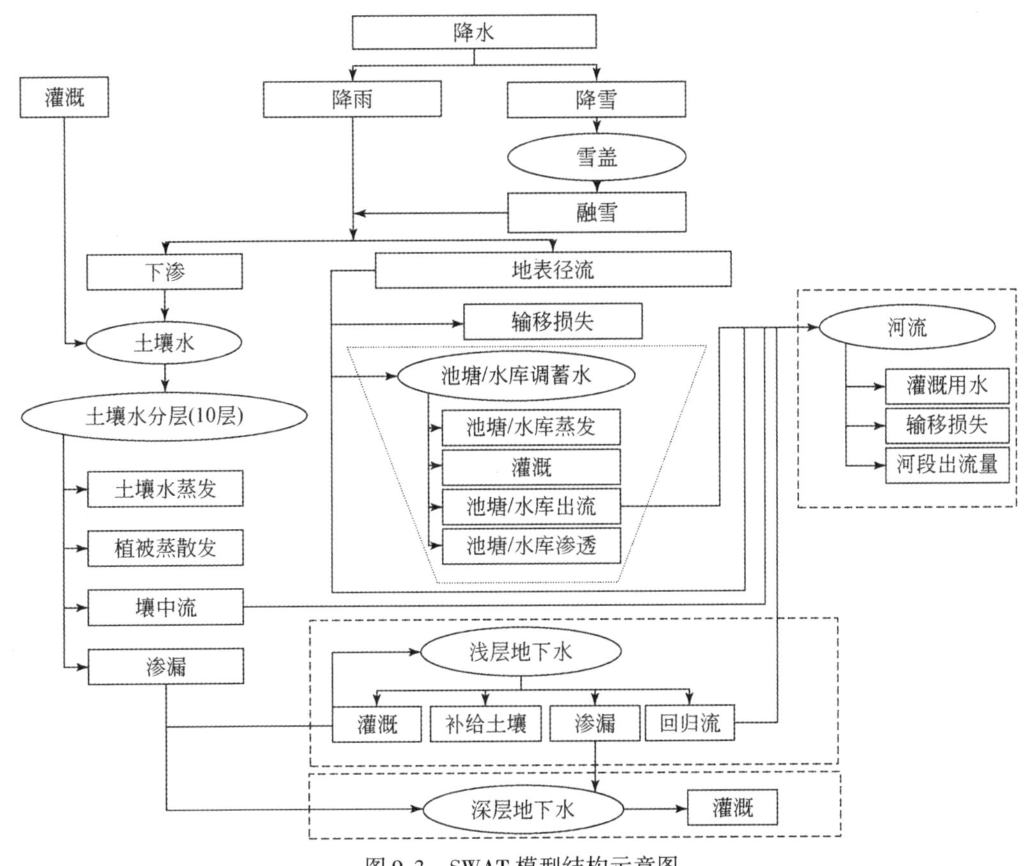

图 9-3　SWAT 模型结构示意图

地形对黑河上游祁连山区降水的影响很大，且地形变化对降雨和降雪的影响不同，降雪对高程变化的响应没有降雨明显。在原始的 SWAT 模型中，降水递减率的设置并没有区分降雨和降雪。为了准确模拟研究区的水文过程，对 SWAT 模型的源代码进行修改，将降雨梯度和降雪梯度分开考虑。基于对观测降水数据的分析，设置降雨梯度的空间分布如图 9-4 所示，设置降雪梯度为降雨梯度的 0.5 倍。

3. 大气环流模式的适用性评价

采用秩评分评价方法对大气环流模式在黑河流域的适用性进行评价。秩评分评价方法具有综合评价各种不同指标的能力，可以充分表征各变量的均值、标准差、时空分布、趋势变化、概率密度函数等特征量的模拟能力。评分值的大小表示多个大气环流模式输出结果的统计特征量与实测值的统计特征量之间拟合程度的对比，适合于不同大气环流模式模拟效果的适用性评价。

秩评分评价方法将大气环流模式输出的各个气候要素统计特征量与实测数据统计特征量的拟合程度作为目标函数，通过目标函数的秩评分评价各气象要素的表现，并在此基础上评价不同气候模式的综合表现。本章采用的统计特征量有均值（Mean）、变差系数（St-Dev）、归一化均方根误差（normalized root mean square error，NRMSE）、时间序列和空间序列的

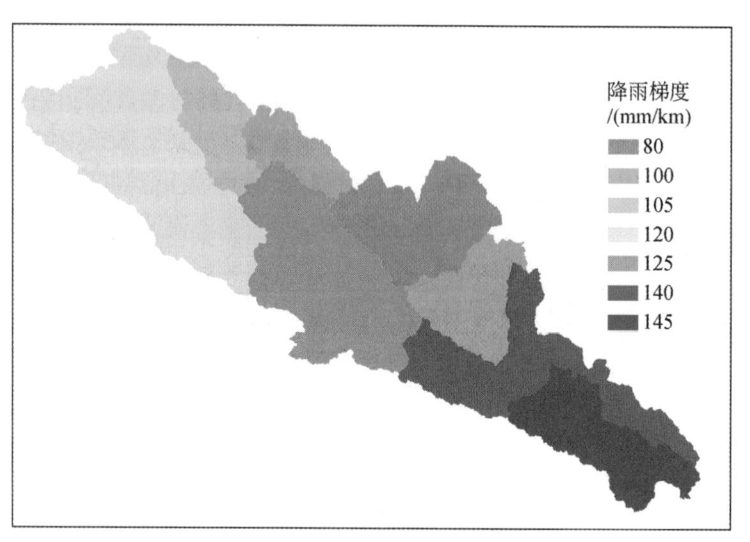

图 9-4　降雨梯度的空间分布

Pearson 相关系数（r_t 和 r_s）、MK 趋势分析特征值（Z 和 β）、经验正交函数（empirical orthogonal functions，EOF）的第一和第二特征向量（EOF1 和 EOF2）以及概率密度函数（probability density function，PDF）中的 Brier 分数（Brier score，BS）和 Skill 分数（Skill score，Sscore）。得到各目标函数的秩评分后，取其加权平均值作为单个气象要素的综合评分。根据每个目标函数表现的优劣将秩评分（TRS）分别赋予分值 0 ~ 9，计算公式如下：

$$\mathrm{TRS} = \sum_{i=1}^{n} w_i \times \frac{X_i - X_{i,\min}}{X_{i,\max} - X_{i,\min}} \times 9 \tag{9-1}$$

式中，i 为统计特征量的顺序；n 为统计特征量的数量；X_i 为模式输出结果与实测结果统计特征量之间的相对误差；$X_{i,\max}$ 和 $X_{i,\min}$ 分别为相对误差的最大值和最小值；w_i 为第 i 个统计特征量的权重，其中经验正交函数的第一和第二特征向量赋予权重 0.5，其余变量为 1。TRS 越小，大气环流模式的适用性越强。

4. 未来气候情景生成

（1）温度的降尺度

采用 Delta 法生成未来日常平均、最高和最低温度。Delta 法首先计算大气环流模式预测的未来气候要素的绝对增幅，然后将此增幅叠加到基准期实测的气候要素序列上，重建气候要素的未来情景。在生成未来温度情景时，将每个大气环流模式输出网格的未来不同时期的平均温度与基准期大气环流模式模拟结果进行比较，得到未来各时期各个网格温度的变化量序列，将每个气象站基准期实测平均温度与所在网格的变化量相加，可得到气象站未来不同时期的温度情景。计算公式为

$$T_{\mathrm{f}} = T_0 + (T_{\mathrm{gf}} - T_{\mathrm{g0}}) \tag{9-2}$$

式中，T_{f} 为 Delta 法重建的未来温度系列；T_{gf} 为大气环流模式预测的未来温度系列；T_{g0} 为大气环流模式模拟的基准期的多年平均温度；T_0 为基准期观测的多年平均温度。本研究中

未来时期为 2021 ~2050 年，历史时期为 1981 ~2010 年。

（2）降水的降尺度

采用多站点日降水随机降尺度模型，生成研究区未来日降水序列。该模型以经典的多站点随机降水模型——Wilks 模型为基础，从大尺度应用的角度出发构建基于一阶马尔可夫模型和 Weibull 分布的多站点日降水随机降尺度模型，适用于多站点日降水的随机生成。

采用一阶马尔可夫模型和 Weibull 分布分别模拟降水发生过程和降水量，一共涉及 4 个参数：P_{01}、P_{11}以及 Weibull 分布的形状参数和尺度参数。首先，采用最小二乘法构建每个站点降水模型的每个参数与大尺度环流因子之间的季节尺度（干季和湿季）回归模型。然后，将每个站点的回归模型应用于大气环流模式未来的输出变量，反过来得到未来降水模型的 4 个参数。最后，基于得到的参数，根据一阶马尔可夫模型和 Weibull 分布生成日降水概率和随机降水量序列。

预报因子的选择决定了降尺度情景的特征，选择合适的大尺度预报因子是构建多站点日降水随机降尺度模型的一个关键步骤。选择过程中的最基本要求是所选的预报因子必须与预报量有很好的相关性、具有明确的物理意义、可以方便地从大气环流模式输出数据获得且能够捕捉到预报量的年际变异性。除此之外，还应注意不同季节或空间尺度的影响。研究区的预报因子选自最常用的 16 个大尺度预报因子，包括相对湿度、温度、经向和纬向风速、海平面气压场。

采用以下两种保守的方法进行预报因子的筛选：①对站点所在的格点与其周围格点的预报因子的值进行平均，得到的新预报因子为以目标格点为中心的简单平均。②计算气象站所在格点向各个方向的预报因子梯度。将两种方法得到的预报因子作为备选因子，采用模型交叉验证的方法筛选合适的预报因子，即对每一个子区域选择几个相同的预报因子，使每个模型参数的区域平均绝对相对误差（mean absolute relative deviation，MARE）最小。基于这一方法，分干季（10 ~3 月）和湿季（4 ~9 月）对不同模型参数的预报因子进行筛选，结果如表 9-2 所示。

表 9-2 降水预测参数

季	P_{01}	P_{11}	Weibull：Shape	Weibull：Scale
湿季	slp（N-S）	slp（NW-SE）	slp（N-S）	Slp
	shum700（E-W）	shum700（N-S）	shum700（NE-SW）	shum500（NE-SW）
	airtemp	airtemp	airtemp（NE-SW）	airtemp
	uwnd	uwnd850（NE-SW）	uwnd850（E-W）	uwnd700（E-W）
	vwnd700（NW-SE）	vwnd500（E-W）	vwnd	vwnd850（NW-SE）
干季	slp（NE-SW）	slp（N-S）	slp（N-S）	slp（NW-SE）
	shum850（NW-SE）	shum700（NE-SW）	shum850（NW-SE）	shum850
	airtemp700	airtemp850	airtemp（E-W）	airtemp500（E-W）
	uwnd500（E-W）	uwnd500	uwnd850	uwnd850（N-S）
	vwnd500（NE-SW）	vwnd850（NW-SE）	vwnd500	vwnd（NE-SW）

注：P_{01} 和 P_{11} 是一阶马尔可夫模型的条件概率；Weibull：Shape 和 Weibull：Scale 为 Weibull 分布的形状参数和尺度参数

表 9-3　率定期与验证期 19 个气象站平均绝对相对误差

（单位：%）

时期	站号	湿季				干季				时期	站号	湿季				干季			
		P_{01}	P_{11}	Weibull：Shape	Weibull：Scale	P_{01}	P_{11}	Weibull：Shape	Weibull：Scale			P_{01}	P_{11}	Weibull：Shape	Weibull：Scale	P_{01}	P_{11}	Weibull：Shape	Weibull：Scale
率定期	1	5.3	11.0	8.4	19.3	22.7	32.7	43.6	20.6	验证期	1	27.4	23.3	23.5	27.1	30.2	31.3	16.9	54.4
	2	10.7	9.9	8.1	22.4	14.1	19.6	33.8	40.3		2	32.0	17.4	15.2	21.7	38.0	21.3	36.3	36.8
	3	17.4	17.5	14.4	12.0	25.8	28.7	24.1	21.6		3	34.8	21.1	14.0	34.0	24.6	50.2	37.2	25.4
	4	6.0	5.3	6.7	9.5	18.4	35.1	29.0	53.4		4	13.0	6.1	16.4	35.4	31.1	38.8	40.4	36.2
	5	4.9	4.5	5.7	11.3	18.8	51.6	45.2	38.1		5	18.6	4.4	13.4	23.2	36.2	21.7	11.8	26.9
	6	12.3	9.4	11.3	5.4	18.7	26.4	27.1	16.5		6	12.4	11.4	33.2	30.8	45.9	33.6	37.7	42.6
	7	9.2	4.2	7.1	15.4	17.1	32.7	12.1	16.7		7	23.7	20.6	19.0	29.8	52.8	31.2	32.3	26.1
	8	8.6	4.8	7.1	13.6	15.1	12.7	23.7	23.6		8	18.2	11.8	21.8	28.0	56.5	16.7	34.1	35.9
	9	9.2	8.2	9.7	18.6	20.9	26.5	28.0	29.9		9	23.8	18.5	6.8	31.2	28.3	52.8	47.1	52.9
	10	9.1	6.5	8.2	15.5	19.9	20.3	31.4	34.7		10	12.8	16.3	18.7	32.6	25.8	18.5	20.0	26.2
	11	12.1	8.8	10.0	12.0	20.7	17.5	22.3	8.0		11	13.0	15.5	20.4	28.2	31.3	19.6	25.9	29.4
	12	6.7	5.8	6.0	4.8	11.8	11.0	16.1	24.0		12	18.3	18.6	17.0	23.6	25.5	19.0	37.0	24.2
	13	8.3	11.6	7.4	7.2	20.2	27.7	7.7	26.8		13	34.2	24.0	11.5	19.2	33.1	43.9	41.0	18.4
	14	9.0	8.5	6.0	3.9	11.3	21.6	19.6	18.3		14	21.3	17.3	16.8	18.3	46.6	54.9	31.7	29.5
	15	7.1	4.4	4.8	2.9	9.5	15.5	12.5	21.0		15	23.4	2.7	7.9	14.9	14.8	30.1	14.6	45.9
	16	7.9	3.4	6.9	9.0	15.4	21.1	29.8	31.1		16	15.0	21.2	10.8	11.0	16.8	38.3	53.7	10.1
	17	10.8	7.8	7.5	11.6	16.0	15.9	10.5	17.0		17	35.8	18.2	14.6	29.2	29.2	50.2	31.5	34.6
	18	6.7	10.2	7.4	11.5	9.3	10.1	10.7	10.5		18	25.8	15.8	22.2	34.4	40.0	28.4	14.4	31.1
	19	7.1	6.3	4.6	9.8	7.2	12.9	11.5	11.4		19	15.0	8.8	7.7	21.1	18.0	18.1	18.9	23.3

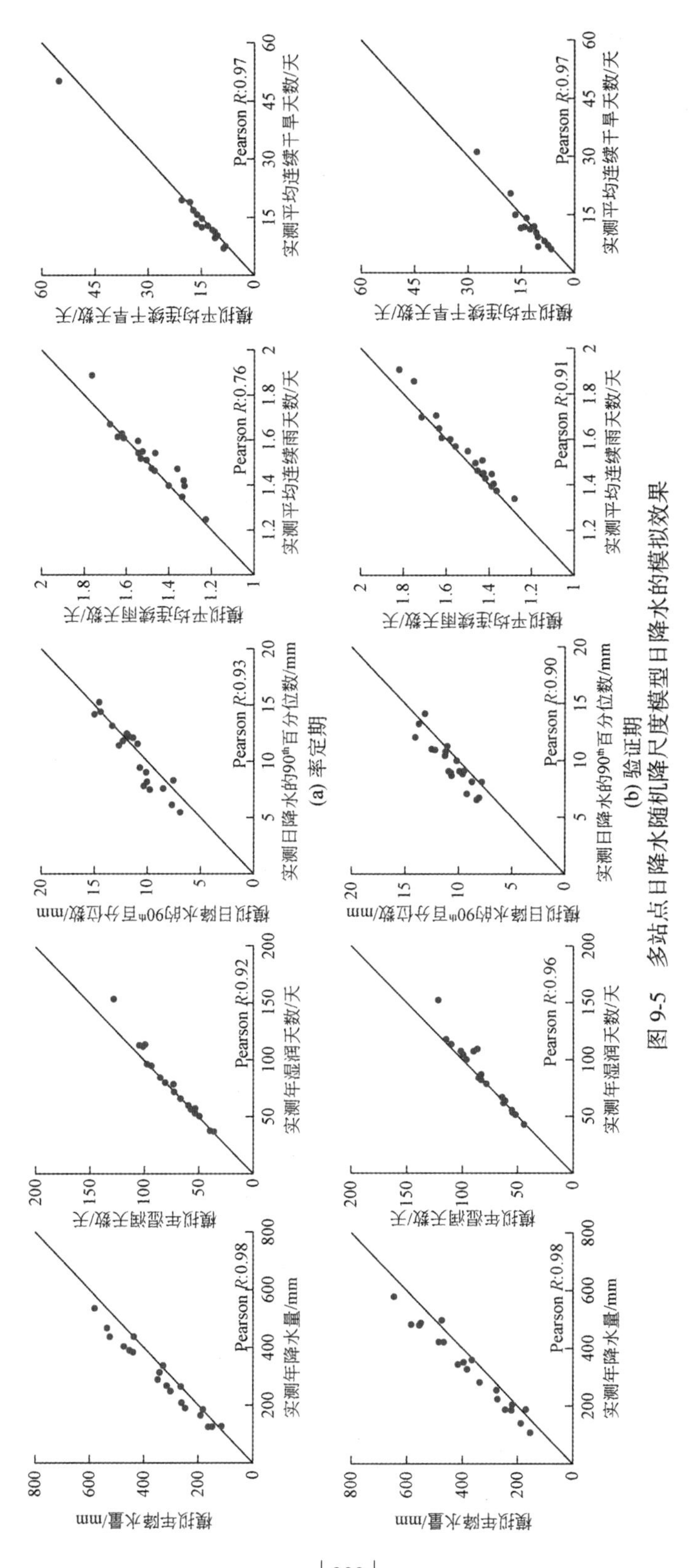

图 9-5　多站点日降水随机降尺度模型日降水的模拟效果

确定模型的率定期为 1990 ~2002 年，验证期为 2003 ~2010 年，两个阶段预报因子对模型参数模拟的平均绝对相对误差如表 9-3 所示。在验证期，尽管干季模型参数模拟效果 (4 个参数平均绝对相对误差范围为 10. 1% ~56. 5%) 差于湿季 (4 个参数平均绝对相对误差范围为 2. 7% ~35. 8%)，且P_{01}和 Weibull 分布尺度参数的模拟误差相对较高，但整体误差均远远小于参数年内变异量 (即季节值的多年变异系数)，说明选择的预报因子可以满足参数降尺度的要求。

基于率定期的降尺度结果 (100 次模拟)，比较多站点日降水随机降尺度模型对年降水量、年湿润天数、日降水的 90^{th}百分位数、平均连续雨天数和平均连续干旱天数模拟的表现，结果如图 9-5 所示。总体来看，验证期模拟值与实测值间的 Pearson 相关系数均大于 0. 90，这表明模型能够合理地模拟研究区的年降水量和日降水量。而且，模型可以较好地反映降水量的年际变化 (图 9-6)。总体而言，多站点日降水随机降尺度模型可以进一步应用于不同大气环流模式和不同温室气体排放情景下的未来降水特征和变化预估研究。

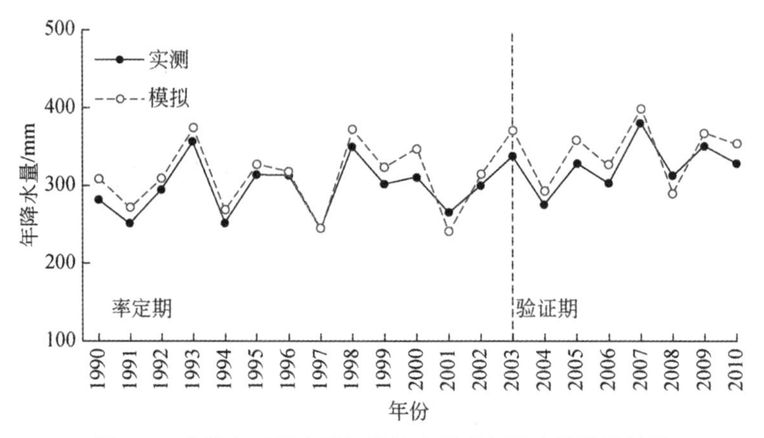

图 9-6　多站点日降水随机降尺度模型年降水的模拟效果

9. 2　流域水文模型建立与率定

基于观测气象资料与空间信息数据建立研究区的 SWAT 模型。首先，进行水系的生成及子流域的划分，在生成水系的过程中采用 1 : 10 万实测河网进行水系校正；其次，对土地利用与土壤类型进行重编码，确定水文响应单元；再次，将整理好的并符合模型格式要求的流域气象数据读入 SWAT 模型；最后，定义 SWAT 模型的相关参数，进行水文模拟。

预留几年作为模型的预热期，定义 1994 ~2001 年为模型的率定期，2002 ~2010 年为模型的验证期，率定研究区 SWAT 模型的参数。基于对流域的认识，参数率定过程中手动调整敏感性较高的参数，采用多站点多变量参数率定方法对样本流域的 SWAT 模型参数进行率定。

选取最常用的纳什效率系数 (NSE) 和相对误差 (PBIAS) (Mandeville et al., 1970;

Moriasi et al., 2007）两个指标评价 SWAT 模型的径流模拟结果。黑河流域上游出口控制站，冰沟水文站（BG）、新地水文站（XD）、梨园堡水文站（LY）、莺落峡水文站（YL）、扎马什克水文站（ZM）和祁连水文站（QL）月径流的模拟效果及其评价如图 9-7 所示。模型模拟结果显示，SWAT 模型在研究区具有较好的适用性：纳什效率系数为 0.72～0.90，相对误差为-6.45%～4.00%。比较各水文站径流的模拟结果可以发现，由于降水站较稀疏，冰沟水文站和新地水文站的模拟效果相对较差。根据文献给出的评价标准（Moriasi et al., 2007），SWAT 模型对研究区径流具有较好的模拟能力。

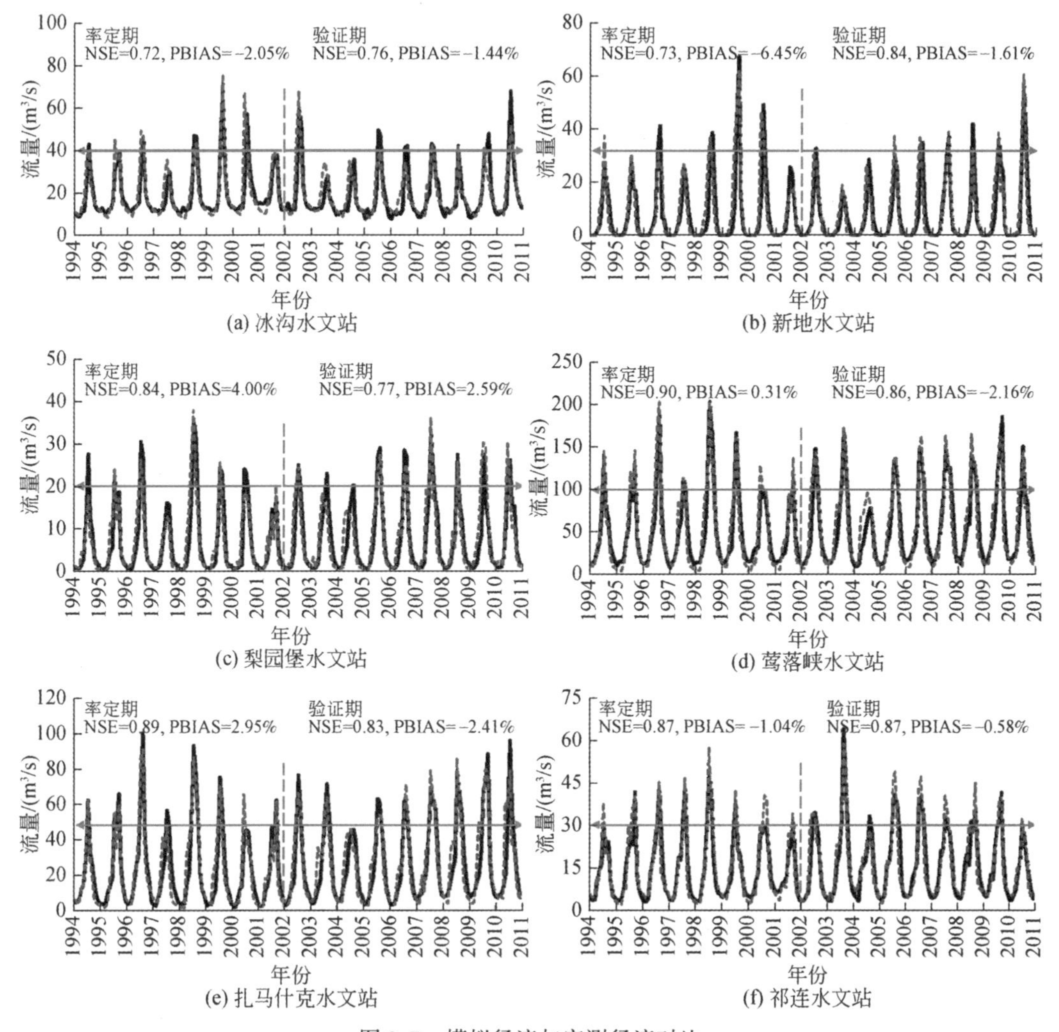

图 9-7　模拟径流与实测径流对比

流域尺度上的实际蒸散发很难观测。为了验证 SWAT 模型模拟蒸散发结果的可靠性，将 ETWatch 模型基于遥感数据模拟的实际蒸散发和 SWAT 模型模拟的实际蒸散发进行比较。ETWatch 是面向流域规划与管理和农业水管理的实用需求，针对遥感应用设计的遥感蒸散发监测系统，可用于计算流域地表净辐射、感热、潜热的空间分布及其时间过程。

ETWatch 模型蒸散发模拟数据下载于西部数据中心（http://westdc. westgis. ac. cn/）。两个模型在冰沟、新地、梨园堡和莺落峡断面以上流域及整个黑河上游 2000 ~ 2010 年的月模拟结果如图 9-8 所示。可以看出，ETWatch 模型和 SWAT 模型模拟的实际蒸散发变化过程曲线比较相符，纳什效率系数为 0. 79 ~ 0. 86，相对误差为-7. 68% ~ -3. 28%。两个相对独立的模型，得到了基本一致的模拟结果，间接验证了 SWAT 模型蒸散发模拟结果的可靠性。

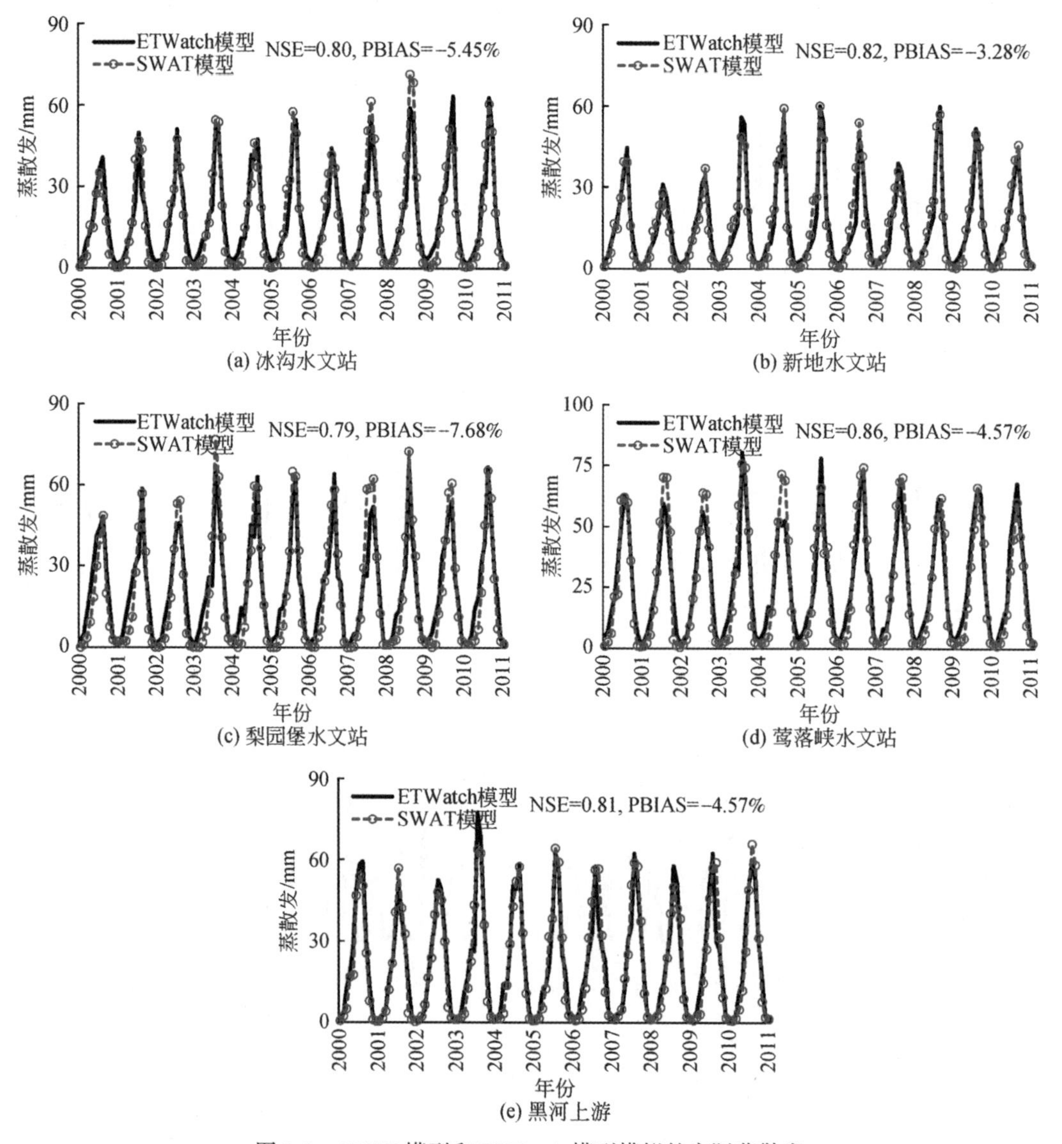

图 9-8　SWAT 模型和 ETWatch 模型模拟的实际蒸散发

总体而言，考虑到研究区的范围和数据限制，率定后的 SWAT 模型满足精度和可靠性要求，可被用于预测气候变化情景下流域未来的水文过程。

9.3 大气环流模式在研究区的适应性评价

表 9-4 和表 9-5 给出了 47 个大气环流模式输出降水和温度序列的评估结果。TRS 越小，该模式对历史气候变量的模拟能力越好；TRS 越大，模式输出气候变量的不确定性越大。各大气环流模式的 TRS 存在较大差异，说明不同的大气环流模式对降水和温度的模拟效果表现出不同的适应性。输出降水序列的最小 TRS 和最大 TRS 分别为 15. 3 和 52. 7。输出温度序列的最小 TRS 和最大 TRS 分别为 18. 6 和 42. 9。

表 9-4 47 个大气环流模式输出降水序列的评估结果

序号	大气环流模式	Mean /mm	St_ Dev	NRMSE	r_t	r_s	MK		EOF		PDF		TRS
							Z	β	EFO1	EFO2	BS	Sscore	
	OBS	359. 0	28. 3				0. 45	0. 08	63. 0	13. 1			
1	MRI-CGCM3	330. 5	26. 1	0. 73	0. 92	0. 89	-0. 14	-0. 08	90. 3	6. 1	0. 014	67. 9	15. 3
2	EC-EARTH	424. 7	32. 6	0. 86	0. 94	0. 92	1. 05	0. 93	90. 1	5. 3	0. 007	73. 3	18. 0
3	**NorESM1-M**	**379. 3**	**26. 3**	**0. 90**	**0. 90**	**0. 81**	**-1. 24**	**-1. 97**	**96. 3**	**2. 0**	**0. 036**	**56. 7**	**19. 2**
4	HadCM3	473. 9	35. 0	0. 95	0. 93	0. 90	0. 26	0. 56	91. 1	5. 0	0. 012	71. 9	20. 4
5	HadGEM2-CC	473. 9	35. 0	0. 95	0. 93	0. 90	0. 26	0. 56	91. 1	5. 0	0. 012	71. 9	20. 4
6	MPI-ESM-P	462. 0	34. 8	0. 99	0. 96	0. 88	-0. 68	-0. 72	94. 9	3. 5	0. 025	64. 0	20. 5
7	GFDL-CM3	463. 8	29. 1	0. 92	0. 93	0. 88	-0. 77	-0. 84	95. 7	2. 7	0. 034	59. 8	20. 7
8	HadGEM2-ES	465. 8	32. 9	0. 98	0. 87	0. 89	-0. 11	-0. 05	89. 6	5. 8	0. 010	71. 7	20. 9
9	ACCESS1-0	482. 7	31. 9	0. 99	0. 86	0. 90	-0. 66	-0. 65	91. 0	4. 5	0. 023	67. 6	21. 7
10	**CMCC-CMS**	**447. 0**	**31. 9**	**1. 03**	**0. 94**	**0. 89**	**-0. 68**	**-1. 07**	**96. 4**	**2. 2**	**0. 039**	**58. 6**	**21. 8**
11	CSIRO-Mk3. 6. 0	391. 0	33. 9	0. 79	0. 97	0. 75	2. 39	2. 57	92. 1	5. 0	0. 015	71. 0	22. 2
12	FGOALS-s2	292. 4	23. 4	0. 95	0. 88	0. 75	0. 31	0. 30	95. 0	3. 3	0. 036	55. 5	22. 4
13	CESM1-CAM5	542. 3	43. 0	1. 29	0. 94	0. 88	-0. 71	-0. 97	92. 1	3. 8	0. 008	72. 9	22. 5
14	NorESM1-ME	373. 5	24. 1	0. 88	0. 82	0. 81	-0. 06	-0. 08	94. 7	3. 5	0. 034	61. 0	22. 7
15	ACCESS1. 3	347. 9	20. 1	0. 90	0. 74	0. 84	0. 00	0. 00	91. 6	3. 9	0. 028	58. 8	22. 7
16	CCSM4	546. 6	38. 1	1. 16	0. 94	0. 92	-0. 37	-0. 54	90. 5	5. 6	0. 017	70. 0	22. 9
17	bcc-csm1. 1-m	426. 9	21. 2	0. 93	0. 86	0. 92	-0. 26	-0. 24	92. 3	4. 5	0. 044	52. 6	22. 9
18	**MPI-ESM-LR**	**483. 6**	**36. 0**	**1. 04**	**0. 97**	**0. 88**	**0. 27**	**0. 13**	**94. 5**	**3. 6**	**0. 028**	**63. 8**	**23. 1**
19	CESM1-WACCM	402. 2	30. 7	0. 93	0. 92	0. 72	1. 60	0. 38	95. 8	2. 4	0. 026	65. 0	23. 4
20	IPSL-CM5A-MR	540. 9	29. 6	1. 01	0. 95	0. 84	-0. 94	-0. 93	87. 7	7. 6	0. 033	56. 9	23. 5
21	HadGEM2-AO	523. 3	37. 7	1. 10	0. 89	0. 94	0. 84	1. 30	91. 8	4. 6	0. 010	72. 1	24. 2
22	**CanESM2**	**531. 1**	**44. 9**	**1. 20**	**0. 98**	**0. 71**	**-0. 65**	**-0. 61**	**88. 2**	**10. 1**	**0. 007**	**76. 9**	**25. 1**
23	MPI-ESM-MR	496. 5	36. 7	1. 09	0. 95	0. 90	1. 40	1. 73	95. 1	3. 3	0. 021	66. 7	25. 2
24	IPSL-CM5B-LR	332. 0	16. 0	0. 86	0. 81	0. 79	0. 91	0. 34	88. 3	9. 7	0. 045	55. 5	25. 4

续表

序号	大气环流模式	Mean /mm	St_ Dev	NRMSE	r_t	r_s	MK		EOF		PDF		TRS
							Z	β	EFO1	EFO2	BS	Sscore	
25	CESM1-BGC	544. 8	39. 5	1. 19	0. 95	0. 91	-0. 14	-0. 23	87. 7	7. 6	0. 025	66. 7	25. 5
26	CESM1-FASTCHEM	544. 1	40. 1	1. 22	0. 93	0. 92	0. 40	0. 55	90. 5	5. 8	0. 017	64. 3	26. 3
27	MIROC-ESM	632. 4	45. 7	1. 38	0. 98	0. 91	-0. 97	-1. 13	92. 6	5. 6	0. 023	64. 3	27. 5
28	CanCM4	555. 0	45. 7	1. 30	0. 98	0. 68	0. 17	0. 30	91. 9	6. 5	0. 009	71. 0	28. 1
29	IPSL-CM5A-LR	369. 3	16. 6	0. 91	0. 76	0. 77	0. 45	0. 61	90. 8	7. 0	0. 049	49. 5	28. 3
30	CMCC-CM	492. 9	31. 6	0. 99	0. 82	0. 97	0. 71	1. 16	87. 4	6. 8	0. 039	56. 9	28. 4
31	GFDL-ESM2M	402. 2	21. 9	0. 98	0. 81	0. 88	1. 34	2. 02	93. 2	4. 8	0. 042	50. 5	28. 5
32	GFDL-ESM2G	401. 5	22. 0	0. 92	0. 81	0. 86	1. 05	0. 97	92. 1	6. 2	0. 047	50. 5	28. 5
33	MIROC-ESM-CHEM	625. 5	44. 8	1. 38	0. 97	0. 89	0. 00	0. 00	93. 7	5. 0	0. 030	65. 2	29. 8
34	**bcc-csm1. 1**	**499. 1**	**26. 2**	**1. 05**	**0. 85**	**0. 77**	**0. 54**	**0. 63**	**96. 2**	**2. 8**	**0. 047**	**50. 7**	**30. 0**
35	GFDL-CM2p1	425. 5	22. 3	0. 98	0. 75	0. 89	1. 22	1. 74	93. 2	5. 2	0. 044	51. 2	30. 4
36	MIROC5	619. 0	41. 4	1. 32	0. 95	0. 96	1. 59	1. 69	92. 2	5. 0	0. 026	63. 6	30. 5
37	FGOALS-g2	459. 3	21. 9	1. 04	0. 64	0. 92	-0. 67	-0. 21	92. 4	5. 9	0. 044	53. 3	30. 8
38	**CNRM-CM5**	**593. 6**	**50. 5**	**1. 47**	**0. 95**	**0. 90**	**1. 59**	**1. 77**	**94. 1**	**4. 0**	**0. 009**	**70. 7**	**31. 2**
39	FIO-ESM	602. 2	23. 5	1. 35	0. 69	0. 88	-0. 06	-0. 05	96. 2	2. 9	0. 051	49. 5	35. 7
40	CMCC-CESM	479. 6	25. 6	1. 06	0. 80	0. 58	3. 34	2. 43	97. 9	1. 5	0. 043	50. 2	35. 8
41	GISS-E2-R-CC	604. 9	28. 1	1. 23	0. 86	0. 36	-0. 09	-0. 12	89. 5	8. 1	0. 048	47. 6	38. 2
42	inmcm4	591. 7	32. 2	1. 37	0. 64	0. 81	1. 48	1. 18	91. 9	5. 9	0. 039	58. 6	40. 2
43	GISS-E2-R	604. 4	29. 3	1. 20	0. 87	0. 32	2. 44	1. 18	92. 8	4. 9	0. 052	46. 9	41. 0
44	MIROC4h	776. 5	56. 8	1. 89	0. 97	0. 90	4. 18	2. 89	75. 9	9. 7	0. 017	69. 3	41. 1
45	GISS-E2-H	694. 0	39. 7	1. 56	0. 83	0. 10	-0. 65	-0. 82	91. 3	6. 4	0. 041	56. 2	44. 4
46	GISS-E2-H-CC	678. 9	36. 6	1. 47	0. 85	0. 10	0. 10	0. 05	90. 4	6. 9	0. 045	54. 0	44. 5
47	BNU-ESM	844. 6	37. 6	1. 99	0. 70	0. 85	3. 16	3. 28	94. 9	4. 0	0. 044	48. 6	52. 7

注：加粗大气环流模式被用来预测未来气候情景；OBS 表示降水的 NCEP 实测值

表 9-5　47 个大气环流模式输出温度序列的评估结果

序号	大气环流模式	Mean /℃	St_ Dev	NRMSE	r_t	r_s	MK		EOF		PDF		TRS
							Z	β	EFO1	EFO2	BS	Sscore	
	OBS0	1. 51	9. 7				4. 57	0. 043	64. 6	23. 5			
1	MPI-ESM-P	1. 73	9. 1	0. 20	1. 00	0. 97	1. 96	0. 022	95. 5	2. 9	0. 0056	74. 0	18. 6
2	MPI-ESM-MR	1. 78	8. 9	0. 19	1. 00	0. 98	2. 44	0. 021	94. 1	3. 7	0. 0058	73. 1	19. 1
3	**MPI-ESM-LR**	**1. 93**	**9. 0**	**0. 19**	**1. 00**	**0. 98**	**3. 64**	**0. 027**	**93. 9**	**3. 8**	**0. 0072**	**68. 6**	**22. 4**
4	**bcc-csm1. 1**	**0. 94**	**9. 9**	**0. 19**	**1. 00**	**0. 89**	**2. 64**	**0. 018**	**96. 3**	**2. 6**	**0. 0043**	**75. 0**	**22. 8**
5	CESM1-CAM5	-0. 67	10. 7	0. 31	1. 00	0. 93	1. 70	0. 018	83. 3	10. 7	0. 0063	70. 0	23. 9

续表

序号	大气环流模式	Mean /℃	St_Dev	NRMSE	r_t	r_s	MK		EOF		PDF		TRS
							Z	β	EFO1	EFO2	BS	Sscore	
6	HadCM3	1.19	10.0	0.21	1.00	0.96	2.33	0.024	87.2	9.4	0.0069	68.6	24.0
7	FIO-ESM	2.83	9.6	0.24	1.00	0.96	2.84	0.030	97.7	1.5	0.0062	71.2	24.8
8	CMCC-CM	-1.16	9.1	0.34	1.00	0.97	2.87	0.030	88.8	9.7	0.0093	63.3	25.4
9	**CMCC-CMS**	**1.86**	**8.9**	**0.22**	**1.00**	**0.97**	**3.64**	**0.046**	**96.3**	**2.6**	**0.0075**	**66.9**	**25.6**
10	EC-EARTH	-1.30	9.3	0.34	1.00	0.96	2.33	0.021	80.8	12.5	0.0089	63.8	25.6
11	**CNRM-CM5**	**-4.42**	**11.4**	**0.67**	**1.00**	**0.95**	**-0.09**	**-0.002**	**86.9**	**8.4**	**0.0065**	**67.4**	**26.1**
12	bcc-csm1.1-m	0.96	9.5	0.22	0.99	0.97	2.84	0.028	95.6	3.0	0.0087	64.5	26.2
13	GFDL-CM3	-0.25	10.0	0.28	0.99	0.94	3.01	0.038	95.2	2.8	0.0055	71.7	26.4
14	MIROC4h	-2.13	9.7	0.42	0.99	0.97	3.44	0.034	81.4	12.9	0.0062	70.5	26.5
15	inmcm4	-3.45	10.2	0.56	1.00	0.92	3.10	0.038	90.1	7.0	0.0040	75.7	26.8
16	BNU-ESM	1.42	10.3	0.21	1.00	0.89	2.95	0.024	97.0	2.3	0.0057	72.9	27.2
17	CESM1-BGC	-0.57	10.3	0.29	1.00	0.93	2.90	0.027	92.3	5.2	0.0071	69.0	27.3
18	GISS-E2-R	1.46	6.9	0.34	0.99	0.85	3.07	0.021	86.3	9.8	0.0059	70.7	27.3
19	**CanESM2**	**0.21**	**11.5**	**0.30**	**1.00**	**0.96**	**1.85**	**0.015**	**90.9**	**6.7**	**0.0079**	**66.7**	**27.5**
20	MIROC5	3.31	10.1	0.27	1.00	0.96	2.56	0.028	94.0	4.3	0.0067	69.3	27.6
21	MRI-CGCM3	-2.36	10.8	0.46	1.00	0.95	2.58	0.020	94.5	4.1	0.0068	69.0	27.7
22	HadGEM2-AO	0.44	10.7	0.24	1.00	0.96	3.86	0.040	90.8	5.0	0.0079	67.4	28.0
23	HadGEM2-CC	-0.08	10.7	0.27	1.00	0.96	2.93	0.022	87.0	6.8	0.0119	60.7	28.3
24	GFDL-ESM2M	2.43	9.7	0.22	0.99	0.92	3.38	0.026	96.0	2.1	0.0069	66.4	28.5
25	CESM1-FASTCHEM	-0.65	10.4	0.31	0.99	0.93	1.99	0.021	93.3	4.7	0.0081	64.3	28.9
26	ACCESS1.3	1.00	10.1	0.22	0.99	0.97	2.90	0.019	93.5	5.1	0.0098	62.1	29.1
27	CSIRO-Mk3.6.0	-1.58	10.1	0.37	1.00	0.97	3.58	0.032	91.4	5.7	0.0098	60.5	29.2
28	GISS-E2-H	-0.25	7.6	0.35	0.99	0.86	1.16	0.011	91.8	6.3	0.0084	65.2	29.3
29	GFDL-ESM2G	2.26	9.6	0.20	0.99	0.93	2.87	0.023	92.1	4.4	0.0101	61.2	29.7
30	CCSM4	-0.65	10.3	0.30	0.99	0.93	2.95	0.025	91.5	5.7	0.0090	63.1	30.0
31	GISS-E2-H-CC	-0.19	7.3	0.35	0.99	0.85	3.72	0.035	88.1	8.2	0.0074	67.4	30.0
32	ACCESS1-0	0.65	10.3	0.23	1.00	0.97	3.12	0.032	87.5	6.6	0.0132	57.6	30.1
33	GISS-E2-R-CC	1.39	6.9	0.34	0.99	0.85	3.75	0.027	89.1	8.3	0.0070	67.9	30.3
34	CanCM4	-1.20	10.9	0.36	1.00	0.97	4.77	0.038	87.9	7.6	0.0086	64.3	31.2
35	GFDL-CM2p1	1.63	10.1	0.21	0.99	0.92	3.61	0.032	94.7	3.4	0.0098	61.4	31.7
36	FGOALS-g2	-0.88	10.6	0.35	0.99	0.97	1.96	0.020	96.8	1.9	0.0107	57.9	31.9
37	**NorESM1-ME**	**2.73**	**11.8**	**0.32**	**1.00**	**0.86**	**2.22**	**0.016**	**95.7**	**2.3**	**0.0069**	**67.1**	**33.4**
38	NorESM1-M	2.84	11.8	0.31	1.00	0.86	3.95	0.038	94.8	2.5	0.0054	74.5	33.9

续表

序号	大气环流模式	Mean /℃	St_Dev	NRMSE	r_t	r_s	MK		EOF		PDF		TRS
							Z	β	EFO1	EFO2	BS	Sscore	
39	HadGEM2-ES	0.62	10.6	0.23	1.00	0.96	4.77	0.038	91.5	5.4	0.0151	56.0	34.6
40	CMCC-CESM	4.18	9.7	0.34	1.00	0.77	1.90	0.019	98.9	0.7	0.0071	69.3	34.7
41	IPSL-CM5A-MR	−3.26	9.1	0.56	0.98	0.95	3.49	0.044	93.6	4.5	0.0098	62.6	36.7
42	IPSL-CM5B-LR	−5.42	10.4	0.76	0.99	0.82	2.84	0.030	95.9	2.1	0.0053	72.1	37.1
43	FGOALS-s2	4.93	11.6	0.45	1.00	0.97	3.86	0.055	97.4	1.5	0.0079	64.3	38.3
44	MIROC-ESM	1.69	11.2	0.30	0.98	0.95	3.15	0.022	95.1	3.2	0.0100	60.2	39.5
45	MIROC-ESM-CHEM	1.74	11.2	0.31	0.98	0.95	1.87	0.018	96.2	2.4	0.0116	58.8	39.7
46	CESM1-WACCM	7.36	10.8	0.64	1.00	0.82	3.21	0.032	96.4	1.8	0.0051	73.1	41.7
47	IPSL-CM5A-LR	−3.98	9.4	0.62	0.98	0.83	4.23	0.041	96.0	2.0	0.0085	65.0	42.9

注：加粗大气环流模式被用来预测未来气候情景；OBS0 表示温度的 NCEP 实测值

采用 Fu 等（2013）中的排名检测方法，对所有大气环流模式的适用性进行评估。首先将每个大气环流模式的 TRS 从小到大排序，然后采用移动极差法检测评分序列是否存在变化点。如果存在变化点，则采用双边 T 检验方法测试突变点前后的样本在统计学上是否具有显著差异。如果具有显著差异，则突变点后的大气环流模式不适用于研究区。评价结果如图 9-9 和图 9-10 所示。结果表明，有 9 个大气环流模式（FIO-ESM、CMCC-CESM、GISS-E2-R-CC、inmcm4、GISS-E2-R、MIROC4h、GISS-E2-H、GISS-E2-H-CC 和 BNU-ESM）不适合模拟黑河流域的历史降水序列，7 个大气环流模式（IPSL-CM5A-MR、IPSL-CM5B-LR、FGOALS-s2、MIROC-ESM、MIROC-ESM-CHEM、CESM1-WACCM 和 IPSL-CM5A-LR）不适合模拟黑河流域的历史温度序列。

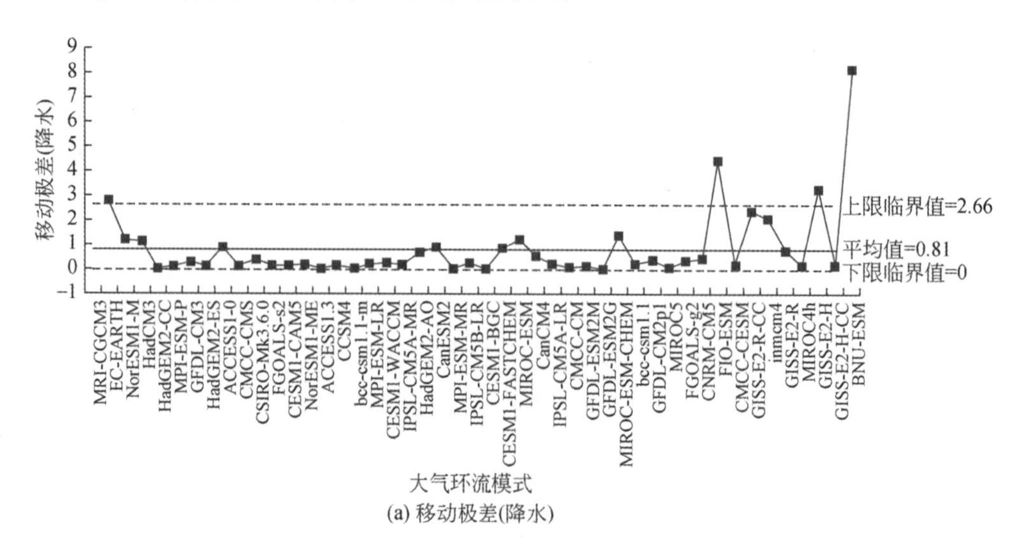

(a) 移动极差(降水)

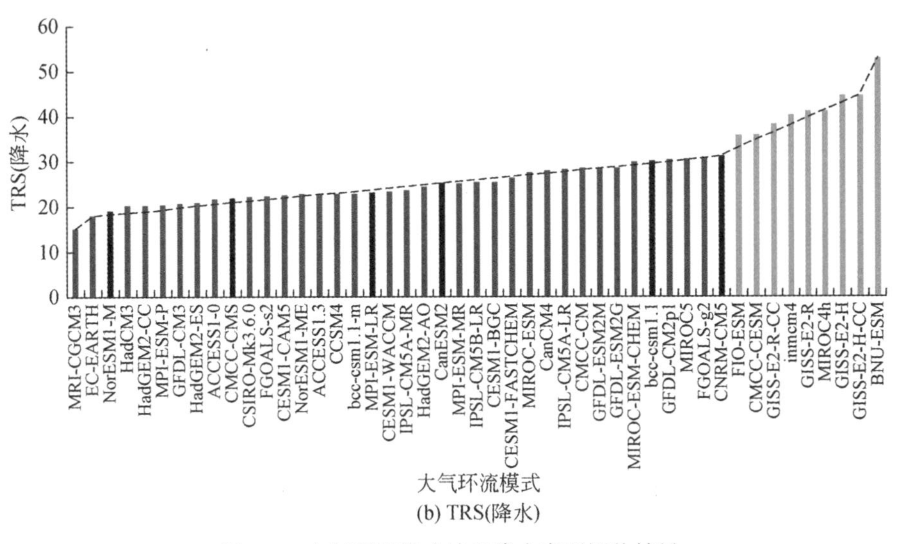

(b) TRS(降水)

图 9-9　大气环流模式输出降水序列评价结果

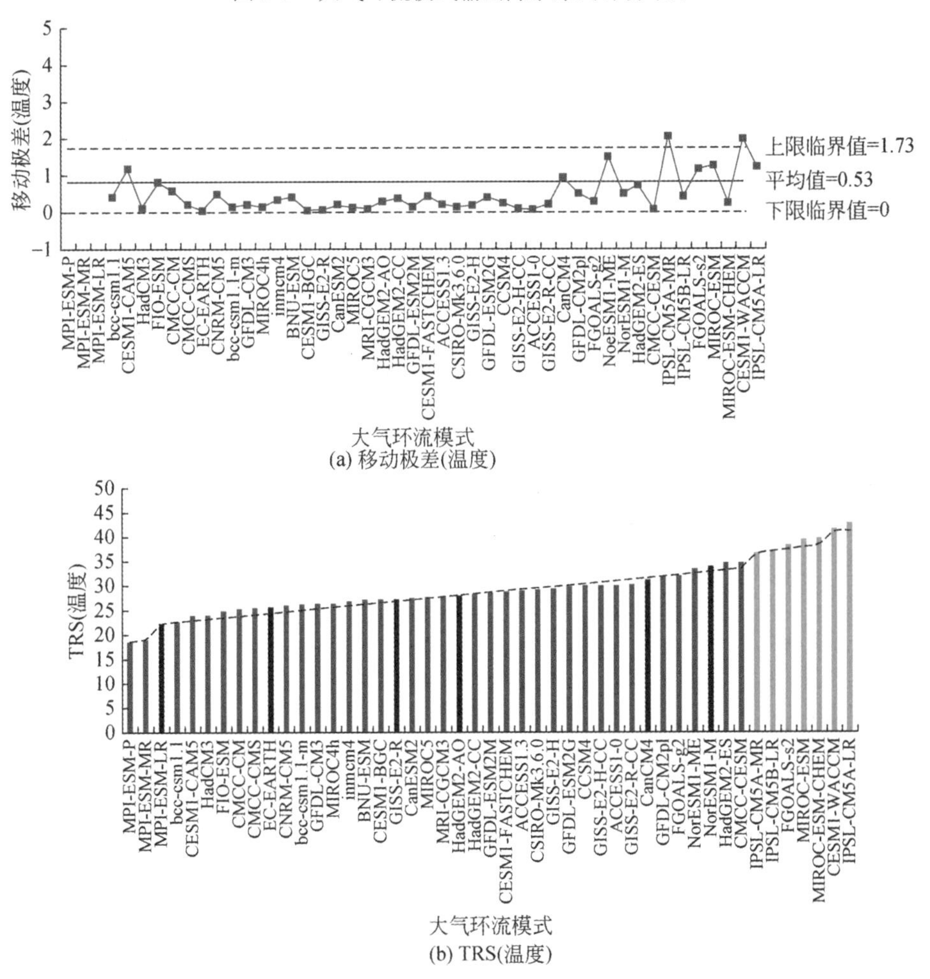

(b) TRS(温度)

图 9-10　大气环流模式输出温度序列评价结果

大气环流模式不能完全考虑影响气候状态的所有因子，单个模式输出特定区域的气候变量时，总会表现出一定程度的不确定性。多模式集合输出可以综合多个模式的优点，减小单个模式输出的不确定性。剔除不适合和缺少未来模拟的大气环流模式，47 个大气环流模式中有 26 个大气环流模式可以应用于本研究中。由于水文模拟的工作量巨大，本节从 26 个可用的大气环流模式中选择 6 个大气环流模式生成未来气候情景（bcc-csm1.1、CanESM2、CMCC-CMS、CRNM-CM5、MPI-ESM-LR、NorESM1-M）。

基于 26 个大气环流模式的月尺度模拟数据，比较大气环流模式模拟降水和温度在未来时期 2021～2050 年和历史时期 1981～2010 年模拟值的差异，获得未来降水和温度的绝对增幅（图 9-11）。选择大气环流模式时，综合考虑大气环流模式对降水和温度模拟绝对增幅的不确定性范围、平均值和大气环流模式附属机构的独立性。选定的 6 个大气环流模式的降水和温度的绝对增幅在 26 个大气环流模式的变化范围内，并且平均值基本相等。

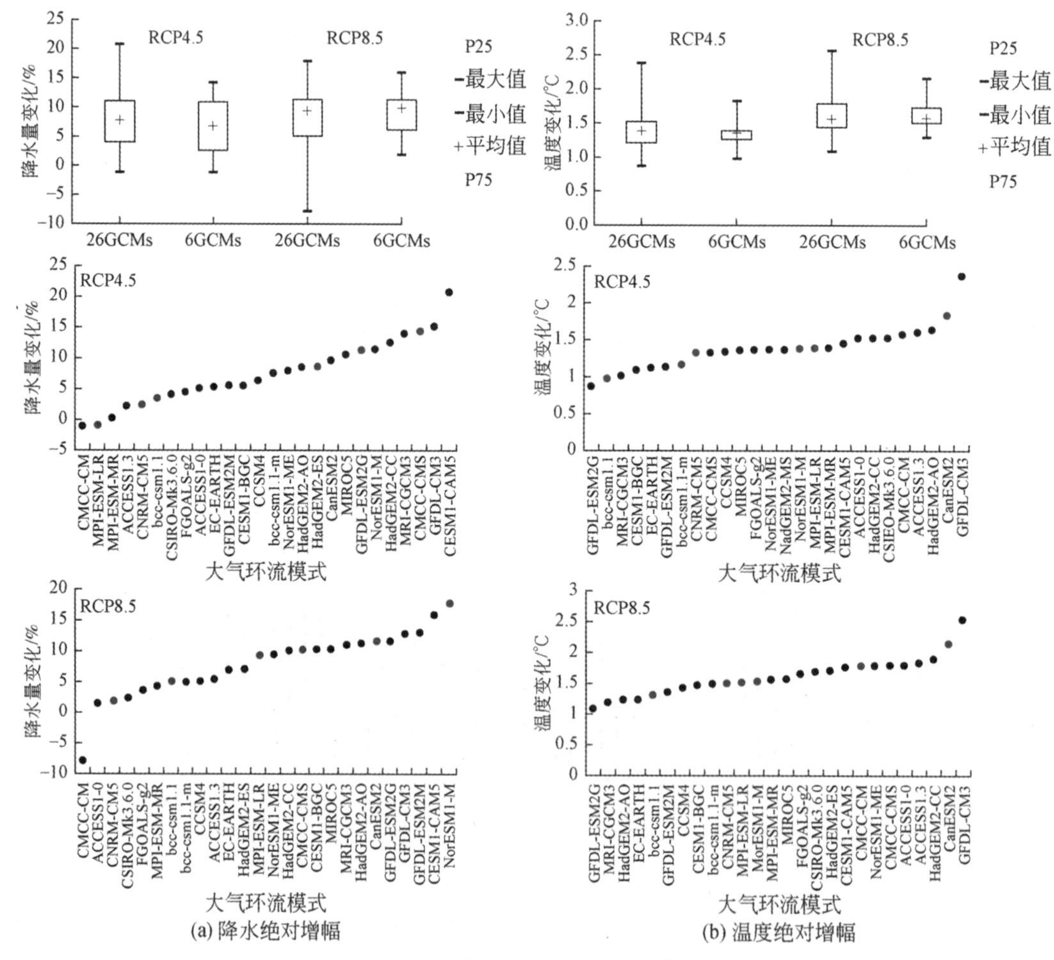

(a) 降水绝对增幅　　(b) 温度绝对增幅

图 9-11　降水和温度的绝对增幅

9.4 研究区未来气候变化情景

基于 9.1 节介绍的降尺度方法，分别对温度和降水序列进行降尺度，生成未来气候情景。研究区月温度和降水的变化情况如图 9-12 和图 9-13 所示，年平均温度和降水的变化如表 9-6 和表 9-7 所示。

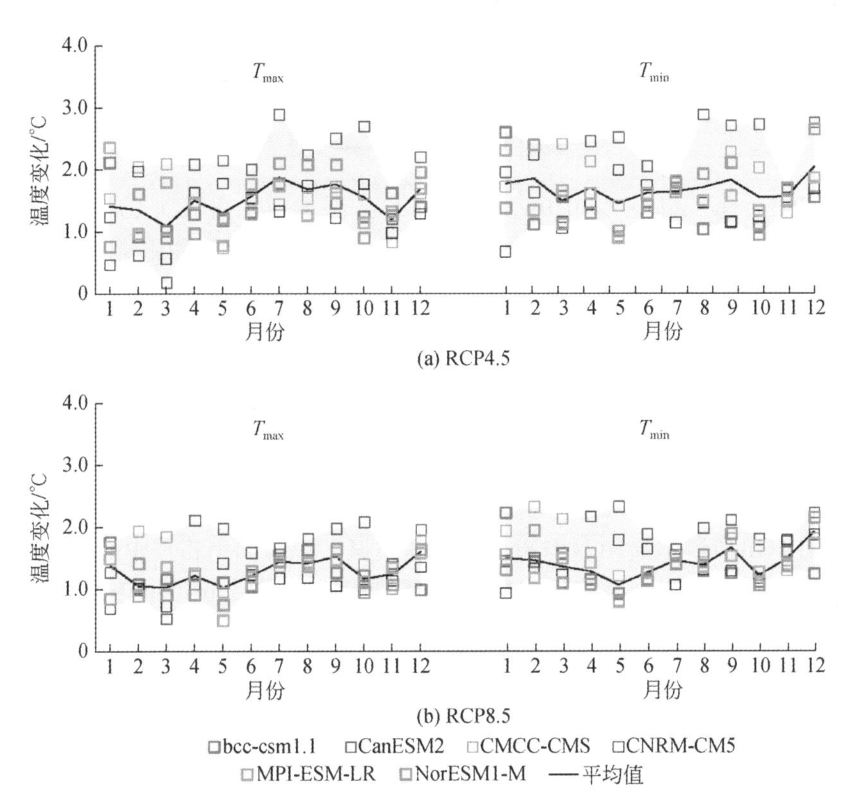

图 9-12　月平均最高温度、月平均最低温度增幅的变化范围

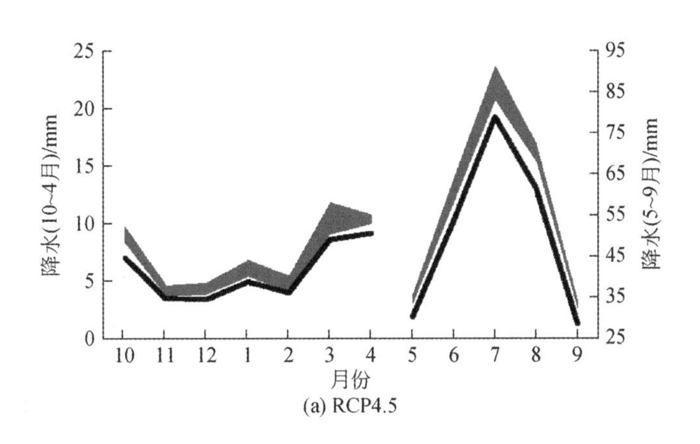

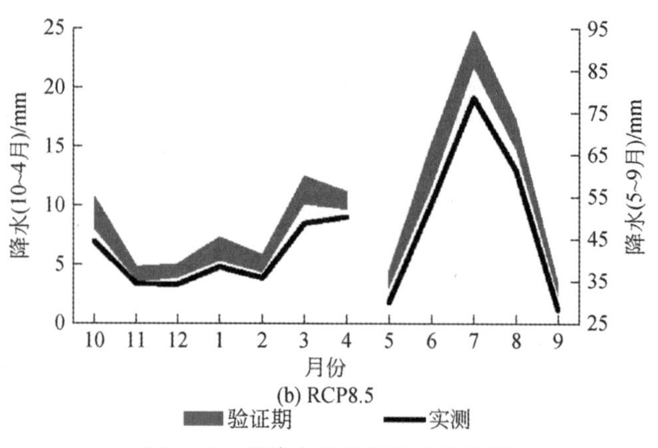

图 9-13　月降水量增幅的变化范围

表 9-6　年平均最高温度和最低温度的绝对变幅　　（单位:℃）

项目		bcc-csm1. 1	CanESM2	CMCC-CMS	CNRM-CM5	MPI-ESM-LR	NorESM1-M	平均值
RCP4. 5	T_{max}	1. 28	1. 61	1. 45	1. 09	1. 25	1. 18	1. 31
	T_{min}	1. 38	1. 83	1. 68	1. 38	1. 37	1. 39	1. 51
RCP8. 5	T_{max}	1. 37	1. 82	1. 49	1. 35	1. 48	1. 43	1. 49
	T_{min}	1. 40	2. 18	1. 85	1. 44	1. 56	1. 63	1. 68

表 9-7　年平均降水量的绝对增幅　　（单位:%）

项目	bcc-csm1. 1	CanESM2	CMCC-CMS	CNRM-CM5	MPI-ESM-LR	NorESM1-M	平均值
增幅	14. 2	14. 2	13. 1	16. 6	10. 0	10. 5	13. 1
增幅	17. 8	14. 1	22. 0	20. 6	12. 0	10. 5	16. 2

9. 4. 1　研究区未来温度变化

与历史时期（1981 ~2010 年）相比，两种排放情景下，6 个大气环流模式未来时期（2021 ~2050 年）月平均最高温度（T_{max}）和月平均最低温度（T_{min}）呈一致的增大趋势。同时，RCP8. 5 排放情景下温度增幅范围大于 RCP4. 5 排放情景。

从 6 个大气环流模式温度增幅的平均值（图 9-12 中的黑色线）可以看出，月平均最高温度在 RCP4. 5 和 RCP8. 5 排放情景下分别增大了 1. 08 ~1. 55℃ 和 1. 09 ~1. 87℃，月平均最低温度在 RCP4. 5 和 RCP8. 5 排放情景下分别增大了 1. 31 ~1. 87℃ 和 1. 49 ~2. 03℃。月平均最高温度在夏季（7 ~9 月）增幅更加明显；月平均最低温度在冬季（12 ~2 月）增幅更加明显。

在 RCP4.5 排放情景下，年平均最高温度将上升 1.09～1.61℃，年平均最低气温将上升 1.37～1.83℃；在 RCP8.5 排放情景下，年平均最高温度将上升 1.35～1.82℃，年平均最低温度将上升 1.40～2.18℃。在 RCP4.5 排放情景下，6 个大气环流模式年平均最高温度的平均值将上升 1.31℃，年平均最低温度的平均值将上升 1.51℃；在 RCP8.5 排放情景下，6 个大气环流模式年平均最高温度的平均值将上升 1.49℃，年平均最低温度的平均值将上升 1.68℃（表 9-6）。

9.4.2 研究区未来降水变化

基于降尺度结果，黑河流域未来降水会增大。与历史时期相比，在 RCP4.5 排放情景下，10～4 月月降水量将增大 0～2mm，5～9 月月降水量将增大 3～10mm；在 RCP 8.5 排放情景下，10～4 月月降水量将增大 0.1～4mm，5～9 月月降水量将增大 3～16mm。降水的增大主要发生在 6～8 月，这表明发生山洪的概率会增加（图 9-13）。

与历史时期相比，在 RCP4.5 排放情景下，未来降水量的增大范围为 10.0%～16.6%，降水量平均增大 13.1%；在 RCP8.5 排放情景下，未来降水量的增大范围为 10.5%～22.0%，降水量平均增大 16.2%（表 9-7）。

由降尺度的未来气候情景可知，在 RCP4.5 和 RCP8.5 排放情景下，2021～2050 年黑河流域将持续暖湿气候，其他类似的研究也得到了相同的结果（Wang and Chen，2014；Sun et al.，2015）。黑河流域未来温度和降水的变化趋势与我国西北地区近 50 年的气候变化趋势一致。西北地区气候由暖干型向暖湿型转换的主要原因在于：一是大气含水量的增加和有利的气候状况；二是全球变暖引起的水循环增强。

9.5 未来气候变化对流域水资源的影响

9.5.1 流域尺度上实际蒸散发量、融雪量与径流变化预测

与历史时期相比，流域尺度上多年平均年实际蒸散发量（AET）、融雪量（SM）和径流量（R）变化如图 9-14 所示。多年平均月实际蒸散发量、融雪量和径流量变化如图 9-15 所示。

在高温季节，实际蒸散发量对径流有显著影响。6 个大气环流模式下，流域多年平均年实际蒸散发量的预测结果都呈增加趋势。1981～2010 年，流域多年平均年实际蒸散发量为 251.4mm。在 RCP4.5 排放情景下，流域多年平均年实际蒸散发量的增大幅度为 10.4%～19.3%；在 RCP8.5 排放情景下，流域多年平均年实际蒸散发量的增大幅度为 12.2%～23.5%。6 个大气环流模式预测结果的平均值显示，流域多年平均年实际蒸散发量在 RCP4.5 和 RCP8.5 排放情景下将分别增大 35.5mm（14.1%）和 47.0mm（18.7%）。从月尺度来看，4～10 月流域多年平均月实际蒸散发量的增幅超过 1mm。与历史时期相比，在 RCP4.5 和

RCP8.5 排放情景下，多年平均月实际蒸散发量将增大 1.4 ~ 8.4mm 和 2.4 ~ 10.8mm，7 月和 9 月实际蒸散发量增幅最大，5 月实际蒸散发量的不确定性范围最大。

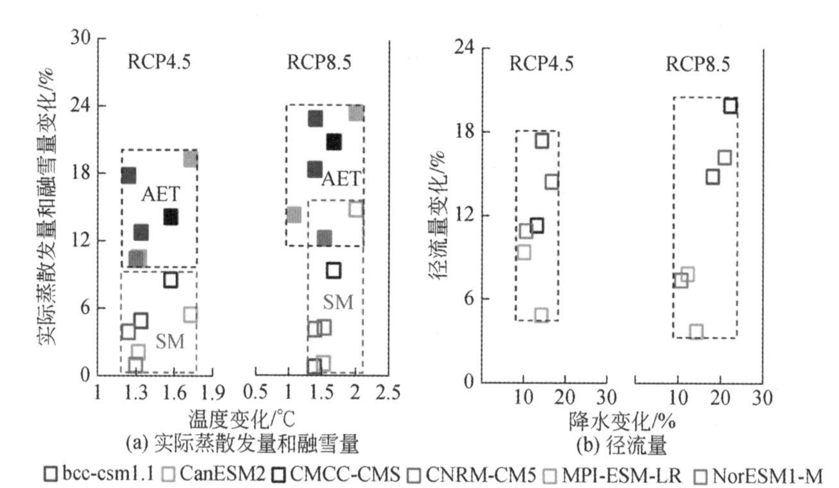

图 9-14　流域尺度上多年平均实际年蒸散发量、融雪量和径流量变化

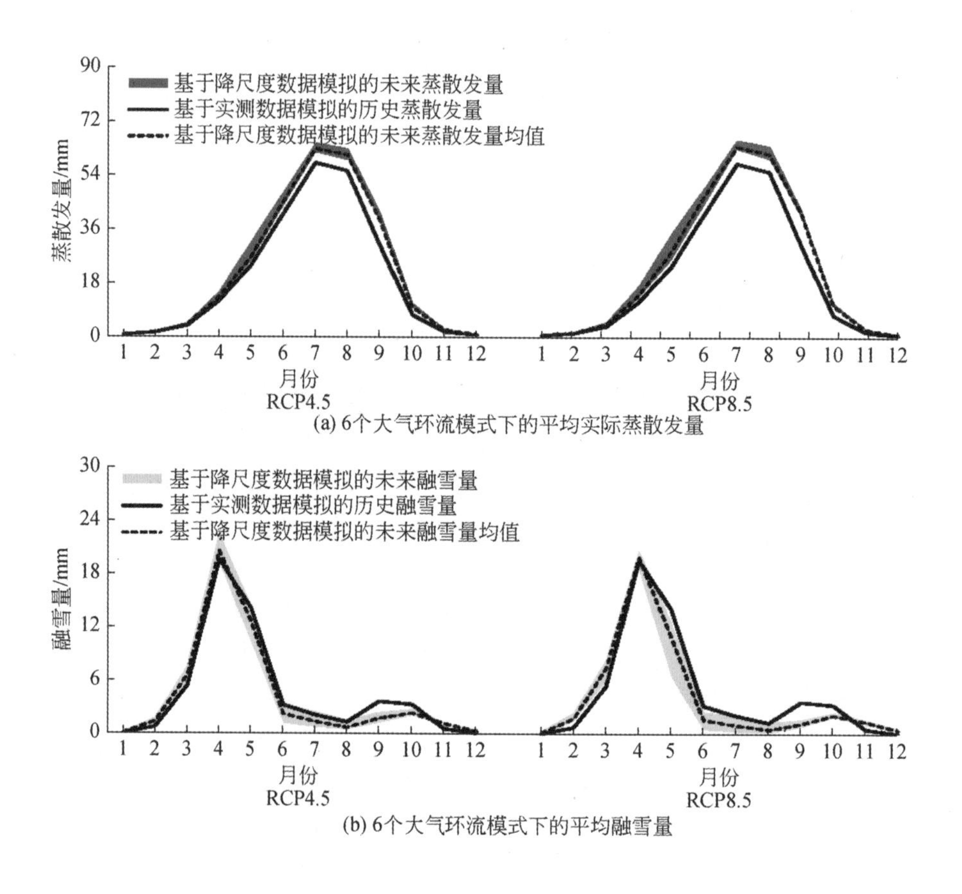

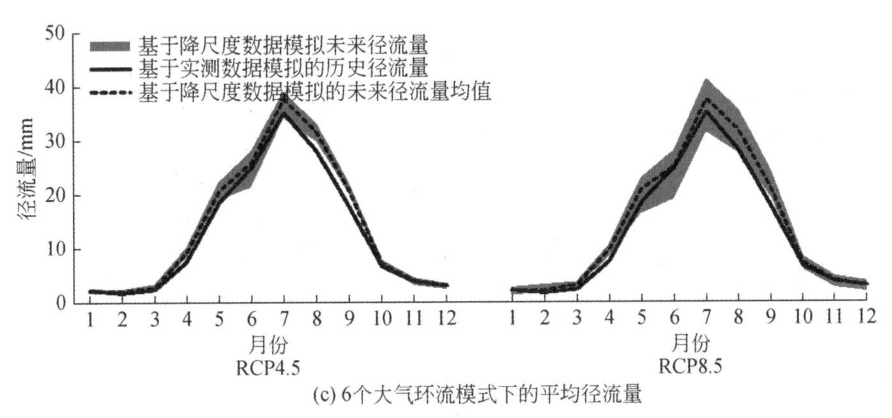

(c) 6个大气环流模式下的平均径流量

图 9-15 多年平均月实际蒸散发量、融雪量和径流量变化

黑河上游山区，很多山脉海拔在 4500m 以上，覆盖着冰川和永久性积雪。5 月中旬至 6 月下旬，冰雪融水是出山径流的重要补给来源。1981 ~ 2010 年，流域多年平均融雪量为 54. 1mm。预测结果显示，2021 ~ 2050 年流域多年平均融雪量将有所增大：在 RCP4. 5 排放情景下，增大幅度为 0. 6% ~ 8. 6%；在 RCP8. 5 排放情景下，增大幅度为 0. 8% ~ 14. 9%。6 个大气环流模式预测结果的平均值显示，在 RCP4. 5 和 RCP8. 5 排放情景下，流域多年平均融雪量将分别增大 2. 2mm（4. 3%）和 3. 3mm（5. 8%）。在全球气候变暖背景下，冬季和春季的温度增加明显，高海拔地区夏季和秋季的降雪量减少。因此，融雪量在 11 ~ 4 月增大，5 ~ 10 月减少。特别地，在 RCP8. 5 排放情景下，温度升高导致融雪时间明显提前，2 月和 3 月融雪量增加显著。

黑河上游山区，降水是径流的主要补给来源。因此，虽然温度升高使得实际蒸散发量增大，但降水量的增加仍然使径流量呈增大趋势。降水变化是导致径流变化的最主要因素，因此虽然融雪时间提前，但未来径流的年内分配过程基本还与历史时期一致。1981 ~ 2010 年，流域多年平均径流量为 139. 7mm。6 个大气环流模式预测的流域年径流量都呈增大趋势，在 RCP4. 5 排放情景下的增大幅度为 4. 8% ~ 17. 4%，在 RCP8. 5 排放情景下的增大幅度为 3. 8% ~ 20. 1%。在 RCP4. 5 和 RCP8. 5 排放情景下，流域多年平均径流量将分别增大 15. 8mm（11. 3%）和 16. 1mm（11. 5%）。从径流的年内分配来看，3 月和 4 月径流的增大主要是由于该时段融雪量的增加，7 ~ 9 月径流的增大主要是由于该时段降水量的增加，5 月和 6 月径流的减少应该是由于蒸散发量的增大和融雪量的减少。

9. 5. 2 径流空间变化预测分析

为了分析径流变化的原因，计算了降水量和实际蒸散发量变化的空间分布，如图 9-16 所示。径流量、降水量和实际蒸散发量变化的空间分布用 6 个大气环流模式预测结果的平均值表示。

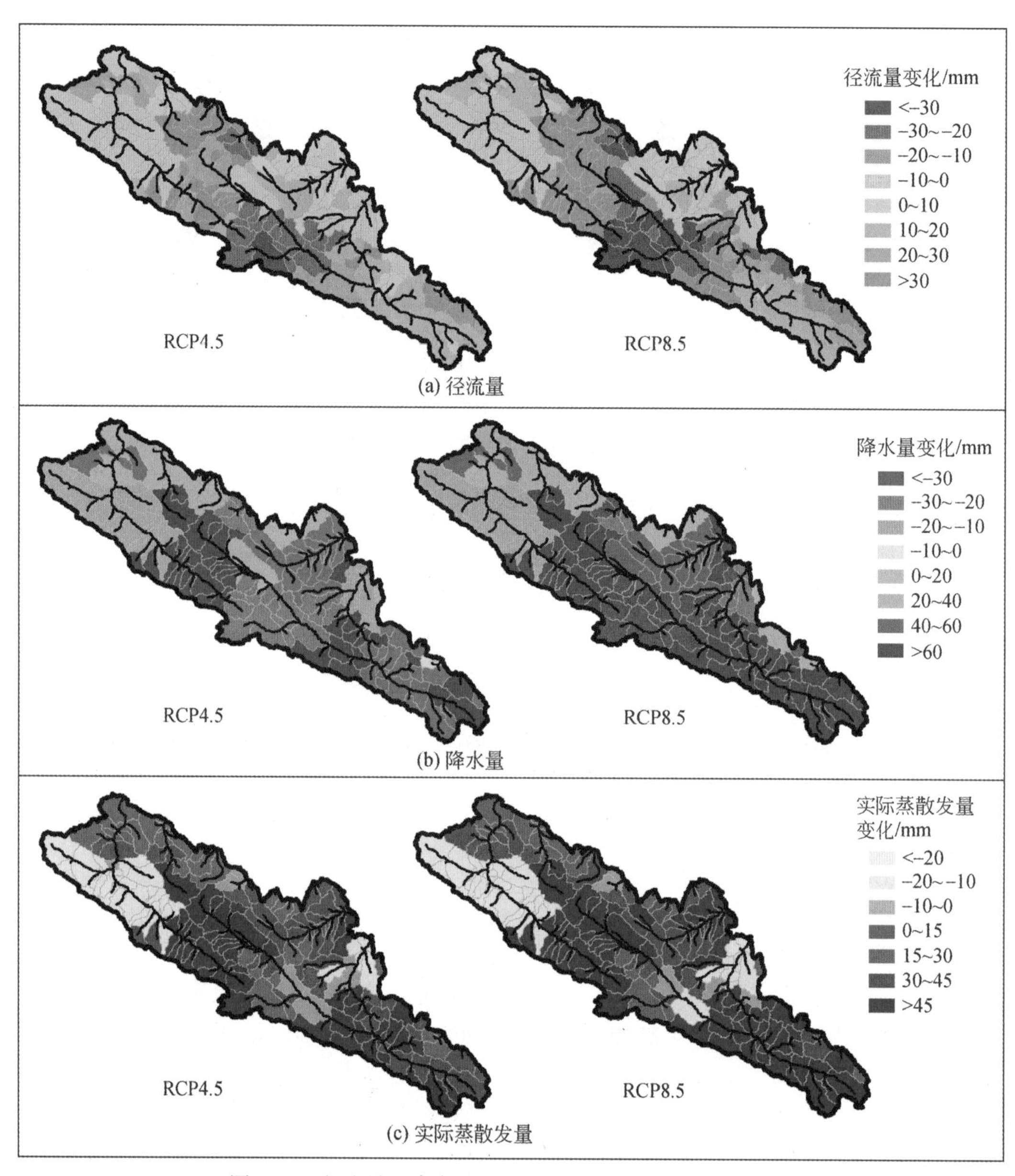

图 9-16　径流量、降水量和实际蒸散发量变化的空间分布

在两种排放情景下，径流量变化（增加/减少）的空间分布类似，只是在 RCP8.5 排放情景下变化幅度显著。受降水量和实际蒸散发量的综合影响，大多数子流域在 RCP4.5 排放情景下，径流量变化范围为-20～20mm；在 RCP8.5 排放情景下，径流量变化范围为-30～30mm。径流量增幅最大的地区位于河流的源头；径流量降幅最大的地区位于黑河西部河流的中游。在高海拔地区，降水量增大的区域，径流量和实际蒸散发量增大；降水量减小的区域，径流量和实际蒸散发量减小。在北部山麓地区，实际蒸散发量的增大幅度大于降水量的增大幅度，因此未来径流量会有所下降。

9.5.3 水平衡变化预测

历史时期和未来时期，在 RCP4.5 和 RCP8.5 排放情景下 SWAT 模型模拟的主要径流组分如表 9-8 所示。模拟结果用 6 个大气环流模式下预测结果的平均值表示。从模拟结果可以发现，在 RCP4.5 排放情景下，未来降水增大 52.2mm 主要转化成了 35.5mm 的蒸散发和 15.8mm 的径流；在 RCP8.5 排放情景下，未来降水增大 64.4mm 主要转化成了 47.0mm 的蒸散发和 16.1mm 的径流。流域的地表径流和基流均有所增加，且地表径流的增大是径流增大的最主要原因。在 RCP4.5 排放情景下，地表径流将增大 11.1mm，基流将增大 4.7mm；在 RCP8.5 排放情景下，地表径流将增大 14.0mm，基流将增大 2.0mm。在 RCP4.5 和 RCP8.5 排放情景下，融雪将分别增大 4.1% 和 6.1%，但因为其量级较小，所以对总径流的影响不明显；壤中流将分别增大 3.0% 和 3.7%。

表 9-8 历史时期和未来时期 SWAT 模型模拟的主要径流组分

径流组分		bcc-csm1.1	CanESM2	CMCC-CMS	CNRM-CM5	MPI-ESM-LR	NorESM1-M	平均值	变化	
									数量/mm	幅度/%
1981～2010 年	P	389.8	398.7	399.6	395.0	404.2	406.9	399.0	—	—
	AET	245.6	251.2	251.7	248.9	254.6	256.3	251.4	—	—
	R	136.4	139.5	139.9	138.3	141.5	142.4	139.7	—	—
	BF	47.8	48.8	49.0	48.4	49.5	49.8	48.9	—	—
	SR	88.7	90.7	90.9	89.9	91.9	92.6	90.8	—	—
	SW	90.1	92.2	92.4	91.3	93.4	94.0	92.2	—	—
	SM	53.5	53.7	54.9	53.4	54.9	54.3	54.1	—	—
2021～2050 年	RCP4.5									
	P	445.3	455.3	451.9	460.5	444.6	449.5	451.2	+52.2	+13.1
	AET	276.9	299.6	287.4	293.2	281.3	282.9	286.9	+35.5	+14.1
	R	146.3	155.7	158.2	160.1	154.7	157.9	155.5	+15.8	+11.3
	BF	63.3	36.8	53.2	55.0	56.7	56.6	53.6	+4.7	+9.6
	SR	96.8	109.5	102.5	103.2	98.0	101.2	101.9	+11.1	+12.2
	SW	89.6	97.6	99.6	91.6	95.8	95.5	95.0	+2.8	+3.0
	SM	54.3	54.6	55.5	60.0	58.3	55.2	56.3	+2.2	+4.1
	RCP8.5									
	P	459.2	454.8	487.6	476.3	452.7	449.6	463.4	+64.4	+16.1
	AET	290.8	310.2	304.4	306.0	291.1	287.7	298.4	+47.0	+18.7
	R	159.5	134.3	174.4	160.8	152.6	153.0	155.8	+16.1	+11.5
	BF	58.2	23.9	69.1	53.6	51.9	48.9	50.9	+2.0	+4.1
	SR	101.3	110.4	105.3	107.2	100.7	104.1	104.8	+14.0	+15.4
	SW	90.3	104.7	95.4	89.9	96.1	97.3	95.6	+3.4	+3.7
	SM	57.3	56.7	57.9	56.3	59.2	57.2	57.4	+3.3	+6.1

注：P 表示降水；AET 表示蒸散发；R 表示径流；BF 表示基流；SR 表示地表径流；SW 表示壤中流；SM 表示融雪

9.6　未来气候变化对各灌区水资源的影响

9.6.1　灌区划分

在西北干旱内陆河流域，水资源可利用量是制约农业发展的最关键因素，有水才有绿洲，无水便是荒漠。因此，探讨气候变化条件下水资源可利用性对水资源管理至关重要。黑河流域中游地势平坦，又有得天独厚的光热条件，是我国重要的商品粮食基地。但是，低降水量和高蒸发量导致黑河流域的农业发展过度依赖灌溉，没有灌溉就没有农业。

基于灌区的地表水灌溉水源，将研究区划分为 5 个子流域（SB1、SB2、SB3、SB4 和 SB5），每个子流域对应一个灌区（IA1、IA2、IA3、IA4 和 IA5），如图 9-17 所示。黑河中下游地区几乎不产流，每个子流域出口的地表水资源量相当于整个灌区的可利用水量。灌区 IA4 和 IA5 主要依靠地表水灌溉；灌区 IA1、IA2 和 IA3 依靠地表水和地下水灌溉，研究区内地下水的主要补给来源为地表径流。

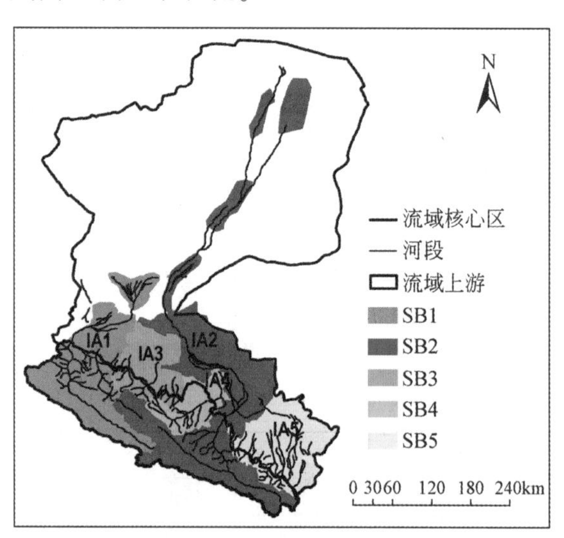

图 9-17　基于地表水源的灌区划分

9.6.2　各灌区未来水资源预测

与历史时期相比，5 个子流域出口未来月径流和年径流的变化如图 9-18、图 9-19 和表 9-9 所示。用 6 个大气环流模式预测结果的平均值表示未来径流的可能趋势。

在两种排放情境下，月径流的预测结果相似。黑河上游山区，径流的年内分配过程并没有发生显著改变。第 1 个子流域（SB1）每个月的径流都有所增大，4 ~ 9 月径流增加幅度最大。第 2 个子流域（SB2）除 4 月、7 ~ 9 月径流有所增大外，其他月份径流与历史时期相差不大。尽管 6 个大气环流模式预测结果的平均值显示 5 月和 6 月径流有轻微增大趋

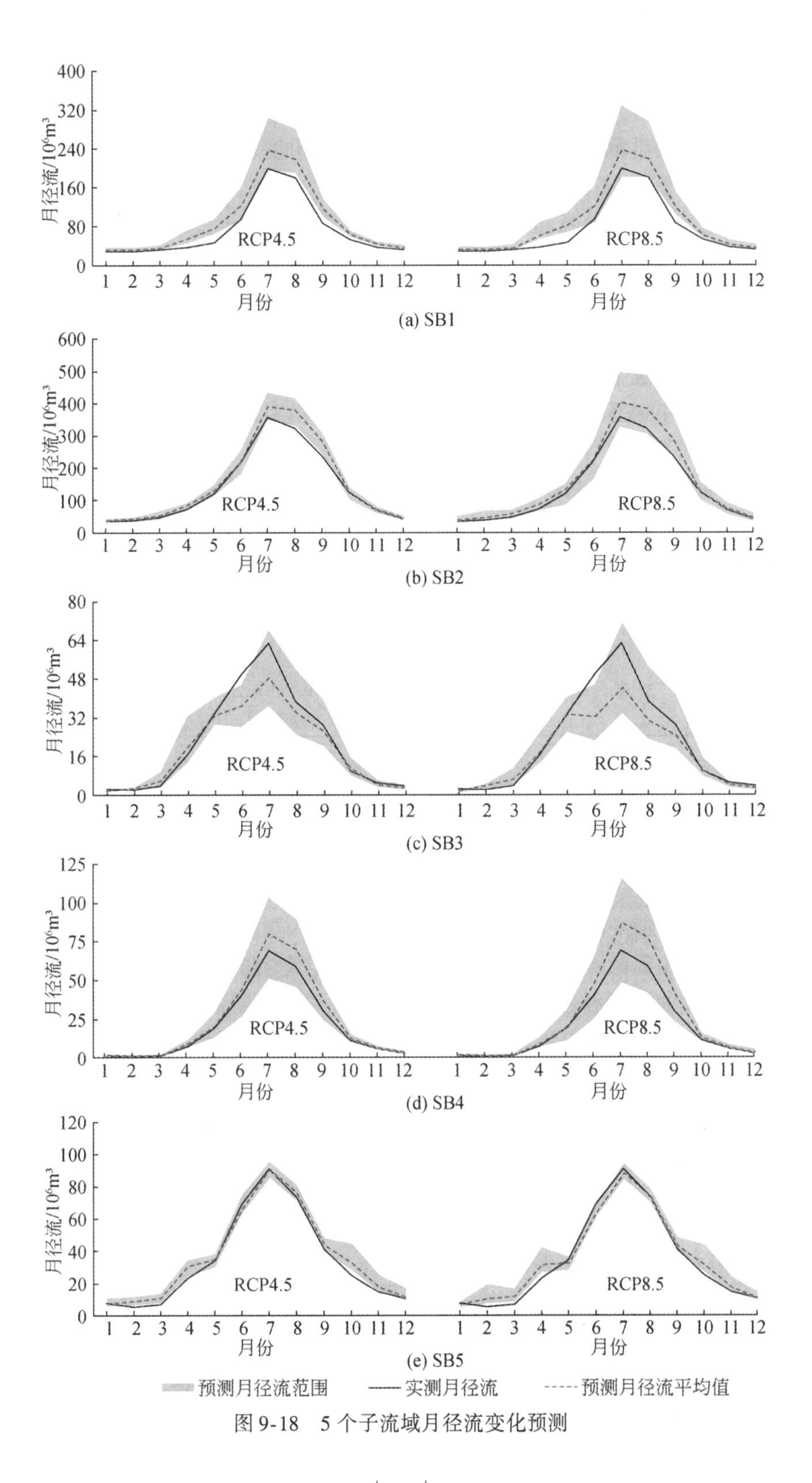

图 9-18 5 个子流域月径流变化预测

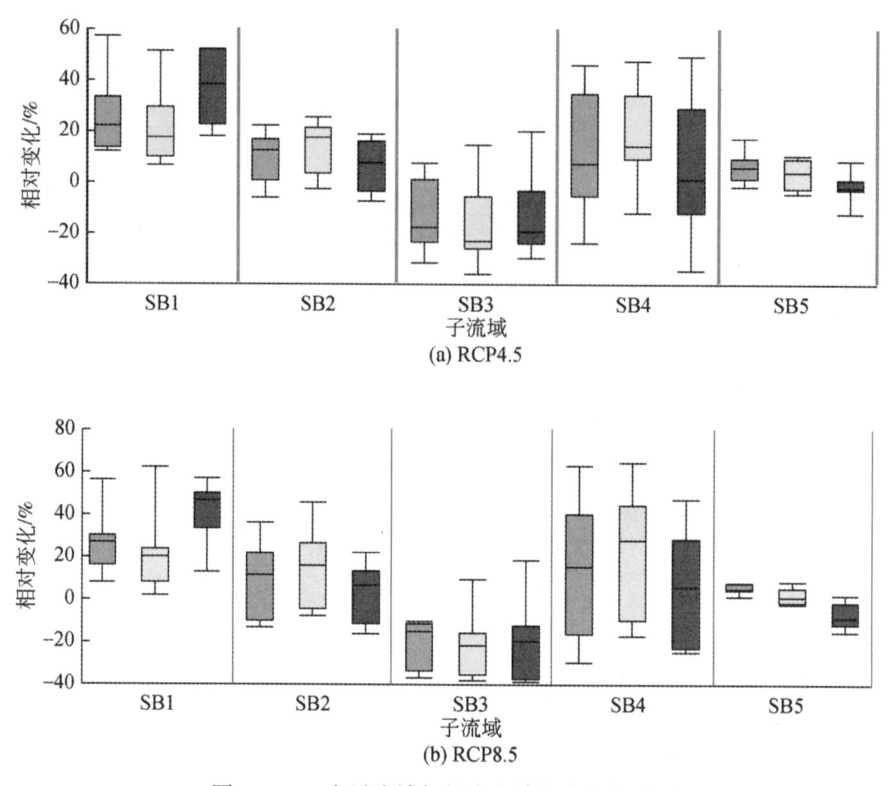

图 9-19　5 个子流域年径流和季径流变化预测

势，但仍有减少的可能，因为个别大气环流模式预测其减少。除 3 月外，第 3 个子流域（SB3）每个月的径流都将减少，6 ~ 9 月的减少幅度最大。第 4 个子流域（SB4），7 ~ 9 月径流将会增大，其他月份不发生显著变化。第 5 个子流域（SB5），月径流在雨季会轻微下降，在旱季会轻微增大。

从图 9-19 和表 9-9 可得到以下结论。

在 RCP4.5 排放情景下：①在 SB1 出口断面，6 个大气环流模式预测的年径流的变化范围为 12.2% ~57.5%，平均增大 22.3%；5 ~ 6 月径流的变化范围为 18.2% ~ 52.5%，平均增大 38.7%；7 ~ 10 月径流的变化范围为 6.8% ~ 51.7%，平均增大 17.7%。②在 SB2 出口断面，6 个大气环流模式预测的年径流的变化范围为−5.9% ~ 22.5%，平均增大 12.7%；5 ~ 6 月径流的变化范围为−7.3% ~ 19.1%，平均增大 7.8%；7 ~ 10 月径流的变化范围为−2.6% ~25.8%，平均增大 17.7%。③在 SB3 出口断面，4 个大气环流模式预测的年径流有所下降，7 ~ 10 月下降最为明显，变化范围为−35.9% ~ 14.9%，平均减少 22.9%。④6 个大气环流模式预测的 SB4 未来径流不确定性范围较大，年径流的变化范围为−23.6% ~46.4%，平均增大 7.5%；5 ~ 6 月径流的变化范围为−34.5% ~ 49.7%，平均增大 1.3%；7 ~ 10 月径流的变化范围为−11.8% ~ 48.0%，平均增大 14.5%。⑤与历史时期相比，SB5 未来时期的径流基本不发生改变。

表 9-9　5 个子流域年径流和季径流预测结果　　（单位：%）

大气环流模式	年径流变化									
	RCP4.5					RCP8.5				
	SB1	SB2	SB3	SB4	SB5	SB1	SB2	SB3	SB4	SB5
bcc-csm1.1	23.8	22.5	-20.4	35.1	1.6	30.3	17.9	-15.2	40.4	1.7
CanESM2	12.2	0.8	7.7	-23.6	9.6	8.1	-12.9	-10.1	-29.3	8.1
CMCC-CMS	33.6	8.5	-14.6	5.9	3.7	25.4	36.4	-33.3	22.8	5.3
CNRM-CM5	20.9	17.0	-31.5	46.4	8.5	16.2	21.9	-36.6	63.1	4.6
MPI-ESM-LR	57.5	-5.9	1.2	-5.2	17.5	70.3	-9.9	-14.2	8.5	7.9
NorESM1-M	13.7	16.9	-23.3	9.1	-1.5	28.8	5.3	-11.2	-15.9	5.2
平均值	22.3	12.7	-17.5	7.5	6.1	27.1	11.6	-14.7	15.7	5.3
大气环流模式	7～10 月径流变化									
	RCP4.5					RCP8.5				
	SB1	SB2	SB3	SB4	SB5	SB1	SB2	SB3	SB4	SB5
bcc-csm1.1	19.6	25.8	-25.8	34.6	-2.3	24.0	23.1	-21.1	44.5	-1.3
CanESM2	6.8	3.7	14.9	-11.8	9.4	2.1	-7.5	9.5	-16.9	8.5
CMCC-CMS	29.6	14.0	-20.1	12.5	-0.2	17.6	45.8	-37.6	32.8	0.6
CNRM-CM5	15.7	21.4	-35.9	48.0	8.4	8.2	26.8	-40.2	64.6	5.6
MPI-ESM-LR	51.7	-2.6	-5.4	9.4	10.6	62.4	-4.2	-21.6	23.6	-2.0
NorESM1-M	10.1	21.6	-25.7	16.5	-4.3	22.8	8.9	-15.6	-9.5	2.1
平均值	17.7	17.7	-22.9	14.5	4.1	20.2	16.0	-21.4	28.2	1.3
大气环流模式	5～6 月径流变化									
	RCP4.5					RCP8.5				
	SB1	SB2	SB3	SB4	SB5	SB1	SB2	SB3	SB4	SB5
bcc-csm1.1	39.6	19.1	-19.3	29.4	-2.7	50.2	10.2	-17.8	28.7	-8.0
CanESM2	18.2	4.8	20.4	-34.5	-1.1	13.0	-11.1	18.6	-22.6	-15.0
CMCC-CMS	52.5	-3.4	-19.1	-2.2	-12.1	47.7	22.2	-38.3	14.7	-11.4
CNRM-CM5	37.8	10.9	-29.6	49.7	1.3	33.6	13.6	-37.0	47.3	-1.3
MPI-ESM-LR	52.3	-7.3	-3.2	-11.9	8.7	57.0	-16.0	-20.5	-2.5	-8.4
NorESM1-M	22.9	16.2	-23.8	4.9	-2.5	46.0	3.7	-12.0	-24.5	2.3
平均值	38.7	7.8	-19.2	1.3	-1.8	46.8	6.9	-19.2	6.1	-8.2

在 RCP8.5 排放情景下：①在 SB1 出口断面，6 个大气环流模式预测的年径流的变化范围为 8.1% ~70.3%，平均增大 27.1%；5 ~6 月径流的变化范围为 13.0% ~57.0%，平均增大 46.8%；7 ~10 月径流的变化范围为 2.1% ~62.4%，平均增大 20.2%。②在 SB2 出口断面，6 个大气环流模式预测的年径流的变化范围为-12.9% ~36.4%，平均增大 11.6%；5 ~6 月径流的变化范围为-16.0% ~22.2%，平均增大 6.9%；7 ~10 月径流的变化范围为-7.5% ~45.8%，平均增大 16.0%。③在 SB3 出口断面，6 个大气环流模式预测的年径流会有所下降，但下降趋势没有 RCP4.5 排放情景明显。④6 个大气环流模式预测的 SB4 未来径流不确定性范围较大，年径流的变化范围为-29.3% ~63.1%，平均增大 15.7%；5 ~6 月径流的变化范围为-24.5% ~47.3%，平均增大 6.1%；7 ~10 月径流的变化范围为-16.9% ~64.6%，平均增大 28.2%。⑤与历史时期相比，SB5 出口断面未来时期的年径流会轻微增大，但 5 ~6 月径流将下降 8.2%。

5 ~6 月正值春灌期，黑河来水量占全年径流量的 20.4%，同期灌溉需水量却占全年的 35%，春季径流严重影响着作物的收成。因此，黑河上游山区径流的增大，特别是 5 ~6 月径流的增大，将有利于农业的发展。然而温度升高导致蒸发量增大、融雪时间提前，未来时期 5 ~6 月的径流很有可能会下降。对于这种情况，在进行水资源规划时需提前做好应对措施，如提高水资源的利用效率、发展节水农业、改变作物种植结构等。

黑河流域中下游的用水矛盾极其严重。黑河干流下游，在中游春灌大量用水的 5 月和 6 月断流，丰水的 8 ~10 月径流出现，11 月径流又减少甚至断流直到下一年春季。水资源供需严重不平衡，威胁着黑河下游地区的生态环境安全。为保证下游地区的可用水量，从 2000 年起开始实施黑河生态调水计划。根据生态调水计划的规定，7 ~10 月黑河中游限制用水，径流向下游排放。预测结果显示，未来时期 7 ~10 月的径流很可能增大，径流的这种改变有利于生态调水计划的实施。

9.7 本章小结

基于大气环流模式统计降尺度方法和水文模拟技术，本章研究了 RCP4.5 和 RCP8.5 两种排放情景下黑河上游地区未来 30 年（2021 ~2050 年）的径流变化情况，探讨了中下游各大灌区未来的水资源状况，为黑河流域的水资源管理提供参考。

采用 Delta 法和多站点日降水随机降尺度模型分别对 6 个大气环流模式输出的温度和降水进行降尺度。结果表明，黑河流域的暖-湿气候将会持续，与历史时期相比（1981 ~2010 年），在 RCP4.5 和 RCP8.5 排放情景下，黑河上游山区的年平均最高温度将分别上升 1.09 ~1.61℃ 和 1.35 ~1.82℃，年平均最低温度将分别上升 1.37 ~1.83℃ 和 1.40 ~2.18℃，降水量将会分别增大 10.0% ~16.6% 和 10.5% ~22.0%。

以降尺度的温度和降水数据作为输入，采用改进的 SWAT 模型模拟黑河上游山区的水资源状况。结果表明，与历史时期相比，流域平均的实际蒸散发量、融雪量和径流量都将增大。在 RCP4.5 排放情景下，流域平均的实际蒸散发量、融雪量和径流量将分别增大 10.4% ~19.3%、0.6% ~8.6% 和 4.8% ~17.4%；在 RCP8.5 排放情景下，流域平均的实际蒸散发量、融雪量和径流量将分别增大 12.2% ~23.5%、0.8% ~14.9% 和 3.8% ~20.1%。

基于灌区的地表水水源，将黑河中下游划分为 5 个大灌区，探讨各灌区未来的水资源可利用性。预测结果表明，与历史时期相比，IA1、IA2 和 IA4 未来的水资源量将会增大；IA3 未来的水资源量将会减少；虽然 IA5 未来的水资源状况与历史时期相当，但春灌期径流会有所下降。

参考文献

曹建廷，谢悦波，陈志辉，等 . 2002. 甘肃省黑河干流细土平原区灌溉水入渗运移的初步研究 . 水文地质工程地质，29（4）：1-4.

陈利群，刘昌明，李发东 . 2006. 基流研究综述 . 地理科学进展，25（1）：1-15.

程国栋 . 2009. 黑河流域水-生态-经济系统综合管理研究 . 北京：科学出版社 .

郭永海，王海龙，肖丰，等 . 2011. 马鬃山地区侵入岩体渗透性能分析 . 铀矿地质，27（6）：363-369.

黄丽，郑春苗，刘杰，等 . 2012. 分布式光纤测温技术在黑河中游地表水与地下水转换研究中的应用 . 水文地质工程地质，39（2）：1-6.

贾仰文，王浩，严登华 . 2006a. 黑河流域水循环系统的分布式模拟（Ⅰ）——模型开发与验证 . 水利学报，37（5）：534-542.

贾仰文，王浩，严登华 . 2006b. 黑河流域水循环系统的分布式模拟（Ⅱ）——模型应用 . 水利学报，37（6）：655-661.

李文鹏，康卫东，刘振英 . 2004. 西北典型内流盆地水资源调控和水资源优化利用模式研究报告 . 北京：中国地质环境监测院 .

李文鹏，康卫东，刘振英，等 . 2011. 西北典型内流盆地水资源调控与水资源优化利用模式：以黑河流域为例 . 北京：地质出版社 .

李亚民，郝爱兵，罗跃初，等 . 2009. 西北内流盆地地下水资源开发利用的问题及其对策研究 . 资源与产业，11（6）：48-54.

连英立，张光辉，聂振龙，等 . 2011. 西北内陆张掖盆地地下水温度变化特征及其指示意义 . 地球学报，32（2）：195-203.

鲁如坤 . 2000. 土壤农业化学分析方法 . 北京：中国农业科技出版社 .

聂振龙 . 2004. 黑河干流中游盆地地下水循环及更新性研究 . 北京：中国地质科学院研究生部 .

聂振龙，连英立，段宝谦，等 . 2011. 利用包气带环境示踪剂评估张掖盆地降水入渗速率 . 地球学报，（1）：117-122.

沈晔，李海涛，李龙，等 . 2013. 补给方式下地表浅层短期温度变化分析 . 水文地质工程地质，（3）：6-11.

沈照理，朱宛华 . 2000. 水文地球化学基础 . 北京：地质出版社 .

苏建平 . 2005. 黑河中游张掖盆地地下水模拟及水资源可持续利用 . 兰州：中国科学院寒区旱区环境与工程研究所 .

苏永中，杨晓，杨荣 . 2014. 黑河中游边缘荒漠-绿洲非饱和带土壤质地对土壤氮积累与地下水氮污染的影响 . 环境科学，（10）：3683-3691.

王飞 . 2004. 黄河口无机碳的时空分布及其输运通量 . 青岛：中国海洋大学 .

王根绪，程国栋，钱鞠，等 . 2003. 中国干旱内陆流域水体 N、P 负荷特征与动态变化——以黑河流域为例 . 地球科学进展，18（3）：338-344.

王琦，李锋瑞 . 2008. 灌溉与施氮对黑河中游新垦农田土壤硝态氮积累及氮素利用率的影响 . 生态学报，28（5）：2148-2159.

王旭升，周剑 . 2009. 黑河流域地下水流数值模拟的研究进展 . 工程勘察，（9）：35-38.

王阳 . 1998. 加快河西走廊商品粮基地建设战略构想和对策 . 农业经济，（9）：3-5.

吴军年，王红 . 2011. 张掖大气降水的 $\delta^{18}O$ 特征及水汽来源 . 安徽农业科学，39（3）：1601-1604.

仵彦卿，张应华，温小虎，等. 2004. 西北黑河下游盆地河水与地下水转化的新发现. 自然科学进展，14（12）：1428-1433.
武选民，陈崇希，史生胜，等. 2003. 西北黑河额济纳盆地水资源管理研究——三维地下水流数值模拟. 地球科学：中国地质大学学报，28（5）：527-532.
武选民，史生胜，黎志恒，等. 2002. 西北黑河下游额济纳盆地地下水系统研究（上）. 水文地质工程地质，29（1）：16-20.
席海洋，冯起，司建华，等. 2012. 黑河下游额济纳三角洲河道渗漏对地下水补给研究综述. 冰川冻土，34（5）：1241-1247.
夏军，左其亭，韩春辉. 2018. 生态水文学学科体系及学科发展战略. 地球科学进展，33（7）：665-674.
杨荣，苏永中. 2010. 不同施肥对黑河中游边缘绿洲沙地农田玉米产量及土壤硝态氮积累影响的初步研究. 中国沙漠，30（1）：110-115.
姚莹莹，刘杰，张爱静，等. 2014. 黑河流域河道径流和人类活动对地下水动态的影响. 第四纪研究，34（5）：973-981.
张光辉，刘少玉，谢悦波，等. 2005. 西北内陆黑河流域水循环与地下水形成演化模式. 北京：地质出版社.
张应华，仵彦卿，丁建强，等. 2005. 运用氧稳定同位素研究黑河中游盆地地下水与河水转化. 冰川冻土，27（1）：106-110.
赵建忠，魏莉莉，赵玉苹，等. 2010. 黑河流域地下水与地表水转化研究进展. 西北地质，43（3）：120-126.
中国地质调查局. 2012. 水文地质手册（第二版）. 北京：地质出版社.
周兴智，赵剑东，王主广，等. 1990. 甘肃省黑河干流中游地区地下水资源及其合理开发利用勘察研究. 张掖：甘肃省地勘局第二水文地质工程地质队.
Aitkenhead-Peterson J A，McDowell W H，Neff J C. 2003. Sources，production，and regulation of allochthonous dissolved organic matter inputs to surface waters//Findlay S E G，Sinsabaugh R L. Aquatic Ecosystems：Interactivity of Dissolved Organic Matter. San Diego：Academic Press：71-91.
Akoko E，Atekwana E A，Cruse A M，et al. 2013. River-wetland interaction and carbon cycling in a semi-arid riverine system：the Okavango Delta，Botswana. Biogeochemistry，114（1-3）：359-380.
Alexander M D，Caissie D. 2003. Variability and comparison of hyporheic water temperatures and seepage fluxes in a small Atlantic salmon stream. Ground Water，41（1）：72-82.
Allander K. 2003. Trout Creek—Evaluating ground-water and surface water exchange along an alpine stream，Lake Tahoe，California//Stonestrom D A，Constantz J. Heat as a Tool for Studying the Movement of Ground Water Near Streams. U. S. Dept. of the Interior，U. S. Geological Survey：35-45.
Allen R G，Pereira L S，Raes D，et al. 1998. Crop evapotranspiration-Guidelines for computing crop water requirements-FAO Irrigation and drainage paper 56. Fao，Rome，300（9）：D05109.
Ao F，Yu J J，Wang P，et al. 2012. Changing characteristics and influencing causes of groundwater level in the lower Reaches of the Heihe river. Journal of Natural Resources，27（4）：686-696.
Arnon A，Lensky N，Selker J. 2014. High-resolution temperature sensing in the Dead Sea using fiber optics. Water Resources Research，50（2）：1756-1772.
Balcarczyk K L，Jones Jr J B，Jaffé R，et al. 2009. Stream dissolved organic matter bioavailability and composition in watersheds underlain with discontinuous permafrost. Biogeochemistry，94（3）：255-270.

Bales R C, Molotch N P, Painter T H, et al. 2006. Mountain hydrology of the western United States. Water Resources Research, 42 (8): 138-139.

Ball L B, Caine J S, Ge S. 2014. Controls on groundwater flow in a semiarid folded and faulted intermountain basin. Water Resources Research, 50 (8): 6788-6809.

Beeson P, Duffy C, Springer E, et al. 2004. Integrated Hydrologic Models for Closing the Water Budget: Whitewater River Basin, Kansas. AGU Fall Meeting Abstracts.

Boy J, Valarezo C, Wilcke W. 2008. Water flow paths in soil control element exports in an Andean tropical montane forest. European Journal of Soil Science, 59 (6): 1209-1227.

Bredehoeft J D. 2002. The water budget myth revisited: why hydrogeologists model. Groundwater, 40 (4): 340-345.

Briggs M A, Lautz L K, McKenzie J M. 2012. A comparison of fibre- optic distributed temperature sensing to traditional methods of evaluating groundwater inflow to streams. Hydrological Processes, 26 (9): 1277-1290.

Bro R. 1997. PARAFAC. Tutorial and applications. Chemometrics and Intelligent Laboratory Systems, 38 (2): 149-171.

Brooks P D, Lemon M M. 2007. Spatial variability in dissolved organic matter and inorganic nitrogen concentrations in a semiarid stream, San Pedro River, Arizona. Journal of Geophysical Research: Biogeosciences, 112 (3): 339-340.

Brown V A, McDonnell J J, Burns D A, et al. 1999. The role of event water, a rapid shallow flow component, and catchment size in summer stormflow. Journal of Hydrology, 217 (3): 171-190.

Brunet F, Gaiero D, Probst J L, et al. 2005. $\delta^{13}C$ tracing of dissolved inorganic carbon sources in Patagonian rivers (Argentina) . Hydrological Processes, 19 (17): 3321-3344.

Brunner P, Simmons C T. 2012. HydroGeoSphere: a fully integrated, physically based hydrological model. Ground Water, 50 (2): 170-176.

Cartwright I. 2010. The origins and behaviour of carbon in a major semi-arid river, the Murray River, Australia, as constrained by carbon isotopes and hydrochemistry. Applied Geochemistry, 25 (11): 1734-1745.

Chen H, Zheng B, Song Y, et al. 2011. Correlation between molecular absorption spectral slope ratios and fluorescence humification indices in characterizing CDOM. Aquatic Sciences, 73 (1): 103-112.

Chen M, Price R M, Yamashita Y, et al. 2010. Comparative study of dissolved organic matter from groundwater and surface water in the Florida coastal Everglades using multi- dimensional spectrofluorometry combined with multivariate statistics. Applied Geochemistry, 25 (6): 872-880.

Chen Z, Nie Z, Zhang G, et al. 2006. Environmental isotopic study on the recharge and residence time of groundwater in the Heihe River Basin, northwestern China. Hydrogeology Journal, 14 (8): 1635-1651.

Cheng G, Li X, Zhao W, et al. 2014. Integrated study of the water- ecosystem- economy in the Heihe River Basin. National Science Review, 1 (3): 413-428.

Chui T F M, Low S Y, Liong S Y. 2011. An ecohydrological model for studying groundwater- vegetation interactions in wetlands. Journal of Hydrology, 409 (1-2): 291-304.

Coble P G, Del Castillo C E, Avril B. 1998. Distribution and optical properties of CDOM in the Arabian Sea during the 1995 Southwest Monsoon. Deep-Sea Research Part II, 45 (10-11): 2195-2233.

Conant B. 2004. Delineating and quantifying ground water discharge zones using streambed temperatures. Ground Water, 42 (2): 243-257.

Constantz J. 1998. Interaction between stream temperature, streamflow, and groundwater exchanges in alpine streams. Water Resources Research, 34 (7): 1609-1615.

Constantz J, Cox M H, Su G W. 2003. Comparison of heat and bromide as ground water tracers near streams. Ground Water, 41 (5): 647-656.

Constantz J, Stewart A E, Niswonger R, et al. 2002. Analysis of temperature profiles for investigating stream losses beneath ephemeral channels. Water Resources Research, 38 (12): 355-367.

Constantz J, Stonestrom D A. 2003. Heat as a tracer of water movement near streams. US Geological Survey Circular, 12 (60): 1-96.

Constantz J, Stonestrom D, Stewart A, et al. 2001. Evaluating streamflow patterns along seasonal and ephemeral channels by monitoring diurnal variations in streambed temperature. Water Resources Research, 37 (2): 317-328.

Constantz J, Thomas C L. 1996. The use of streambed temperature profiles to estimate the depth, duration, and rate of percolation beneath arroyos. Water Resources Research, 32 (12): 3597-3602.

Constantz J, Thomas C L, Zellweger G. 1994. Influence of diurnal variations in stream temperature on streamflow loss and groundwater recharge. Water Resources Research, 30 (12): 3253-3264.

Cooper M. 1975. A non-parametric test for increasing trend. Educational and Psychological Measurement, 35 (2): 303-306.

Cory R M, McKnight D M. 2005. Fluorescence spectroscopy reveals ubiquitous presence of oxidized and reduced quinones in dissolved organic matter. Environmental Science & Technology, 39 (21): 8142-8149.

Costa J E. 1975. Effects of agriculture on erosion and sedimentation in the Piedmont Province, Maryland. Geological Society of America Bulletin, 86 (9): 1281-1286.

Dakin J, Pratt D, Bibby G, et al. 1985. Distributed optical fibre Raman temperature sensor using a semiconductor light source and detector. Electronics Letters, 21 (13): 569-570.

Dalzell B J, King J Y, Mulla D J, et al. 2011. Influence of subsurface drainage on quantity and quality of dissolved organic matter export from agricultural landscapes. Journal of Geophysical Research: Biogeosciences (2005-2012), 116: 2-13.

Das A, Krishnaswami S, Bhattacharya S. 2005. Carbon isotope ratio of dissolved inorganic carbon (DIC) in rivers draining the Deccan Traps, India: sources of DIC and their magnitudes. Earth and Planetary Science Letters, 236 (1): 419-429.

Dent C L, Grimm N B, Fisher S G. 2001. Multiscale effects of surface- subsurface exchange on stream water nutrient concentrations. Journal of the North American Benthological Society, 20 (2): 162-181.

Ding H, Hu X, Lan Y, et al. 2012. Characteristics and conversion of water resources in the Heihe River Basin. Journal of Glaciology and Geocryology, 34 (6): 1460-1469.

Ding H, Zhang J, Lu Z, et al. 2006. Characteristics and cycle conversion of water resources in the Hexi Corridor. Arid Zone Research, 2 (8): 299-310.

Döll P, Fiedler K. 2008. Global-scale modeling of groundwater recharge. Hydrology and Earth System Sciences Discussions, 12 (3): 863-885.

Dunne T, Black R D. 1970. An experimental investigation of runoff production in permeable soils. Water Resources Research, 6 (2): 478-490.

Dunne T, Black R D. 1970. Partial area contributions to storm runoff in a small New England watershed. Water Resources Research, 6 (5): 1296-1311.

Eamus D, Hatton T, Cook P, et al. 2006. Ecohydrology: Vegetation Function, Water and Resource Management. Csiro Publishing.

Elsenbeer H, West A, Bonell M. 1994. Hydrologic pathways and stormflow hydrochemistry at South Creek, northeast Queensland. Journal of Hydrology, 162 (1-2): 1-21.

Ely D M, Kahle S C. 2012. Simulation of groundwater and surface- water resources and evaluation of water-management alternatives for the Chamokane Creek basin, Stevens County. Washington: Scientific Investigations Report.

Evans E, Greenwood M, Petts G E. 1995. Thermal profiles within river beds. Hydrological Processes, 9 (1): 19-25.

Evans S G, Ge S, Liang S. 2015. Analysis of groundwater flow in mountainous, headwater catchments with permafrost. Water Resources Research, 51 (9): 564-576.

Fan Y, Chen Y, Liu Y, et al. 2013. Variation of baseflows in the headstreams of the Tarim River Basin during 1960-2007. Journal of Hydrology, 487: 98-108.

Fellman J B, Dogramaci S, Skrzypek G, et al. 2011. Hydrologic control of dissolved organic matter biogeochemistry in pools of a subtropical dryland river. Water Resources Research, 47 (6): 1-13.

Feng Q, Liu W, Su Y, et al. 2004. Distribution and evolution of water chemistry in Heihe River basin. Environmental Geology, 45 (7): 947-956.

Findlay S E G, Sinsabaugh R L. 2003. Aquatic ecosystems: Interactivity of dissolved organic matter. Journal of the North American Benthological Society, 239 (1): 125-126.

Finlay J C. 2003. Controls of streamwater dissolved inorganic carbon dynamics in a forested watershed. Biogeochemistry, 62 (3): 231-252.

Fontaine T, Cruickshank T, Arnold J, et al. 2002. Development of a snowfall- snowmelt routine for mountainous terrain for the soil water assessment tool (SWAT) . Journal of hydrology, 262 (1-4): 209-223.

Frank H, Patrick S, Peter W, et al. 2000. Export of dissolved organic carbon and nitrogen from Gleysol dominated catchments—the significance of water flow paths. Biogeochemistry, 50 (2): 137-161.

Fu G, Charles S P, Chiew F H. 2007. A two- parameter climate elasticity of streamflow index to assess climate change effects on annual streamflow. Water Resources Research, 43 (11): 157-159.

Fu G, Liu Z, Charles S P, et al. 2013. A score- based method for assessing the performance of GCMs: a case study of southeastern Australia. Journal of Geophysical Research: Atmospheres, 118 (10): 4154-4167.

Gillespie A, Rokugawa S, Matsunaga T, et al. 1998. A temperature and emissivity separation algorithm for Advanced Spaceborne Thermal Emission and Reflection Radiometer (ASTER) images. IEEE Transactions on Geoscience and Remote Sensing, 36 (4): 1113-1126.

Gleeson T, Manning A H. 2008. Regional groundwater flow in mountainous terrain: three-dimensional simulations of topographic and hydrogeologic controls. Water Resources Research, 44 (10): 1011-1023.

Goller R, Wilcke W, Fleischbein K, et al. 2006. Dissolved nitrogen, phosphorus, and sulfur forms in the ecosystem fluxes of a montane forest in Ecuador. Biogeochemistry, 77 (1): 57-89.

Gong J. 1998. Environmental degradation of the Ejin Oasis and comprehensive rehabilitation in the lower reaches of the Heihe River. Journal of Desert Research, 18: 44-49.

Graeber D, Gelbrecht J, Pusch M T, et al. 2012. Agriculture has changed the amount and composition of dissolved organic matter in Central European headwater streams. Science of the Total Environment, 438: 435-446.

Griebler C, Malard F, Lefébure T. 2014. Current developments in groundwater ecology—from biodiversity to ecosystem function and services. Current Opinion in Biotechnology, 27: 159-167.

Grimaldi C, Grimaldi M, Millet A, et al. 2004. Behaviour of chemical solutes during a storm in a rainforested headwater catchment. Hydrological Processes, 18 (1): 93-106.

Guo Q, Feng Q, Li J. 2009. Environmental changes after ecological water conveyance in the lower reaches of Heihe River, northwest China. Environmental Geology, 58 (7): 1387-1396.

Guoliang C, Chunmiao Z, Simmons C T. 2016. Groundwater recharge and mixing in arid and semiarid regions: Heihe River Basin, Northwest China. Acta Geologica Sinica (English Edition), 90 (3): 971-987.

Hadwen W L, Fellows C S, Westhorpe D P, et al. 2010. Longitudinal trends in river functioning: patterns of nutrient and carbon processing in three Australian rivers. River Research and Applications, 26 (9): 1129-1152.

Hamed K H, Rao A R. 1998. A modified Mann-Kendall trend test for autocorrelated data. Journal of Hydrology, 204 (1-4): 182-196.

Handcock R N, Gillespie A R, Cherkauer K A, et al. 2006. Accuracy and uncertainty of thermal-infrared remote sensing of stream temperatures at multiple spatial scales. Remote Sensing of Environment, 100 (4): 427-440.

Hannah D M, Wood P J, Sadler J P. 2004. Ecohydrology and hydroecology: a new paradigm? Hydrological Processes, 18 (17): 3439-3445.

Harbaugh A W. 1990. A computer program for calculating subregional water budgets using results from the US Geological Survey modular three-dimensional finite-difference ground-water flow model. US Geological Survey.

Harbaugh A W. 2005. MODFLOW-2005, the US Geological Survey modular ground-water model: the ground-water flow process. US Department of the Interior, US Geological Survey Reston, VA, USA.

Henderson R, Day-Lewis F, Harvey C. 2009. Investigation of aquifer-estuary interaction using wavelet analysis of fiber-optic temperature data. Geophysical Research Letters, 36 (6): 108-110.

Hinton M J, Schiff S L, English M C. 1997. The significance of storms for the concentration and export of dissolved organic carbon from two Precambrian Shield catchments. Biogeochemistry, 36 (1): 67-88.

Hornberger G M, Bencala K E, McKnight D M. 1994. Hydrological controls on dissolved organic carbon during snowmelt in the Snake River near Montezuma, Colorado. Biogeochemistry, 25 (3): 147-165.

Hu L T, Chen C X, Jiao J J, et al. 2007. Simulated groundwater interaction with rivers and springs in the Heihe river basin. Hydrological Processes, 21 (20): 2794-2806.

Hu Y, Lu Y, Edmonds J W, et al. 2016. Hydrological and land use control of watershed exports of DOM in a large arid river basin in Northwestern China. Journal of Geophysical Research: Biogeosciences, 121: 466-478.

Humphreys W F. 2006. Aquifers: the ultimate groundwater-dependent ecosystems. Australian Journal of Botany, 54 (2): 115-132.

Hunt R J, Krabbenhoft D P, Anderson M P. 1996. Groundwater inflow measurements in wetland systems. Water Resources Research, 32 (3): 495-507.

Hunt R J, Walker J F, Selbig W R, et al. 2013. Simulation of climate-change effects on streamflow, lake water budgets, and stream temperature using GSFLOW and SNTEMP, Trout Lake Watershed, Wisconsin. US Geological Survey Scientific Investigations Report, 51 (59): 118-120.

Inamdar S, Finger N, Singh S, et al. 2012. Dissolved organic matter (DOM) concentration and quality in a forested mid-Atlantic watershed, USA. Biogeochemistry, 108 (1-3): 55-76.

Izrael Y A, Semenov S M, Amisimov O A, et al. 2007. The fourth assessment report of the intergovernmental panel on climate change: working groupii contribution. Russion Meteorology & Hydrology, 32 (9): 551-556.

Jaffé R, Cawley K M, Yamashita Y. 2014. Applications of excitation emission matrix fluorescence with parallel factor analysis (EEM-PARAFAC) in assessing environmental dynamics of natural dissolved organic matter (DOM) in aquatic environments: a review. Advances in the Physicochemical Characterization of Dissolved Organic Matter: Impact on Natural and Engineered Systems, 27-73.

Jaynes D. 1990. Temperature variations effect on field- measured infiltration. Soil Science Society of America Journal, 54 (2): 305-312.

Jiang P, Cheng L, Li M, et al. 2015. Impacts of LUCC on soil properties in the riparian zones of desert oasis with remote sensing data: a case study of the middle Heihe River basin, China. Science of the Total Environment, 506: 259-271.

Jiang X W, Wan L, Wang X S, et al. 2009. Effect of exponential decay in hydraulic conductivity with depth on regional groundwater flow. Geophysical Research Letters, 36 (24): 402-405.

Johnson M S, Lehmann J, Couto E G, et al. 2006. DOC and DIC in flowpaths of Amazonian headwater catchments with hydrologically contrasting soils. Biogeochemistry, 81 (1): 45-57.

Jones J I, Young J O, Eaton J W, et al. 2002. The influence of nutrient loading, dissolved inorganic carbon and higher trophic levels on the interaction between submerged plants and periphyton. Journal of Ecology, 90 (1): 12-24.

Jones J, Sudicky E, McLaren R. 2008. Application of a fully- integrated surface- subsurface flow model at the watershed-scale: a case study. Water Resources Research, 44 (3): 136-138.

Jones N, Strassberg G. 2008. The Arc Hydro MODFLOW data model. Water Resources Impact, 10 (1): 17-19.

Jørgensen L, Stedmon C A, Kragh T, et al. 2011. Global trends in the fluorescence characteristics and distribution of marine dissolved organic matter. Marine Chemistry, 126 (1): 139-148.

Kaiser K, Guggenberger G. 2000. The role of DOM sorption to mineral surfaces in the preservation of organic matter in soils. Organic geochemistry, 31 (7): 711-725.

Karimov A K, Šimůnek J, Hanjra M A, et al. 2014. Effects of the shallow water table on water use of winter wheat and ecosystem health: implications for unlocking the potential of groundwater in the Fergana Valley (Central Asia). Agricultural Water Management, 131: 57-69.

Kendall M G. 1990. Rank correlation methods. British Journal of Psychology, 25 (1): 86-91.

Kobayashi D. 1985. Separation of the snowmelt hydrograph by stream temperatures. Journal of Hydrology, 76 (1-2): 155-162.

Köhl L, Oehl F, van der Heijden M G. 2014. Agricultural practices indirectly influence plant productivity and ecosystem services through effects on soil biota. Ecological Applications, 24 (7): 1842-1853.

Koirala S, Jung M, Reichstein M, et al. 2017. Global distribution of groundwater- vegetation spatial covariation. Geophysical Research Letters, 44 (9): 4134-4142.

Kollet S J, Maxwell R M. 2006. Integrated surface- groundwater flow modeling: a free- surface overland flow boundary condition in a parallel groundwater flow model. Advances in Water Resources, 29 (7): 945-958.

Kosmas C, Danalatos N, Cammeraat L H, et al. 1997. The effect of land use on runoff and soil erosion rates under Mediterranean conditions. Catena, 29 (1): 45-59.

Kuang X, Jiao J J. 2014. An integrated permeability-depth model for Earth's crust. Geophysical Research Letters, 41 (21): 7539-7545.

Lalonde K, Mucci A, Ouellet A, et al. 2012. Preservation of organic matter in sediments promoted by iron. Nature, 483 (7388): 198-200.

Lam H, Karssenberg D, van den Hurk B, et al. 2011. Spatial and temporal connections in groundwater contribution to evaporation. Hydrology and Earth System Sciences, 15: 2621-2630.

Lamontagne S, Leaney F W, Herczeg A L. 2006. Patterns in groundwater nitrogen concentration in the riparian zone of a large semi- arid river (River Murray, Australia) . River Research and Applications, 22 (1): 39-54.

Lee D R. 1985. Method for locating sediment anomalies in lakebeds that can be caused by groundwater flow. Journal of Hydrology, 79 (1-2): 187-193.

Lewis Jr W M. 1986. Nitrogen and phosphorus runoff losses from a nutrient- poor tropical moist forest. Ecology, 1275-1282.

Li X, Cheng G, Liu S, et al. 2013. Heihe watershed allied telemetry experimental research (HiWATER): scientific objectives and experimental design. Bulletin of the American Meteorological Society, 94 (8): 1145-1160.

Li X, Zheng Y, Sun Z, et al. 2017. An integrated ecohydrological modeling approach to exploring the dynamic interaction between groundwater and phreatophytes. Ecological Modelling, 356: 127-140.

Liao Y, Fan W, Xu X. 2013. Algorithm of Leaf Area Index product for HJ- CCD over Heihe River Basin. Proceedings of the IGARSS, 26: 169-172.

Liu C, Liu J, Hu Y, et al. 2016. Airborne thermal remote sensing for estimation of groundwater discharge to a river. Groundwater, 54 (3): 363-373.

Liu W, Xing M. 2012. Isotopic indicators of carbon and nitrogen cycles in river catchments during soil erosion in the arid Loess Plateau of China. Chemical Geology, 296: 66-72.

Lowry C S, Walker J F, Hunt R J, et al. 2007. Identifying spatial variability of groundwater discharge in a wetland stream using a distributed temperature sensor. Water Resources Research, 43 (10): 200-203.

Lu Y, Bauer J E, Canuel E A, et al. 2013. Photochemical and microbial alteration of dissolved organic matter in temperate headwater streams associated with different land use. Journal of Geophysical Research: Biogeosciences, 118 (2): 566-580.

Lu Y H, Bauer J E, Canuel E A, et al. 2014. Effects of land use on sources and ages of inorganic and organic carbon in temperate headwater streams. Biogeochemistry, 119 (1-3): 275-292.

Lu Y, Edmonds J W, Yamashita Y, et al. 2015. Spatial variation in the origin and reactivity of dissolved organic matter in Oregon-Washington coastal waters. Ocean Dynamics, 65 (1): 17-32.

Luo X, Jiao J J, Wang X S, et al. 2017. Groundwater discharge and hydrologic partition of the lakes in desert environment: insights from stable 18O/2H and radium isotopes. Journal of Hydrology, 546: 189-203.

Lyne V, Hollick M. 1979. Stochastic time- variable rainfall- runoff modelling. Proceedings of the Institute of Engineers Australia National Conference.

Mandeville A, O'connell P, Sutcliffe J, et al. 1970. River flow forecasting through conceptual models part Ⅲ—the ray catchment at Grendon Underwood. Journal of Hydrology, 11 (2): 109-128.

Markstrom S L, Regan R S, Hay L E, et al. 2015. PRMS-Ⅳ, the precipitation-runoff modeling system, version 4: U. S. Geological Survey Techniques and Methods, book 6, Chap. B7, 158P.

Mattsson T, Kortelainen P, Laubel A, et al. 2009. Export of dissolved organic matter in relation to land use along a European climatic gradient. Science of the total Environment, 407 (6): 1967-1976.

McCarthy J J, Taylor W R, Taft J L. 1977. Nitrogenous nutrition of the plankton in the Chesapeake Bay. 1. Nutrient availability and phytoplankton preferences. Limnology and Oceanography, 22 (6): 996-1011.

McGinness H M, Arthur A D. 2011. Carbon dynamics during flood events in a lowland river: the importance of anabranches. Freshwater Biology, 56 (8): 1593-1605.

McKnight D M, Boyer E W, Westerhoff P K, et al. 2001. Spectrofluorometric characterization of dissolved organic matter for indication of precursor organic material and aromaticity. Limnology and Oceanography, 46 (1): 38-48.

McMichael C E, Hope A S, Loaiciga H A. 2006. Distributed hydrological modelling in California semi- arid shrublands: MIKE SHE model calibration and uncertainty estimation. Journal of Hydrology, 317 (3): 307-324.

Meybeck M. 1987. Global chemical weathering of surficial rocks estimated from river dissolved loads. American Journal of Science, 287 (5): 401-428.

Meybeck M. 1988. How to establish and use world budgets of riverine materials. Springer, 251: 247-272.

Meyer J L, Tate C M. 1983. The effects of watershed disturbance on dissolved organic carbon dynamics of a stream. Ecology, 64 (1): 33-44.

Miguez-Macho G, Fan Y. 2012. The role of groundwater in the Amazon water cycle: 2. Influence on seasonal soil moisture and evapotranspiration. Journal of Geophysical Research, 117 (D15): 151-153.

Moffett K B, Tyler S W, Torgersen T, et al. 2008. Processes controlling the thermal regime of saltmarsh channel beds. Environmental Science & Technology, 42 (3): 671-676.

Moriasi D N, Arnold J G, van Liew M W, et al. 2007. Model evaluation guidelines for systematic quantification of accuracy in watershed simulations. Transactions of the ASABE, 50 (3): 885-900.

Mu C, Zhang T, Wu Q, et al. 2015. Carbon and nitrogen properties of permafrost over the Eboling Mountain in the upper reach of Heihe River basin, northwestern China. Arctic, Antarctic, and Alpine Research, 47 (2): 203-211.

Nakawo M. 2009. Shrinkage of summer- accumulation- glaciers in Asia under consideration of downstream population. Assessment of Snow, Glacier and Water Resources in Central Asia, 22: 19-25.

Nathan R, McMahon T. 1990. Evaluation of automated techniques for base flow and recession analyses. Water Resources Research, 26 (7): 1465-1473.

Neitsch S L, Arnold J G, Kiniry J R, et al. 2011. Soil and water assessment tool theoretical documentation version 2009. Texas Water Resources Institute Technical Report No. 406.

Niswonger R G, Panday S, Ibaraki M. 2011. MODFLOW-NWT, a Newton formulation for MODFLOW-2005. US Geological Survey Techniques and Methods, 6-A37: 44.

Niswonger R G, Prudic D E. 2005. Documentation of the Streamflow- Routing (SFR2) Package to include unsaturated flow beneath streams—a modification to SFR1. US Department of the Interior, US Geological Survey, 6-A13: 50.

Niswonger R G, Prudic D E, Regan R S, 2006. Documentation of the unsaturated-zone flow (uzf1) package for modeling unsaturated flow between the land surface and the water table with modflow-2005. U. S. Geological Survey Techniques and Methods, 6-A19.

Niu R X, Zhao X Y, Liu J L, et al. 2013. Effects of land use-cover change in the desert oasis system on topsoil carbon and nitrogen (middle of Heihe River basin, China) . Polish Journal of Ecology, 61 (1): 45-54.

Ogrinc N, Markovics R, Kanduč T, et al. 2008. Sources and transport of carbon and nitrogen in the River Sava watershed, a major tributary of the River Danube. Applied Geochemistry, 23 (12): 3685-3698.

O'hara S L, Street-Perrott F A, Burt T P. 1993. Accelerated soil erosion around a Mexican highland lake caused by prehispanic agriculture. Nature, 362: 48-51.

Ohte N, Dahlgren R A, Silva S R, et al. 2007. Sources and transport of algae and nutrients in a Californian river in a semi-arid climate. Freshwater Biology, 52 (12): 2476-2493.

Ord J K, Getis A. 1995. Local spatial autocorrelation statistics: distributional issues and an application. Geographical Analysis, 27 (4): 286-306.

Organization W H. 2011. Guidelines for Drinking-water Quality. Geneva: World Health Organization.

Panday S, Huyakorn P S. 2004. A fully coupled physically-based spatially-distributed model for evaluating surface/subsurface flow. Advances in water Resources, 27 (4): 361-382.

Pérez Hoyos I C, Krakauer N Y, Khanbilvardi R, et al. 2016. A review of advances in the identification and characterization of groundwater dependent ecosystems using geospatial technologies. Geosciences, 6 (2): 17.

Pettitt A. 1979. A non-parametric approach to the change-point problem. Journal of the Royal Statistical Society: Series C (Applied Statistics), 28 (2): 126-135.

Pokhrel Y N, Fan Y, Miguez-Macho G, et al. 2013. The role of groundwater in the Amazon water cycle: 3. Influence on terrestrial water storage computations and comparison with GRACE. Journal of Geophysical Research: Atmospheres, 118 (8): 3233-3244.

Pollock D W. 2012. User guide for MODPATH version 6: a particle tracking model for MODFLOW. US Department of the Interior, US Geological Survey.

Pulido-Leboeuf P. 2004. Seawater intrusion and associated processes in a small coastal complex aquifer (Castell de Ferro, Spain). Applied Geochemistry, 19 (10): 1517-1527.

Qi S Z, Luo F. 2005. Water environmental degradation of the Heihe River Basin in arid northwestern China. Environmental Monitoring and Assessment, 108 (1-3): 205-215.

Qin D, Qian Y, Han L, et al. 2011. Assessing impact of irrigation water on groundwater recharge and quality in arid environment using CFCs, tritium and stable isotopes, in the Zhangye Basin, Northwest China. Journal of Hydrology, 405 (1-2): 194-208.

Qin J, Ding Y, Wu J, et al. 2013a. Understanding the impact of mountain landscapes on water balance in the upper Heihe River watershed in northwestern China. Journal of Arid Land, 5 (3): 366-383.

Qin H, Cao G, Kristensen M, et al. 2013b. Integrated hydrological modeling of the North China Plain and implications for sustainable water management. Hydrology and Earth System Sciences, 17 (10): 3759-3778.

Robertson G, Groffman P. 2007. Nitrogen transformations. Soil microbiology, ecology, and biochemistry, 3: 341-364.

Royer T V, David M B. 2005. Export of dissolved organic carbon from agricultural streams in Illinois, USA. Aquatic Sciences, 67 (4): 465-471.

Sakai A, Fujita K, Duan K, et al. 2006. Five decades of shrinkage of July 1st glacier, Qilian Shan, China. Journal of Glaciology, 52 (176): 11-16.

Scanlon B R, Keese K E, Flint A L, et al. 2006. Global synthesis of groundwater recharge in semiarid and arid regions. Hydrological Processes, 20 (15): 3335-3370.

Sebok E, Duque C, Kazmierczak J, et al. 2013. High-resolution distributed temperature sensing to detect seasonal groundwater discharge into Lake Væng, Denmark. Water Resources Research, 49 (9): 5355-5368.

Selker J S, van de Giesen N, Westhoff M, et al. 2006a. Fiber optics opens window on stream dynamics. Geophysical Research Letters, 33 (24): 5471-5485.

Selker J S, Thevenaz L, Huwald H, et al. 2006b. Distributed fiber-optic temperature sensing for hydrologic systems. Water Resources Research, 42 (12): 1029-1033.

Sher Y, Zaady E, Ronen Z, et al. 2012. Nitrification activity and levels of inorganic nitrogen in soils of a semi-arid ecosystem following a drought-induced shrub death. European Journal of Soil Biology, 53: 86-93.

Silliman S E, Booth D F. 1993. Analysis of time-series measurements of sediment temperature for identification of gaining vs. losing portions of Juday Creek, Indiana. Journal of Hydrology, 146: 131-148.

Sivan O, Yechieli Y, Herut B, et al. 2005. Geochemical evolution and timescale of seawater intrusion into the coastal aquifer of Israel. Geochimica et Cosmochimica Acta, 69 (3): 579-592.

Spencer R G M, Aiken G R M, Wickland K P, et al. 2008. Seasonal and spatial variability in dissolved organic matter quantity and composition from the Yukon River basin, Alaska. Global Biogeochemical Cycles, 22: GB4002.

Srivastava V, Graham W, Muñoz-Carpena R, et al. 2014. Insights on geologic and vegetative controls over hydrologic behavior of a large complex basin—Global Sensitivity Analysis of an integrated parallel hydrologic model. Journal of Hydrology, 519: 2238-2257.

Stanley E H, Powers S M, Lottig N R, et al. 2012. Contemporary changes in dissolved organic carbon (DOC) in human-dominated rivers: is there a role for DOC management? Freshwater Biology, 57 (s1): 26-42.

Stedmon C A, Bro R. 2008. Characterizing dissolved organic matter fluorescence with parallel factor analysis: a tutorial. Limnol & Oceanogr Methods, 6 (11): 572-579.

Stedmon C A, Markager S. 2003. Behaviour of the optical properties of coloured dissolved organic matter under conservative mixing. Estuarine, Coastal and Shelf Science, 57 (5): 973-979.

Stedmon C A, Thomas D N, Granskog M, et al. 2007. Characteristics of dissolved organic matter in Baltic coastal sea ice: allochthonous or autochthonous origins? Environmental Science & Technology, 41 (21): 7273-7279.

Stevenson F J, Cole M A. 1999. Cycles of Soils: Carbon, Nitrogen, Phosphorus, Sulfur, Micronutrients. New York: John Wiley & Sons.

Storey R G, Howard K W, Williams D D. 2003. Factors controlling riffle-scale hyporheic exchange flows and their seasonal changes in a gaining stream: a three-dimensional groundwater flow model. Water Resources Research, 39 (2): 1034-1036.

Strassberg G. 2005. A geographic data model for groundwater systems. Aquifers Simulation Methods, 45 (4): 515-518.

Strassberg G, Jones N L, Maidment D R. 2011. Arc Hydro Groundwater. Esri Press.

Strassberg G, Maidment D R, Jones N L. 2007. A geographic data model for representing ground Water systems. Ground Water, 45 (4): 515-518.

Suárez F, Aravena J, Hausner M, et al. 2011. Assessment of a vertical high-resolution distributed-temperature-sensing system in a shallow thermohaline environment. Hydrology and Earth System Sciences, 15 (3): 1081.

Sun Q, Miao C, Duan Q. 2015. Projected changes in temperature and precipitation in ten river basins over China in 21st century. Int. J. Climatol., 35 (6): 1125-1141.

Taylor R G, Todd M C, Kongola L, et al. 2012. Evidence of the dependence of groundwater resources on extreme rainfall in East Africa. Nature Climate Change, 3 (4): 374-378.

Tian Y, Zheng Y, Zheng C, et al. 2015. Exploring scale-dependent ecohydrological responses in a large endorheic river basin through integrated surface water-groundwater modeling. Water Resources Research, 23: 38-53.

Torgersen C E, Faux R N, McIntosh B A, et al. 2001. Airborne thermal remote sensing for water temperature assessment in rivers and streams. Remote Sensing of Environment, 76 (3): 386-398.

Toth J. 1963. A theoretical analysis of groundwater flow in small drainage basins. Journal of Geophysical Research, 68 (16): 4795-4812.

Tyler S W, Burak S A, McNamara J P, et al. 2008. Spatially distributed temperatures at the base of two mountain snowpacks measured with fiber-optic sensors. Journal of Glaciology, 54 (187): 673-679.

Tyler S W, Selker J S, Hausner M B, et al. 2009. Environmental temperature sensing using Raman spectra DTS fiber-optic methods. Water Resources Research, 45 (4): 108-110.

Varol M. 2013. Temporal and spatial dynamics of nitrogen and phosphorus in surface water and sediments of a transboundary river located in the semi-arid region of Turkey. Catena, 100: 1-9.

Vogt T, Schneider P, Hahn-Woernle L, et al. 2010. Estimation of seepage rates in a losing stream by means of fiber-optic high-resolution vertical temperature profiling. Journal of Hydrology, 380 (1-2): 154-164.

Vollenweider R, Kerekes J. 1982. Eutrophication of waters: monitoring, assessment and control. Organization for Economic Co-Operation and Development (OECD), Paris.

Von Storch H. 1999. Misuses of Statistical Analysis in Climate Research. Berlin: Springer-Verlag.

Vousoughi F D, Dinpashoh Y, Aalami M T, et al. 2013. Trend analysis of groundwater using non-parametric methods (case study: Ardabil plain). Stochastic Environmental Research and Risk Assessment, 27 (2): 547-559.

Wang G X, Cheng G D. 2000. The characteristics of water resources and the changes of the hydrological process and environment in the arid zone of northwest China. Environmental Geology, 39 (7): 783-790.

Wang G X, Ma H Y, Qian J, et al. 2004. Impact of land use changes on soil carbon, nitrogen and phosphorus and water pollution in an arid region of northwest China. Soil Use and Management, 20 (1): 32-39.

Wang G X, Yang L Y, Chen L, et al. 2005. Impacts of land use changes on groundwater resources in the Heihe River Basin. Journal of Geographical Sciences, 15 (4): 405-414.

Wang H, Xiao Q, Li H, et al. 2011b. Temperature and emissivity separation algorithm for TASI airborne thermal hyperspectral data. Proceedings of the Electronics, Communications and Control (ICECC), 2011 International Conference on, F IEEE.

Wang J, Li S. 2006. Effect of climatic change on snowmelt runoffs in mountainous regions of inland rivers in Northwestern China. Science in China Series D: Earth Sciences, 49 (8): 881-888.

Wang L, Chen W. 2014. A CMIP5 multimodel projection of future temperature, precipitation, and climatological drought in China. Int. J. Climatol., 34 (6): 2059-2078.

Wang P, Yu J, Zhang Y, et al. 2011a. Impacts of environmental flow controls on the water table and groundwater chemistry in the Ejina Delta, northwestern China. Environmental Earth Sciences, 64 (1): 15-24.

Wang Q, Li F, Zhao L, et al. 2010. Effects of irrigation and nitrogen application rates on nitrate nitrogen distribution and fertilizer nitrogen loss, wheat yield and nitrogen uptake on a recently reclaimed sandy farmland. Plant and Soil, 337 (1-2): 325-339.

Wang X, Dong Z, Zhang J, et al. 2004. Modern dust storms in China: an overview. Journal of Arid Environments, 58 (4): 559-574.

Wang Y, Xiao H, Lu M. 2009. Analysis of water consumption using a regional input-output model: model development and application to Zhangye City, Northwestern China. Journal of Arid Environments, 73 (10): 894-900.

Westhoff M C, Savenije H H G, Luxemburg W M J, et al. 2007. A distributed stream temperature model using high resolution temperature observations. Hydrol. Earth Syst. Sci., 11: 1469-1480.

White D S, Elzinga C H, Hendricks S P. 1987. Temperature patterns within the hyporheic zone of a northern Michigan river. Journal of the North American Benthological Society, 6 (2): 85-91.

Williams C J, Yamashita Y, Wilson H F, et al. 2010. Unraveling the role of land use and microbial activity in shaping dissolved organic matter characteristics in stream ecosystems. Limnology and Oceanography, 55 (3): 1159-1171.

Wilson H F, Xenopoulos M A. 2008. Effects of agricultural land use on the composition of fluvial dissolved organic matter. Nature Geoscience, 2 (1): 37-41.

Wilson J L, Guan H. 2004. Mountain-Block Hydrology and Mountain-Front Recharge. Groundwater Recharge in a Desert Environment: The Southwestern United States, 9: 113-137.

Winslow J D. 1962. Effect of stream infiltration on ground water temperatures near Schenectady. NY US Geol Surv Prof Pap, C125-C128.

Wood P J, Hannah D M, Sadler J P. 2007. Hydroecology andecohydrology: past, present and future. Wiley Online Library.

Wu B, Yan N, Xiong J, et al. 2012. Validation of ETWatch using field measurements at diverse landscapes: a case study in Hai Basin of China. Journal of hydrology, 436: 67-80.

Wu Y, Zhang J, Liu S, et al. 2007. Sources and distribution of carbon within the Yangtze River system. Estuarine, Coastal and Shelf Science, 71 (1): 13-25.

Xu Z, Liu Z, Fu G, et al. 2010. Trends of major hydroclimatic variables in the Tarim River basin during the past 50 years. Journal of Arid Environments, 74 (2): 256-267.

Yamashita Y, Panton A, Mahaffey C, et al. 2011. Assessing the spatial and temporal variability of dissolved organic matter in Liverpool Bay using excitation-emission matrix fluorescence and parallel factor analysis. Ocean Dynamics, 61 (5): 569-579.

Yamashita Y, Scinto L J, Maie N, et al. 2010. Dissolved organic matter characteristics across a subtropical wetland's landscape: application of optical properties in the assessment of environmental dynamics. Ecosystems, 13 (7): 1006-1019.

Yamashita Y, Tanoue E. 2003. Chemical characterization of protein- like fluorophores in DOM in relation to aromatic amino acids. Marine Chemistry, 82 (3): 255-271.

Yang L, Hong H, Guo W, et al. 2012. Effects of changing land use on dissolved organic matter in a subtropical river watershed, southeast China. Regional Environmental Change, 12 (1): 145-151.

Yang Q, Xiao H, Zhao L, et al. 2011. Hydrological and isotopic characterization of river water, groundwater, and groundwater recharge in the Heihe River basin, northwestern China. Hydrological Processes, 25 (8): 1271-1283.

Yao Y, Huang X, Liu J, et al. 2015. Spatiotemporal variation of river temperature as a predictor of groundwater/ surface-water interactions in an arid watershed in China. Hydrogeology Journal, 23 (5): 999-1007.

Yao Y, Zheng C, Tian Y, et al. 2014a. Numerical modeling of regional groundwater flow in the Heihe River Basin, China: Advances and new insights. Science China Earth Sciences, 58: 3-15.

Yao Y, Zheng C, Liu J, et al. 2014b. Conceptual and numerical models for groundwater flow in an arid inland river basin. Hydrological Processes, 29 (6): 1480-1492.

Yao Y, Zheng C, Andrews C, et al. 2017. What controls the partitioning between Baseflow and Mountain Block Recharge in the Qinghai-Tibet Plateau? Geophysical Research Letters, 44 (16): 8352-8358.

Yeh P J F, Famiglietti J S. 2009. Regional groundwater evapotranspiration in Illinois. Journal of Hydrometeorology, 10 (2): 464-478.

Yin Z, Xiao H, Zou S, et al. 2012. Analysis on water balance in different land cover types at upper reaches of Heihe river basin in northwestern China using SWAT model. Proceedings of the 2012 International Symposium onGeomatics for Integrated Water Resource Management, F IEEE.

Yue S, Pilon P, Phinney B, et al. 2002. The influence of autocorrelation on the ability to detect trend in hydrological series. Hydrological Processes, 16 (9): 1807-1829.

Yue S, Pilon P, Phinney B. 2003. Canadian streamflow trend detection: impacts of serial and cross- correlation. Hydrological Sciences Journal, 48 (1): 51-63.

Yusop Z, Douglas I, Nik A R. 2006. Export of dissolved and undissolved nutrients from forested catchments in Peninsular Malaysia. Forest Ecology and Management, 224 (1-2): 26-44.

Zhang A, Zheng C, Wang S, et al. 2015. Analysis of streamflow variations in the Heihe River Basin, northwest China: trends, abrupt changes, driving factors and ecological influences. Journal of Hydrology: Regional Studies, 3: 106-124.

Zhang Y H, Song X F, Wu Y Q. 2009. Use of oxygen- 18 isotope to quantify flows in the upriver and middle reaches of the Heihe River, Northwestern China. Environmental Geology, 58 (3): 645-653.

Zhang Y, Liu S, Shangguan D, et al. 2012. Thinning and shrinkage of Laohugou No. 12 glacier in the Western Qilian Mountains, China, from 1957 to 2007. Journal of Mountain Science, 9 (3): 343-350.

Zhao J, Wang X, Wan L. 2011. Runoff change and its simulation in main stream of heihe river at gaoya section. Journal of Desert Research, 5: 43-46.

Zheng J H, Huang G H, Jia D D, et al. 2013. Responses of drip irrigated tomato (*Solanum lycopersicum* L.) yield, quality and water productivity to various soil matric potential thresholds in an arid region of Northwest China. Agr. Water Manage., 129 (11): 181-193.

Zhou F, Xu Y, Chen Y, et al. 2013. Hydrological response to urbanization at different spatio- temporal scales simulated by coupling of CLUE-S and the SWAT model in the Yangtze River Delta region. Journal of Hydrology, 485: 113-125.

Zhou Y. 2009. A critical review of groundwater budget myth, safe yield and sustainability. Journal of Hydrology, 370 (1): 207-213.

Zou T Y, Zhang J. 2014. A Coupled Model for Evaluating Surface and Subsurface Flow- MODHMS. Advanced Materials Research, 1073: 1716-1719.

Zsolnay A, Baigar E, Jimenez M, et al. 1999. Differentiating with fluorescence spectroscopy the sources of dissolved organic matter in soils subjected to drying. Chemosphere, 38 (1): 45-50.

索　　引